设施菜地节水减肥增效机制与技术

武雪萍　李若楠　李银坤　王丽英　著

中国农业出版社

北　京

内 容 简 介

　　本书以设施蔬菜为研究对象，针对灌水施肥不合理问题，以提高水肥利用效率和保障设施菜田可持续利用为研究目标，从节水减肥增效原理与理论机制、水肥合理化管理参数、节水减肥增效与菜田可持续利用途径三个层次进行了深入研究。提出了节水减肥增效的根层调控原理、探讨了设施菜地土壤氮磷转化、损失与节水减肥增效机制、养分供需平衡与节水减肥增效机制、土壤次生盐渍化原因与控制途径，推荐了水肥适宜用量，构建了设施蔬菜节水减肥增效技术体系。

　　本书总结了中国农业科学院农业资源与农业区划研究所、河北省农林科学院农业资源环境研究所、北京农业智能装备技术研究中心联合研究团队近十年的工作成果，集理论性、技术性、系统性与实用性为一体，力求为设施菜地水肥管理与农田可持续利用提供理论与技术支撑。本书可供农学、土壤学、植物营养学、肥料学、蔬菜园艺学、农业水资源学、农田灌溉学、环境与生态学领域的科研工作者、教师、学生、农技推广人员及相关管理部门工作人员阅读和参考。

著 者 名 单

技术指导与顾问：张彦才

著者：武雪萍　李若楠　李银坤　王丽英

前 言

近年来设施农业快速发展,已经成为一些地区的支柱产业,水肥对设施蔬菜高产有重要贡献。然而,目前设施蔬菜生产过量施肥与不合理灌水,导致菜田土壤养分积累与淋洗、次生盐渍化、酸化、养分失衡等问题突出,蔬菜产量品质没有保障,水肥利用率偏低,这与水资源严峻短缺形势形成了鲜明对比,严重威胁着设施农业的可持续发展。如何在保证高产优质的条件下,实现节水减肥增效是亟待解决的问题。

中国农业科学院农业资源与农业区划研究所、河北省农林科学院农业资源环境研究所、北京农业智能装备技术研究中心从 2008 年开始开展联合攻关研究,以"973"项目"肥料减施增效与农田可持续利用基础研究"为契机,针对设施蔬菜灌水施肥不合理问题,以提高水肥利用效率和维护设施菜田可持续利用为研究目标,通过氮磷养分总量控制、水肥优化管理、有机养分替代等方面的田间定位试验和^{15}N 示踪技术,从节水减肥增效理论机制、水肥合理化管理参数、节水减肥增效与菜田可持续利用途径三个层次进行了深入研究。本书汇总了团队近十年的工作成果,在明晰节水减肥增效理论机制的基础上,确定了设施蔬菜生产节水减肥潜力,推荐了水肥适宜用量,构建了设施蔬菜(黄瓜、番茄)节水减肥增效技术体系。

全书历时两年完成,共分为九章内容,围绕着节水减肥条件下设施蔬菜养分管理要点依次展开。第一章系统介绍了我国设施蔬菜水肥管理现状、灌溉施肥管理技术和节水减肥的必要性;第二章阐述了根层养分调控原理;第三章、第四章详述了节水减肥条件下设施菜田土壤养分的供应与转化,包括土壤氮素转化损失与节水减肥增效机制、土壤磷素转化与节水减肥增效机制;第五章阐述了设施蔬菜光合光谱特征对节水减肥的响应机制;第六章分析了设施蔬菜养分吸收规律和肥水减施下养分吸收特征;第七章阐述了设施菜地土壤次生盐渍化控制途径;第八章从养分供需平衡的角度全面阐释了节水减肥增效机制,包括根层养分浓度调控与损失控制机制、水肥调控与促根机制、光合效率提升与养分高效利用机制、环境条件改善与水肥增效机制等；第九章构建了设施蔬菜节水减肥增效技术体系，包括设施黄瓜番茄滴灌水肥一体化技术、设施黄瓜番茄沟灌节水减肥增效技术、设施黄瓜番茄有机无机配施技术、设施黄瓜番茄包膜控释肥应用技术等。

本书的出版要感谢"973"项目"肥料减施增效与农田可持续利用基础研究"课题五"养分与环境要素协同效应及其机制（2007CB109305）"、国家重点研发专项课题"设施蔬菜化肥减施关键技术优化（2016YFD0201001）"和中国农业科学院科技创新工程课题的资助。

特别感谢河北省农林科学院农业资源环境研究所张彦才研究员，感谢他一直以来在课题研究工作中兢兢业业、认真负责以及对本书出版的技术指导和大力支持！感谢中国农业科学院农业资源与农业区划研究所黄绍文研究员的帮助与支持！

希望通过本书的出版，与各位专家学者交流，并为我国设施蔬菜节水减肥增效理论研究与技术发展提供参考。由于著者水平有限，不妥之处，敬请批评指正！

著 者

2018 年 10 月 6 日

目　录

第一章

设施蔬菜灌溉施肥技术与应用现状

第一节 设施蔬菜水肥管理现状与问题

设施农业是综合应用工程装备技术、生物技术和环境技术为动植物生长发育创造适宜环境，实现动植物生产的现代农业生产方式。发展以设施蔬菜为代表的设施农业是调整农业结构、实现农民增收和农业增效的有效方式，也是提高土地利用率，建设资源节约型、环境友好型农业的重要途径。国外现代化设施农业的发展速度较快，荷兰是设施农业强国，是世界著名的设施园艺发达国家，拥有世界上最先进的玻璃温室，在计算机智能化、温室环境调控方面居世界领先地位；日本的温室配套设施和综合环境调控技术居世界先进水平，几乎所有品种的蔬菜在很大程度上都依赖温室生产；以色列的温室设备材料、滴灌技术、种植技术、气候监控技术、病虫害防治技术等均属世界一流，在设施灌溉技术方面处于世界领先地位。我国的现代设施农业起步相对较晚。20 世纪 60 年代，我国北方大多数城市周边开始普及简易遮挡防风网、阳畦、温室等保护耕地生产技术体系；20 世纪 70 年代开始引进蔬菜的设施栽培技术；20 世纪 80 年代从国外引进连栋温室技术，但设施蔬菜还主要分布在三北（东北、华北和西北）地区；20 世纪 90 年代节能日光温室和遮阳网开始大面积推广；进入 21 世纪，我国设施蔬菜播种面积达到 400 万 hm^2（6 000 万亩[*]），占蔬菜播种面积的 17%；其中大中拱棚以上的设施面积达 370 万 hm^2（5 550 万亩），占到世界设施园艺面积的 80%。目前我国已成为世界设施蔬菜生产大国，面积和产量均居世界第一。

一、设施蔬菜水肥管理现状

我国设施蔬菜生产发展迅速，2016 年 4 月农业农村部印发的《全国种植业结构调整规划（2016—2020 年)》，到 2020 年设施蔬菜的播种面积将稳定在 420 万 hm^2。当前全国设施蔬菜总产达 2.6 亿 t，占蔬菜总产量的 35% 以上，人均蔬菜供应量达到 540 kg 左右（张真和等，2010；梁静等，2015）。相比露

---

[*] 亩为非法定计量单位，1 亩＝1/15hm^2。——编者注

地种植蔬菜，设施蔬菜产业具有技术装备水平高、集约化程度高、科技含量高、比较效益高等特点，其产值为露地种植的 1.69～2.33 倍（王亚坤等，2015）。传统设施蔬菜生产中，主要通过盲目增加水肥用量提高经济效益。与传统粮田农业相比，设施菜田氮肥（折合纯氮）的平均用量为 1 741.0 kg/hm²，是粮田用量的 4.5 倍（杜连凤等，2009）。据报道，山东寿光市温室番茄生产中每季氮素投入量（以 N 计）为 2 186 kg/hm²，远超过植株地上部带走量（146 kg/hm²），单季的灌溉总量高达 1 000 mm，灌溉水可入渗到土壤 2 m 以下（朱建华，2002；李俊良等，2001）。已有研究表明，在获得最高温室番茄产量时，其对应的灌水量、施氮量和施钾量分别为 2 637.2 m³/hm²、374.1 kg/hm² 和 51.6 kg/hm²（陈修斌等，2006）；春茬温室番茄合适的灌溉定额在 2 723～2 837 m³/hm²（陈碧华等，2008）。可见，设施蔬菜生产中水肥传统投入量远超植株生长需求。水肥过量投入不仅造成土壤养分积累，次生盐渍化和土壤微生态失衡等连作障碍，还导致蔬菜对养分吸收下降，养分利用效率低，土壤质量退化等一系列问题，成为限制设施蔬菜高产优质与可持续生产的瓶颈。设施蔬菜生产的水肥管理现状主要表现在以下几方面：①有机肥和化肥投入盲目过量，偏施氮磷肥，忽视了氮磷钾等养分平衡配比；②忽视生育期各个阶段的施肥用量、养分分配，养分供应与作物需求在时间和空间上不协调；③菜田土壤养分比例失衡，土壤氮磷养分积累；④灌溉不合理，大水沟灌和过量灌溉，氮磷淋洗严重；⑤在施肥认识上重视无机肥料养分管理，忽视有机肥养分的供应。因此，设施蔬菜过量灌溉施肥导致增肥不增产，水分和养分资源浪费，环境污染问题日趋严重。

（一）肥料投入总体过量，养分比例失调

菜农在实际生产过程中大量施用有机肥和化肥，以培肥土壤、增加养分。我国主要设施蔬菜种植区域的施肥状况表明（表 1-1），无论是有机肥还是化肥，过量施用现象极其普遍。有机肥每季每公顷施肥量达十几吨至近百吨，其养分投入量占总量的 55% 以上（王敬国，2011），投入比例也逐年增加（Chen et al.，2004；张彦才等，2005；任涛，2011）。通过对国内与设施番茄施肥有关的 57 篇文献中的 79 个试验数据进行分析，结果表明，传统施肥模式下的设施番茄有机肥氮素和化肥氮素投入量分别平均为 617.0 kg/hm² 和 705 kg/hm²，总氮投入达到 1 313 kg/hm²（梁静等，2015）。以山东寿光为例，1994 年氮磷养分投入量（依次以 N、P_2O_5 计）分别为 817 kg/hm²、956 kg/hm²，到 2004 年增加到 1 272 kg/hm²、1 376 kg/hm²（刘兆辉等，2008）；刘苹等（2014）对山东省寿光市 51 个设施大棚的施肥情况进行了调查分析，结果表明，设施大棚周年投入肥料养分平均为 N 3 338 kg/hm²、P_2O_5 1 710 kg/hm²、K_2O 3 446 kg/hm²，是当地小麦-玉米轮作种植模式的 6～14 倍。河北省蔬菜主产

表1-1 我国部分地区设施果类蔬菜生产有机肥和化肥养分投入量

单位：kg/hm²

地点	作物	年份/调查样点数量	来自有机肥			来自化肥投入			养分总投入			文献来源
			N	P_2O_5	K_2O	N	P_2O_5	K_2O	N	P_2O_5	K_2O	
山东惠民	黄瓜/番茄	2002/n.m	1 142	891	973	1 382	1 022	573	2 524	1 913	1 546	寇长林等，2002
山东惠民	黄瓜/番茄/辣椒	2002/57	1 881	417	1 047	1 358	452	570	3 239	869	1 617	寇长林等，2005
山东武城，青州	黄瓜/番茄/辣椒/茄子	1996/45	658	688	442	1 829	2 591	730	2 487	3 279	1 172	刘兆辉等，2008
山东寿光	黄瓜/番茄/辣椒/茄子	1996/24	1 155	647	949	1 272	1 376	1 085	2 427	2 023	2 034	刘兆辉等，2008
山东寿光	番茄	2007/n.m*	960	912	716	1 000	800	885	1 960	1 712	1 601	姜慧敏等，2010
河北8个县	黄瓜/番茄/辣椒	2003/243	959	414	1 277	943	748	361	1 902	1 162	1 638	张彦才等，2005
北京郊区	黄瓜/番茄/辣椒/茄子	2009/188	748	279	480	542	294	415	1 290	573	895	王丽英等，2012
北京郊区	辣椒/番茄等	2001/n.m	381	348	231	301	129	23	682	477	254	吴建斌等，2001
陕西安康	茄子/辣椒	2006/n.m	930	780	630	517	400	140	1 447	1 180	770	郭全忠等，2007
陕西西安郊区	番茄	2006.n.m	1 074	1 026	823	600	623	497	1 674	1 649	1 320	周建斌等，2006
甘肃白银	黄瓜等	2009/n.m	1 530	1 080	1 125	1 137	654	76	2 667	1 734	1 201	黄绂宁等，2006
宁夏银川	黄瓜	2004/n.m	512	335	334	1 316	459	133	1 828	794	467	李程，2004
江苏南京	番茄等茄果类	2009/n.m	172	100	182	331	109	128	503	209	310	杨步银等，2009

注：* n.m表示文献中没有提及调查数量。

区日光温室番茄 N、P_2O_5 和 K_2O 的平均施用量分别为 996.0 kg/hm²、687.0 kg/hm² 和 502.5 kg/hm²；黄瓜 N、P_2O_5 和 K_2O 的平均施用量分别为 1 269.0 kg/hm²、1 609.5 kg/hm² 和 610.5 kg/hm²；甜椒 N、P_2O_5 和 K_2O 的平均施用量分别为 5 265.0 kg/hm²、1 447.5 kg/hm² 和 1 140.0 kg/hm²。北京郊区 1996—2000 年的氮磷施肥量（依次以 N、P_2O_5 计）分别为 301 kg/hm²、129 kg/hm²，到 2009 年分别增加到 565 kg/hm²、340 kg/hm²，其中番茄、黄瓜、椒类、茄子总养分（N-P_2O_5-K_2O）投入量已分别达 1 206-504-782 kg/hm²，1 426-735-1 101 kg/hm²，1 298-599-915 kg/hm²，1 255-631-958 kg/hm²（王丽英等，2012）。西安市郊区 100 余个日光温室栽培番茄的氮磷平均施用量（依次以 N、P_2O_5 计）分别为 600 kg/hm²，623 kg/hm²。而一般蔬菜形成 1 000 kg 产量平均需要吸收氮磷钾分别为 2～4 kg、0.18～1.20 kg、3.5 kg（杜会英，2007），与蔬菜作物养分需求相比，有机肥和化肥的养分总投入量远远超过作物需求量。以高产水平（150～180 t/hm²）黄瓜和番茄为例，氮磷需求量（依次以 N、P_2O_5 计）分别为 370～470 kg/hm²、105～180 kg/hm²（王敬国等，2011）。可见，设施蔬菜生产中氮肥投入超出需求量的 5～10 倍，磷肥超出比例更高（何飞飞等，2006；张彦才等，2005）。

设施蔬菜生产复种指数高，产量大，消耗的养分量也大。蔬菜从土壤中吸收的养分钾最多，氮次之，磷最少，一般 N：P_2O_5：K_2O 吸收比例为 1：（0.3～0.5）：（1.0～1.5），而实际施用比例为 1：（0.6～1.0）：（0.4～0.7），养分比例严重失衡，王敬国（2011）提出各地设施蔬菜生产肥料施用量的指南，建议氮、磷、钾施用量比例为 1.00：0.38：1.81。李红梅（2006）和张彦才等（2005）研究发现，河北实际施肥中，氮、磷施用量偏高，钾偏低。养分失衡会直接影响蔬菜的品质和产量，而长期大量的氮磷富集，很容易引起次生盐渍化以及土壤酸化，导致蔬菜生理缺钙。因此，为使土壤养分均衡，应引导农民采取滴灌施肥或测土配方施肥等措施，或利用不同作物对养分的需求不一致，采取作物轮作的种植模式，保持土壤养分平衡。

（二）灌溉不合理，水分养分利用效率低

蔬菜需水量大，目前蔬菜作物仍沿用经验式灌溉管理，以大水漫灌或沟灌为主，灌溉量大，水分利用效率低。据调查，河北省设施蔬菜年灌溉用水量一般为 9 000～9 750 m³/hm²，且灌溉用水几乎全依靠地下水，造成华北地区的地下水漏斗区进一步扩大，水资源环境继续恶化（刘晓敏等，2011）。山西省盐湖区日光温室蔬菜每次灌水 47～63 mm，每季灌溉 10～20 次，灌溉总量达 470～1 200 mm，平均 767 mm（王敬国，2011）。山东省寿光地区全年灌溉水总量为 748～1 957 mm，平均灌溉量高达 1 307 mm（宋效宗，2007）。在北京郊区的设施果菜生产中，每年沟灌或漫灌的用水量为 7 500～10 500 m³/hm²

（王丽英等，2012）。过量灌溉导致水肥渗漏、土壤养分流失严重，对地下水环境造成威胁。孙丽萍等（2010）、曹琦等（2010）研究表明，日光温室冬春茬和秋冬茬黄瓜的传统灌溉用水量分别为450~810 mm、340~450 mm，而保证黄瓜高产和减少渗漏的优化灌溉量为300~400 mm；膜下沟灌的传统灌溉量为300~350 mm，优化灌溉量为210 mm。可见，设施蔬菜生产中的过量灌溉现象很普遍。调查数据表明，北京郊区设施果类蔬菜的灌溉方式中漫灌占26%，沟灌占64%，滴灌比例仅占6%（图1-1），灌溉方式不合理是造成灌溉量远高于作物需求量的主要因素。

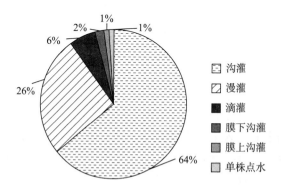

图1-1　北京郊区设施果类蔬菜不同灌溉方式所占比例（n＝188）

文献中设施黄瓜蒸腾蒸发量、渗漏量和土壤储水量的关系表明（图1-2），传统灌溉的灌溉水蒸腾蒸发量占灌溉量的35%，深层渗漏量占灌溉量的28%，土壤储水量占3%，植株水分吸收量占24%。因此，减少灌溉渗漏量还是控制养分损失的主要途径。频繁灌水是蔬菜生长前期氮素大量损失的主要原因，前期灌水占全生育期的39%，远远超过黄瓜等蔬菜需水量（郭瑞英，2007）。在

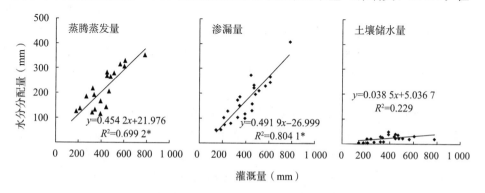

图1-2　日光温室黄瓜蒸腾蒸发量、渗漏量和土壤储水量的关系

数据来源：陈小燕等，2008；王铁臣等，2009；孙丽萍等，2010；曹琦等，2010；朱欣宇等，2010；代艳侠，2010；韦彦等，2010。

蔬菜生长期，通过优化灌溉方式减少灌溉水量能显著降低水分渗漏量，提高水分与养分利用效率。采用滴灌和渗灌等节水灌溉方式，比传统漫灌的灌水量显著减少，灌溉水的深层渗漏降低，减少了养分淋洗损失的风险。覆膜灌溉可减少土壤蒸发、增加土壤持水量，具有更佳的节水节肥效果。膜下滴灌已逐渐成为提高我国设施蔬菜水分与养分利用效率的主要灌溉模式之一。该技术还可以降低温室空气相对湿度，并在早春和秋冬低温期提高土壤温度，增加作物层根系生长。研究表明，与传统畦灌相比，滴灌和渗灌可分别减少硝态氮淋洗量85.9%和91.7%（韦彦等，2010）。但在有些情况下，滴灌条件下也会有氮素损失，主要由于根层土壤硝态氮积累，在番茄生长前期的氮素淋洗损失可占全生育期的50%（Vázquez et al.，2006）。

二、设施土壤环境质量问题

大多数蔬菜作物根系为浅根系，产量和养分需求量高，为保证充足的水分和养分供应，需要经常灌溉和施肥。而在实际生产过程中，生产者为了获取较高经济效益增加水肥投入量，不仅容易导致土壤水分和养分的过量供应，养分利用效率和有效性大大降低，而且引起了土壤质量下降、环境质量恶化，蔬菜品质降低以及污染超标等问题。

（一）土壤养分积累

我国设施蔬菜土壤氮磷积累现象突出，其中河北省大棚蔬菜土壤碱解氮、有效磷和速效钾的平均含量分别是相邻露地的 $1.0 \sim 9.4$ 倍、$1.4 \sim 36.3$ 倍和 $0.6 \sim 4.6$ 倍（张彦才等，2005）。河北省日光温室蔬菜 $0 \sim 20$ cm 土壤硝态氮含量在 $29.1 \sim 269.4$ mg/kg（刘建玲，2004），山东寿光 $0 \sim 30$ cm 土壤硝态氮残留量在 $120 \sim 500$ kg/hm²，平均为 340 kg/hm²（以 N 计）；山东惠民菜地 $0 \sim 90$ cm 土壤硝态氮的累积量为 $270 \sim 5\,038$ kg/hm²（以 N 计）（Ju et al.，2006）。陕西杨凌示范区日光温室蔬菜收获后土壤剖面（$0 \sim 200$ cm）硝态氮残留量（以 N 计）在 $707 \sim 1\,161$ kg/hm²，平均 954 kg/hm²（唐莉莉等，2006）。北京 126 个蔬菜保护地在 $0 \sim 400$ cm 土层的氮积累量（以 N 计）达到 $1\,230$ kg/hm²，其中 434 kg/hm² 位于 $200 \sim 400$ cm 土层中，这对于蔬菜生长是无效的。Johnson（1999）研究发现，当土壤无机氮超过了土壤-植物缓冲范围，土壤中无机氮就会增加，可能造成浅层地下水的硝酸盐污染。过量施肥导致设施蔬菜的氮肥利用率仅有 10% 左右（Zhu et al.，2005；梁静，2011），韩鹏远等（2010）利用[15]N 示踪技术研究发现，设施番茄的氮肥利用效率只有 8%～9%。过量的有机肥和高浓度复合肥的投入导致土壤磷养分积累现象特别严重（表1-2）。张树金等（2010）的调查数据显示，在目前的磷肥投入下，$4 \sim 8$ 年以后，土壤全磷显著增加，是大田土壤全磷的 $2 \sim 4$ 倍。对衡水市 240 个村设施蔬菜的土壤养分状况调查表明，土壤有效磷含量为 45～108.5 mg/kg（王玉朵等，2006）。山东寿光设施土壤有效磷（P）含量平均达到了 200 mg/kg，高的甚至达到 437 mg/kg（Ren et al.，2010）。

表 1-2　华北地区设施果类蔬菜土壤养分状况（0～20 cm 土层）

地点	蔬菜种类	样点数（个）	速效氮（mg/kg）	有效磷（mg/kg）	pH	有机质（g/kg）
山东寿光	黄瓜、番茄、辣椒、茄子、芹菜	111	205.4	225.2	7.69	12.7
山东济南	黄瓜、番茄、辣椒、茄子、芹菜	10	128.7	97.6	6.85	20.6
山东泰安	黄瓜、番茄、辣椒、茄子	40	143.0	135.0	6.85	22.3
山东德州	黄瓜、番茄、辣椒、茄子、芹菜	4	91.3	77.5	6.85	12.7
河北 8 个产区	番茄、黄瓜、辣椒	243	109.3	383.1	7.70	20.2

数据来源：张彦才等，2005；刘兆辉等，2008。

（二）土壤次生盐渍化

设施土壤次生盐渍化是指由于灌溉等人为调控措施不当引起的土壤盐渍化过程，当土壤表层或亚表层中（一般厚度为 20～30 cm）水溶性盐类累计量超过 0.1％，或土壤中碱化层的碱化度超过 5％就发生土壤盐渍化。土壤次生盐渍化是当前设施蔬菜生产中较为突出的土壤障碍因子（王艳群等，2005）。有研究对山东、辽宁、江苏、四川的实地调查发现，在温室、大棚栽培条件下，土壤表面均有大面积白色盐霜出现，有的甚至出现块状紫红色胶状物（紫球藻），土壤盐化板结，作物长势差，甚至成为不毛之地，其中以山东、江苏等地的设施土壤盐渍化程度最为严重（冯永军等，2001）。土壤次生盐渍化对作物造成的损失主要是由于可溶性盐分增多会降低土壤溶液的水势，土壤溶液水势降低到一定程度就会阻碍作物对水分和养分的吸收，当土壤溶液的水势与根系细胞液的水势相等时，植物就不能从土壤中吸收水分，造成植物生理失水而萎蔫、死亡。不合理地大量施肥是造成设施菜地土壤次生盐渍化的重要原因之一（Zhang et al.，2006；余海英等，2007）；设施菜地特殊的水分运移形式，土壤温度和湿度高以及有机肥的施用量与施肥方法不当等均会引起设施菜地土壤次生盐渍化（张金锦等，2011）。有研究发现，0～20 cm土壤电导率与种植年限呈二次极显著相关，表明随着种植年限的增长，设施土壤次生盐渍化呈加剧趋势（刘建霞等，2013）。

（三）土壤酸化

在自然和人为条件下土壤 pH 下降的现象称为土壤酸化。土壤自然酸化过程是盐基阳离子淋失，使 Al^{3+} 和 H^+ 成为土壤中主要交换性阳离子的过程，但这个过程是相对缓慢的。20 世纪 80 年代以来，我国农业土壤的 pH 显著降低，平均下降了约 0.5 个单位（Guo et al.，2010），特别是设施蔬菜生产体系中，高度集约化的水肥管理会导致土壤酸化程度加剧。刘兆辉等（2008）对山东省寿光市的设施蔬菜土壤分析结果表明，建棚前土壤 pH 为 8.14，种植设施蔬菜7 年后，土壤 pH 降至 6.85 左右。设施菜地土壤酸化问题，一是由于蔬菜产量高，从土壤中移走了过多的碱基元素，如镁、钾等，导致了土壤中的钾和中微量元素消耗过度，使土壤向酸化方向发展；二是大棚复种指数高，肥料用量大，导致土壤有机质含量下降，缓冲能力降低，加重土壤酸化；三是由于肥料的不合理投入，高浓度氮、磷、钾三元复合肥的投入比例过大，而钙、镁等中微量元素投入相对不足，造成土壤养分失调，使土壤胶粒中的钙、镁等碱基元素很容易被氢离子置换。通过对廊坊市永清县 27 个温室大棚表层土壤 pH 的分析表明，土壤 pH 随种植年限的延长呈现明显的下降趋势，当种植年限为7 年时 pH 达到最低值（7.43），相较于棚外土壤下降了 0.36 个单位（李玉涛等，2016）。通过增加化学氮肥、钾肥的施入，可以提高土壤养分的有效性，改良土壤，提高土壤的生产能力。但是蔬菜对氮肥的吸收率远远低于施入的肥料，而且土壤的环境容量也是有限的，导致大量的氮肥留在土壤溶液中，或者淋溶进入地下水。这不仅会直接引起 pH 降低，另外也会淋失大量的盐基离子，加剧土壤酸化。

（四）土壤重金属污染

设施菜地容易受到高复种指数、高肥料与农药投入等人为活动的影响，尤其是随着粪肥、农药以及污水的大量施用，导致设施蔬菜土壤出现了不同程度的重金属污染问题。重金属一般先进入土壤并积累，蔬菜通过根系从土壤吸收、富集重金属，然后通过食物链进入人体，给人类健康带来危害。研究表明，我国设施菜地重金属含量超标严重程度依次为 Cd、Hg、As、Zn、Cu、Cr 和 Pb，其中 Cd 超标严重时可达到 24.1%（曾希柏等，2007）。不同使用年限对设施土壤中的重金属含量有影响，一般是设施土壤栽培年限越长，重金属含量越高。黄霞等（2010）研究表明，在设施种植 4 年左右时，土壤中的 Cr、Pb、Cd 和 Zn 含量达到最大值。对河北省设施蔬菜土壤金属元素的评价研究表明，重金属综合污染指数为 1.25，属于轻度污染水平，其中镉（Cd）的超标率为 73.7%，化肥（主要为磷肥）是河北省设施蔬菜土壤 Cd 污染的主要来源（王丽英等，2009）。设施蔬菜地 0~100 cm 土层的镉（Cd）含量是露地土壤的 1.41~2.80 倍，有机肥和磷肥的大量施用是设施土壤中 Cd 累积的主要原因（黄霞等，2010）。因此，不施用重金属含量高的肥料以及不使用污水灌溉，也是控制设施土壤重金属含量的重要措施之一。

（五）土壤养分淋洗

氮素淋洗是设施蔬菜生产体系氮素的主要损失途径。在设施辣椒种植体系中施氮量（以 N 计）分别为 600 kg/hm²、1 200 kg/hm²、1 800 kg/hm² 时，体系中淋出 90 cm 土体的硝态氮量为 224 kg/hm²、345 kg/hm² 和 542 kg/hm²，分别占施氮量的 37%、29% 和 30%（Zhu et al.，2005）。设施番茄长期定位试验中传统氮素管理的每季氮素表观损失达 79%，平均氮素损失比例在 59%~63%（何飞飞，2006；任涛，2007）。陶虹蓉等（2018）研究表明，温室黄瓜季淋洗出 90 cm 土体的氮总量（以 N 计）为 56.08~203.13 kg/hm²，占总施氮量的 9.02%~32.69%；南京郊区的 ^{15}N 试验发现氮素总损失为 34.2%~46.0%（曹兵等，2006）。

氮肥施用过量是造成地下水 NO_3^--N 含量高的主要原因之一（冯永军等，2001）。地下水的硝酸盐超标与过量氮肥投入造成的淋洗有密切关系。有研究指出，沉入水底的氮素约有 60% 来自化肥（黄国勤等，2004）。日本中部有 30% 调查点的地下水硝酸盐含量超过日本的标准（NO_3^- 44 mg/L），而这些超标的地点大多集中在蔬菜种植区域（Babiker et al.，2004）。我国部分设施蔬菜种植区域浅层地下水 NO_3^--N 污染也不容乐观（表 1-3）。刘海军等（2013）研究发现，蔬菜种植区土壤 NO_3^--N 含量要显著高于大田作物，并且蔬菜种植区 NO_3^--N 的深层渗漏速度要大于大田作物。董章杭等（2005）调查了山东省寿光市典型集约化蔬菜种植区，发现 3 个有代表性的乡镇的 653 个地下水水样全年平均 NO_3^--N 含量高达 22.6mg/L，超出我国饮用水标准的水井，数量比例为 36.5%，超出最高允许含量（MAC，10 mg/L）的水井，其数量比例达 59.5%。华北平原设施蔬菜种植区域浅水井硝态氮含量（以 N 计）变化范围是 9~274 mg/L，99% 的样品硝态氮含量超过欧盟标准 10 mg/L，53% 超过美国标准 50 mg/L，26% 超过 100 mg/L（Ju et al.，2006）。河北省蔬菜高产区硝酸盐污染超标率为 20%~33.3%，主要在 ≤30 m 的浅水层，地下水硝酸盐含量与土壤硝态氮含量呈显著直线相关（王凌等，2008）。

表 1-3　部分设施蔬菜地区浅层地下水 NO_3^--N 污染情况

地点	NO_3^--N 含量 (mg/L)	超标率 (%)	参考饮用水标准 (mg/L)	参考文献
山东寿光	—	18.2%~71.4%	10	刘兆辉，2008；李俊良，2001；Zhu et al.，2005
山东惠民	—	99%	10	Ju et al.，2006
闫安安塞	142mg/L			徐福利等，2003
江苏太仓	—	76.9%	10	桂烈勇，2006
北京设施菜田区	72.42mg/L			刘宏斌，2006
河北蔬菜高产区	5.18~7.54mg/L	20%~33.3%	10	王凌等，2008
石家庄张营	115mg/L			赵俊玲等，2005
石家庄西三教	184mg/L			

农田土壤中，磷主要是通过地表径流和渗漏方式向地表或地下水体迁移，土壤磷素渗漏主要受土壤磷水平的影响（Davis et al.，2005），在大量施用有机肥的土壤中表现尤为突出（张作新等，2008、2009；赵林萍，2009）。欧洲规定土壤有效磷的环境阈值为 60 mg/kg，洛桑试验站的结果表明，土壤有效磷大于 57 mg/kg 时，土壤磷淋失风险显著增大（Brookes et al.，1995）。而我国河北省 91.71% 的大棚土壤有效磷含量＞105 mg/kg（张彦才等，2005），北京郊区设施黄瓜传统施肥条件下土壤溶解性全磷的年淋洗量为 8.9 kg/hm²（王娟，2010）。菜田的有机肥施用提高了土壤磷淋失的临界值，钟晓英（2004）研究提出，全国 23 个农田土壤的磷淋失临界值有效磷在 29.96~156.78 mg/kg，其中淋失量为 156.78 mg/kg 的调查样点所对应的土壤有机质含量在 80 g/kg 左右。杭州市郊典型菜园土壤磷素状况评价表明，72% 的土壤超过菜园土磷素丰缺的有效磷临界值为 60 mg/kg。通过分段线性模型分析土壤磷素淋失的临界值为 76.19 mg/kg，60% 以上超过该临界值，存在磷素淋溶的风险。我国北方农田土壤有效磷含量超过 40 mg/kg 就认为处于极高水平，即使考虑到蔬菜作物根系较浅的特点，根层土壤有效磷 50~60 mg/kg 应该是上限，否则磷的环境风险加大（王敬国，2011）。以上研究结果在不同的作物体系和土壤条件下进行，比较一致的观点认为有效磷临界值为 60 mg/kg 左右（姜波，2007）。

(六) 氮素气态损失

氨挥发是农田氮素气态损失的重要途径。Streets 等（2003）研究表明，在发展中国家的农业生产中，氮肥的氨挥发损失为 10%~50%。而在中国，氮肥的氨挥发损失已由 1990 年的 11％上升至 2005 年的 13.2％，氨挥发总量（以 N 计）也从 1.80 Tg 增加至 23.6 Tg（Cai et al.，2000；Zhang et al.，2011）。水田、旱地和草地的氨挥发损失则分别占施氮量的 20％、14％和 6％，菜地的氨挥发损失也可占到施氮量的 11％~18％（Bouwman et al.，1997；贺发云等，2005）。

N₂O 排放是农田氮素气态损失的另一个重要途径。N_2O 还是一种备受关注的温室气体，不仅直接导致温室效应，而且还破坏平流层中的臭氧层，增加到达地表的紫外线。农业土壤被认为是 N_2O 排放的主要来源，研究表明，我国农田土壤 N_2O 的年排放总量达 398 Gg，约占全球农田土壤排放总量的 10％（张玉铭等，2004）。Cai 等（2000）人估算，1990 年由中国农田直接排放的 N_2O（以 N 计）可达 0.28 Tg。每年施入土壤中的氮肥，有很大一部分的氮素通过 N_2O 排放方式而损失掉，化学氮肥过量投入被认为是农田 N_2O 排放增加的重要原因。

第二节 设施蔬菜灌溉施肥技术与发展趋势

一、设施蔬菜灌溉技术

设施蔬菜生产由于不能直接利用天然降水，而要依靠人为灌溉来补充水分，因此灌溉水是蔬菜作物水分需求的主要来源。目前灌溉可分为传统灌溉与节水灌溉。在设施栽培中，传统灌溉主要包括畦灌、沟灌等技术，是灌溉水进入田间后借助重力和毛管力作用渗入作物根区，从而浸润土壤的一种古老田间灌水技术，也称为地面灌溉。节水灌溉是以最低的灌水量获得作物最高产量的一种灌溉技术，主要包括喷灌、渗灌、滴灌、微喷灌及膜下灌等。每种节水技术的特点虽不一样，但均以节水为目的，对于设施蔬菜生产都具有一定的促进作用。在农业发达国家以及水资源匮乏、水价昂贵地区已广泛采用节水灌溉技术。

（一）设施蔬菜灌溉技术发展态势

1. 灌溉技术发展历程

在我国设施农业发展初期，栽培管理以传统经验为主，蔬菜生产大多数采用的是沟畦灌等地面灌溉技术。该技术虽然具有所需田间工程设施简单、易于实施、能源消耗低等显著优点；但也存在较大的不利点，如田间水量渗漏损失大、灌水均匀性差、灌溉水利用效率低以及容易造成表层土壤板结，破坏土壤团粒结构等。落后的灌溉技术不仅造成水资源的严重浪费，还会造成设施内环境恶化，导致病虫害发生和蔬菜产量品质的下降。喷灌、滴灌等技术的推广与应用是提升我国灌溉施肥技术水平，改善农作物水肥施用现状，解决水肥资源浪费问题，实现农业生产高效节水灌溉目标的根本途径。如今世界上发达国家一直在努力推广微型节水灌概技术，在美国、以色列等国家的喷微灌面积达到其国家总耕地面积的一半以上；在以英国、瑞典为代表的一些欧洲国家和以日本为代表的亚洲国家早已在致力于研究智能节水灌溉的精准农业技术。统计数据显示，截至 2016 年底，我国的喷灌、微灌面积为 995.4 万 hm^2，约占全国有效灌溉面积的 14.8%，但仅占耕地面积的 7.4%（中华人民共和国水利部，《2016 年全国水利发展统计公报》），节水灌溉技术在我国还具有广阔的发展前景。

滴灌是重要的节水灌溉技术之一，该技术诞生于以色列。20 世纪 40 年代末，以色列农业工程师希姆克·伯拉斯（Symcha Blass）发明了滴灌技术，并应用于沙漠地区的温室灌溉，取得了良好效果。随着塑料工业的快速发展，塑料管材的使用促进了滴灌技术的进步与推广，在 20 世纪 60 年代，滴灌技术已在以色列、美国得到广泛应用。20 世纪 80 年代，节水灌溉设备已在世界上许多先进国家的温室中普遍采用，成为现代温室配套设施。我国从 70 年代开始引进喷灌、滴灌技术，80 年代中期曾一度得到迅速发展。进入 20 世纪 90 年代后，我国明确提出要大力普及节水灌溉技术，随着对农业节水灌溉的重视及相应资金投入的增加，各地纷纷建立了农业示范区（点），促进了滴灌和微喷灌等节水灌溉技术在我国的推广应用。在学习国外先进经验的基础上，我国相继研制成了滴灌、微喷灌、膜下灌等节水灌溉技术产品，同时还通过引进一些具有世界先进水平的滴灌、渗灌的生产技术与设备，使我国节水灌溉技术及配套装备水平得到迅速提高，为我国大面积推广节水灌溉技术打下了良好的基础。经过前人的孜孜探索，灌溉水的利用技术已达到很高水平，但水资源的短缺越来越严重，人类在新世纪将面临更严峻的挑战。21 世纪的灌溉技术将会向着基于计算机控制的高度自动化、智能化与精量化的方向迅速发展。

2. 灌溉技术发展方向

由于我国种植地域广阔，土壤墒情千差万别，可种植的蔬菜种类繁多，单靠人工经验判断灌溉时机、灌溉时间及灌溉水量的随机性非常大，很容易出现偏差，难以符合蔬菜生长对水分的最适要求，也不符合国家精准农业的发展需求。为提高水资源利用率，实现精细、适时灌溉，解放劳动力、发展高效农业，借助于物联网、3S[①] 和太阳能发电等技术构建灌溉智能化控制系统，通过信息技术对土壤湿度和作物生长实时监测，对灌区灌溉用水进行监测预报，智能控制灌水时间和灌水量，实现按照作物生长需求的适时适量灌水是现代农业的发展方向。随着物联网技术的发展和渗透，物联网在农业生产管

———————————

① 3S 技术，是遥感技术（RS）、地理信息系统（GIS）和全球定位系统（GPS）的统称。

理中的作用愈加重要，其技术方面的优势可以实现农业灌溉信息的准确感知和及时反馈，有效解决灌溉系统的精准供给问题。物联网与自动控制技术的应用，更加节水节能，降低灌溉成本，提高灌溉质量与效益，使灌溉更加科学与便捷。

与常规灌溉系统相比，智能灌溉控制系统主要增加了中央控制系统、田间控制装置和信息采集系统，中央控制系统根据信息采集系统获取的田间数据，智能分析和决策灌溉时间和灌溉量，并发送信息指令启闭田间控制装置，进而实现实时与精准的灌溉。在目前设施蔬菜生产中，一般将滴灌作为智能灌溉系统的末端供水器。中国水利水电科学研究院自主研发的物联网智能灌溉系统主要由农田气象环境监测系统、远程土壤墒情测报系统、远程管道压力和流量监测系统、远程作物长势视频监测系统、能效监测系统、田间灌溉控制系统、智能施肥系统、智慧平台等 8 个部分组成。农田气象环境监测系统与远程作物长势视频监测系统用于采集田间环境的温度、湿度以及作物长势等参数信息，远程管道压力、流量监测系统与远程土壤墒情测报系统通过解码器采集管网压力、流量数据与土壤含水率及墒情状况信息，通过有线或无线传送至田间灌溉控制系统，进行信息识别与处理，并对智能施肥系统与能效监测系统进行调节，同时也可通过客户端访问智慧平台对灌溉控制系统进行参数调试，及时了解作物生长状况与灌溉系统运行状况，确保系统正常安全运行，促进作物稳产高产（师志刚等，2017）。针对我国以日光温室为主体的设施农业发展现状，以及设施蔬菜生产过程中灌溉不合理、智能化水平低、劳动强度大等问题，北京农业智能装备技术研究中心开发了一种适用于单体温室蔬菜生产的水肥一体化控制系统，该系统通过液晶触摸屏和模块化灌溉施肥控制器，实现人机界面显示、数据采集储存和设备智能控制等功能。在系统设定的自动控制模式下可根据作物种类、生长阶段、光照强度和土壤条件实现智能化灌溉施肥，不仅实现了单体温室内灌溉的自动化管理，降低了劳动强度，且土壤水分能够保持在较为适宜范围内，增加了产量，且大幅度提高了灌溉水利用效率，具有较高的经济效益（李银坤等，2017）。

但在成套智能灌溉设备的开发与应用方面，我国还落后于发达国家的水平，根据我国设施结构特点与灌溉现状，要达到智能化的适时适量灌溉，需要解决的关键技术问题还很多，这些技术和设备在我国还多处于研究和待开发阶段，远不能满足国内设施灌溉的需要。进口灌溉设备具有性能稳定、品种全等优点，在国内市场上占有很大比例，但进口的灌溉设备价格昂贵、对操作的技术要求高、维修难度大，且有些设备产品也并不适合我们的国情。因此，结合我国的设施栽培特点，加速开发和研制适合我国国情的成套、适用、可靠、先进的节水灌溉设备，是今后的重要任务和努力方向。

（二）设施蔬菜主要灌溉技术

在设施蔬菜生产中常用的灌溉技术主要有畦灌、沟灌等传统灌溉技术，以及微喷灌、滴灌、渗灌等节水灌溉技术，而基于陶瓷盘（管）的负压灌溉等新技术也开始得到应用。

1. 畦灌技术

畦灌是指用土埂将田块分割成狭长的畦田，畦中灌溉水以薄层水流向前推进，借助重力作用与土壤吸附力湿润土壤。畦灌技术曾在设施蔬菜生产中被广泛应用，畦田的宽度多为蔬菜行距的整倍数，例如，黄瓜、茄子等宽行距蔬菜作物一般为 2 倍。畦埂底宽 25 cm 左右，畦高一般为 10～15cm，以不跑水为宜。畦灌具有田间工程设施简单、使用成本低、易于实施等优点，除水费外几乎没有其他投入，但用水量大、灌水效率低是制约该技术持续发展的关键因素。

2. 沟灌技术

沟灌也是我国农业生产中普遍采用的一种灌水方法，通过在作物行间开挖灌水沟，水在灌水沟流动过程中主要借重力作用和毛细管作用，从灌水沟沟底和沟壁向周围渗透而湿润土壤。灌水沟的布置一般与作物种植方向一致，沟间距尽可能与作物的行距相一致。灌水沟断面一般呈倒梯形和倒三角形，依灌水沟的断面尺寸与沟深可分为深灌水沟（灌水沟深度＞0.25m，底宽＞0.3m）和浅灌水沟（灌水沟深度＜0.25m，底宽＜0.3m。）2 种。与畦灌相比，沟灌不会形成严重的土壤表面板结，同时能够减少深层渗漏，防止地下水位升高和土壤养分流失。由于沟灌水流仅覆盖了 1/5～1/4 的地面，相比畦灌技术减弱了土壤蒸发强度，对土壤团粒结构的破坏较小，省水、灌水效果比较理想。在传统沟灌的基础上，结合地膜栽培技术，形成了膜下沟灌、膜侧沟灌以及膜上灌溉等技术。其中膜下沟灌是在两小行之间的沟上覆盖一层塑料薄膜，在膜下架设竹皮或钢丝小拱，形成封闭的灌水沟；膜侧沟灌是在灌水沟垄背部位覆膜，灌溉水流在膜侧的灌水沟中流动，通过膜侧入渗到作物根区土壤内；膜上灌溉是在灌水沟内铺地膜，灌溉水流在膜上流动，并通过膜孔或膜缝入渗到作物根部土壤。结合地膜的沟灌技术灌水均匀度较高，可以减少整个生育期灌水次数，省水节电，还能提高土温，降低棚内湿度，减少霜霉病等病的发生。但沟灌需要开挖灌水沟，劳动强度较大；据统计，沟灌的农田灌溉效率仅为 20%～30%，作物实际有效吸收的水分只占 25% 左右。沟灌水量仍远高于作物需求量，灌溉水浪费严重，也是限制该技术在设施蔬菜生产中持续应用的原因。

3. 微喷灌技术

微喷灌是通过低压管道将水送到植株附近，并用专门的小喷头向作物根部土壤或作物枝叶喷洒细小水滴的一种灌水方法。微喷灌系统一般由水源、水泵、过滤装置、喷灌工程管材和喷头等组成。在设施内布置微喷灌时，其支管通常与作物种植方向一致，但连栋式的温室中，支管通常与温室的长度方向一致。喷头在地面上的组合方式一般有矩形、正方形、正三角形和等腰三角形等形式，其中正三角形组合方式单喷头控制的湿润面积最大。应根据地块的形状、尺寸等选择合适的组合方式，以保证系统的综合造价最低。

微喷灌全部采用管道输水，工作压力低，流量小，可人为控制灌水量，既可以定时定量的增加土壤水分，利于减少水资源的浪费和消耗，确保灌水的均匀性；又能提高空气湿度，调节局部小气候，原则上可适应于任何地形和作物，其节水程度远远好于普通的地面灌溉。与传统地面灌溉方法相比，微喷灌减少了大量输水损失，避免地面积水、径流和深层渗漏，可节水 30%～50%，而且灌溉均匀、质量高，节省劳力 50%。同时，微喷灌还具有增产、保土保肥、适应性强、便于机械化和自动化控制等优点。但微喷灌有一定的蒸发和漂移损失，损失水量约为灌水量的 10%～20%（杨丽娟等，2000）。微喷灌还可能会造成植物叶片盐害和鲜菜污染加重，也会由于增加空气湿度而诱发病害的发生。另外，微喷灌系统对水质要求高以及系统投入成本大，这也是制约该技术在设施农业中大范围应用的因素之一。除灌溉功能外，喷灌技术还可以喷洒农药、化肥，创造与改善田间小气候，调节空气、土壤及作物的温度、湿度。

4. 滴灌技术

滴灌是利用塑料管道将灌溉水通过滴头均匀而又缓慢滴入作物根部附近，主要借助重力作用渗入作物根系区，可使根区土壤经常保持在最适含水状况的一种局部灌水技术。设施农业中滴灌工程布置的形式主要为：水源＋水泵＋过滤设备＋田间管网＋滴灌带（管）。滴灌被认为是迄今为止农田灌溉最有效的一种节水灌溉方式，水的利用率可达 95% 左右，具有省水、高产和易于实现灌水自动化、省工省力等优点。但由于滴灌区的水分和养分主要集中在耕作层，不利于作物根系深扎，因此不能够充分利用土体中的养分。另外，滴灌带的滴头易堵塞、水质要求高，单位面积资金投入较大，这曾在一定程度上制约了滴灌技术更大范围地推广应用。近年来，随着中国滴灌设备生产逐渐完善以及滴灌技术的快速发展，滴灌不再是"昂贵技术"，尤其是以滴灌技术为基础，发展起来的地下滴灌技术以及膜下滴灌技术在设施作物上得到了广泛应用。

地下滴灌是通过埋设于地下的滴灌带将水分与养分均匀、精量地输送到作物根部土壤的灌水方法。由于在地下滴灌过程中几乎没有水分蒸发损失，而且便于田间作业和管理，对土壤结构的破坏小，从理论上来说该项技术的节水节肥与增产效果最为明显。但缺点是系统出现问题后无法及时发现，滴头容易出现堵塞，维修难度大等。因此，地下滴灌的灌水器选择标准应着眼于防堵塞、易清洗这一目标。过滤装置也是地下滴灌系统中的关键部件，当灌溉水质较差时，一般选择沙石过滤器和叠片过滤器相组合的方式。

5. 渗灌技术

渗灌是灌溉水通过埋设于地表下的灌水器（微孔、多孔渗灌管）由内向外呈发汗状渗出，从而达到直接向作物根区慢慢供水的目的。完整的渗灌系统由水源、首部枢纽、输配水管网、渗灌管组成。渗灌首部枢纽包括加压装置（水泵）、过滤装置（过滤器）、施肥施药装置（施肥器）、进排气装置（进、排气阀）、测量仪表（压力表、流量表）以及控制阀门等。输配水管网是渗灌系统的输配水部分，包括干管、支管和各种配件。渗灌管从材质上看主要是塑料管和橡胶管。生产中也可采用简易的渗灌系统，即由水源和水泵、输配水管网、渗灌管等组成。渗灌中的灌溉水主要借助土壤毛管力作用而湿润土壤，土壤表层干燥，土壤中液态水的蒸发面移至干土层以下界面，使土壤中的水分进入大气的路径加长，压力梯度减少，土壤表面的无效蒸发大大降低；同时还具有节水、省工、增产和便于中耕、不破坏土壤结构、降低设施环境湿度、防止杂草丛生和病虫害发生等优点。但渗灌往往会使土壤湿润不均匀，表土返盐，地下渗漏严重；而且地下管道不易检修养护，投资大、施工要求高、渗灌比较适用于上沙下黏的土壤。

6. 负压灌溉技术

负压灌溉是一种将供水源压力控制为负值的新型地下灌溉技术。该技术无需动力加压设备，通过改变系统的供水负压，即可实现作物对水分的连续自动获取，以及土壤含水量的精确稳定控制。负压灌溉技术改变了传统的间歇灌溉概念，变"灌水"为"给水"，变"断续灌溉"为"连续供水"，变人为的"被动灌溉"为植物获取的"主动吸水"；土壤含水率维持在非饱和状态，可抑制土表湿润导致的无效蒸发和地下渗漏导致的无效灌溉和养分流失（邹朝望等，2007）。与滴灌技术相比，负压灌溉条件下土壤深度为 0～20 cm 的土壤水分具有相对稳定性，早春茬和秋冬茬温室番茄生育期间土壤含水率可分别保持在 21.4%～23.7% 和 21.7%～23.8%，周年土壤深度为 0～20 cm 的土壤含水率保持在田间持水率的 81.3%～90.5%，且具有更佳的节水和增产效果（李银坤等，2017）。

负压灌溉系统的结构简单，选材容易（主要材料为 PVC 给水管材），投入成本低，也不需要进行灌溉时间和灌溉量决策，易于农民使用。该技术特别适用于设施栽培中，因为设施栽培很少出现极端环境条件，系统的运行不与田间管理相冲突，避免了供水管道与灌水器等关键部件因环境温度过低而冻裂或农事操作而出现损坏等。由于负压灌溉系统是在负压条件下工作的，因此确保系统的密闭性显得尤为重要，一旦气密性出现问题将直接影响到整个系统的正常运行。这也对系统的组合、安装、维护等工作提出了较为严格的要求。

（三）设施蔬菜节水灌溉技术研究与应用

在设施蔬菜栽培过程中，灌溉水是土壤水分的主要来源。合理灌溉不仅可以促进蔬菜生长、保证蔬菜高产，还可以改善土壤理化性状、抑制设施土壤退化。目前，国内应用于设施栽培中的灌溉技术除漫灌、沟灌等传统灌溉方法外，滴灌、微喷灌、渗灌等节水灌溉技术的应用日益普遍。

滴灌是目前设施蔬菜栽培中应用最多、最有效的节水灌溉方式。滴灌一般只润湿滴头下的土壤，用水量少，是一种可以减少棵间蒸发，降低环境湿度，使设施环境具有适宜的温度、湿度条件和良好的土壤通透性的灌溉方法。自1974 年滴灌技术引入我国后，滴灌面积逐年扩大，1985 年我国滴灌面积有1.5 万 hm^2，1996 年的滴灌面积为 7.4 万 hm^2，而到 2014 年时，以滴灌技术为主的微灌总面积已达 468.2 万 hm^2。在传统农业生产条件下，灌溉与施肥是两项独立的操作过程，由于水分与养分供给不同步，水肥耦合效应不能得到及时有效发挥，导致水肥利用效率低；且劳动强度大，生产效率低。滴灌水肥一体化是借助压力系统或者自然压差将液体肥或可溶性固体肥兑成肥液，与灌溉水一起通过可控管道系统将水分与养分输送到作物根系生长发育区域。滴灌水肥一体化作为滴灌技术的重要组成部分，具有如下优点：①节约用水，有效提高灌溉水利用效率。与沟灌相比，滴灌条件下的保护地黄瓜可节水 41.4%，增产 23.8%（侯松泽等，2001）。武晓菲等（2018）研究表明，膜下滴灌的设施番茄耗水量比沟灌减少 56.2%，产量却增加了 5.5 t/hm^2，膜下滴灌的灌水利用效率是沟灌的 2.8 倍。在设施芹菜上的研究表明，覆膜滴灌条件下的芹菜具有较高的产量和水分生产效率，相比露地沟灌，可节水 36%，增产 25.1%（张晓娟等，2017）。王锐等（2009）研究了不同灌溉方式下温室辣椒的节水效果，结果表明，采用毛管滴灌和滴头滴灌技术，比传统沟灌分别节水 71.2%和 65.8%，节水效果极显著。②操作简单，省工增效。滴灌借助压力系统与管道将水和肥料一同供应给作物，可以节省大量的灌溉和施肥用工。以植棉为例，常规灌溉种植每个劳动力智能管理 30 亩左右，采用滴灌技术每个劳动力可管理 60～90 亩，劳动效率是原来的 2～3 倍，相比沟灌可增产 23.5%，增加产值 3 157 元/hm^2，年直接经济效益 1 285.2 元/hm^2（尹飞虎，2013；苏荟，2013）。以菠萝为例，常规追肥，1 人 1 天仅能完成 0.27hm^2 的施肥工作，人工费为 1 350 元/hm^2，而采用水肥一体化技术，1 人 1 天可灌溉施肥 3.33 hm^2，施肥用工成本仅为 900 元/hm^2，工效提高了 10 倍（杨晓宏等，2014）。章伟（2016）在葡萄上的研究表明，滴灌水肥一体化技术相比传统灌溉施肥模式，肥料成本下降 17.4%，净产值达 5 万～7 万元/hm^2，提升了 39.5%～75.8%。③减少肥料用量，提高肥料利用率。与先将肥料撒在作物根区，然后浇水的传统施肥方式相比，滴灌水肥一体化可将养分精准输送到根系生长部位，有效提高肥料的吸收效率，减少水肥浪费，进而降低肥料使用成本。而沟灌条件下的"肥随水来，肥随水去"效应使得硝态氮随水一起向土壤深层运移，降低了肥料利用效率。在设施番茄上的研究表明，沟灌施肥处理的氮素利用率为7.7%～8.4%，而滴灌水肥一体化处理的氮素利用率为21.1%～22.3%（王欣，2012）。Singandhupe 等（2003）研究发现，当施氮量小于 120 kg/hm² 时，滴灌施肥比沟灌减小了硝酸盐淋失，显著提高了番茄产量与水氮素利用效率。蔡树美等（2018）在设施黄瓜上的研究表明，滴灌施氮 245.0 kg/hm² 条件下的黄瓜产量最高可达 82 913.4 kg/hm²；而喷灌施氮 418.8 kg/hm² 条件下的黄瓜产量最高只有 63 792.6 kg/hm²。由此可见滴灌水肥一体化在节肥增产方面具有显著的效果。④减少病虫害发生，降低农药使用量。张春同等（2016）研究了不同灌溉方式对日光温室小气候的影响，结果表明，在番茄开花期灌水当天，滴灌条件下温室内相对湿度为 39%，比沟灌条件下的相对湿度降低了43.5%，且滴灌条件下温室内的空气温度和土壤温度都明显高于沟灌条件的温室，从而在一定程度上抑制了病虫害的发生。钟政忠等（2013）在温室番茄上的研究也表明，滴灌水肥一体化降低了空气湿度，抑制了作物病害发生，减少了农药的投入和防治病害的成本，农药用量可减少 33%。⑤防止土壤盐分积累与酸化。不同灌溉方式由于单次灌水量与灌水周期不同，灌水湿润过程、湿润部位以及灌水后土壤水分运动方向与速率等也不尽相同，这将影响土壤中盐分的累积和迁移，进而对土壤理化性质产生不同影响。李建熹等（2011）研究了渗灌、滴灌、沟灌 3 种灌溉方法对设施土壤盐分分布特征的影响，滴灌处理比渗灌处理和沟灌处理效果更好，表层水溶性盐分和硝酸盐积累较轻，酸化较轻，有利于土壤环境的可持续性发展和有效地保护。不同灌溉方式下的 0～20 cm 土层全盐含量与 0～30 cm 土层 pH 均具有明显差异，土层全盐含量为沟灌＞渗灌＞滴灌；pH 大小顺序为滴灌＞渗灌＞沟灌（范庆锋等，2013）。而长期使用滴灌比沟灌和渗灌更有利于防止土壤盐分积累与酸化。

　　微喷灌是利用微喷灌设备组装成微喷灌系统，通过管道系统将水分输送到作物根部附近，然后用微喷头喷洒在土壤表面进行灌溉。微喷灌也是当前设施蔬菜栽培中常用的节水灌溉技术，其性能介于滴灌和喷灌之间，喷水强度要求与喷灌相似，灌水均匀系数和灌水效率与滴灌相同。该技术对土壤、地形的适应性强，适用的作物种类广，特别适合对生长环境湿度有较高要求的作物，如温室蔬菜、育苗、花卉或观赏作物等。微喷灌由于水流速度快，且水压高，对水质的要求低，可以有效避免喷头堵塞现象。同时微喷灌还可以直接向作物的根系周围喷洒可溶性的化肥，大大提高施肥的效率，避免化肥的浪费。微喷灌还可实现对设施内环境湿度或温度的调节，以及具有清洗作物叶面灰尘的作用。在大棚春番茄上的研究表明，微喷灌比沟灌有明显的节水增产效果，节水率在 50% 左右，增产幅度在 7.5% 左右（许贵民等，1994）。通过研究微喷灌和大水漫灌对设施番茄种植的影响发现，微喷灌的用水量只是传统漫灌的 1/3 左右，而且微喷灌的坐果率比大水漫灌高出 10% 以上。由此可见微喷灌在节水、提高经济效益等方面具有非常显著的效果。张川等（2018）研究也表明，采用微喷灌结合滴灌方式可增加温室内相对湿度，降低气温，改善温室高温环境，同时可降低叶片温度约 4℃；在作物生长生理特性方面，微喷灌结合滴灌可增加黄瓜株高与茎粗，降低作物茎流速率，促进黄瓜生长。

渗灌属于地下灌溉，是指使用埋设在地下的渗水管将水分和液态肥料通过滴渗的方式润湿作物根系层，并扩散到作物根系周围的灌溉技术。渗灌克服了漫灌、喷灌等地表灌溉造成的水土流失现象，被认为是灌溉农业最有效的方法之一。渗灌技术在灌水后土壤表层不会出现板结，有效降低水分蒸发，也不会出现深层渗漏，提高了灌溉水利用效率。温室条件下的晚春差生菜采用渗灌具有明显的节水增产效果，与沟灌相比，整个生育期内可节水 19.0%，增产 15.4%（张书函等，2002）。范庆锋等（2017）等研究认为，沟灌条件下的土壤硝态氮含量不仅表层明显累积且通体含量也较高，而在渗灌条件下，由于渗灌管以上的土壤水分以向上运动为主，致使硝态氮随水分不断向表层移动、累积，大大减少了硝态氮向土壤深层淋洗。与沟灌相比，渗灌能提高土壤温度，在气温低的条件下非常有利于作物根系的生长发育，促进根系对水分、养分的吸收和转运。刘作新等（2002）研究分析了日光温室中使用渗灌的效果，结果表明，渗灌与沟灌相比，增加土壤水稳性团粒 81.4%，降低土壤容重 21.2%，增加土壤孔隙度 29.0%，提高土壤温度 1.1～1.7℃，降低空气湿度 13.4%，节约灌溉用水 36.7%；而且能促使作物早熟，提高作物产量，减少作物病害，降低生产成本。范凤翠等（2012）对不同灌溉方式下日光温室番茄根系分布特征进行了研究，在渗灌条件下根系的分布空间较为均匀，单位土体根系重量也大于沟灌处理，说明渗灌提供了更有利于作物生长的微域空间。渗灌管理深对灌水均匀度、深层渗漏和蔬菜生长及产量等均有较大的影响，渗灌管布置的过深不利于作物生长，但过浅又将无法满足作物后期对水分的需求。王淑红等（2003）研究了渗灌管不同埋深对土壤水盐动态及番茄产量的影响，结果表明，在 20 cm、30 cm、40 cm 3 个渗灌管埋设深度中以深度 30 cm、下铺防渗槽处理的番茄生长最佳，土壤盐分积累较少，番茄产量及水分利用效率也最高。一般研究认为，对于浅根作物如蔬菜等，渗灌管埋深为 0.1～0.3 m，果树等深根类作物为 0.3～0.4 m，并应在不影响耕作前提下尽量浅埋，这样既有利于减少渗灌管上部土体未湿润的干土层厚度，又可防止或减少深层渗漏。

二、设施蔬菜施肥方法与技术

设施蔬菜生产具有单产高、生长期短、养分需求量大和经济效益高等特点。肥料是设施蔬菜增产的物质基础，但并非"施肥越多越增产"，合理、科学施肥是提高蔬菜产量、改善品质的重要技术措施。所谓科学施肥，就是按照栽培目标，科学地设计并实施最佳施肥方案，实现以最少的投入，取得最佳的经济效益。其重点是确定适宜的施肥量和最协调的肥料养分种类配比，核心是施肥量的确定。

（一）传统施肥方法与技术

传统施肥的特点就是将肥料施入土壤，土壤缺什么养分就施什么肥料，施肥方法简单。根据施用时期一般分为基肥和追肥两种施肥方式。

1. 基施

基施是指在蔬菜播种或定植前所施用的肥料，其作用是为蔬菜生长发育创造良好的土壤条件。用作基肥的肥料主要是有机肥，主要包括人畜粪便、动植物残体以及饼肥等。基肥的施用方法有畦施、沟施和穴施等方法，一般是将有机肥铺撒在畦、沟和穴中，经过机械或人工覆土或者将肥料与土壤混合后定植。

2. 追肥

追肥是在蔬菜生长期间施用的肥料，其作用是及时调节作物不同生育期对养分的需求，争取高产。用于追施的肥料主要是速效性的化学肥料，追肥的方法有冲施、撒施、埋施、肥水一体化与叶面喷施等。冲施、撒施和埋施等方法是把肥料先施用到土壤或基质中，然后再灌水，容易造成烧苗和养分的损失；叶面喷施是将肥料溶解在水中，然后喷洒在蔬菜的茎叶上，具有养分运转快、及时发挥肥效等优点；而水肥一体化则是目前设施蔬菜生产过程中实施追肥的重要技术手段，该技术一般将肥料先溶解到水中，然后以肥液的形式通过滴灌系统直接供应到植株根部，养分利用率高，省工，省时，节水、节肥效果显著。

（二）养分平衡施肥技术

养分平衡施肥技术是以养分平衡原理为依据，根据预期目标产量计算出植株所需吸收的氮、磷、钾等养分量，再根据土壤测试数据计算出土壤能提供的氮、磷和钾等养分量，两者之差就是肥料的施用量。该技术方法具有计算方便、容易掌握、便于推广应用等优点，目前的测土配方施肥多是基于养分平衡原理计算的。但使用该方法需要根据蔬菜养分需求特点与土壤肥力特征，首先要确定计算参数（目标产量、作物需肥量、肥料养分含量和肥料利用率等）以及土壤养分利用系数；另外，当基施大量有机肥时，需要考虑有机肥带入的养分量，这样才能确保该方法计算结果的准确性。随着传感器技术的发展以及在养分原位监测技术上的突破，将来有望实现土壤中主要养分的实时监测，为施肥决策系统提供重要技术支撑。而通过综合应用移动通信、大数据计算与存储等现代信息技术与基础科学研究成果，开发以土壤养分系统平衡理念为核心的便携式专家施肥决策系统，尤其是基于手机端 App 的快速施肥决策能够经济、快捷地将不同蔬菜科学合理的施肥推荐传送到千家万户的新模式，为养分平衡施肥技术的推广与应用提供了新途径。

（三）测土配方施肥技术

测土配方施肥技术主要由测土、配肥与供肥 3 个环节构成。由于其综合效果好、可执行性强，需肥、施肥与供肥三者的矛盾可被协调并解决，故得以广泛应用与研究。传统的测土配方技术由于测验方法的落后导致了施肥作业的时效性差与应用面积小，对供应环节的忽视导致了环节之间相互配合与连接较为困难，使该技术难以发挥最大功效。目前基于 3S 技术的测土配方施肥研究比较普遍（史国滨，2011）。这套理论方法的基本思想是利用 GPS 和 GIS 方法采集种植管理区域的地理空间信息，与对应区域的土壤评价信息、土壤养分分布信息等共同形成空间数据库，并根据作物种类和分布进行栅格单元划分，根据作物目标产量、养分平衡等模型针对每一个操作单元计算最佳施肥方案，并生成配方图和专题图，从而为田间施肥决策提供重要的理论依据。但是基于 3S 平台的测土配方决策系统对有机肥和无机肥的区分不明显，严重影响到土壤质量并加速水体的富营养化；当前各个系统平台的开发基本都是针对某一特定区域的特定作物，并且各个平台采用的技术方法以及数据库存储形式都千差万别，不同系统间无法实现数据交互，通用性较差。另外，农民在施肥使用测土配方技术时，往往忽视了部分重要的微量元素（如硼、锌等元素），将直接或间接地影响产量。

（四）精准变量施肥技术

近年来，随着信息技术与传感器技术的进步，设施精准变量施肥技术及配套装备的应用成为可能。该技术是指在设施园艺生产过程中，充分考虑设施栽培环境的微气候特性和作物生长发育规律，借助传感器技术、机电一体化技术等手段精准控制施肥过程，按照作物需求自动控制肥料浓度和施肥量。精准变量施肥技术能够做到肥料最少用量、最多吸收、最大利用、最小浪费，最大限度地提高肥料的利用率，具有少投入、高回报的显著效果。但该技术中用于检测土壤养分数据的传感器价格昂贵、性能较差；另外，对使用者的专业技能要求高，传感器等电子元器件在设施高温高湿的环境中易出现问题，需要专业技术人员进行维护与保养，增加了该技术大范围普及的难度。

（五）滴灌施肥技术

滴灌施肥是随着微灌技术发展起来的一项农业节水节肥新技术，能实现水肥同灌，协同水分与养分供给，满足蔬菜对水肥的一体化需求。滴灌施肥系统一般由水源、首部枢纽、输水管道和滴头等部分组成。首部枢纽还包括肥料灌、过滤器、施肥泵等。滴灌施肥首先需要确定施用的肥料种类与肥料用量，然后将肥料溶解到肥料罐内，充分溶解成母液，再把母液注入灌溉系统，使其在管道内和灌溉水充分混均，最后通过滴头准确地施入植株根际土壤。建立基于"5R"养分管理原则（right source, right pattern, right rate, right time, right place）的肥水协同管理制度是实现设施蔬菜生产全程精准灌溉施肥的关键。

近些年，发展起来了一种新的滴灌施肥技术——滴灌营养液土培技术，简称"养液土耕"技术。该技术借助于滴灌系统灌溉营养液，并根据作物的生长发育阶段和植物生长状况适时调整营养液的浓度和有效成分的含量，继而实现了作物水肥的一体化供给。在日光温室番茄滴灌营养液土壤栽培试验的结果表明，与传统的滴灌施肥处理相比，滴灌营养液土壤栽培处理番茄的生长势较强，生育期提前一周左右，番茄全生育期内施肥量减少了 23.2%～73%，总产量提高了 8.2%～22.8%，同时改善了果实品质（高艳明等，2006；李银坤等，2017）。滴灌营养液土培技术不用基肥，完全通过追肥方式为作物施肥，能够维持理想的土壤水分，克服了传统浇水方法造成的田间过湿、缺氧、烂根或干燥、盐分积累等缺点。该技术中的营养液浓度调控是关键，营养液浓度过高易造成土壤盐分累积，过低则不能满足植株正常生长需要。

三、设施蔬菜水肥一体化技术

（一）水肥一体化技术

我国是一个水资源严重短缺的国家，而水的有效利用率只有 30%～40%，喷灌、滴灌等先进的节水灌溉占总灌溉面积的比例还很小。除水分外，养分缺乏以及水、肥二者供应的不同步性，也是制约设施蔬菜生长的重要因素。灌溉施肥技术是把影响作物生长发育的水分和养分这两个基本因素相结合建立的灌溉和施肥技术系统。传统的灌水施肥是通过灌溉系统进行施肥，主要依据漫灌、沟灌等传统灌水方式，将肥料撒在土壤表面或沟里，然后灌水淹没整个地面或沟面；也有先把肥料溶解在池子里或桶里形成肥液，在进行灌水时将肥液加在水中直接进行灌溉。这种灌溉施肥方法一般只有 30%～70%的水留在植物根系分布区，水的利用率低，同时造成大量肥料养分随水淋溶流失或渗漏至根层以下，肥料利用率低，浪费严重，并且对环境可能产生污染。现代灌溉施肥技术也称水肥一体化技术（Fertigation），是施肥技术（Fertilization）和灌溉技术（Irrigation）相结合的一项新技术，主要借助微灌管网和施肥装备系统，在灌溉的同时将肥料配兑成肥液同步输入到作物根部土壤，该技术通过精确控制灌水量和施肥时间，减轻了劳动强度，实现了节水、节肥和优质高产，在现代设施农业生产中得到越来越广泛的应用。与传统灌溉施肥模式相比，水肥一体化技术不仅显著提高水分和肥料的利用效率，有效节约水资源和肥料，调节作物水分和养分的供应，还可以减少肥料的损失，减轻施肥对环境的污染，在我国具有广阔的应用前景。

水肥一体化技术的原则是少量多次。依据作物种类、土壤类型和管理系统的不同，在作物特定生长发育时期施用等量的肥料，主要有两种控制方法。

（1）比例供肥　在灌溉施肥过程中，以恒定的养分比例向灌溉水中供肥，供肥速率与灌溉速率成比例，施肥量一般用灌溉系统中营养液的养分浓度表示。这类方法主要包括文丘里注入法和供肥泵法等，可以实现精确施肥，但比例供肥系统价格相对昂贵，主要用于轻质和沙质等保肥能力差的土壤。

（2）定量供肥　在每次灌水时将一定量的肥料注入灌溉系统中，整个施肥过程中养分浓度是变化的，如带旁通的贮肥罐法。定量供肥系统操作简单，投入较小，但不能实现精确施肥，一般适用于保肥能力较强的土壤。

（二）水肥一体化装备及系统

设施栽培条件下的水肥一体化系统主要由水源、首部枢纽、输配水管网、灌水器等几部分组成（图1-3）。首部枢纽包括动力设备（水泵）、过滤装置、施肥装置、控制和测量设备（压力调节阀、分流阀、水表等组成）、保护装置；输配水管网由干管、支管、毛管及管道控制阀门等组成；灌水器包括滴灌带和滴头，而无土栽培中一般为滴管和滴箭。在实际应用中可根据供水方式，选择不同的灌溉施肥方法。

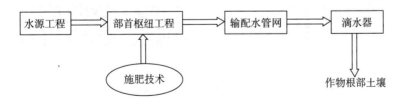

图1-3　灌溉施肥系统组成示意图

（李冬光等，2002）

水肥一体化技术中常用的施肥设备与方法主要有：压差式施肥罐（旁通施肥）、文丘里施肥器、泵施肥法、比例注肥泵、重力自压式施肥、施肥机等（图1-4）。

A 压差式施肥罐　　　　　　　　　　B 文丘里施肥器

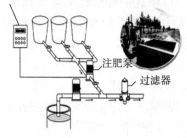

C 泵施肥法　　　　　　　　　　　D 比例注肥泵

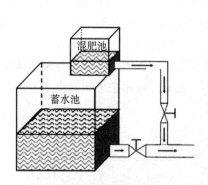

E 重力自压式施肥　　　　　　　　　F 施肥机

图 1-4　设施蔬菜常用的灌溉施肥装备

　　压差式施肥罐在设施蔬菜生产中被广泛应用，主要由肥液罐、进排液管以及管间节制阀组成。施肥时关小节制阀，施肥罐前后会形成一定压差，部分水流将经过密封的肥液罐并将肥料溶液带入灌溉系统进行施肥。压差式施肥罐法具有操作简单，造价较低，无需外加动力设备等优点。缺点是肥液浓度变化大，无法控制；罐体容积有限，添加化肥次数频繁且较麻烦；另外，输水管道因设有调压阀会造成一定的水头损失。

文丘里施肥器的施肥原理是水流经过文丘里管收缩段时，过水断面减小、流速加快，喉部会产生负压，即利用喉部产生的真空吸力，将肥液均匀的吸入灌溉系统进行施肥的。文丘里施肥器的造价低廉、结构简单、使用方便、施肥浓度稳定，且无须外加动力，在我国传统设施蔬菜生产中的应用最为广泛。缺点是水头损失较大，对压力要求高，施肥过程中的压力波动大，经常发生倒吸现象。

泵施肥法是利用加压泵将肥料溶液注入有压管道，通常泵产生的压力要大于输水管的水压，否则肥料不能进入灌溉管道。该施肥法多用在以潜水泵抽水灌溉的区域，具有操作简便，不消耗系统压力，施肥速度可以调节，施肥浓度均匀等优点。不足是需要单独配置施肥泵，且对施肥泵的扬程有要求。另外，设施栽培施肥频繁，多选择耐腐蚀的化工泵。

比例注肥泵是管道中的水流动力或外界动力将肥液注射进入灌溉管道中的一种节水灌溉施肥装置。依靠灌溉管道自身水动力的也被称为水力驱动施肥泵，在灌溉水流的驱动下活塞或隔膜将肥液注入灌溉管道，无需外加动力，且不论供水管路上的水量和压力发生什么变化，所注入肥液的剂量与进入比例泵的水量始终成比例，无水头损失，运行费用低。这种装置的吸肥比例精度较高，但容易堵塞，对水质要求高，且价格昂贵。水力驱动施肥泵是目前我国设施蔬菜生产中应用较为广泛的施肥泵类型，而其他类型驱动的施肥泵，如机械注肥等需外加动力，造价相对昂贵，很难在我国推广使用。

借助自压重力进行施肥，称为重力自压式施肥。技术难度低，便于被农民接受，成为设施蔬菜生产中一种简单易行的好方法。该方法通常结合自压灌溉使用，利用肥源与田间的自然高差完成随水施肥，方法简单、价格低廉，但肥液浓度不稳定、对地形有要求，主要在有自压条件的地方使用，目前在设施蔬菜中使用该装备系统进行施肥的很少。

施肥机是实现自动化精准灌溉施肥的核心部件，通过采集的作物需水需肥信息与实时在线监测 EC 和 pH 等参数，依据设定的灌溉施肥控制程序自动配比肥液浓度，并通过灌溉系统适时、适量地供给作物。施肥机是实现设施蔬菜水肥精准控制与施用的主要载体，体现了现代精准农业信息化和智能化的发展方向，代表着未来新型灌溉施肥的发展趋势。目前在我国大型现代设施园区应用的施肥机多采购于国外，比较出名的有荷兰的 Priva、以色列的 Netafim、Eldar-Shany 等公司的精准灌溉施肥系统和装备。虽然国外设备的性能稳定、控制精度高，但价格昂贵。国内施肥机的发展一直以引进、消化吸收为主，尤其近几年在国家政策导向与资金的持续助推下，以北京、上海、天津、江浙等地的科研院所和企业为代表的研究机构，推出了一系列的智能化灌溉施肥设备，这些设备与国外产品并无出入，同时将施肥机操作界面中文化，更符合国内用户操作习惯；另外对一些控制程度要求不高的系统，进行系统和操作简化，降低了成本并增加了可操作性。由于施肥机在国内的研究与应用时间还很短，配套的产品供应目前仍达不到国外水准，尤其是在装备系统稳定性、控制精准度上与国外产品还存在一定差距，有待今后继续发展与提升。

目前市场上施肥机的类型主要有混液桶式和混肥腔式两种。混液桶式施肥装备通过施肥通道可将不同肥料的母液或酸碱溶液注入混合罐中，与灌溉水充分混合后，使其达到用户设定的 EC/pH，并通过灌溉管网到达种植区。工作原理如图 1-5 所示（付强等，2015）。混液桶式施肥机有两次混肥过程，使进入管道的肥液/酸液与水分充分混合，EC/pH 等参数波动比较小，可实现水肥的准确控制；另外，可拆卸部件较少，机组维护需求低，适用性较强。缺点是水肥在混液桶的混合是一个泄压过程，需由施肥泵进行二次加压才能进入下游管道，造成大量能耗；开放桶式结构还容易造成空气进入管网，微生物在混液桶内繁殖还易出现堵塞管道的现象。

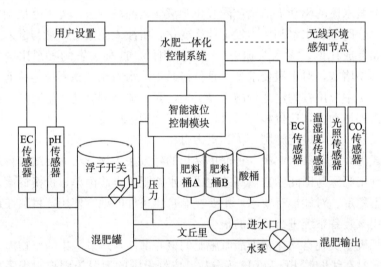

图 1-5　混液桶式施肥机结构
(付强等，2015)

混肥腔式施肥装备的进肥方式和前端 EC/pH 监测与桶混式类似，灌溉水与肥液的混合直接在系统首部管道或混肥腔内进行，混合液再由施肥泵/水泵加压进入主管道（杨万龙等，2004）。由于管道压力几乎无变化，水泵运行工况稳定，工作寿命大大延长（图 1-6）。腔式混肥是一种密闭式的管道混肥方式，管道恒压，不存在释压和加压的过程，能耗少；相比混液桶施肥装备，去除了大体积的混肥罐，整个系统的体积和重量大大减少，可以在比较狭小的空间内安装使用；灌溉停止后不会有肥水存留，避免了微生物滋生堵塞管道；封闭式管道混肥还提高了能量利用效率，可以在同样的时间里配制更多的肥液，从而满足更大面积作物生长需求。但在肥液从压力管道中释放给作物过程中，与空气接触会带来某些化学反应，出现较大的 EC/pH 偏差，在控制精度上不如混液桶式施肥机。

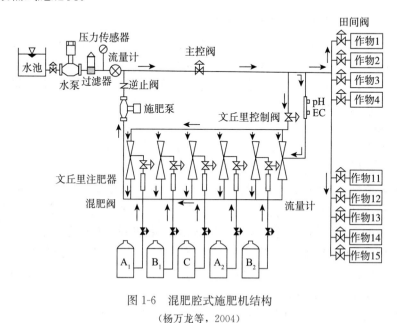

图 1-6　混肥腔式施肥机结构

（杨万龙等，2004）

（三）水肥一体化控制方法

灌溉施肥精准决策方法是灌溉施肥系统的核心，水分与养分供应理论与技术（主要涉及供液次数、供液时间与供液量）是水肥精准决策方案的关键点。当前灌溉施肥的控制方法主要有 4 种。①经验决策法：完全凭借生产者在长期工作中积累的经验对具体作物生产过程中水肥施用时间和用量的决策判断，该方法简单易行，但管理的随机性大，水肥用量存在很大的不确定性，水肥利用效率低。②时序控制法：由用户对灌溉和施肥的启动及关闭时间进行提前设定，从时间尺度上控制水肥用量；操作方便，简单易学，但水肥用量与作物实际需求不匹配。③环境参数法：依据对作物生长具有重要影响的某一环境参数控制水肥的施用时间及用量，在控制程序中设定阈值，也有将多个关键环境参数进行耦合而实现水肥控制的方法；该方法虽然考虑了影响作物水肥需求的关键环境因子，但与作物生长的相关性不强。④模型决策法：根据环境数据监测、作物生长模拟、植株耗水规律、养分需求等多条件多因素相耦合，经过运算形成水肥综合控制模型，这是最高级的控制决策方法，也是智能灌溉施肥设备的重要体现（赵春江等，2017）。在我国设施蔬菜生产中，传统经验的水肥决策法曾占有主导地位，随着灌溉施肥设备信息化程度的不断提高，以及基于光谱技术和机器视觉技术的植物生长信息快速无损检测技术的快速发展，针对我国设施栽培作物水肥管理的复杂性，建立基于现代信息技术的精确水肥管理控制技术成为可能。

（四）水肥一体化技术存在的问题

喷灌、滴灌等技术的推广与应用对提升我国灌溉施肥技术水平，改善农作物水肥施用现状，解决水肥资源浪费等问题具有重要意义。随着技术进步与发展，全面实现灌溉设备的自动化、智能化、信息化是未来发展方向。目前我国已在滴灌、喷灌等技术方面有了一定技术积累，但仍存在以下问题。

1. 投入严重不足

目前发达国家农业科研经费占农业生产总值的比例为 3%～5%，而中国仅为 0.3%左右，也低于世界平均水平 1%。农业科研投资强度不足，尤其是在灌溉施肥装备与技术开发方面的专题研究项目少，资金不足，形成的研究成果少，缺乏适应强、系统化、标准化的应用技术成果。在技术推广应用方面，面向农民的宣传、培训力度不够，政府财政补贴机制没有完全建立，推广面积小。目前我国灌溉施肥面积仅占微灌面积的 25%左右，远落后于以色列（80%）和美国（65%），灌溉施肥技术的效益和作用尚未得到充分发挥。

2. 产学研脱节，成果转化率低

我国每年产生的农业科技成果 6 000 多项，但转化率只有 35%左右，真正形成规模的不到 20%。在农业发达国家，科技对农业增长的贡献率为 60%～80%，而我国的贡献率仅为 42.5%。其原因是科研单位的科技开发与企业实际生产应用脱节，科研产品未能以实际生产条件为依据，评价指标多为科研人员根据经验设定，成果验收条件简单，验收专家有时不了解实际生产的复杂因素，致使科研成果无法形成生产力。

3. 技术不够完善

灌溉施肥是将灌水与施肥紧密结合、实现水肥一体化的高新技术，内容复杂，科技含量高。不仅要合理地设计、配备、安装灌溉设施设备，更要深入地研究作物需水需肥规律，制定科学的灌溉制度和施肥方案。这涉及多学科专业的相互融合，如农田水利工程、控制技术、土壤肥料、栽培及计算机技术等。但目前装备技术研究开发比较分散，灌溉设备与技术体系不配套，系统性、集成度不够，使灌溉与施肥相脱节。此外，我国微灌设备与施肥配套设备产品形式单一，技术含量低，设备研究与生产企业联系不紧密，制约了灌溉施肥技术的应用。

4. 水肥控制模型研究不到位

目前设施蔬菜生产中的水肥管理仍靠人工管控，难以实现真正的水肥自动化控制，水肥供给的精准性与时效性差，不能达到作物的最佳水肥需求，影响单位面积产出率，导致生产中水肥施用过量，造成浪费与环境污染。虽然我国设施栽培发展迅速，灌溉施肥装备与技术以及环境控制技术也得到了发展与推广应用，与作物水肥需求相关的基础研究也很多，但缺乏与水肥供给相对应的控制模型，尤其是缺乏能被装备识别并得到实际应用的控制模型。

5. 管理水平偏低

灌溉施肥不仅要配备相关设备，更需要配套合理的灌溉施肥制度和管理措施。灌溉施肥制度受人为因素影响大，我国设施蔬菜生产中多数情况下仍凭农民经验进行管理，而根据土壤水分、养分含量及作物营养状况实施即时监测的灌溉施肥技术较少，造成灌溉施肥的效率不高。设备系统的正常维护与保养是智能灌溉施肥系统发挥其诸多优势的关键，因此在设备系统运行管护设计中要制定科学合理的管理机制。当前，按照高产、优质、高效、生态、安全的要求，发展现代农业成为我国农业和农村经济发展的重要任务。灌溉施肥技术作为现代农业中重要的节水节肥和增产增效新技术，将进入一个研究、生产、推广同步发展的黄金时代，前景十分广阔。

第三节　开展设施蔬菜节水减肥理论与技术研究的必要性

一、减少水肥浪费、提高水肥利用率的客观需求

中国是一个水资源相对贫乏的国家，人均水资源占有量低，被联合国列为13个贫水国之一。农业生产用水量大，2016年农业用水量 3 768 亿 m³，占到全国总用水量的 62.4%，正常年份灌溉水缺口达 300 亿 m³。农业生产中的灌溉方式仍以沟灌等地面灌溉为主，灌溉水利用效率仅 0.4%～0.5%，只有美国、荷兰等发达国家的一半。中国也是肥料生产与消费大国，化肥年用量超过5 000 万 t，单位面积施肥量是世界平均水平的 3 倍左右。水肥资源约束与严重浪费已成为制约农业可持续发展的瓶颈因素。滴灌施肥等水肥一体化技术具有显著的节水节肥效果，在滴灌施肥量只有常规用量 80% 的情况下，黄瓜产量仍能达到144 t /hm²；而在滴灌施肥用量只有常规的 60% 时，黄瓜氮肥利用率最高达 32.5%（Gupta et al.，2010）；相比露地沟灌，覆膜滴灌下的设施芹菜生长旺盛，可增产 25.1%，节水 36%，被认为是最优的设施高效节水栽培方式（张晓娟等，2017）。灌溉施肥一体化技术已被公认为是当今世界上减少水肥浪费，提高水肥资源利用率的最佳技术。2015 年 2 月发布《到 2020 年化肥使用量零增长行动方案》要求控制用水总量，到 2020 年实现化肥零增长；2017 年农业农村部办公厅发布《推进水肥一体化实施方案（2016—2020 年）》，

"十三五"期间水肥一体化应用面积将新增 8 000 万亩,实现推广应用总面积 1.5 亿亩,节水 150 亿 m^3,节肥 30 万 t,增效 500 亿元的目标。无论从国家政策走向,还是实际生产需求,开展节水减肥理论与技术研究,制定科学合理的灌溉制度,发展高效灌溉施肥技术,是提高灌溉水与肥料利用效率的客观需求,也是解决我国水资源短缺与肥料资源浪费等问题的关键。

二、保障设施土壤环境质量、实现农田可持续利用的客观需求

我国设施蔬菜产业的发展速度加快,种植面积及产量逐年增加。至 2014 年时,设施蔬菜种植面积已达 5 793 万亩,占蔬菜种植面积的 18% 以上,设施蔬菜产量超过 2.6 亿 t,占蔬菜总产量的 34% 左右(中国统计年鉴,2015)。灌水和施肥作为田间管理措施的重要环节,不仅影响蔬菜产量与品质,且对土壤环境质量也会产生不可估量的影响。目前集约化设施蔬菜生产中传统的肥水管理仍沿用"寿光模式",底施大量有机肥,生育期冲施氮肥以实现作物高产。这种模式没有考虑养分损失的环境风险,造成地下水硝酸盐污染严重。而且由于设施内温度和湿度高,有机肥的氮素矿化快,在作物生长早期生物量和氮素吸收量小,容易造成土壤氮素积累,或大水灌溉造成氮素淋洗。生产者仍然固守管理露地作物的观念,为达到高产目的,设施蔬菜不断承担着水肥过量投入和环境高风险的代价。据调查,蔬菜作物单季化肥用量平均为 569~2 000 kg/hm^2,是大田作物施用量的数倍,而一般情况下作物的吸收量不高于 400 kg/hm^2(张维理等,2004);华北平原保护地栽培中氮素的总投入量普遍在 1 000 kg/hm^2,远高于蔬菜生长所需。也有研究表明,灌溉水和肥料的投入量达到作物实际需求量的 3 倍,部分地区甚至达到了 8 倍以上,导致肥料深层淋失、氮素利用效率低下,大量的硝酸盐残留在土壤或以其他途径损失掉,同时引起了土壤板结盐碱化、地下水硝酸盐含量超标及环境污染等诸多问题,严重制约了设施农业的可持续发展(Ju et al.,2006;Ju et al.,2011)。水肥一体化技术将灌溉与施肥融为一体,并把水分与养分直接供应到作物根部,实现了按需供水与平衡施肥,减少了肥料挥发以及养分过剩造成的损失,具有灌水施肥简便、供水供肥及时、作物易于吸收与显著提高水肥利用效率等优点。因此,发展水肥一体化技术是实现设施蔬菜节水减肥的有效途径,也是保障土壤环境质量与维持设施农田可持续发展的客观需求。

三、保障蔬菜安全、实现绿色产业发展的客观需求

当前我国设施农业水肥管理粗放,水肥资源消耗量大、利用效率低、浪费污染严重,水肥资源约束已经成为威胁我国蔬菜安全生产、制约农业绿色发展

和生态可持续发展的主要限制因素。水肥一体化是实现节水、减肥、降低资源消耗与保障蔬菜生产安全的重要技术手段，开展滴、微灌水肥一体化等节水减肥技术研究与推广，实现水分和养分的综合协调和一体化管理对我国农业转变发展方式，走绿色、高效、可持续发展之路具有重要意义。水肥一体化技术不仅保证了根系对水分与养分的快速吸收与高效利用，而且能降低设施环境湿度，减轻病害发生。设施蔬菜很多病害，如：辣椒疫病、番茄枯萎病等土传病害，易随水传播。而采用滴灌水肥一体化技术可直接有效地控制土传病害发生，减少农药与防治病害的投入成本，避免因浇水过多而引起的作物沤根、黄叶等问题。滴灌水肥一体化技术与地膜覆盖技术相结合还能大大减少田间杂草发生，从而达到农药减少使用的显著效果，被认为是蔬菜病虫害绿色防控的重要技术手段。在水肥一体化技术应用下，蔬菜对环境气象变化适应性强，生长快，长势整齐一致，可提早收获，收获期长，丰产优质，促进了设施蔬菜产量的提高与品质改善。绿色发展是实现"十三五"发展目标的科学发展理念和方式，而水肥一体化技术既能减少化肥投入，又降低了农药使用量，减少了化肥、农药的面源污染，对生产无公害和绿色蔬菜，保证蔬菜安全，确保人们的身体健康具有重要作用。

本章参考文献

蔡树美，张中华，徐四新，等，2018. 不同灌溉方式下施氮水平对设施春黄瓜产量及氮肥利用率的影响［J］. 生态与农村环境学报，34（7）：606-613.

曹兵，贺发云，徐秋明，等，2006. 南京郊区番茄地中氮肥的效应与去向［J］. 应用生态学报（10）：1839-1844.

曹琦，王树忠，高丽红，等，2010. 交替隔沟灌溉对温室黄瓜生长及水分利用效率的影响［J］. 农业工程学报，26（1）：35-41.

陈碧华，邵庆炉，杨和连，等，2008. 华北地区日光温室番茄膜下滴灌水肥耦合技术研究［J］. 干旱地区农业研究，26（5）：80-83.

陈小燕，陈怀勋，王璐，等，2008. 嫁接和自根黄瓜灌溉水分配和水分利用效率研究［J］. 西北农业学报（6）：130-135.

陈修斌，潘林，王勤礼，等，2006. 温室番茄水肥耦合数学模型及其优化方案研究［J］. 南京农业大学学报，29（3）：138-141.

代艳侠，2010. 膜下沟灌中不同灌水量对黄瓜生长势和产量的影响［J］. 中国蔬菜（21）：51-54.

董章杭，李季，孙丽梅，2005. 集约化蔬菜种植区化肥施用对地下水硝酸盐污染影响的研究［J］. 农业环境科学学报（6）：1139-1144.

杜会英，2007. 保护地蔬菜氮肥利用、土壤养分和盐分累积特征研究［D］. 北京：中国农业科学院.

杜连凤，吴琼，赵同科，等，2009. 北京市郊典型农田施肥研究与分析 [J]. 中国土壤与肥料 (3)：75-78.

范凤翠，李志宏，张立峰，等，2010. 日光温室番茄灌水量与根层硝态氮淋溶特征及渗漏关系研究 [J]. 植物营养与肥料学报，16 (5)：1161-1169.

范凤翠，张立峰，李志宏，等，2012. 日光温室番茄根系分布对不同灌溉方式的响应 [J]. 河北农业科学，16 (8)：36-40.

范庆锋，张玉龙，杨春璐，等，2013. 灌溉方法对蔬菜大棚土壤盐渍化及酸化的影响 [J]. 贵州农业科学，41 (12)：115-118.

范庆锋，张玉龙，张玉玲，等，2017. 不同灌溉方式下设施土壤硝态氮的积累特征及其环境影响 [J]. 农业环境科学学报，36 (11)：2281-2286.

冯永军，陈为峰，张蕾娜，等，2001. 设施园艺土壤的盐化与治理对策 [J]. 农业工程学报，17 (2)：111-114.

付强，梅树立，李莉，等，2015. 水肥一体化智能调控设备智能液位开关设计 [J]. 农业机械学报，46：108-115.

高艳明，李建设，曹云娥，2006. 日光温室番茄滴灌营养液土培试验研究 [J]. 西北农业学报，15 (6)：121-126.

桂烈勇，2006. 太仓市农村地下饮用水水质调查与评价 [J]. 环境与可持续发展 (2)：42-44.

郭瑞英，2007. 设施黄瓜根层氮素调控及夏季种植填闲作物阻控氮素损失研究 [D]. 北京：中国农业大学.

韩鹏远，焦晓燕，王立革，等，2010. 太原城郊老菜区番茄氮肥利用率及氮去向研究 [J]. 中国生态农业学报，18 (3)：482-485.

何飞飞，2006. 设施番茄周年生产体系中的氮素优化及环境效应分析 [D]. 北京：中国农业大学.

贺发云，尹斌，金雪霞，等，2005. 南京两种菜地土壤氨挥发的研究 [J]. 土壤学报，42 (2)：253-259.

侯松泽，张书，张玉红，2001. 保护地滴灌黄瓜节水灌溉模式试验研究 [J]. 黑龙江水利科技 (4)：11-13.

黄国勤，王兴祥，钱海燕，等，2004. 施用化肥对农业生态环境的负面影响及对策 [J]. 生态环境 (4)：656-660.

黄霞，李廷轩，余海英，2010. 典型设施栽培土壤重金属含量变化及其风险评价 [J]. 植物营养与肥料学报，16 (4)：833-839.

姜波，2007. 杭州市郊典型菜园土壤磷素状况及其环境风险研究 [D]. 浙江：浙江大学.

姜慧敏，张建峰，杨俊诚，等，2010. 不同施氮模式对日光温室番茄产量、品质及土壤肥力的影响 [J]. 植物营养与肥料学报，16 (1)：158-165.

寇长林，巨晓棠，张福锁，2005. 三种集约化种植体系氮素平衡及其对地下水硝酸盐含量的影响 [J]. 应用生态学报，16 (4)：660-667.

李冬光，许秀成，张艳丽，2002. 灌溉施肥技术 [J]. 郑州大学学报（工学报），23 (1)：78-81.

李红梅，2006. 河北省藁城大棚番茄滴管施肥综合管理栽培模式评价 [D]. 北京：中国农业大学.

李建熹，侯乐，2011. 不同灌溉方法下保护地土壤盐分分布特征的研究 [J]. 环境保护科学（3）：48-51.

李俊良，朱建华，张晓晟，等，2001. 保护地番茄养分利用及土壤氮素淋失 [J]. 应用与环境生物学报，7（2）：126-129.

李银坤，郭文忠，薛绪掌，等，2017. 不同灌溉施肥模式对温室番茄产量、品质及水肥利用的影响 [J]. 中国农业科学，50（19）：3757-3765.

李银坤，李友丽，赵倩，等，2017. 温室水肥一体化自控装备及其应用 [J]. 农业工程技术：温室园艺，10：50-53.

李银坤，薛绪掌，赵倩，等，2017. 基于负压灌溉系统的温室番茄蒸发蒸腾量自动检测 [J]. 农业工程学报，33（10）：137-144.

李玉涛，李博文，马理，2016. 不同种植年限设施番茄土壤理化性质变化规律的研究 [J]. 河北农业大学学报（39）：63-68.

梁静，2011. 我国菜田氮肥投入现状及其去向分析研究 [D]. 北京：中国农业大学.

梁静，王丽英，陈清，等，2015. 我国设施番茄氮肥施用量现状及其利用率、产量影响和地力贡献率分析评价 [J]. 中国蔬菜（10）：16-21.

刘海军，李艳，张睿昊，等，2013. 北京市集约化种植土壤硝态氮分布和迁移速率研究 [J]. 北京师范大学学报（自然科学版）（Z1）：266-270.

刘宏斌，李志宏，张云贵，等，2006. 北京平原农区地下水硝态氮污染状况及其影响因素研究 [J]. 土壤学报，43（3）：405-413.

刘建玲，张福锁，杨奋翮，2000. 北方耕地和蔬菜保护地土壤磷素状况研究 [J]. 植物营养与肥料学报，6（2）：179-186.

刘建霞，马理，李博文，2013. 不同种植年限黄瓜温室土壤理化性质的变化规律 [J]. 水土保持学报（27）：164-168.

刘苹，李彦，江丽华，等，2014. 施肥对蔬菜产量的影响——以寿光市设施蔬菜为例 [J]. 应用生态学报，25（6）：1752-1758.

刘晓敏，范凤翠，王慧军，2011. 华北地区设施蔬菜节水技术集成模式综合评价 [J]. 中国农学通报，27（14）：165-170.

刘兆辉，江丽华，张文君，等，2008. 山东省设施蔬菜施肥量演变及土壤养分变化规律 [J]. 土壤学报，45（2）：296-303.

刘作新，杜尧东，2002. 日光温室渗灌效果研究 [J]. 应用生态学报（4）：409-412.

闵炬，2007. 太湖地区大棚蔬菜地化肥氮利用和损失及氮素优化管理研究 [D]. 杨凌：西北农林科技大学.

任涛，2011. 不同氮肥及有机肥投入对设施番茄土壤碳氮去向的影响 [D]. 北京：中国农业大学.

师志刚，刘群昌，白美健，等，2017. 基于物联网的水肥一体化智能灌溉系统设计及效益分析 [J]. 水资源与水工程学报，28（3）：221-227.

史国滨，2011. GPS 和 GIS 技术在精准农业监控系统中的应用研究进展 [J]. 湖北农业科学，50（5）：1450-1498.

宋效宗，2007. 保护地生产中硝酸盐的淋洗及其对地下水的影响［D］. 北京：中国农业大学.

苏荟，2013. 新疆农业高效节水灌溉技术选择研究［D］. 石河子：石河子大学.

孙丽萍，王树忠，赵景文，等，2008. 灌溉频率对日光温室黄瓜水分利用规律的影响［J］. 上海交通大学学报（农业科学版）（5）：487-490.

唐莉莉，陈竹君，周建斌，2006. 蔬菜日光温室栽培条件下土壤养分累积特性研究［J］. 干旱地区农业研究，24（2）：70-74.

陶虹蓉，李银坤，郭文忠，等，2018. 不同灌溉量对沙壤温室黄瓜土壤溶液氮浓度及氮淋洗的影响［J］. 中国土壤与肥料（3）：175-180.

王敬国，2011. 设施菜田退化土壤修复与资源高效利用［M］. 北京：中国农业大学出版社.

王娟，2010. 设施菜田土壤溶解性有机物质的淋洗特点分析［D］. 北京：中国农业大学.

王丽英，陈丽莉，张彦才，等，2009. 河北省设施蔬菜土壤微量金属元素状况评价及来源分析［J］. 华北农学报，24（增刊）：268-272.

王丽英，赵小翠，曲明山，等，2012. 京郊设施果类蔬菜土肥水管理现状及技术需求［J］. 华北农学报，27（增刊）：298-303.

王凌，张国印，孙世友，等，2008. 河北省蔬菜高产区化肥施用对地下水硝态氮含量的影响［J］. 河北农业科学，12（10）：75-77.

王锐，孙权，李建设，等，2010. 不同灌溉方式对宁南黄土丘陵区设施辣椒生长发育及产量的影响［J］. 干旱地区农业研究，28（5）：171-175.

王淑红，张玉龙，虞娜，等，2003. 保护地渗灌管的埋深对土壤水盐动态及番茄生长的影响［J］. 中国农业科学，36（12）：1508-1514.

王铁臣，孙夑明，张宽伶，等，2008. 不同密度对春大棚黄瓜产量及生长发育的影响试验初报［J］. 北京农业（36）：12-15.

王欣，2012. 灌溉施肥一体化对设施番茄产量和水氮利用效率影响研究［D］. 北京：中国农业科学院.

王亚坤，王慧军，2015. 我国设施蔬菜生产效率研究［J］. 中国农业科技导报，17（2）：159-166.

王艳群，彭正萍，薛世川，等，2005. 过量施肥对设施农田土壤生态环境的影响［J］. 农业环境科学学报，24（增刊）：81-84.

王玉朵，梁金香，2006. 衡水设施蔬菜土壤肥力状况分析［J］. 作物杂志（1）：40-41.

王玉明，2007. 滴灌、喷灌及管灌对马铃薯产量与水分生产效益的影响［J］. 华北农学报，22：83-84.

韦彦，孙丽萍，王树忠，等，2010. 灌溉方式对温室黄瓜灌溉水分配及硝态氮运移的影响［J］. 农业工程学报（8）：67-72.

武晓菲，李记明，宋文浚，2018. 盐碱地大棚番茄膜下滴灌节水试验研究［J］. 节水灌溉（9）：12-15.

徐福利，梁银丽，陈志杰，2003. 延安市日光温室蔬菜施肥现状与环境效应［J］. 西北植物学报，23（5）：797-801.

许贵民，姜俊业，姚芳杰，等，1994. 大棚春番茄节水灌溉的研究 [J]. 吉林农业大学学报，16（l）：26-29.

杨丽娟，张玉龙，须晖，2000. 设施栽培条件下节水灌溉技术 [J]. 沈阳农业大学学报，31（1）：130-132.

杨培岭，任树梅，2001. 发展我国设施农业节水灌溉技术的对策研究 [J]. 节水灌溉（2）：7-9.

杨万龙，张贤瑞，刘春来，等，2004. 温室滴灌施肥智能化控制系统研制 [J]. 节水灌溉，（5）：27-30.

杨晓宏，严程明，张江周，等，2014. 中国滴灌施肥技术优缺点分析与发展对策 [J]. 农学学报，4（1）：76-80.

尹飞虎，2013. 滴灌：随水施肥技术理论与实践 [M]. 北京：中国科学技术出版社.

余海英，李廷轩，周健民，2007. 设施土壤盐分的累积、迁移及离子组成变化特征 [J]. 植物营养与肥料学报（4）：642-650.

曾希柏，李莲芳，梅旭荣，2007. 中国蔬菜土壤重金属含量及来源分析 [J]. 中国农业科学，40（11）：2507-2517.

张川，张亨年，闫浩芳，等，2018. 微喷灌结合滴灌对温室高温环境和作物生长生理特性的影响 [J]. 农业工程学报，34（20）：83-89.

张春同，刘淑梅，贾丹，2016. 不同灌溉方式对日光温室小气候的影响 [J]. 天津农业科学，22（6）：38-41.

张发，张学文，2008. 设施农业节水灌溉技术探讨 [J]. 地下水，30（6）：129-130.

张金锦，段增强，2011. 设施菜地土壤次生盐渍化的成因、危害及其分类与分级标准的研究进展 [J]. 土壤（3）：361-366.

张书函，许翠平，刘洪禄，等，2002. 日光温室晚春茬生菜渗灌技术试验研究 [J]. 灌溉排水，21（12）：28-32.

张树金，余海英，李廷轩，等，2010. 温室土壤磷素迁移变化特征研究 [J]. 农业环境科学学报，29（8）：1534-1541.

张维理，徐爱国，冀宏杰，等，2004. 中国农业面源污染形势估计及控制对策Ⅲ：中国农业面源污染控制中存在问题分析 [J]. 中国农业科学，37（7）：1026-1033.

张晓娟，李玉莲，王晓军，等，2017. 不同栽培与灌溉方式对设施芹菜生长及产量的影响 [J]. 中国农村水利水电（2）：40-45.

张彦才，李巧云，翟彩霞，等，2005. 河北省大棚蔬菜施肥状况分析与评价 [J]. 河北农业科学（9）：61-67.

张玉铭，胡春胜，董文旭，2004. 农田土壤 N_2O 生成与排放影响因素及 N_2O 总量估算的研究 [J]. 中国生态农业学报，12（3）：119-123.

张真和，陈青云，高丽红，等，2010. 我国设施蔬菜产业发展对策研究 [J]. 蔬菜（5）：1-3.

张振贤，于贤昌，1996. 蔬菜施肥原理与技术 [M]. 北京：中国农业出版社.

张作新，廖文华，刘建玲，等，2008. 过量施用磷肥和有机肥对土壤磷渗漏的影响 [J]. 华北农学报，23（6）：189-194.

张作新，刘建玲，廖文华，等，2009. 磷肥和有机肥对不同磷水平土壤磷渗漏影响研究 [J]. 农业环境科学学报 (4)：729-735.

章伟，2016. 渭北旱塬苹果及葡萄水肥一体化技术研究 [D]. 杨凌：西北农林科技大学.

赵春江，郭文忠，2017. 中国水肥一体化装备的分类及发展方向 [J]. 农业工程技术，37 (7)：10-15.

赵俊玲，段光武，韩庆之，等，2005. 浅层地下水中的氮含量与地下水污染敏感性——以石家庄市为例 [J]. 安全与环境工程，11 (4)：32-35.

赵林萍，2009. 施用有机肥农田氮磷流失模拟研究 [D]. 武汉：华中农业大学.

钟晓英，2004. 我国 23 个不同地区土壤磷素潜在淋失临界值的研究 [D]. 北京：中国农业大学.

钟政忠，蒙忠武，2013. 水肥一体化技术在温室番茄上的应用 [J]. 现代农业科技 (5)：129-130.

周建斌，翟丙年，陈竹君，等，2006. 西安市郊区日光温室大棚番茄施肥现状及土壤养分累积特性 [J]. 土壤通报，37 (2)：87-90.

朱建华，2002. 蔬菜温室氮素去向及其利用研究 [D]. 北京：中国农业大学.

朱欣宇，程明，贯立茹，等，2010. 膜下沟灌方式对日光温室黄瓜产量及水分利用的影响 [J]. 中国蔬菜 (21)：38-40.

邹朝望，薛绪掌，张仁铎，等，2007. 负水头灌溉原理与装置 [J]. 农业工程学报，23 (11)：17-22.

BABIKER I S, MOHAMED A A, TERAO H, et al., 2004. Assessment of groundwater contamination by nitrate leaching from intensive vegetable cultivation using geographical information system [J]. Environment International, 29 (8)：1009-1017.

BOUWMAN A F, LEE D S, ASMAN W A H, et al., 1997. A global high-resolution emission inventory for ammonia [J]. Global Biogeochemical Cycles, 11 (4)：561-587.

BROOKES P, POULTON P, HECKRATH G, et al., 1995. Phosphorus leaching from soils containing different phosphorus concentrations in the Broadbalk experiment [J]. Journal of Environmental Quality, 24 (5)：904-910.

CAI G X, ZHU Z L, 2000. An assessment of N loss from agricultural fields to the environment in China [J]. Nutrient Cycling in Agroecosystems, 57 (1)：67-73.

CHEN Q, ZHANG X, ZHANG H, et al., 2004. Evaluation of current fertilizer practice and soil fertility in vegetable production in the Beijing region [J]. Nutrient Cycling in Agroecosystems, 69 (1)：51-58.

DAVIS R, ZHANG H, SCHRODER J, et al., 2005. Soil characteristics and phosphorus level effect on phosphorus loss in runoff [J]. Journal of Environmental Quality, 34 (5)：1640-1650.

GUO J H, LIU X J, ZHANG Y, et al., 2010. Significant acidification in major Chinese croplands [J]. Science, 327：1008.

GUPTA A J, AHMAD M F, BHAT F N, 2010. Studies on Yield, Quality, Water and Fertilizer Use Efficiency of Capsicum Under Drip Irrigation and Fertigation [J]. Indian Journal of Horticulture, 67 (2): 213-218.

JOHNSON G V, RAUN W R, 1999. Improving nitrogen use efficiency for cereal production [J]. Agronomy Journal, 91 (3): 357-363.

JU M, XU Z, SHI W M, et al., 2011. Nitrogen Balance and Loss in a Greenhouse Vegetable System in Southeastern China [J]. Pedosphere, 21 (4): 464-472.

JU X T, KOU C L, ZHANG F S, et al., 2006. Nitrogen balance and groundwater nitrate contamination: Comparison among three intensive cropping systems on the North China Plain [J]. Environmental Pollution, 143 (1): 117-125.

REN T, CHRISTIE P, WANG J, et al., 2010. Root zone soil nitrogen management to maintain high tomato yields and minimum nitrogen losses to the environment [J]. Scientia Horticulturae, 125 (1): 25-33.

SINGANDHUPE R B, RAO G G, PATIL N G, et al., 2003. Fertigation studies and irrigation scheduling in drip irrigation system in tomato crop (*Lycopersicum esculentum* L.) [J]. European Journal of Agronomy, 19: 327-340.

STREETS D G, BOND T C, CARMICHAEL G R, et al., 2003. An inventory of gaseous and primary aerosol emissions in Asia in the year 2000 [J]. Journal of Geophysical Research, 108 (D21): 8809.

TOWNSEND M A, SLEEZER R O, MACKO S A, 1996. Effects of agricultural practices and vadose zone stratigraphy on nitrate concentration in ground water in Kansas, USA [J]. Water Science and Technology, 33 (4/5): 219-226.

VÁZQUEZ N, PARDO A, SUSO M L, et al., 2006. Drainage and nitrate leaching under processing tomato growth with drip irrigation and plastic mulching [J]. Agriculture, Ecosystems and Environment, 112: 313-323.

ZHANG Y G, JIANG Y, LIANG W J, et al., 2006. Accumulation of Soil Soluble Salt in Vegetable Greenhouses Under Heavy Application of Fertilizers [J]. Agricultural Journal, 1 (3): 123-127.

ZHANG Y S, LUAN S J, CHEN L L, et al., 2011. Estimating the vola-tilization of ammonia from synthetic nitrogenous fertilizers used in China [J]. Journal of Environmental Management, 92 (3): 480-493.

ZHU J, LI X, CHRISTIE P, et al., 2005. Environmental implications of low nitrogen use efficiency in excessively fertilized hot pepper (*Capsicum frutescens* L.) cropping systems [J]. Agriculture, ecosystems & environment, 111 (1): 70-80.

节水减肥增效根层调控原理

集约化果类蔬菜的高产、优质、高效、安全生产离不开科学的肥水管理，蔬菜的产量、品质与土壤养分供应状况及其养分平衡关系密切，养分供应与作物需求在用量、比例和形态方面的不平衡以及时间上的不协调导致蔬菜产量下降和某种特定品质的降低。与大田作物不同，蔬菜根系比较浅，其根长密度明显低于大田作物，养分吸收能力较弱，因而，需要土壤提供较高的养分浓度和强度，即频繁地灌溉施肥以保证土壤的养分供应。根层是作物生长和吸收养分的界面，是群体植物生长条件下根际过程的主要发生区域，是各种养分、水分和生物作用于根系，参与养分循环，决定养分资源利用效率的关键，也是提高养分资源利用效率的最大潜力所在（张福锁等，2009）。因此，对蔬菜进行根层养分调控比整个土体土壤的养分调控更加高效。

第一节 根层调控原则与思路

根层调控的核心是将根层养分供应强度及元素间的平衡调整到根系功能最佳状态，在时间和空间两方面充分发挥根系及根际反应的潜力，既满足地上部生长发育的需求，又不至于导致养分的奢侈吸收、不平衡吸收，同时减少过量养分流向环境的损失。根层调控在合理协调水分及养分的综合利用的同时，充分发挥根系的潜力，提高土壤养分的生物有效性，这是提高养分利用效率的关键和最大潜力所在（张福锁等，2009）（图2-1）。

一、根层调控的原则

集约化蔬菜生产中，保证蔬菜优质、高效、安全生产，不仅要满足作物最佳养分管理（BMPs）的"4R"原则（Right source，Right rate，Right time，Right place），还应根据蔬菜作物灌溉施肥频繁和对土壤环境质量要求高等条件而增加新的内涵。蔬菜种植体系中，各种养分资源的投入、管理影响蔬菜产品质量、资源利用效率和菜田环境质量，反过来，菜田环境质量也对蔬菜的养分投入、管理提出了反馈和需求，因此，实现蔬菜养分高效利用的管理方式，不仅要管理来自于肥料、土壤和环境中的各种养分，还要考虑养分迁移、转

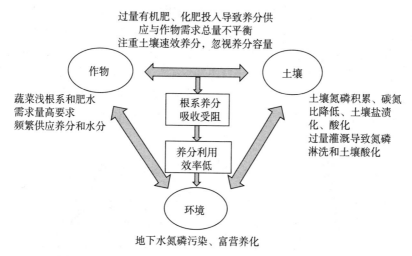

图 2-1 作物-土壤-环境的关系及影响蔬菜养分效率的因素

化、吸收和利用，以及这些过程对土壤环境质量和作物根系生长的影响。因此，集约化蔬菜生产的养分管理是基于根层调控原理的"6R"管理原则（Right source，Right rate，Right time，Right place，Right water，Right soil environment）（图 2-2），即保证供应合适的肥料品种、合适的施肥量、合适的施肥时间、合适的施肥位置、合适的灌溉制度和合适的土壤环境，是对蔬菜种植全过程中肥料、土壤、水和根系进行的综合调控。

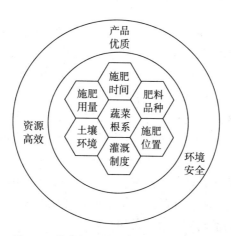

图 2-2 蔬菜根层养分调控的"6R"原则

二、根层调控思路

根层调控以"6R"原则为指导，提出果类蔬菜根层养分调控的总体思路

（图 2-3）：首先，调控根层适宜的养分供应浓度；其次，提高根层土壤缓冲性，提高根层养分空间有效性；最后，充分发挥蔬菜作物根系对养分的吸收利用效率，利用土壤积累态养分，提高养分的生物有效性。因此，根层调控是综合调控根层的养分供应浓度、养分离子形态和根系生长环境，即将适宜的养分保持在根层范围内，创造适宜的根系生长和养分吸收环境，在时间和空间两方面充分发挥根系及根际反应的潜力。根层调控是最大效率利用养分的调控。

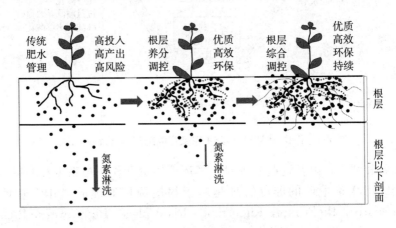

图 2-3　实现集约化果类蔬菜优质、高效、环保、持续生产的根层调控思路

三、影响养分吸收的根际过程

根层土壤的养分循环过程中发生着土壤物理、化学和生物化学等根际过程，这些过程直接影响根系对养分的溶解、运输、吸收（Marschner，1995；GyoungJe et al.，2001；Hinsinger et al.，2004；HeeOck et al.，2007；Hinsinger，2009；Marschner，2011），并最终影响养分的有效性和作物的吸收、利用情况。同时，植物的生长和养分吸收、利用情况又反过来影响养分、水分的供应（Fageria et al.，2006）。作物根系通过细胞质膜吸收养分，对土壤栽培介质或大多数养分而言，作物吸收养分的限制不仅在于根系的吸收，更与吸收前根际土壤的养分活化、转化与迁移有关，并决定于根际物理、化学和生物过程及其他影响因素。因此，土壤水、肥、气、热状况适宜的根层环境可以为蔬菜根系生长和微生物活动创造良好的生长环境（Raviv，2008），影响土壤养分的有效性和作物的吸收、利用。

（一）影响养分吸收的生物过程

养分吸收通过 3 种途径（Hinsinger，2004）：第一种途径，提高吸收面积，这对于难移动的元素非常必要，比如磷和微量元素。根系结构及根毛数量对磷的吸收影响非常大。比如，增加根系分支和重塑性，增加根毛数量可显著提高磷吸收量，钙、镁通过根尖内皮层的截获作用吸收等。另外，扩大根系表面积可以通过菌根真菌，超过90%的植物能形成菌根真菌，从而增加根直径、根毛数量和根表面积，这对于提高磷素的吸收非常重要。第二种途径，养分吸收依赖于根系吸收表面的物理过程，比如转运子和根毛质膜的离子通道，对于吸收土壤溶液中离子浓度较低的养分极其重要。第三种途径是通过根际物理和化学过程直接影响根际养分的吸收利用。

（二）影响养分吸收的物理过程

根系截获在根系对养分的吸收过程中仅占微小的比例。氮、钙、镁、硫的吸收主要靠养分的质流方式，这取决于土壤溶液中养分的浓度高低以及水的流动，比如硝态氮的吸收。另外，对于土壤溶液中含量较低的磷、钾养分，根系吸收导致根际磷、钾浓度较低，这导致根际与根系内离子出现浓度差，养分以扩散为主的方式进行吸收。对钙、镁、硫而言，根系通过质流吸收运移的量远超过根系吸收量，从而形成钙、镁、硫在根际的积累，比如石灰性土壤中根系周围的钙淀积。土壤中养分离子的扩散速率远低于水溶液，而且扩散吸收与土壤团粒的物理和化学性质密切相关。例如土壤水分含量、孔隙度及缓冲能力。由于土壤中磷的沉淀/溶解、吸附/解析等过程，土壤对磷的缓冲能力高于硝态氮，而土壤物理过程影响着养分通过根系表面以质流和扩散方式吸收的过程，如土壤含水量、孔隙度、曲折度、黏度和温度等（Hinsinger，2004）。

（三）影响养分吸收的化学过程

养分的获取很大程度上取决于化学过程（Hinsinger，2004），化学过程决定了土壤溶液中养分的浓度、种类和缓冲能力。化学过程因养分种类、土壤类型、土壤特征的变化而变化，同时也是根系与根际土壤微生物活动的结果。根系对养分的吸收导致根际土壤养分浓度的变化。比如根际土壤溶液中钾的浓度下降100倍或1 000倍是由于根际土壤交换性钾的吸附，甚至是缓效钾的固定。与非根际土壤不同的是，根际土壤交换性钾在不断消耗，非交换性钾对土壤钾的有效性在持续做贡献。磷和微量元素的有效性依赖于根际pH，在许多养分反应中以质子的形式出现，比如土壤固体与土壤溶液界面中的沉淀/溶解过程。根系与根际微生物对根际土壤 pH 变化负责并影响养分有效性，比如磷。根系诱导的根际土壤 pH 降低是由于：①释放质子以平衡因作物吸收阳离子导致的阴离子盈余；②有机酸的释放；③通过呼吸作用释放 CO_2，以维持根际土壤 H_2CO_3 的浓度平衡，除酸性土壤外，其他所有土壤均与此过程有关。比如，研究发现，以铵态氮源为主的植物比以硝态氮为氮源的植物根际土壤pH 更低，并通过 pH 降低来提高土壤磷酸钙的有效性。

微量元素的有效性受根际氧化还原反应过程的支配，这些过程是根系与根际微生物活动的结果，它们活动释放的复杂物质有利于提高微量元素的有效性。这些过程有利于提高缺铁土壤的土壤铁有效性，特别是在低等铁含量条件下作物铁的有效性，比如石灰性土壤。根系分泌物可以螯合诸如锌、铜这样的微量元素，并提高他们的有效性，如图 2-4 所示（Hinsinger，2004）。

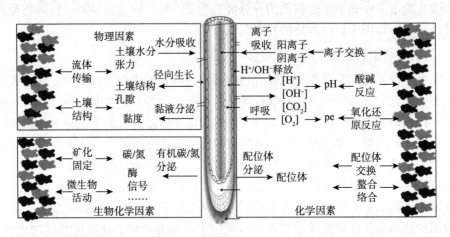

图 2-4　影响根层土壤养分有效性的物理、化学和生物化学过程及因素

几十年来，尽管在鉴定影响根际养分有效性的因素及根际过程方面取得了相当大的成绩，但是由于根际空间和时间的变化，准确测量根际的某些特有属性仍然是极大的挑战。研究测量与经验模型输出相比仍然存在巨大的差异，这意味着仍需要更好地量化养分获取的过程。未来研究的另一个挑战是如何管理根际过程，提高植物获取效率。为了实现肥料和农药投入最少化，提高农产品的可持续生产能力，微生物和植物组分都是重要的研究方向（Hinsinger，2004）。

第二节　作物高效吸收利用养分的作用机制

根层土壤养分的有效性（Availability）不仅取决于土壤养分供应强度（Intensity）、容量（Capacity），还取决于土壤溶液中的离子平衡（Balance）和土壤缓冲性（Buffering）（图 2-5）。土壤中养分能否为植物根系所吸收，与其所处的空间位置密切相关，合理的灌溉及水分的有效性对养分的吸收具有决定性作用。同时，作物根系通过一系列的作用机制改变根际土壤的物理化学特征以及生物过程，包括通过质子释放和根系分泌物排放诱导根际酸化。土壤 pH 变化和根系分泌物直接或通过土壤微生物的作用间接影响养分有效性，其中，根淀积及根系更新占土壤碳的 40%，是土壤微生物过程的主要驱动力（Grayston et al.，1996；Jones et al.，2009）。植物根系在整个土体中仅占据 3%左右的容积，养分的迁移对提高土壤养分的空间有效性十分重要，发挥碳固定养分的作用，提高土壤养分库容量，维持根层土壤养分浓度，通过物理、化学和生物过程影响根系，挖掘根系对养分利用的潜力（Ryan et al.，2009）。

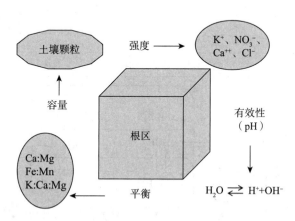

图 2-5　影响根层土壤养分有效性概念图

　　根际是根系周围土壤物理、化学和生物特征非常复杂的区域，根系的结构和功能对根际过程有重要的贡献，而且对根系获取养分的能力有重要影响。在根层适宜养分供应的基础上，如果能调控根际的物理和生物化学过程，将进一步活化根际土壤养分的有效性，促进养分由根区向根表的迁移、提高作物根系对养分的吸收利用。根系与土壤微生物之间相互作用影响养分的直接吸收。因此，深刻理解蔬菜根系与根际土壤养分的关系、根系与土壤微生物之间的关系以及根系对根际土壤中氮磷养分的活化利用机理，对挖掘土壤氮磷养分利用潜力极其重要。在此，以氮磷为例，深入阐述根系的特征以及如何影响氮磷养分的有效性和吸收。另外，阐述根系与土壤微生物的相互作用，特别是菌根真菌和非共生植物促生菌通过植物促生机制提高养分有效性。

一、作物高效利用氮的作用机制

　　氮素以有机和无机形态存在于土壤中，并呈异质化的分布特征。氮投入来源于固定作用（通过共生微生物或自生固氮细菌）以及不同土壤氮库之间的氮素转化对植物生长和土壤系统中氮素含量有影响（Jackson et al.，2008）。微生物诱导的有机氮素矿化为铵态氮以及硝化过程转化成硝态氮对氮素有效性的影响很大（图 2-6），从而影响根系行为和根际过程的变化。尽管矿化氮是作物吸收的主要形态（Miller et al.，2004），研究表明，有机态氮（低分子化合物，如氨基酸）也扮演着重要的角色（Chapin et al.，1993）。但是，很少研究能量化每种氮素形态吸收的重要程度（Leadley et al.，1997；Schimel et al.，2004）。不同形态氮素的吸收影响根际 pH，从而影响磷和微量元素（如、铁、锰和锌）的有效性（Marschner 1995）。根际土壤 pH 变化是由于作物吸收硝态氮导致氢离子的涌入，或吸收铵态氮导致氢离子的净释放，pH 的变化使根系分泌物的底物和数量发生变化，最终影响根系周围的微生物区系结构（Bowen et al.，1991；Meharg et al.，1990；Smiley et al.，1983）。

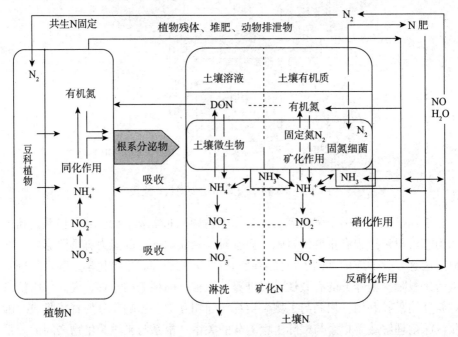

图 2-6　植物-土壤氮循环及氮素转化的物理过程
(Richardson, 2009)

硝态氮和铵态氮都是通过质流和扩散作用从土壤溶液到达根系表面的（De Willigen，1986）。土壤溶液中硝态氮以 mM 浓度普遍存在，相对磷酸盐而言，硝态氮容易移动（Tinker et al.，2000），每天移动几个毫米（Gregory，2006）。铵态氮不容易移动，它容易被土壤离子吸附位点所吸附，铵态氮通过质流和扩散吸收的量很少。尽管如此，扩散和质流仍然是植物无机氮吸收的主要途径，根系伸长从土壤溶液中截获吸收的氮占一定比例（Barber，1995；Miller et al.，2004），但是很难区别是否是根截面的扩散作用。

植物吸收硝态氮和铵态氮取决于其土壤和土壤溶液中的浓度、根系分布、土壤水分含量和根系生长速率。根系生长速率在氮素充足供应条件下是最重要的，然而矿化氮浓度和根系分布在氮素有限供应条件下是最关键的。同时，一些植物表现出对铵态氮和硝态氮吸收的偏好，但是这在田间水平下，特别是农业生态系统中，植物氮素吸收受以上这些因素影响较小（Mcneill et al.，2007）。在许多自然生态条件下，土壤溶液中无机氮以铵态氮为主导，它包括微生物主导的硝化反应（Subbarao et al.，2006）。除此之外，在淹水条件的低洼水稻田土壤（Keerthisinghe et al.，1985），非交换铵根离子对作物营养也有重要的贡献（Scherer et al.，1996；Mengel et al.，1990）。尽管不同作物对铵态氮毒害的敏感性不同，最关键的因素是两种离子的相对浓度，最大的影响因素是植物种类、年龄和土壤 pH（Britto et al.，2002；Badalucco et al.，2007）。另外，即使在土壤溶液中硝态氮浓度充足的条件下，根系通过跨质膜吸收硝酸根也需要消耗更多的能量（Forde et al.，1999）。对作物生产系统来说，尽管有证据证明土壤溶液中硝态氮和铵态氮以及植物氮素含量都对作物氮素有影响（Aslam et al.，1996；Devienne-Barret et al.，2000），但是目前对氮素吸收的调控仍然理解不充分（Gastal et al.，2002；Jackson et al.，2008）。

可溶性有机氮对作物氮素营养吸收的作用在土壤栽培基质研究中被重视，并且已经在不同生态系统的土壤研究中被认可（Jones et al.，1994；Schimel et al.，2004）。土壤溶解性全氮中有一半为氨基酸态氮（浓度在 $0.1 \sim 50 \text{mM}$），是植物有效氮库的重要组成部分（Christou et al.，2005；Jones et al.，2002）。土壤溶液中的氨基酸是根系直接分泌或土壤有机质矿化分解的蛋白质和淀积物，矿化过程是土壤微生物经蛋白酶分解转化的蛋白质和多肽（Jaeger et al.，1999；Owen et al.，2001）。除此之外，植物根系表面消化蛋白质分解的蛋白酶和多肽是由根系通过胞溶作用吸收蛋白分泌的（Paungfoo-Lonhienne et al.，2008）。植物吸收有机氮与外生菌根真菌相关密切（Chalot et al.，1998；Nasholm et al.，1998）。然而，相对重要的机制是因为氨基酸和蛋白质的扩散数量比硝态氮低得多，在许多生态系统中仍然存在争议（Kuzyakov et al.，2003）。菌根真菌具有不同的优点，然而根际微生物可能竞争这些有机氮化合物。尽管有直接证据证明，植物根系能竞争微生物氮的数量有限（Hu et al.，2001；Jingguo et al.，1997），但 ^{15}N 研究结果表明，植物吸收 ^{15}N 并长期有益于微生物氮素转化过程（Kaye et al.，1997；Yevdokimov et al.，1994）。

根据土壤中氮素化学形态、时间变化和空间分布的异质性，植物通过以下一种或多种策略（途径）来实现最优的氮素吸收，主要包括（Richardson，2009）：①通过伸长根系，改变根系直径或根毛形态来增加或提高根的表面积，从土壤或土壤溶液中吸收氮；②为了探索空间和时间不定的特定适应性响应机制，比如富氮区、不同氮素形态区域（氨基酸、铵态氮或硝态氮）；③通过植物-微生物作用影响植物根际有效氮的作用机制。

二、作物高效利用磷的作用机制

土壤磷库很大，但植物吸收有效磷比例很小。植物从土壤溶液中以磷酸盐形态获取磷（HPO_4^{2-}、$H_2PO_4^-$）。大部分土壤溶液中磷酸盐含量很低（一般以 $1\sim5$ μM），因此，不断补充磷库以满足植物需要。植物吸收磷酸盐后，根际磷酸盐的浓度降低，在植物根系与土壤之间的根际区域形成磷素浓度梯度（图 2-7）（Gahoonia et al.，1997；Tinker et al.，2000）。然而在大多数土壤条件下，磷酸盐的扩散速率无法补充局部的浓度差，从而限制磷素的充足吸收。通过模拟和经验研究获得证据，植物根表面实际的磷素吸收能力不可能限制植物吸收（Barber，1995）。最近一些研究表明，一些根毛细胞中有提高磷酸盐吸收的基因表达，但是，在转基因植物中这些基因的表达并没有提高土壤溶液或土壤栽培条件下燕麦对磷的吸收（Rae et al.，2004）。这与作物对低磷浓度溶液栽培条件下磷的吸收有很好的适应性不太一致，比如最低磷吸收速率为（$C_{lim\ value}$）$0.01\sim0.1$ μM（Jungk，2001）。作物根表面磷的有效性受根系和微生物过程的影响，或者受根系挖掘土壤中磷素能力的影响要高于磷的吸收动力。

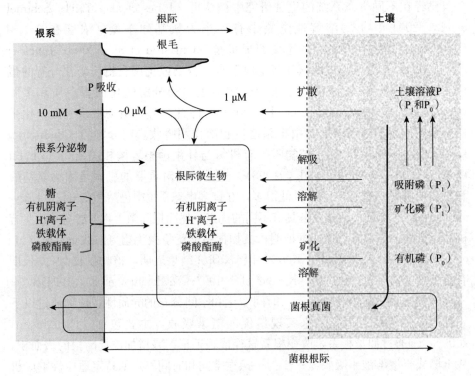

图 2-7 影响根际磷素吸收和转化的物理生物和化学过程

(Richardson, 2009)

　　改善根系生长和根构型能有效提高磷素吸收，也是作物适应土壤磷素缺乏的适应性机制。提高根系伸长速率和根冠比等根系特征能提高磷素吸收量（Hill et al.，2006），提高表层土壤和养分富集区域的根系分支和角度，增加具有高度特性的根长以及根毛的存在。一些品种，可增加特定根结构的形成，比如排根等。根毛占根表面积的70%，增加根体积，成为养分主要的获取位点。在非菌根植物中，根毛吸收的磷素量占总磷素吸收量的80%。根毛长度和密度的变化在低磷条件下非常重要，对磷吸收的贡献方面也有很多研究。菌根侵染的根系对磷耗竭土壤上提高磷的有效性具有重要作用。

　　根际磷素耗竭不仅仅发生在无机磷和有机磷上，还包括可溶性磷酸盐和其他形态的有机磷和无机磷。土壤磷很难浸提（比如，NaOH 浸提），因此，磷的生物有效性较低。根际周围磷素变化结果表明，根系表面 2～5mm 的距离出现了磷库的变化与磷的消耗。根系周围的根际表面土壤微生物量增加，而且提高了碳酸根浸提有机磷的含量，这可能是微生物调控磷酸盐在根际区域内固定的结果（Richardson，2005）。将来需要阐明根际微生物影响土壤磷有效性的作用，以及它们在磷获取方面的参与或竞争的程度（Jakobsen et al.，2005）。

　　根际土壤磷的有效性受根际土壤 pH 和根系分泌物的影响，它们直接或间接地影响养分有效性、微生物活性（Richardson，1994）。磷缺乏条件下根际酸化，并且改变可溶性无机磷化合物的溶解性，或者影响土壤磷酸盐吸附解吸反应、磷酸盐的有效性以及微量元素的变化（Hinsinger et al.，1996；Gahoonia et al.，1992；Hinsinger，2001；Neumann et al.，2007）。磷、铁和微量元素缺乏以及铝毒害等营养胁迫使作物根系向根际排放有机酸（Hocking，2001；Neumann et al.，2007；Ryan et al.，2001）。有机酸在根际的浓度非常高，是非根际土壤中浓度的 10 倍（Jones et al.，2003）。

　　有机酸以质子的形式排放并导致根际酸化（Dinkelaker et al.，1989；Hoffland et al.，1989；Neumann et al.，2002）。除了引起根际土壤 pH 的变化，有机酸还通过改变土壤团粒表面特征降低磷的固定来活化土壤中的磷，从吸附位点解吸磷（配位体交换或激发配位体溶解反应），以及土壤中与磷酸盐相结合元素的螯合作用（比如酸性土壤中的铝和铁，石灰性土壤中的钙）（Bar-Yosef，1991；Jones，1998；Jones et al.，1994）。有机酸能活化腐殖质金属化合物中固定的磷，并提高有机磷的有效性和脱磷酸酶的脱磷酸作用（Hayes et al. 2000）。然而，不同的有机酸活化养分的作用取决于各种因素，包括：特定的负离子释放，（如柠檬酸和草酸，苹果酸、丙二酸盐、酒石酸，其次是琥珀酸、延胡索酸酯、醋酸和乳酸），以及土壤中负离子之间的作用，包括它们在土壤溶液中的有效浓度和和转化速率（Jone，1998）。微生物的作用由于它们通过释放负离子来快速代谢根际中不同的有机离子（Jones et al.，2003）。比如，在石灰性土壤上草酸比柠檬酸和苹果酸对微生物的分解更加稳定和持续，从而促进玉米根系对磷的吸收（Ström et al.，2002）。白羽扇豆通过排根分泌柠檬酸（部分苹果酸）来活化根际土壤中的磷，以适应土壤缺磷胁迫（Neumann et al.，2002；Vance et al.，2003）。根际土壤磷酸酶活性非常高，可以活化土壤中有机态磷，以适应磷缺乏（Richardson et al.，2005）。磷酸酶活性是有机磷水解（矿化）必需的。土壤中微生物调控的有机磷矿化对植物磷的有效性有重要贡献（Frossard et al.，2000；Oehl et al.，2004）。有机态磷是土壤溶液中磷的主要形态，占土壤总磷的50%，取决于土壤类型、土地利用类型（RonVaz et al.，1993；Shand et al.，1994）。可溶性土壤有机磷主要来源于土壤微生物转化，相对磷酸盐在土壤溶液中具有更高的移动性（Helal et al.，1989；Seeling et al.，1993），因此，对根际土壤磷含量变化及磷的有效性具有重要的作用（Jakobsen et al.，2005；Richardson et al.，2005）。

从根系释放的胞外磷酸酶存在于许多植物中，对有机磷物质的水解有积极的作用（George et al.，2008；Hayes et al.，1999）。微生物转化产物含有大量的溶解性有机磷（>80%）主要是核酸和磷脂，在土壤快速矿化，对植物具有很高的有效性。通过植物系统和根箱试验研究，证明根系对土壤中有机磷的直接水解以及释放磷酸盐的次生利用。根际土壤可浸提有机磷库的消耗与根系周围磷酸酶的活性有关（Chen et al.，2002）。高水溶性碳暗示着更多的根系分泌物或微生物量的大量转化，从而提高磷的活化。另一种解释是，根系对磷的消耗是由于更长的根毛或者可能与外生菌根真菌有关，因为菌根真菌对根系捕获磷非常有效（Liu et al.，2005；Scott et al.，2004）。然而，与直接的植物机制和其他过程相比，诸如微生物过程的相对重要性还需要深入研究并全面理解。在根际区域，自由活动的微生物和根际微生物的数量和活性显著增加，这可能有助于提高磷消耗和磷溶解（Chen et al.，2002）。

三、作物对氮磷高效利用的促根作用机制

根系是土壤-作物系统中最重要的有机体，对养分的吸收利用受到物理、化学和生物过程及其因素的影响（Hinsinger，2009）。根系与根层养分供应之间存在互馈机制（Shen et al.，2011），适宜的根层养分浓度能够促进根系的生长，而根系的健康生长反过来又促进养分空间和生物有效性的提高（Chan et al.，2005；Shen et al.，2011）。

作物对氮素的吸收能力与单位土体内的根长密度有密切关系（Schenk et al.，1991）。不同蔬菜作物根毛对硝态氮浓度变化的响应差异很大（Jungk，

2001；Steingrobe et al.，1991、1994）。番茄、油菜和菠菜根长降低的趋势和临界点不同，番茄根毛长度在硝态氮浓度大于 100 μmol/L 后开始显著降低，而油菜和菠菜硝态氮浓度超过 10 μmol/L 就开始急剧降低（Jungk，2001）。甜菜根、甜玉米和芹菜连续两年的试验结果表明，根系深度与土壤氮素耗竭量呈显著相关。增加田间作物根系深度相当于增加根层土壤养分的储备、减少淋洗损失；深根系作物可以利用深层土壤的残留氮，深根作物吸收氮素的深度可达 2.5m，减少氮素淋溶损失，提高氮素利用率（Christiansen et al.，2006）。另外，根系生长良好可以缩小远根与近根吸收位点的硝态氮浓度差异。不论是否限制根系生长空间，土壤水分均促进硝态氮的迁移和分布平衡（宋海星等，2005）。根的吸收作用和水分明显影响硝态氮的迁移和分布，而对铵态氮没有明显作用。根系生长发育及养分吸收与根际土壤养分供应关系密切，但根际微生物，比如根际益生菌也可以提高养分吸收和利用效率（Esitken et al.，2002、2003），提高养分生物有效性，节约肥料投入（Adesemoye et al.，2009）。

由于磷素移动性差，根系对磷的吸收效率主要在于根系对磷的截获、利用。土壤中磷向根表面的迁移主要靠扩散作用，植物根对磷的吸收主要在根毛区和侧根出生区，而不是在根尖（张福锁等，1998）。根系的发育及根毛数量的增加可以明显增加吸收面积，根系吸收面积和体积的增加有利于提高根系对磷的截获、利用（Kirkby et al.，2008），提高植物对磷的吸收（Hinsinger，2009）。采用模型方法计算得到，番茄通过根毛从土壤中吸收磷量占总吸收磷量的 50%～70%。通过局部供磷试验也证明，植物组织中的磷含量和根表面的磷含量共同调控根毛的长度。水培条件下，随溶液中磷浓度的增加，根毛长度降低，随着硝态氮浓度的升高，根毛长度降低，因此，在低磷条件下有助于根毛的发生。同时，采用根际益生菌可以促进根际土壤磷的溶解性和根系生长，提高氮磷养分的吸收速率和吸收量，提高磷素利用效率（Das et al.，2003）。

土壤中的微生物很复杂，它能通过一系列的作用机制来提高植物对养分的获取能力，包括：①增加根表面积，通过直接的根伸长（菌根真菌）；②促进根系生长（促生根际微生物）、分支以及根毛产生；③通过固氮菌（根瘤菌）或活化养分的微生物代谢过程（分泌有机酸），提高养分有效性；④平衡土壤溶液中养分吸附位点或不同养分库间的形态转化与转移（抑制硝化反应和通过根际微生物量转化改变无机形态养分的微生物过程）（Gyaneshwar et al.，2002；Jakobsen et al.，2005；Kucey et al.，1989；Richardson，2007；Tinker，1980）。

菌根真菌、根瘤菌和弗兰克氏菌属以及促生微生物菌非常重要并被广泛研究。促生微生物菌代表一系列定殖在根际的微生物，它们通过生物肥效应（直接）或生物防控效应（间接）促进植物生长。生物肥料是通过提高养分供应促进植物生长的微生物（Vessey，2003）。植物促生菌的作用一般不是一种单一的作用机制，而是几种作用结合在一起共同发挥作用。微生物和真菌等植物根际促生菌（Plant Growth-Promoting Rhizobacteria，PGPR）是对植物生长有促进或对病原菌有拮抗作用的有益细菌的统称，能促进根系生长，改善植物根际微生物环境或产生生长物质，促进植物营养元素的矿化和吸收。

　　根际促生菌促进根系生长和提高养分吸收的作用机制有以下几点值得关注（图2-8）（Richardson et al.，2009）：①PGPR可以直接定殖在根系产生激素IAA等物质，或者改变植物的乙烯、NO水平，调控根系生长；②PGPR直接或间接影响根际氮素转化和循环，包括根系对不同形态无机氮、有机氮的吸收，以及微生物对不同氮库转化过程的作用影响氮素矿化、硝化和反硝化；③PGPR对磷的吸收机制主要通过微生物影响有机磷的矿化和无机磷的溶磷细菌作用机制；④PGPR与菌根真菌作用，通过增加根系表面积、体积或根系活力提高对养分的吸收效率；根系与根际磷的相互作用，比如，根系促生会降低土壤有效磷的农学阈值；⑤PGPR作为生防菌剂，主要通过产生抗生素等物质，抑制有害病原菌，提升植物系统防御能力来实现生物防治。近年来，根际促生菌作为微生物肥料，与根的相互作用关系以及由此促进根系生长，改善根系构型，提高养分吸收和作物生产力方面的研究成为热点（Richardson et al.，2009）。

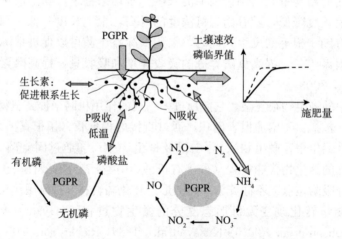

图2-8　植物根系生长调控提高氮磷养分效率的作用机制
（根据Richardson，2009修改）

第三节 根层调控策略

依据养分资源特征的差异，针对不同的养分资源特征提出各自的调控技术：根层氮素浓度供应与氮素平衡推荐，根层土壤磷钾供应与"维持"推荐，中微量元素"因缺矫正"。在根层养分调控的基础上，通过调整养分供应形态、比例和土壤调理剂等增加土壤缓冲性，综合调控根层的水、肥、气、热等条件，促进养分矿化、吸收和利用，提高养分利用效率。

一、根层养分浓度调控

在集约化蔬菜生产中，根层调控的核心是将根层养分供应强度及元素间的平衡调整到根系功能最佳状态，在时间和空间两方面充分发挥根系及根际反应的潜力，既满足地上部生长发育的需求，又不至于导致养分的奢侈吸收、不平衡吸收以及其他不利影响，减少过量养分流向环境中的损失（张福锁等，2009）。合理的根层土壤浓度有利于蔬菜根系对养分的吸收和利用，由于养分资源特征的特异性以及养分迁移吸收的机制差异，根据不同的养分资源确定不同的根层养分浓度调控策略。

（一）根层氮素临界浓度

氮在土壤中的迁移性较强，极易随水迁移，氮素的调控难度要高于其他养分的调控。因此，以氮为例，解释如何将根际养分供应强度调整到根系功能最佳状态，在时间和空间两方面提高养分利用效率。提高土壤无机氮的含量虽然有利于养分的吸收和作物生长，但是，作物对氮素的吸收只在一定范围内随土壤无机氮的增加而增加，超过这一范围，无机氮的增加对作物氮素吸收的影响越来越小。而由于土壤对无机氮，特别是硝酸盐的保蓄能力有限，土壤中的无机氮素是不稳定的，多余的氮肥不会被作物吸收，而是以各种途径（淋洗、反硝化等）损失，存在很大的环境风险（李志芳，2002）。Scheller 等（1995）的试验发现，作物收获后残留在土壤中的，以及经微生物整个冬季分解的硝态氮为 73 kg/hm²，在冬季频繁降雨的影响下，翌年春季几乎全部流失出根层。在京郊地区，这种情况往往容易在夏季发生（汤丽玲，2001）。土壤中的交换性铵和硝态氮，既是作物可直接吸收的速效氮，也是各种氮素损失过程共同的源，过量存在将增加氮素损失的风险。因此，避免无机氮素在土壤中的不必要积累，应是氮肥有效施用的重要原则之一（朱兆良，2000）。从作物生产和可持续发展的角度考虑，根层养分调控需要蔬菜生长期间根层土壤有效氮既要保持维持蔬菜正常生长适宜的根层养分供应——临界氮素浓度（N_{min} buffer），蔬菜收获后保持根层土壤氮素残留量不超过一定的阈值，否则容易导致硝酸盐淋洗。所以确定蔬菜收获后，土壤根层 N_{min} 残留量合理的范围时应考虑两个原则：

第一，蔬菜收获后根层土壤 N_{min} 残留量不能超过一定的阈值，否则将面临硝酸盐淋洗的危险；

第二，维持蔬菜的正常生长需要根层土壤溶液中保持一定的养分供应水平，即达到临界养分浓度。

由于蔬菜的生育期较短，且往往在收获期间，作物根系的吸收状况没有发生很大的改变，依然保持较高的养分吸收速率，因而，维持根层土壤一定的 N_{min} 数量对于保证作物的正常生长十分必要。从作物的生产角度来看，这一数量与作物的根系生长速率、吸收能力有很大的关系，这称作 N_{min} 缓冲值（N_{min} buffer）。不同蔬菜作物在收获时，根层土壤必须有一定量的 N_{min} 残留，以保证蔬菜收获期产量和品质不降低。当然，N_{min} 缓冲值不是越高越好，从环境保护的角度来说，应尽量使这一值降低，以避免氮素从土体逸出对环境造成污染。

作物的根系吸收特点及 N_{min} 缓冲值要求不断对土壤进行施肥，特别是蔬菜施肥应该遵循"少量多次"的原则。朱兆良等（1985）用 ^{15}N 标记硫酸铵在水稻上的试验结果表明，氮肥分次施用可以提高氮肥利用率，使氮的损失从 25.2% 减少到 20.8%。因此，蔬菜氮肥施用大多数应采取分次施肥的方法。

综上所述，合理蔬菜生产的施肥推荐机制应该是（图 2-9）：作物生长期间能够满足作物对氮素的需要和环境保护的要求，非耕作期间减少土壤氮素的残留。这就要求在进行施肥推荐的过程中，要能够动态地确定或者预测分次施肥和收获时的土壤无机氮供应的目标值。

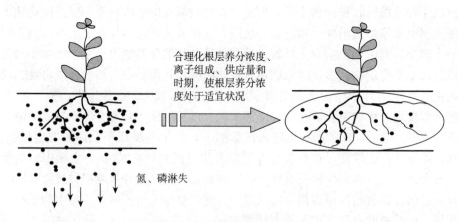

图 2-9　根层养分适宜状况示意

在蔬菜生产中，这种"最佳状态"可以理解为在保证作物获得最大产量的前提下土壤无机氮处于临界供应状态，这种临界供应必须考虑满足作物达到目标产量时带走的氮素，保证作物达到目标产量的最低无机氮素存留（N_{min} buffer）以及推荐过程中不可避免的氮素损失（Fink et al.，1993；张宏彦，2002；张晓晟，2005）。氮素供应主要通过施肥前根层土壤残留无机氮、土壤有机氮素矿化、有机肥氮素矿化或作物残茬，以及氮肥来提供（De Neve et al.，1998），在某些情况下还应该考虑灌溉水或沉降带入的氮素对氮素供应的影响（Ramos et al.，2002；Khayyo et al.，2004）。

氮素输入＝播前或移栽前土壤无机氮含量＋土壤有机氮矿化量＋

有机肥矿化量＋氮肥推荐量＋灌溉水带入氮素量

（公式 2-1）

氮素输出＝作物氮素吸收量＋氮素损失量＋根层土壤最低 N_{min} 残留量

（公式 2-2）

氮肥推荐量＝氮素供应目标值－作物氮素吸收量－氮素损失量－

根层土壤最低 N_{min} 残留量

（公式 2-3）

公式 2-1 即氮素供应目标值，作物的氮素供应目标值是根据平衡施肥的原则，整个生育期的氮肥需要总量因氮素供应目标值和土壤无机氮的数量而定，同时考虑了作物的氮素需求特征及土壤养分供应。

郭瑞英（2007）研究了京郊地区一年两季黄瓜轮作体系中，冬春季黄瓜苗期、结瓜前期与结瓜后期的氮素供应目标值（以 N 计）分别为 150 kg/hm²、250 kg/hm²、200 kg/hm²，秋冬季分别为 150 kg/hm²、250 kg/hm²、100 kg/hm²。任涛（2011）在山东寿光长期定位试验，研究提出一年两季番茄体系沟灌模式下，外源氮素投入量（以 N 计）在 326 kg/hm²，关键施肥时期在 4 月和 11 月，分别追施氮肥（以 N 计）150～200 kg/hm² 的管理模式。该推荐模式可以保持根层氮素适宜供应水平在 150 kg/hm²，保证番茄高产和稳产，较低的氮素损失 300 kg/hm² 左右（图 2-10）。

氮素目标值可以精准地推荐氮肥用量，但在作物生育阶段需要多次测土，因此，在大面积应用方面具有一定的限制。尽管氮素供应目标值在一个特定地区环境下，对栽培模式固定的一种作物来说应该是一个固定值，但不同作物种类、种植体系、蔬菜目标产量、灌溉方式、土壤质地和作物生长期影响氮素供应目标值的大小，而且土壤有机氮矿化和有机肥氮矿化在不同时间段所能提供的氮素量受施肥和环境因素的影响，如温度、湿度、pH、养分浓度、易分解的有机物数量、有机质含量等（Sims et al.，1986；Warren et al.，1988；沈其荣等，1992；赵明等，2007），具有很大的不确定性，使得氮素推荐量比较难确定。因此，如何采用氮素供应目标值反馈调节的方法建立不同蔬菜作物体系、不同灌溉模式下蔬菜作物不同生育阶段的氮素供应目标值是建立氮肥总量控制、分期调控的技术指标还需要进一步研究。

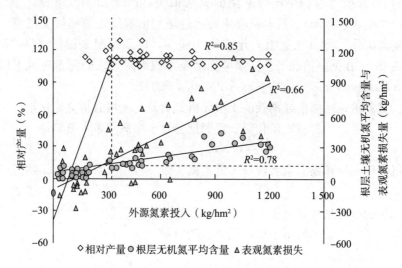

图 2-10 山东寿光冬春季-秋冬季设施番茄适宜施氮量及根层无机氮
供应浓度的确定

（任涛，2011）

　　与氮素相比，磷钾在土壤中的移动性较小，土壤有效磷、速效钾养分只代表土壤养分库的一小部分。比如英格兰和威尔士的土壤中 Olsen-P 含量仅表示13％的土壤全磷库的大小（Johnston，2005）。土壤磷的有效性与土壤有效磷浓度有关，但土壤有机质含量对磷的有效性具有重要作用（De Jager et al.，2005）。有机质改善土壤结构，促进作物根系更高效地获取土壤磷，为根系吸收磷提供能量。更重要的植物-土壤系统中磷循环（图 2-11）过程显示，磷肥施入土壤后，水溶性磷进入不同的磷库，而难溶性磷被吸附在土壤颗粒表面，在适宜的土壤条件下难溶性磷逐渐被溶解成为植物有效性磷，提高土壤有机质

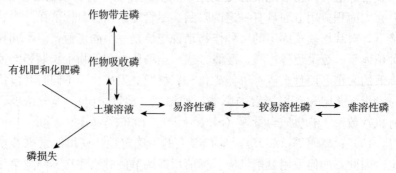

图 2-11 植物-土壤系统中磷循环示意图（Kirkby et al.，2008）

含量相当于增加土壤磷素供应的容量。在我国北方的石灰性土壤上，作物对磷的吸收主要通过质流和扩散获得，但质流仅占作物吸磷量的5%左右，大部分靠扩散的方式吸收磷，因此，需要土壤有效磷具有一定的供应浓度（强度），以保证作物根系吸收，但土壤中磷浓度过高，容易导致作物对磷的奢侈吸收（Ger et al.，2005；Kriby et al.，2008）。

适宜的根层土壤磷浓度保证作物生长和养分吸收，但该浓度不是一成不变，而受生育时期和根层环境条件的影响，比如低温、病虫害或盐渍化等逆境胁迫。土壤溶液中磷的浓度需求取决于作物种类和产量水平，不同作物适宜的土壤有效磷含量范围差异较大。美国提出许多作物适宜的磷浓度在0.2～0.3 mg/L，番茄获得高产的土壤磷适宜浓度远高于玉米，磷肥供应量高于大田作物。番茄保持较高产量的土壤溶液的磷浓度为0.2 mg/L，而玉米获得较高产量潜力的磷浓度仅为0.01～0.025 mg/L（Johnston，2005）。土壤有效磷的临界值分为农学需求临界值和环境阈值两个指标（表2-1），农学临界值可以通过一系列磷肥梯度试验，采用线性加平台方法拟合作物相对产量与土壤有效磷的关系，方程的拐点即农学临界值（Zhang et al.，2007）。环境阈值一般采用土壤分段线性模型分析获得，一般农学临界值高于环境阈值。目前，我国设施蔬菜磷肥推荐技术缺乏各种蔬菜高产高效的土壤有效磷适宜指标。

表 2-1　土壤有效磷农学和环境临界值（mg/kg）

作物	土壤有效磷临界值（mg/kg）	参考文献
蔬菜	环境临界值 Bray-P，60	王彩绒等，2005
蔬菜	临界值 Olsen-P，60	姜波等，2008
—	环境临界值 Olsen-P，60	Brookes et al.，1995
小麦	农学临界值 Olsen-P，4.9～20.0	Johnston et al.，1986；Bollons et al.，1999；Colomb et al.，2007
春小麦	农学临界值 Olsen-P，16	Jackson et al.，1997
冬小麦	农学临界值 Olsen-P，24	Jackson et al.，1991
玉米	农学临界值 Olsen-P，3.9～15.0	Mallarino et al.，1992；Mallarino et al.，2005；Colomb et al.，2007
番茄	农学临界值 50～60mg/kg（苗期、开花期）、35～45mg/kg（结果期）	王丽英，2012

（二）施肥影响

施肥量影响蔬菜生育期根层土壤养分含量。不同氮肥用量对日光温室黄瓜-番茄轮作体系根层土壤硝态氮含量的影响结果表明（图2-12），随着氮素供应量的增加，土壤硝态氮含量增加。空白不施化学氮肥处理 NN 和对照只施有机肥 MN 处理土壤硝态氮含量较低，平均值（以 N 计）为 24.09～41.08 kg/hm²，土壤氮素水平处于逐步耗竭状态；氮素推荐 RN、高量供氮 HN 和传统供氮 CN 处理的土壤硝态氮平均含量（以 N 计）分别为 176.9 kg/hm²、346.6 kg/hm² 和 500.8 kg/hm²，其中，氮素推荐调控 RN 处理土壤硝态氮含量（以 N 计）波动在 150～200 kg/hm²，而高量供氮 HN 和传统供氮 CN 处理的土壤硝态氮含量出现积累。

根层土壤硝态氮含量影响蔬菜根系生物量。随着根层土壤硝态氮含量的增加，黄瓜根干重呈直线降低趋势（图 2-12），而番茄根干重对根层土壤硝态氮的响应较小。当土壤硝态氮含量（以 N 计）低于 100 kg/hm² 时，黄瓜根干重较高，在 200 kg/hm² 左右；当土壤硝态氮含量高于 100 kg/hm² 时，根干重降低，在 150 kg/hm² 左右。当土壤硝态氮低于 100 kg/hm² 时，番茄根干重在 100～170 kg/hm²。

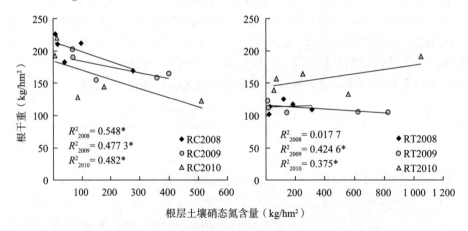

图 2-12　根层土壤硝态氮含量与蔬菜根干重的关系

注：RC 黄瓜根，RT 番茄根。横坐标表示每季蔬菜收获后根层 0～40 cm 土壤硝态氮含量。

施氮量影响根层及剖面土壤的硝态氮含量、运移及向环境中的损失。传统氮素供应 CN 和优化氮素供应 RN 处理的 0～100 cm 土壤剖面硝态氮运移结果显示（图 2-13），从 2008 年冬春茬黄瓜定植到 2009 年冬春茬黄瓜拉秧，传统氮素供应 CN 处理和推荐氮素供应 RN 处理的土壤硝态氮均未出现显著积累与淋失现象。但是进入 2009 年秋冬茬番茄生育期，CN 处理根层土壤硝态氮出现显著积累，并在之后的黄瓜生育期内出现显著的淋失现象。

蔬菜各个生育阶段氮素供应的影响因素包括作物阶段氮素吸收、土壤有机氮矿化量和有机肥氮素矿化量的影响。课题组研究结果表明，膜下滴灌条件下，设施黄瓜-番茄体系中，目标产量 150～200 t/hm² 的冬春季黄瓜的氮肥供

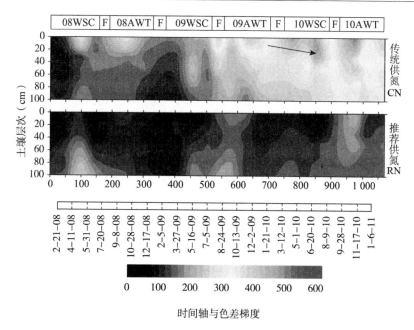

图 2-13　根层氮素调控对剖面 0～100cm 土壤硝态氮动态变化的影响

应总量为 400 kg/hm²，化肥氮 250～300 kg/hm²，关键生育期的分配为：苗期和开花期控制灌溉和追肥，从根瓜坐住开始追施氮肥，结果初期、结果中期和结果后期的分配比例为 42%、42%、16%，追肥次数分别为 4 次、4 次和 2 次。根据各个时期氮素吸收量和根层土壤硝态氮供应临界值，提出膜下滴灌条件下，冬春季黄瓜苗期-开花期、结果初期、结果中期和结果后期的氮素供应目标值分别为：50 kg/hm²、150 kg/hm²、200 kg/hm² 和 200 kg/hm²。

秋冬季番茄的氮肥推荐总量和氮素供应目标值在试验的基础上进行下调，提出在冬春季黄瓜定植前底施有机肥前提下，氮肥推荐总量为 100～150 kg/hm²，底肥不施氮肥，追肥从第二穗果实膨大期开始，关键追肥期为第二穗、第三穗、第四穗果实膨大期，全生育期追肥 8 次，每穗果实膨大期间追 2 次，每次氮肥追施量为总氮量的 15%。秋冬季番茄苗期-开花期和第一穗至第五穗果实膨大期的氮素供应目标值依次为 50 kg/hm²、100 kg/hm²、100 kg/hm²、100 kg/hm²、150 kg/hm²、100 kg/hm²。

以兰州地区轮作体系下的温棚黄瓜-番茄为例，滴灌条件下施氮量对土体中 NO_3^--N 淋洗的影响结果表明：无论是低氮（150 kg/hm²）、中氮（300 kg/hm²）或高氮（450 kg/hm²、600 kg/hm²）处理下，黄瓜-番茄轮作周期中，滴灌施肥对 0～30 cm 土壤溶液 NO_3^--N 含量变化的影响明显；在高氮处理下，由于番茄季较强的滴灌量，土体中 NO_3^--N 不断向下淋洗至 90 cm 土层；与 CK 处理相比，单施有机肥会造成土壤 $NO_3^- -N$ 向深层淋洗。因此，提出每茬蔬菜推荐施氮量控制在 300 kg/hm² 左右为宜，在冬春茬后期 4～6 月减少滴灌次数是减少土体 $NO_3^- -N$ 向下淋洗的措施（张学军等，2007）。

（三）灌溉影响

目前蔬菜作物仍沿用大水漫灌或沟灌为主，过量灌溉现象比较普遍。北京市郊区设施果类蔬菜的灌溉中漫灌占 26％，沟灌占 64％，滴灌比例仅占 6％（王丽英等，2012），灌溉量远高于作物需求量。孙丽萍等（2010）、曹琦等（2010）指出，日光温室冬春茬和秋冬茬黄瓜的传统灌溉量分别在 450～810 mm、340～450 mm，保证黄瓜高产和减少渗漏的优化灌溉量为 300～400 mm，膜下沟灌的传统灌溉量为 300～350 mm，优化灌溉量为 210 mm（代艳霞等，2010）。设施黄瓜蒸腾蒸发量、渗漏量和土壤储水量的关系表明（图 2-14），传统灌溉的灌溉水深层渗漏量占灌溉量的 28％，蒸腾蒸发量占灌溉量的 35％，土壤储水量占 3％，植株水分吸收量占 24％。覆膜灌溉不仅节水效果明显，而且减少土壤蒸发、增加土壤持水量。膜下滴灌将逐渐成为设施蔬菜水分利用效率最高的灌溉模式之一。蔬菜定植时大水漫灌是蔬菜生长前期氮素大量损失的主要原因，前期灌水占全生育期的 39％，远远超过黄瓜的需水量（郭瑞英，2007）。

过量灌溉时，多余的水渗漏到蔬菜根层以下，导致水资源浪费，还淋洗养分，导致养分损失并污染环境。因此，合理灌溉也是减少氮磷淋洗的有效途径。节水灌溉与传统畦灌或漫灌相比显著减少硝态氮淋洗量，滴灌和渗灌比畦灌分别减少硝态氮淋洗量为 85.9％和 91.7％（韦彦等，2010）。番茄膜下沟灌的研究表明，灌溉不施肥条件下灌水量与土壤硝态氮淋溶量和淋溶率、灌溉施肥条件下灌水量与土壤施入硝态氮的保蓄率和渗漏率均呈直线关系，番茄沟灌减少肥料淋溶与渗漏的"控漏"优化灌溉量为每次 15 mm（范凤翠等，2010）。

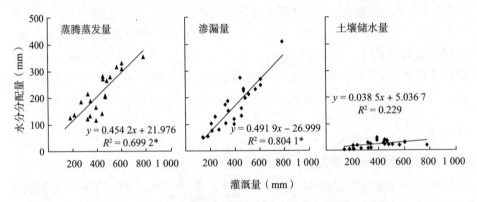

图 2-14　日光温室黄瓜蒸腾蒸发量、渗漏量和土壤储水量的关系

（王丽英，2012）

土壤水分状况是决定土壤中矿质离子以扩散还是以质流方式迁移的重要因素。缺水即可降低养分在土壤中向根表的迁移速率，也可减弱根系的吸收能力。对 K^+ 和 Cl^- 而言，这两个过程都受到较大影响，而对 $H_2PO_4^-$ 来说，减少根系的吸收能力为主。灌溉直接影响土壤硝态氮含量与运移。传统肥水管理过量灌溉和尿素冲施的方法，尿素随水淋洗到根层以下的土壤剖面，导致地下水硝酸盐含量超标，造成水体富营养化等面源污染问题。河北省辛集定位试验结果表明（闫鹏等，2012），通过减量灌溉，使黄瓜全生育期土壤含水量保持在 18.7%～22.1%，可以满足黄瓜生长发育对土壤水分的要求，比传统灌溉量减少用水量 30%。不同处理中以节水灌溉＋习惯施氮处理（W_2N_1）土壤硝态氮含量最高，习惯灌水＋减量施氮处理（W_1N_2）最低。全生育期内，土体 95 cm 深度硝态氮淋失量与土壤含水量、土壤硝态氮含量均呈正相关，其中以初瓜期和盛瓜期相关性系数最高。与农民习惯水氮处理（W_1N_1）相比，节水减氮处理（W_2N_2）在节水 30%、减施氮 25% 的情况下，可以显著降低黄瓜季土壤硝态氮淋失量，整个生育期降低淋失量 35.0%。磷钾养分尽管移动性差，但在大量施用有机肥的条件下，过量灌溉也可能导致沙壤土中磷钾的淋洗。课题组的研究表明（表 2-2），漫灌体系过量灌溉和施肥是导致钾素大量淋洗的根本原因。滴灌施肥处理下的菜田平均每季钾素盈余为 394 kg/hm²，显著低于漫灌施肥处理；滴灌施肥菜田 0～60 cm 土层土壤速效钾累积程度小于漫灌施肥，且显著降低了钾素淋洗量，50 cm 和 90 cm 处平均每季淋洗量分别为 14 kg/hm² 和 3 kg/hm²，而漫灌体系则分别达到 45 kg/hm² 和 22 kg/hm²。

表 2-2　2011—2012 年京郊日光温室灌溉施肥模式对每季土壤剖面钾素淋洗量（kg/hm²）

土层深度	处理	2011WA	2011AW	2012WA	2012AW	平均每季
	漫灌施肥	5.8 b	15.8 a	26.3 a	59.8 a	26.9 b
50cm	漫灌施肥＋秸秆	49.9 c	33.1 b	55.1 b	115 b	63.3 c
	滴灌施肥	−3.9 a	9.8 a	4.4 a	33.6 a	11 a
	漫灌施肥	0.8 a	8.7 ab	19.4 b	38.8 b	16.9 b
90cm	漫灌施肥＋秸秆	15.3 b	13.5 b	28.7 c	52.3 b	27.4 c
	滴灌施肥	0.6 a	7.8 ab	2.2 a	6.0 a	4.2 a

注：小写字母代表处理间差异达到 5% 显著水平。

（四）肥水耦合（滴灌施肥）

滴灌施肥充分实现了根际养分调控与肥水耦合的目标。滴灌施肥频繁、缓慢地施加少量的水和肥料作用于作物的根部，可以非常精确地在时间和空间上调控土壤水、肥条件，能按照作物肥水需求和土壤养分、水分特点，调整肥水供应的养分用量、比例、时间和浓度，也能很好地实现根际养分供应以及根系周围水、肥、气、热等状况的调控。比如，果类蔬菜的施肥，在生长前期为促进生长，可增加氮素的比例，在生长后期为促进果实着色，可增加磷、钾养分的用量，减少氮的比例，以满足不同作物或同一作物不同阶段的营养需要。滴灌施肥的水肥同时供应，可发挥二者的协同作用。将肥料直接施入根部后，降低了肥料与土壤的接触面积，减少了土壤对肥料养分的固定，有利于根系吸收养分。滴灌施肥持续时间长，为根系生长维持了一个相对稳定的水肥环境。Hagin 等指出，滴灌施肥时土壤溶液中 NO_3^--N（硝态氮）的浓度稳定在 $60\sim$ 150 mg/kg，而喷灌时 NO_3^--N 的浓度在 $0\sim300$mg/kg 范围内变化。以不同浓度氮肥 225 mg/L、450 mg/L、720 mg/L 滴灌的结果表明，225 mg/L 氮肥浓度比较合适。随着肥液浓度的提高，番茄产量及品质指标呈降低趋势，当肥液浓度为 720 mg/L 时，滴头周围有明显的聚集，并抑制根系生长和光合作用（栗岩峰，2006）。

滴灌施肥灌溉时土壤水分的运移和分布决定了土壤硝态氮的运移和分布。硝态氮随水运移，在湿润土体边缘产生累积。施肥频率调控肥料养分供应量和时期分配。施肥频率由每周一次降低至四周一次，硝态氮在根区土壤中的总量逐渐减少，在生育期内的变化逐渐加剧。每周一次的施肥频率，硝态氮在根区的总量最大，在生育期内的变化比较平缓，说明氮肥供应与消耗过程有较好的一致性，从而使植株的吸氮量增加、土壤残留氮量减少。

二、养分形态调控

NH_4^+-N、NO_3^--N 和氨基酸态氮 Gly-N 都是蔬菜作物能直接吸收利用的氮素形态，但作物对不同氮素形态的吸收、运输、贮藏、同化等方面存在很大差异（葛体达等，2007），从而影响到植物的其他生理过程和生长发育。研究表明这两种氮素对植物生长的有效程度取决于植物种类、二者的浓度及其比例、土壤 pH 以及生长介质的缓冲能力等。大多数蔬菜根系生长依赖于对根表面的外源氮素的吸收（Bloom et al.，1997），铵态氮和硝态氮配合施用优于单一的氮源供应（Marschner，1995），通过调控铵态氮和硝态氮的比例来平衡根际 pH 和氧化还原电位的变化（Feigin et al.，1986；Bar-Yosef，2008、2009），从而调控根系细胞的增殖和根系可塑性，改变根系构型。高量铵态氮会抑制根系生长，低量铵态氮会刺激根系生长分散而发育良好，硝态氮供应会使根系发育成更加紧凑的构型（Bloom et al.，1997）。

植物吸收的氮素形态影响到植物体内碳水化合物的生产以及阴阳离子的平衡。当 NH_4^+ 的吸收占优势时，植物吸收的阳离子多于阴离子，H^+ 由根系释放出来，使得根际的 pH 降低。因为 NH_4^+ 与 NO_3^- 的差异，根系周围土壤的 pH

可以相差 1.5 个单位。以土壤为栽培介质时，一定比例的铵态氮和硝态氮配合施用有利于蔬菜根系生长、养分吸收和利用。在不同形态氮素共存时油菜优先吸收铵态氮，而且铵态氮在土壤中不容易发生淋洗损失。在油菜根际供应铵态氮肥可以降低根际周围土壤 pH，增加磷的活化和微量元素的吸收，诱发根系生长（Rooster，1998）。高浓度 NH_4^+ 抑制硝化细菌活性，使肥料在根际保持以铵态氮形式供应，降低植株体内硝酸盐的积累，减少土壤中硝酸盐淋失和反硝化脱氮损失及其对环境的影响（Rooster，1998）。通过对 NH_4^+ 的吸收，促进光合产物向根系运输，促进根系生长，扩大养分吸收面积，形成扩大养分吸收和增强光合作用的良性循环（Sommer，2001）。

土壤栽培条件下，通过氮肥形态调控蔬菜根系生长和养分吸收，最终以根际肥料和根际施肥技术方式实现资源节约与环境保护（张福锁，2008）。要使营养物质达到最大的利用率，pH 的范围在 6.0～6.5。对于沙性土壤以及像石棉这样具有很低的缓冲能力的惰性介质来说，影响根际 pH 的主要因素是灌溉水中的 NO_3^-/NH_4^+。pH 决定磷的利用率，因为 pH 影响磷的沉淀、溶解以及吸附、解吸。pH 同样影响着微量营养元素（Fe、Zn、Mn）的利用率以及其中某些元素（Al、Mn）的毒性。研究表明，在施肥后 28 d 内，以铵态氮为主要成分的酸性根际肥（pH 1.0～2.0）使其施肥微域（半径 2 cm 内）的土壤 pH 降低了近 1 个单位，对肥料在土壤中的硝化作用有一定的抑制作用。

离子间的增效作用是指由于另一种离子的存在，而使一种离子的吸收量增加；拮抗作用指两种离子之间的竞争。NO_3^- 和 Cl^- 离子存在着激烈的拮抗效应：Cl^- 的存在会减少 NO_3^- 的吸收量，反之亦然。因此，在含盐量高的环境中，肥料中的 NO_3^- 会使盐害程度降低，因为 Cl^- 离子的吸收将更多地被 NO_3^- 代替。当 NO_3^- 的吸收占优势时，植物吸收的阴离子多于阳离子，过剩的阴离子消耗在碳水化合物的合成上，这是一个生成碳酸和 OH^- 的过程。碳酸和 OH^- 由根系分泌出来，进入土壤，增大了根际的 pH。在碳酸根离子被吸附在铁氧化物和黏土上的情况下，根系会分泌一种有机酸，将被吸附的磷释放到溶液中，从而提高磷的利用率。铵态氮肥的施用要考虑 NH_4^+ 在吸收过程中与 Ca^{2+}、K^+、Mg^{2+} 等阳离子产生拮抗作用，诱导某些养分的缺乏（Gerendas，1997）。根据 Ganmore-Neumann 和 Kafkafi 的研究，当根际温度高于 30℃ 时，NH_4^+ 不适合做西红柿和草莓的肥料，这是因为它对植物根系生长和呼吸作用有着负面影响。因为 NH_4^+ 这种阳离子的存在，影响到作物对其他阳离子 Ca^{2+}、Mg^{2+} 和 K^+ 的吸收。而在高浓度 NH_4^+-N、Cl^-、SO_4^{2-} 并存、高 EC 的盐渍化条件下，使用高量氮肥 NO_3^--N 也可能导致畸形果发生（Kinet et al.，1997；Dorais et al.，2001；Anuschka，2005）。

三、养分空间有效性

(一) 根际施肥

在根际生态调控中，根际施肥调控是最直接、最有效的调控方法。根系是植物吸收养分的主要器官，在土壤中，养分的分布极不均匀，植物根系的生长往往可以"感受"某些养分的局部供应，并加速生长。根际或近根施肥可以有效、持续地向作物根系供应养分，诱导根系向养分处生长。Soper 和 Huang (1963)、Giles 等 (1973)、Carter 等 (1974) 都指出根层土壤无机氮 (铵和硝酸盐) 是对作物生长有效的。根际或近根施肥的目的是调节根系生长、改善根际养分的供应状况，从而提高养分的生物有效性。其技术途径有两个：一是对根系直接施肥，如根系输液，这种技术措施可以较快、较直接而有效地矫正作物一些微量元素养分 (如铁) 的缺乏现象，其缺点是有效期持续时间较短，需要多次或经常使用；二是通过研究开发新型肥料及根际施肥技术方法以营造优良的根际环境，提高根际土壤中的有效养分浓度，增加对根际耗竭区中养分的补给，保持根际土壤对植物根系养分持续和较大强度的供应，以及改变根际的 pH 和氧化还原电位 (Eh)，从而提高植物对有效养分的利用效率和肥料的利用率。比如合理的滴灌施肥技术可以有效、持续地向作物根系供应水分和养分。

缓释肥料能够保证根区养分的持续供应，减少氮素养分淋失。德国波恩大学 K. Sommer 教授在总结了不同肥料品种、不同形态氮肥在土壤中的转化规律、作物对不同形态氮素的吸收及其在体内代谢的特性以及施肥方法的研究与应用的基础上，研究出了一种含有氮、磷、钾养分、通过根系调控养分释放的长效铵态氮素养分——CULTAN (Controlled Uptake Long Term Ammonium Nutrition) 及其配套施肥技术。该技术早期以液氨为氮源，以施肥机进行土壤注射为主要施肥方式并使施肥、移栽一体化完成，发展了一套完整的机械化设备，已发展到田间大面积应用。该肥料是以高浓度铵态氮为主要氮源，集中施用于根系周围，经过扩散和根系吸收形成优化的根际环境并诱导根系密集生长于肥料周围。一方面，通过植物对铵态氮的吸收，促进了光合产物向根部运输并促进根系的生长，扩大了根系吸收养分的面积，形成了扩大养分吸收和增强光合作用的良性循环；同时植物吸收铵态氮后造成根际环境酸化，有效地活化了土壤中的难溶性磷酸盐和铁、锌等微量元素养分。另一方面，由于高浓度的铵态氮对肥料周围的硝化细菌产生毒害作用，抑制了铵态氮的硝化作用，使施肥区的肥料氮形态较长时间以铵态氮为主。该技术应用于德国的甜菜生产取得了成功，不仅可以挖掘土壤养分资源潜力，显著降低肥料用量，使作物产量和肥料利用率均得到显著提高，而且可以通过抑制铵态氮的硝化作用和反硝化作用，降低因一次大量施氮而造成土壤硝酸盐积累和淋洗的可能，减少氮氧化物气体的释放，在根际持续保持较高浓度的养分供应。这种通过优化肥料的养分组成和性状，改变植物生长的根际环境，从而提高肥料利用效率和土壤养分的生物有效性，同时也大大降低了蔬菜体内 NO_3^- 的积累。

依据根际施肥理论，李燕婷等研制出一种含有氮、磷、钾等多种养分的酸性根际颗粒肥料，在石灰性土壤条件下，这种酸性根际肥可使施肥区微域（2cm 内）土壤发生酸化，pH 降低，活化土壤中的多种难溶性养分（如铁、磷、锌、锰等）。在盆栽花生试验中，酸性根际肥的施用降低了施肥区土壤pH，显著提高了施肥区土壤铁的有效性，增加了花生对土壤铁的吸收量，提高了生长量，使花生叶绿素 SPAD 值与叶片活性铁含量显著提高，从而对花生的缺铁失绿黄化症具有防治或矫正效果。酸性根际肥还通过减少对小油菜的 NO_3^--N 供应量，降低了小油菜积累硝酸盐的外界硝态氮源，减少了小油菜的硝酸盐累积量。

硝化抑制剂（3，4-dimethyl pyrazole phosphate，DMPP）又称氮肥增效剂（nitrogen fertilizer synergist），是一类对硝化细菌有毒的有机化合物。加入铵态氮肥中以抑制土壤内亚硝酸细菌对铵态氮的硝化，从而减少铵态氮转化为硝态氮而流失所用的添加剂。硝化抑制剂可以抑制铵态氮向硝态氮转化的亚硝化过程，研究表明，DMPP 加入含硫酸铵和硝酸铵的氮肥（ENTEC）中可以抑制铵态氮向硝态氮的转化，而且在一定土壤温度和含水量条件下，DMPP 在 10 d 内将铵态氮和硝态氮保持在肥料颗粒周围 25～40 mm 范围内（Azam et al.，2001），以减少硝态氮淋洗，提高氮肥利用率（俞巧钢等，2007）。俞巧钢（2009）等在尿素中添加 1% 的硝化抑制剂具有显著的抑制作用，延缓蔬菜地土壤氨氮向硝态氮的转化，减少硝态氮淋洗量和径流量，保持较高的土壤无机氮含量，降低氮素向水体迁移的风险。王丽英（2012）采用微渗漏计培养试验方法，研究结果表明，硫酸铵添加 1% 硝化抑制剂 DMPP 后，番茄植株氮素吸收量增加，氮肥利用率显著提高，氮素淋洗量降低，收获后土壤硝态氮残留增加。

虽然根际施肥技术在生产中应用还不是很广，但由于其能够针对作物生长发育特点，在根系周围持续高效地供应一定强度的养分，既满足作物对养分的吸收，又不致使整个土层土壤过高的养分水平；既能确保作物的产量和经济效益，也不会在整个土体中造成大量的 NO_3^--N 累积，使硝酸盐累积和超标问题得到根本性缓解，仍不失为解决生产中肥料污染问题的途径之一。

（二）根际养分启动

根际是植物、土壤、微生物相互作用的焦点区域。根际过程对植物的生长有重要作用，它们能够改善根系的生长，增强养分的吸收，保护植物不受病虫害的侵扰（Römheld et al.，2006）。根际养分启动液技术（Starter Solution Technology，SST）是最近新发展起来的针对临近土壤-根际区，在关键生育时期，向根际灌根或注射高浓度养分溶液，提高根际养分有效性，提高养分利用效率的一项根际养分管理技术。根际养分启动技术区别于滴灌施肥技术的最大特点是，以高浓度养分溶液于根际施用，采用高磷或促根类液体剂型配方，是根际施肥提高养分空间有效性和生物有效性相结合的调控技术。该技术以建立在育苗培养、盆栽和田间试验的基础上建立的技术，它基于对根际过程的充分了解，通过使用尽可能少的农业化学品（化肥和杀虫剂）满足植物生长的需求。通过改善根际养分梯度和根际环境，管理根际土壤养分有效性。根际养分启动液的浓度基于土壤肥力、土壤缓冲能力以及植物种类和品种，可以配制作物适宜的高浓度养分溶液，在根际灌根或注射施用后，溶液中养分与土壤黏土表面相互作用，在土壤颗粒的吸附作用下，高浓度的养分溶液在可提取的土壤溶液中的浓度大大降低，这是养分启动液技术的核心关键。该技术通过对蔬菜根系适宜根际供应浓度以及养分启动液浓度之间的关系建立，计算不同土壤类型条件下，适宜主要蔬菜作物的养分启动溶液及注射浓度，采用养分启动技术可以有效促进蔬菜根系发育，在保证产量的同时，有效地减少肥料用量，在适当的条件下，把养分浓度控制在合理范围内，减少淋洗等环境污染，达到节肥、稳产和环境保护的目的。

养分启动液技术对大多数蔬菜来说均可应用，特别是需要移栽的瓜果类蔬菜施用，节肥增效的效果更好。一般来说，养分启动液（N-P_2O_5-K_2O）的最佳浓度是每株植物使用 240 mg 溶解在 50mL 水中。配好后的启动液（N-P_2O_5-K_2O）的浓度为 4 800 mg/L。养分启动液灌根或注射后在可提取的土壤溶液中，浓度可能降到 200～250 mg/kg。该技术计算简便，操作容易，可以用当地复合肥进行配制。以（6-12-6，N-P_2O_5-K_2O）作启动液为例，当为 29 600 株/hm^2 的番茄幼苗供应启动液时，其全部用量仅为 7.1 kg/hm^2（N）、14.2 kg/hm^2（P_2O_5）、7.1 kg/hm^2（K_2O）。采用养分启动液（N-P_2O_5-K_2O，13-34-22）根际施用 2 次，番茄根系生长的结果表明，根层综合调控处理（W2FR）的总根长分别比传统施肥（W1FC）和根层水肥调控（W2FS）处理增长 57%、46%，根表面积增加 62%、36%，根体积增加 70%、29%（李俊良等，2011）。

四、根层土壤缓冲性调控

土壤缓冲性（Soil Buffering Capacity）主要通过土壤胶体的离子交换作用、强碱弱酸盐的解离等过程来实现，土壤缓冲性能的高低取决于土壤胶体的类型与总量、土壤中碳酸盐、重碳酸盐、硅酸盐、磷酸盐和磷酸氢盐的含量等。缓冲作用的大小与土壤代换量有关，随代换量的增大而增大。土壤具有一定的抵抗土壤溶液中 H^+ 或 OH^- 浓度改变的能力，因而有助于缓和土壤酸碱变化，为植物生长和微生物活动创造比较稳定的生活环境。土壤缓冲作用是因土壤胶体吸收了许多代换性阳离子，如 Ca^{2+}、Mg^{2+}、Na^+ 等可对酸起缓冲作用，H^+、Al^{3+} 可对碱起缓冲作用。如果菜田土壤中的 Ca^{2+}、Mg^{2+}、K^+、Na^+ 离子发生淋洗，对酸的缓冲作用降低，导致土壤酸化。

土壤酸化的原因与土壤有机质含量下降，缓冲能力降低有关，同时 $NO_3^- -N$ 淋洗、盐基离子淋洗以及蔬菜植株碱基离子的大量移出加剧了土壤酸化过程（图 2-15）。酸化还会加速土壤盐基离子（Ca^{2+}、Mg^{2+}、K^+、Na^+ 和 NH_4^+）的淋失，导致土壤养分库的损耗、土壤物理性状恶化，造成土壤养分贫瘠（郭笃发等，1997）。同时，设施蔬菜土壤盈余养分离子的累积加剧了土壤溶液中养分离子间的竞争和拮抗作用，影响植物对养分的正常吸收，并造成植物营养状况失去平衡和生长发育不良（Grattan et al.，1999），进而导致土壤溶液氢离子增多，而氢离子又会和胶体吸附的交换性盐基发生交换。

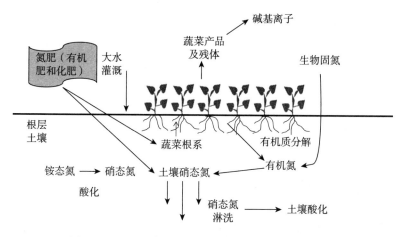

图 2-15　设施蔬菜氮肥过量施用导致土壤酸化的产生

（根据 Wortmann，2009 修改）

提高土壤缓冲性是减少养分离子和盐基离子淋失，提高养分利用效率和防止土壤酸化的重要途径。一方面，通过调控养分形态和离子组成，减少土壤中硝态氮和钙镁等离子的淋洗；另一方面，加入外源炭物质或提高土壤碳氮比，调控土壤 C/N 和容量来提高对养分的缓冲能力和供肥强度（图 2-16）。

养分形态和离子组成可以通过肥料养分用量、养分比例和肥料种类来调控。土壤碳氮比提高，可以通过作物秸秆还田、高碳氮比有机肥或堆肥施用来实现，也可以添加外源高碳物质，比如生物炭。生物炭是指由有机垃圾，如动物粪便，植物根茎，木屑和麦秸秆等经过不完全燃烧产生的一种多孔炭，表面发达，通常比表面积有 $300\sim400m^2/g$，具有一定强度和较高的生物和化学稳定性。生物炭含有丰富的有机大分子和空隙结构，施入土壤后又较易形成大团聚体，因而可能增进土壤的养分离子的吸附和保持，特别是对 NH_4^+ 有很强的吸附作用（Chan et al.，2008）。肥料配施后，土壤中的 NH_4^+ 吸附得到明显地促进，提高了氮肥利用率，最主要的是对 NH_4^+ 的固持作用，从而减少氮的损失。另外，生物炭中灰分元素如钾、钙和镁等较为丰富，施进土壤后可以提高土壤阳离子交换量，提高根区土壤缓冲性。施用铵态氮肥也是通过抑制亚硝化细菌的活性来延迟土壤中铵态氮向亚硝态氮转化的亚硝化过程，减少铵态氮向硝态氮的转化（Zerulla et al.，2001），从而减少硝态氮淋洗。生物炭可以增加土壤碳封存与固定，培肥地力（Annette et al.，2004）。由于疏松多孔的物理特性和强吸附的化学特性，生物炭加入土壤中可以增强土壤水分保持能力，提高土壤含水量。生物炭多孔结构将 NH_4^+、Ca^{2+}、Mg^{2+} 等吸附，根际添加生物炭可以提高土壤离子交换能力。研究表明，生物炭施入土壤后，能提高土壤pH（Glaser et al.，2001、2002），提高土壤阳离子交换量高达50%（Lehmann et al.，2003），提高作物产量和对磷钾养分的吸收（Asai et al.，2009；Rajkovich et al.，2011）。王丽英（2012）采用微渗漏计培养试验方法，在低肥力土壤上添加8%生物炭，显著提高番茄根区土壤阳离子交换量CEC，增加土壤缓冲性。

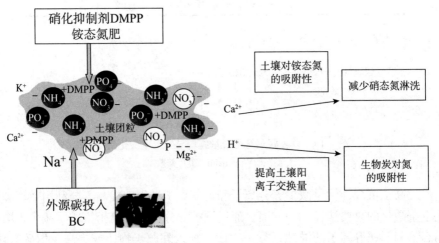

图 2-16　硝化抑制剂与生物炭对提高土壤缓冲性的影响

五、根际促生菌根系调控

大量的证据证明PGPR作为微生物肥料可促进植物生长特别是植物根部

生长（Galleguillos et al.，2000；German et al.，2000；Holguin et al.，2001；Jacoud et al.，1999）。PGPR 能促进根部生长和增加根表面积（Volkmar et al.，1998）。研究表明，PGPR 能直接影响根的呼吸作用继而促进植物根的生长。将 Azospirillum 接种于不同植物能促进根的呼吸速率，根部呼吸作用的增加使 CO_2 的同化作用加速，最终的结果是促进植物的生长。Likewise Toro 等人发现 Enterobacter sp. 和 Bacillus subtilis 都能促进菌根 AM 的生长并且能促进植物生物量的增加和增加植物组织的氮磷含量。可见 PGPR 有解磷能力，并且与菌根 AM 合作一起促进宿主植物对磷的吸收，还结合了其他作用机制产生的植物激素。FZB42 单一接种或与菌根真菌 AMF 联合接种均可以提高土壤盆栽番茄的根系和茎的干物质重量，提高病原菌土壤上栽培番茄茎叶中的 P、Mn 和 Zn 含量降低了对番茄冠/根腐病的感病指数（Yusran et al.，2009）。接种 PGPRS 可以提高幼苗移栽时存活率，拥有良好的根系发育以保证移栽后获得充足的养分和较高的存活率。（Probanza et al.，2001）。接种菌根有效提高了 Paraseriathes 对磷、锌和铜的吸收浓度。已有研究表明，AMF 通过增加矿质养分的吸收来提高植物生长，特别是对难活化的养分如磷、锌和铜（Al-Karaki et al.，1998；George et al.，1994；Marschner et al.，1994；Bethlenfalvay et al.，1988；Yusran et al.，2009）。根际促生菌可以促进根系生长和良好的根系构型，反过来也促进了根系含碳物质的大量释放，更多的碳又提高了根际微生物活性使这个过程趋于良性循环。

PGPR 作为生防制剂与菌根真菌联合应用有利于提高菌根浸染率（Yusran et al.，2009）。联合应用 PGPRs 和 AMF 效率会明显提高，胁迫条件下两者联合应用对促进植物生长具有协同作用（Vivas et al.，2003、2006；Artursson et al.，2006）。FZB42 具有独特的菌落形态，在其能侵染的根际中成为优势菌株，提高根系干重，提高了根际细菌总量和好养芽孢菌数量（AEFB）。FZB42 对土壤根结线虫的作用机制是通过提高根干重，较大根系提高了对线虫的忍耐程度，这与已有研究结果一致（Kloepper et al.，1991；Kokalis-Burelle et al.，2002）。Yusran 的结果表明，联合应用两种 PGPRs 可以促进番茄生长，单一应用 PGPR 在一定程度上抑制冠根腐病（FORL），并提高茎叶中磷含量（Yusran et al.，2009）。

根际促生菌作为微生物肥料对作物生长、产量提高和品质改善的作用明显。施用 PGPR 菌剂在保证产量和生长的前提下可以节省 25% 化学肥料，如果与 AMF 联合应用，可进一步节省肥料。优化施肥量的 70% 和 80% 用量结合使用根际促生菌剂和菌根真菌处理的番茄株高、茎、根干重、产量和养分吸收与全部使用化肥不接种菌剂的相当（Adesemoye et al.，2009）。对番茄的研究结果表明，根际促生菌的应用可以一定程度降低化学肥料的用量，但不能代替化学肥料。接种促生菌剂提高了番茄植株中的氮含量，但对于磷而言，仅提高了磷的吸收量，植株中磷含量没有显著提高。PGPR 菌剂在甜菜、大麦、玉米和番茄上应用的效果表明，可以提高产量和果实品质。另外，采用开花期抹花或叶片喷施的方法也可以提高产量、生长和叶片中养分含量，并降低杏树穿孔病的发病率（Esitken et al.，2002、2003）。

　　微生物菌剂在实验室条件下具有比较稳定的特性，但在露地或设施菜田系统中，由于微生物菌剂除菌株自身的生物特性以外，土壤质地、土壤温湿度、pH 等土壤理化结构等是影响目的菌株存活与繁殖的重要因素（王素芳等，2009）。因此，田间应用微生物菌剂进行促根调控效果的稳定性容易受到应用土壤和环境条件的影响，同时也受蔬菜栽培管理措施，如肥水管理、温度调控等措施的影响。研究表明，链霉菌 S506 在根际定殖的适宜环境温度为 30℃，其次为 22.5℃和 15℃，而利于目的菌株促生功能表达的环境温度则依次为22.5℃、30℃和 15℃；适宜于目的菌株在根际定殖和促生功能发挥的土壤相对湿度为 20%、25%。PSB 溶磷细菌在大多数土壤上可以提高固定态磷的可溶性，增加对磷的利用，提高产量，但受到很多环境因素的影响，特别是在胁迫条件下（Kuheli Das et al.，2003.）。Gaind and Gaur（1991）分离出了高温45℃条件下的磷溶细菌，但低温条件下的菌剂很少。因此，应用微生物菌剂需要深入研究菌剂的特性及影响因素，在保证菌剂田间应用效果稳定的前提下，发挥菌剂的促根、防病和提高抗性等作用。

本章参考文献

郭瑞英，2007. 设施黄瓜根层氮素调控及夏季种植填闲作物阻控氮素损失研究 [D]. 北京：中国农业大学.

何飞飞，2006. 设施番茄周年生产体系中的氮素优化及环境效应分析 [D]. 北京：中国农业大学.

黄化刚，张锡洲，李廷轩，等，2007. 典型设施栽培地区养分平衡及其环境风险 [J]. 农业环境科学学报，26（2）：676-682.

姜波，林咸永，章永松，2008. 杭州市郊典型菜园土壤磷素状况及磷素淋失风险研究 [J]. 浙江大学学报（农业与生命科学版），34（2）：207-213.

孔德杰，张源沛，郑国保，等，2011. 不同灌水次数对日光温室辣椒土壤水分动态变化规律的影响（6）：14-15.

李百凤，冯浩，吴普特，2007. 作物非充分灌溉适宜土壤水分下限指标研究进展 [J]. 干旱地区农业研究，25（3）：227-231.

李俊良，张经纬，王丽英，等，2011. 根层调控对设施番茄生长及氮素利用的影响 [J]. 中国蔬菜（22/24）：31-37.

刘玉春，李久生，2009. 毛管埋深和层状土质对地下滴灌番茄根区水氮动态和分布的影响 [J]. 水利学报 (7) 782-790.

刘兆辉，江丽华，张文君，等，2008. 设施菜地土壤养分演变规律及对地下水威胁的研究 [J]. 土壤通报，39 (2)：293-298.

任涛，2011. 不同氮肥及有机肥投入对设施番茄土壤碳氮去向的影响 [D]. 北京：中国农业 大学.

沈其荣，沈振国，史瑞和，1992. 有机肥氮素的矿化特征及与其化学组成的关系 [J]. 南京 农业大学学报，15 (1)：59-64.

王彩绒，胡正义，杨林章，等，2005. 太湖典型地区蔬菜地土壤磷素淋失风险 [J]. 环境科 学学报 (1)：76-80.

王道涵，2001. 蔬菜保护地土壤磷素特征研究 [D]. 沈阳：沈阳农业大学.

王加蓬，2009. 温室膜下滴灌甜瓜需水量及灌溉制度的研究 [D]. 杨凌：西北农林科技大学.

王丽英，2012. 根层氮磷供应对设施黄瓜-番茄生长及氮磷高效利用的影响 [D]. 北京：中 国农业大学.

张福锁，陈新平，陈清，2008. 协调作物高产与环境保护的养分资源综合管理技术研究与应 用 [M]. 北京：中国农业大学出版社.

张福锁，申建波，冯固，2009. 根际生态学——过程与调控 [M]. 北京：中国农业大学出 版社.

张宏彦，2002. 露地无公害蔬菜生产氮素平衡管理的研究 [D]. 北京：中国农业大学.

张晓晟，2005. 集约化蔬菜生产中氮素综合管理系统的建立和应用 [D]. 北京：中国农业 大学.

张彦才，李巧云，翟彩霞，等，2005. 河北省大棚蔬菜施肥状况分析与评价 [J]. 河北农业 科学，9 (3)：61-67.

赵明，蔡葵，赵征宇，等，2007. 不同有机肥料中氮素的矿化特性研究 [J]. 农业环境科学 学报，26 (S1)：146-149.

郑国保，张源沛，孔德杰，等，2011. 不同灌水次数对日光温室番茄土壤水分动态变化规律 的影响 [J]. 中国农学通报，27 (22)：192-196.

周建斌，翟丙年，陈竹君，等，2006. 西安市郊区日光温室大棚番茄施肥现状及土壤养分累 积特性 [J]. 土壤通报，37 (2)：87-90.

ASLAM M, TRAVIS R L, RAINS D W, 1996. Evidence for substrate induction of a nitrate efflux system in barley roots [J]. Plant Physiol, 112：1167-1175.

BADALUCCO L, NANNIPIERI P, 2007. Nutrient transformations in the rhizosphere [J] // PINTON R, VARANINI Z, NANNIPIERI P. The rhizosphere biochemistry and organic substances at the soil-plant interface. Boca Ration：CRC Press.

BARBER S A, 1984. Soil Nutrient Bioavailability——A Mechanical Approach [M]. New York：John Wiley and Sons Incorporation.

BAR-YOSEF B, 2008. Fertigation management and crops response to solution recycling in semi-closed greenhouses// Soilless Culture：Theory and Practice [M]. Amsterdam：Elsevier B. V. ：341-424.

BAR-YOSEF B, MATTSON N S, LIETH H J, 2009. Effects of NH_4^+ : NO_3^- : urea ratio on cut roses yield, leaf nutrients content and proton efflux by roots in closed hydroponic system [J]. Scientia Horticulturae, 122 (4): 610-619.

BASSIRIRAD H, CALDWELL M M, BILBROUGH C, 1993. Effects of soil temperature and nitrogen status on kinetics of $^{15}NO_3^-$-N uptake by roots of field——grown Agropyron desertorum [J]. New Phytologist, 123 (3): 485-489.

BERGLUND L, DELUCA T, ZACKRISSON O, 2004. Activated carbon amendments to soil alters nitrification rates in Scots pine forests [J]. Soil Biology and Biochemistry, 36 (12): 2067-2073.

BERTRAND I, MCLAUGHLIN M J, HOLLOWAY R E, et al., 2006. Changes in P bio-availability induced by the application of liquid and powder sources of P, N and Zn fertilizers in alkaline soils [J]. Nutrient Cycling in Agroecosystems, 74 (1): 27-40.

BOWEN G D, ROVIRA A D, 1991. The rhizosphere, the hidden half of the hidden half [M] // WAISEL Y, ESHEL A, KAFKAFI U. Plant roots: The hidden half. New York: Marcel Dekker: 641-649.

BRITTO D T, KRONZUCKER H J, 2002. NH_4^+ toxicity in higher plants: A critical review [J]. Journal of Plant Physiology, 159: 567-584.

CHAPIN F S, 1997. A model of nitrogen uptake by Eriophorum vaginatum roots in the field: Ecological implications [J]. Ecol Monogr, 67: 1-22.

CHAPIN F S, 2002. Preferential use of organic nitrogen for growth by a non-mycorrhizal arctic sedge [J]. Nature, 361: 150-153.

DE WILLIGEN P, 1986. Supply of soil nitrogen to the plant during the growing season [M] // LAMBERS H, NEETESON J J, STULEN I. Fundamental, ecological and agricultural aspects of nitrogen metabolism in higher plants. Dordrecht: Martinus Nijhoff: 417-432.

DEVIENNE-BARRET F, JUSTES E, MACHET J M, et al., 2000. Integrated control of nitrate uptake by crop growth rate and soil nitrate availability under field conditions [J]. Ann Bot, 86: 995-1005.

ESITKEN A, KARLIDAG H, ERCISLI S, et al., 2002. Effects of foliar application of *Bacillus subtilis* Osu-142 on the yield, growth and control of shot-hole disease (*Coryneum blight*) of apricot [J]. Gartenbauwissenschaft, 67, 139-142.

ESITKEN A., KARLIDAG H, ERCISLI S, et al., 2003. The effect of spraying a growth promoting bacterium on the yield, growth and nutrient element composition of leaves of apricot (*Prunus armeniaca* L. cv. *Hacihaliloglu*) [J]. Australian Journal of Agricultural Research, 54 (4): 377-380.

GAHOONIA T S, NIELSEN N E, 1992. The effect of root induced pH changes on the depletion of inorganic and organic phosphorus in the rhizosphere [J]. Plant Soil, 143: 185-191.

GAHOONIA T S, NIELSEN N E, 1997. Variation in root hairs of barley cultivars doubled soil phosphorus uptake [J]. Euphytica, 98: 177-182.

GASTAL F, LEMAIRE G N, 2002. uptake and distribution in crops: An agronomical and ecophysiological perspective [J]. J Exp Bot, 53: 789-799.

GER P, CLAASSENS A, 2005. Long-Term Phosphate Desorption Kinetics of an Acid Sandy Clay Soil from Mpumalanga, South Africa [J]. Communications in Soil Science and Plant Analysis, 36 (1/3): 309-319.

GIRI B., GIANG P H, KUMARI R, et al., 2005. Microbial diversity in soils [M]. //BUSCOT F, VARMA A. Microorganisms in soils: Roles in genesis and functions. Heidelberg: Springer-Verlag: 195-212.

GRAYSTON S J, VAUGHAN D, JONES D, 1996. Rhizosphere carbon flow in trees, in comparison with annual plants: The importance of root exudation and its impact on microbial activity and nutrient availability [J]. Appl Soil Ecol, 5: 29-56.

KIM G, KIM J H, et al., 2001. Effect of root zone temperature on the yield and quality of sweet pepper (*Capsicum annuum* L.) in hydroponics [J]. Journal of the Korean Society for Horticultural Science, 42 (1): 48-52.

HAYES J E, SIMPSON R J, RICHARDSON A E, 2000. The growth and phosphorus utilization of plants in sterile media when supplied with inositol hexaphosphate, glucose 1-phosphate or inorganic phosphate [J]. Plant Soil, 220: 165-174.

HEEOCK B, INOK J, 2007. Effect of root-zone temperature on water relations and hormone contents in cucumber [J]. Horticulture, Environment and Biotechnology, 48 (5): 257-264.

HINSINGER P, 2004. Rhizosphere: Nutrient movement and availability [J]. Encyclopedia of Plant and Crop Science (1): 1094 -1097.

HINSINGER P, BENGOUGH A G, VETTERLEIN D, et al., 2009. Rhizosphere: biophysics, biogeochemistry and ecological relevance [J]. Plant and Soil, 321 (1): 117-152.

JACKSON L E, BURGER M, CAVAGNARO T R, 2008. Roots, nitrogen transformations, and ecosystem services [J]. Annu Rev Plant Biol, 59: 341-363.

JOHNSON G V, RAUN W R, 1999. Improving nitrogen use efficiency for cereal production [J]. Agronomy Journal, 91 (3): 357-363.

JOHNSTON A, DAWSON C, CONFEDERATION A I, 2005. Phosphorus in agriculture and in relation to water quality [M]. Peterborough: Agricultural Industries Confederation.

JONES D L, DARRAH P R, 1994. Amino-acid influx at the soil-root interface of *Zea mays* L. and its implications in the rhizosphere [J]. Plant Soil, 163: 1-12.

JONES D L, NGUYEN C, FINLAY R D, 2009. Carbon flow in the rhizosphere: carbon trading at the soil-root interface [J]. Plant Soil, 321 (1/2): 5-33.

JU X, KOU C, ZHANG F, et al., 2006. Nitrogen balance and groundwater nitrate contamination: Comparison among three intensive cropping systems on the North China Plain [J]. Environmental Pollution, 143 (1): 117-125.

JUNGK A, 2001. Root hairs and the acquisition of plant nutrients from soil [J]. Journal of Plant Nutrition and Soil Science, 164 (2): 121-129.

KEERTHISINGHE G, DE DATTA S K, MENGEL K, 1985. Importance of exchangeable and nonexchangeable soil NH_4^+ in nitrogen nutrition of lowland rice [J]. Soil science, 140 (3): 194-201.

KIRKBY E A, JOHNSTON A E, 2008. Soil and fertilizer phosphorus in relation to crop nutrition [M] // WHITE P J, HAMMOND J P. The Ecophysiology of Plant-Phosphorus Interactions. Netherlands: Springer: 177-223.

LEADLEY P, REYNOLDS J, CHAPIN F S, 1997. A model of nitrogen uptake by Eriophorum vaginatum roots in the field: Ecological implications [J]. Ecol Monogr, 67: 1-22.

MARSCHNER H, 1995. Mineral nutrition of higher plants [M]. 2nd edition. London: Academic Press.

MARSCHNER P, 2011. Marschner's Mineral Nutrition of Higher Plants [M]. London: Academic press.

MCNEILL A M, UNKOVICH M, 2007. The nitrogen cycle in terrestrial ecosystems [M] // MARSCHNER P, RENGEL Z. Nutrient cycling in terrestrial ecosystems. Berlin: Springer-Verlag: 37-64.

MEHARG A A, KILLHAM K, 1990. The effect of soil pH on rhizosphere carbon flow of Lolium perenne [J]. Plant Soil, 123: 1-7.

MENGEL K, HORN D, TRIBUTH H, 1990. Availability of interlayer ammonium as related to root vicinity and mineral type [J]. Soil Sci, 149: 131-137.

MILLER A, CRAMER M, 2004. Root nitrogen acquisition and assimilation [J]. Plant Soil, 274: 1-36.

PINTON R, VARANINI Z, NANNIPIERI P, 2007. The rhizosphere: biochemistry and organic substances at the soil-plant interface [M]. Boca Ration: CRC press.

RAVIV M, LLETH J H, 2008. Soilless culture: theory and practice [M]. Amsterdam: Elsevier Science Ltd.

RICHARDSON A E, 2007. Making microorganims mobilize soil phosphorus [M] // VALÁZQUEZ E, RODRÍGUEZ-BARRUECO C. Developments in Plant and Soil Science. Dordrecht: Springer.

RICHARDSON A E, 1994. Prospects for using soil microorganisms to improve the acquisition of phosphorus by plants [J]. Aust J Plant Physiol, 28: 897-906.

RICHARDSON A E, 1994. Soil microorganisms and phosphorus availability [M] // PANKHURST C E, DOUBE B M, GUPTA V V, et al. Management of the soil biota in sustainable farming systems. Melbourne: CSIRO Publishing: 50-62.

RICHARDSON A E, BAREA J M, MCNEILL A M, et al. , 2009. Acquisition of phosphorus and nitrogen in the rhizosphere and plant growth promotion by microorganism [J]. Plant soil, 321: 305-339.

RICHARDSON A E, GEORGE T S, HENS M, et al. , 2005. Utilization of soil organic phosphorus by higher plants [M] // TURNER B L, FROSSARD E, BALDWIN D S. Organic phosphorus in the environment. Wallingford: CABI: 165-184.

RICHARDSON A E, GEORGE T S, JAKOBSEN I, et al. , 2007. Plant utilization of inositol phosphates [M] // TURNER B L, RICHARDSON A E, MULLANEY E J. Inositol phosphates: linking agriculture and the environment. Wallingford: CABI: 242-260.

RYAN P R, DESSAUX Y, THOMASHOW L S, et al. , 2009. Rhizosphere engineering and management for sustainable agriculture [J]. Plant and Soil, 321 (1): 363-383.

SCHERER H W, AHRENS G, 1996. Depletion of non-exchangeableNH_4^+-N in the soil-root interface in relation to clay mineral composition and plant species [J]. Eur J Agron, 5: 1-7.

SCHIMEL J P, BENNETT J, 2004. Nitrogen mineralization: Challenges of a changing paradigm [J]. Ecology, 85: 591-602.

SCHNEPF A, ROOSE T, SCHWEIGER P, 2008. Impact of growth and uptake patterns of arbuscular mycorrhizal fungi on plant phosphorus uptake—a modelling study [J]. Plant Soil, 312: 85-99.

SCOTT J T, CONDRON L M, 2004. Short term effects of radiata pine and selected pasture species on soil organic phosphorusmineralization [J]. Plant Soil, 266: 153-163.

SMILEY R W, COOK R, 1983. Relationship between take-all of wheat and Rhizosphere pH in soils fertilized with Ammonium vs. Nitrate-Nitrogen [J]. Phytopath, 63: 822-825.

STRÖM L, GODBOLD D L, OWEN A G, et al. , 2002. Organic acid mediated P mobilization in the rhizosphere and uptake by maize roots [J]. Soil Biol Biochem, 34: 703-710.

SUBBARAO G V, ITO O, SAHRAWAT K L, et al. , 2006. Scope and strategies for regulation of nitrification in agricultural systems: Challenges and opportunities [J]. CritRev Plant Sci, 25: 303-335.

SUBBARAO G V, RONDON M, ITO O, et al. , 2007. Biological nitrification inhibition (BNI) -Is it a widespread phenomenon [J]. Plant Soil, 294: 5-18.

TINKER P B, NYE P H, 2000. Solute movement in the rhizosphere [M]. New York: Oxford University Press.

UROZ S, CALVARUSO C, TURPAUL M P, et al. , 2007. Effect of the mycorrhizosphere on the genotypic and metabolic diversity of the bacterial communities involved in mineral weathering in a forest soil [J]. Appl Environ Microbiol, 73: 3019-3027.

WARREN G, WHITEHEAD D, 1988. Available soil nitrogen in relation to fractions of soil nitrogen and other soil properties [J]. Plant and Soil, 112 (2): 155-165.

ZHANG X S, LIAO H, CHEN Q, et al. , 2007. Response of tomato on calcareous soil to different seedbed phosphorous application rate [J]. Pedosphere, 2007, 71 (1): 70-76.

第三章

///////////////////////////////

设施菜地土壤氮素损失控制
与节水减肥增效机制

第一节　设施菜地土壤氮素转化过程及损失途径

一、土壤氮素转化过程

　　氮是蔬菜生长过程中重要的营养元素之一，对蔬菜产量和品质的形成起主导性作用。作物吸收利用的氮素约 50% 来自于土壤。土壤氮素包括无机态氮和有机态氮，有机态氮是土壤氮素的主体，可占土壤全氮量的 90% 以上，而无机态氮含量则相对很少。但作物吸取的氮素几乎都为无机态，因此土壤中的有机态氮在微生物的矿化作用下转化无机氮才可被植物吸收利用（图 3-1）。除土壤中的有机氮库外，通过肥料施用、植物残留、生物固氮等途径进入土壤中的氮也是作物吸收氮素的重要来源。由此可见，土壤中氮素的转化与肥料氮的利用、保持和损失之间有密切关系，氮素转化作用直接影响着作物的氮素营养和氮在土壤-作物-大气-水系统中的损失。土壤氮素的转化过程主要包括有机氮的矿化、矿质氮的生物固持、硝化与反硝化、铵-氨平衡、铵的黏土矿物固定-释放等过程（图 3-1），氮素损失途径主要有氨挥发、硝化反硝化损失和淋洗损失等。

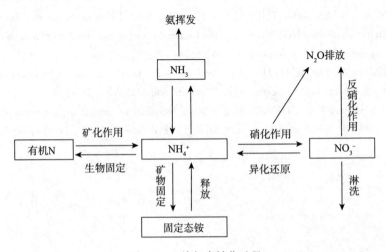

图 3-1　土壤氮素转化过程

二、土壤氮素淋洗

氮素的淋洗损失主要是指硝酸态氮随水向下移动至根系活动层以下所造成的氮肥损失。淋洗损失的氮素不仅包括来源于土壤的氮和残留的氮，也包括当季施入的肥料氮。通过对设施黄瓜生育期内氮素吸收利用效率、氮素淋洗损失的研究表明，在黄瓜上的传统施肥量高达 2 100 kg/hm²，可氮肥利用率只有4.9%，91.7%的氮素以各种途径损失掉，其中土壤硝态氮淋洗是主要形式（杨治平等，2007）。对山东省寿光市蔬菜地 8 m 深的土壤剖面研究发现，随着设施蔬菜种植年限的延长，土壤中硝态氮含量越高，硝态氮在土壤剖面中淋洗下移明显，下移前锋已到达 5～6 m 深处，对地下水构成了威胁（刘兆辉等，2006）。氮素的淋溶损失受到灌溉、施肥、土壤性质、植被及耕作等多种因素的影响（李银坤，2010）。

施肥显著影响到土壤氮素的淋洗损失。随氮肥用量的增加，土壤氮素淋溶损失的可能性增大。单施无机氮肥处理土壤总氮、硝态氮和铵态氮淋溶损失量最高，有机无机氮肥配施显著降低了土壤氮淋失量，单施有机肥处理氮淋失量最低，硝态氮是土壤主要的氮淋失形态（宁建凤等，2007）。Bergstrom（1986）研究了施用化学氮肥对土壤中氮素淋失的影响，在施肥量低于 100 kg/hm² 时，硝态氮的淋溶量较小，当施肥量在 100～200 kg/hm² 范围内时，淋溶量随施肥量的增加而增加。在滇池北岸蔬菜地土壤氮素流失的研究表明，减施 20% 的氮肥，韭黄产量无明显减少，但可以分别减少淋溶、侧渗、径流水氮损失 37.0%，22.2% 和 28.9% 左右（张瑞杰等，2008）。李晓欣等（2003）通过 4 年田间定位试验证实，长期大量施用氮肥会造成土壤硝态氮的累积，而且土壤中的硝态氮浓度随氮肥用量的增加呈直线上升；氮肥配施磷肥和钾肥可以减少硝态氮累积量，增施磷肥可以从整体上减少土壤各层次的硝态氮浓度，而增施钾肥可降低根系分布层的硝态氮浓度。可见，制定科学的施肥量及选择合理的施用方式是降低氮肥淋溶损失、提高氮肥利用率的有效途径。

灌水也是影响氮素淋溶损失的重要因素之一。硝态氮是土壤氮素淋洗损失的主要形式，土壤中的硝态氮淋洗必须满足两个基本条件：一是土壤中有大量残留硝酸盐；二是土壤含水量。第一个条件主要受到施肥措施的影响，施肥量高时，土壤氮素残留量就越高，氮素淋洗量也越大。第二个条件则主要与灌水量有关，增加灌水量显著提高了土壤含水量，氮素淋洗量也相应增大。当土壤水分超过田间持水量的 60% 以后，化学氮肥以硝态氮形式淋失的比例较大，当土壤含水量极低时，由于无法形成土壤水和硝态氮协同向下运移的条件，氮素损失以氨挥发为主，而硝态氮的淋失量很低。袁新民等（2000）研究了灌溉对土壤硝态氮累积的影响,以陕西当地生产中习惯使用的灌水量进行灌溉,在小麦-玉米轮作8年之后,土壤中累积的硝态氮会逐渐被淋溶至400 cm以下的层次,一次性过量灌水则可将土壤上层施入的硝态氮淋至500~600 cm的深度范围,不合理的灌溉引起了硝态氮的大量淋失。在设施菜田中,过量与不合理的灌溉方式更为普遍,土壤硝态氮的淋失也很严重(Vázquez et al.,2005)。李俊良等(2001)对设施栽培条件下土壤氮素淋洗进行了研究,认为长期过量施肥及大水漫灌等措施是造成蔬菜设施土壤养分积累,硝酸盐淋洗严重,肥料利用率低的根本原因。汤丽玲等(2002)通过4季蔬菜作物轮作的试验也表明,传统灌溉导致土体硝态氮有不同程度的淋失,所影响的深度达到土层150~180 cm处。强降雨或一次大量灌溉会对硝态氮向下运移产生明显的推动作用,高水处理(0~50 cm平均含水量控制在田间持水量的85%)的土壤水分硝态氮下渗强,运移深度大,土壤溶液硝态氮浓度最高值出现的深度比低水处理(0~50 cm平均含水量控制在田间持水量的70%)深约40 cm(王兴武等,2005)。

田间管理方式也是影响氮素淋失的重要因素之一。孙文涛等(2007)通过^{15}N示踪技术研究了不同灌溉方式(沟灌和滴灌)对尿素氮在土壤中残留的影响,结果表明,0~100 cm土层中氮肥残留量滴灌处理的较高,为143 kg/hm^2,沟灌处理残留量为133 kg/hm^2。氮的损失量则以沟灌处理的较高,为75.5 kg/hm^2,占氮肥投入量的33.5%;滴灌处理氮肥的损失量为56.0 kg/hm^2,占氮肥投入量的24.9%。根系较深的萝卜和根系较浅的芹菜间作增加了0~20 cm土层硝态氮含量,同时降低了20 cm以下土层的硝态氮含量,能够减少土壤中硝态氮向下移动。在收获期,间作区土壤0~100 cm土层的硝态氮总累积量减少,分别比萝卜和芹菜单作区降低了1.4%、9.0%(吴琼等,2009)。由此可见,合理的田间管理方式,不仅可促进养分循环利用,改善土壤理化性质和生物环境,增加作物对氮素的吸收,减少无机氮在土壤中累积;还可增强土壤对氮素的保蓄能力,降低淋失的风险。

三、土壤氨挥发

氨挥发是由于氨自土表(旱作)或水面(水稻田)逸散至大气所造成的氮素损失,是氮肥气态损失的一个重要途径。全世界施入土壤中的氮肥有1%~47%通过氨挥发进入大气,在水稻田中氨挥发损失可占总施氮量的10%~60%(Tian et al.,1998;Fillery et al.,1986)。1990年中国农田的氨挥发总量(以N计)达1.80 Tg,占到施氮量的11%(Cai et al.,2000);在华北冬小麦-夏玉米季种植体系中的研究表明,由于土壤氨挥发而损失的氮在18.9~63.5 kg/hm^{2}之间,占总施氮量的9.9%~37.0%(李贵桐等,2002)。在连续多年施用高量有机肥和氮素化肥条件下，菜田中的氨挥发和硝态氮淋溶几乎是两条同等重要的氮素损失途径，氮素的循环强度高；而在连续多年施用大量氮素化肥而不施有机肥条件下，氨挥发是氮素损失的主要途径，硝态氮淋溶损失次之，氮素循环强度低。由此可见，氨挥发是农田氮素损失不容忽视的一条重要途径。土壤氨挥发的强弱与氮肥种类、土壤类型、施氮量、灌水量、水肥管理措施以及使用的各种抑制剂等因素有关。

　　氨挥发与施肥量的大小密切相关。众多研究认为，氨挥发损失量随施氮量的增加而增加。优化和习惯施肥的氨挥发损失占氮肥施用量的百分比分别为 $7.1\% \pm 1.4\%$ 和 $9.8\% \pm 0.4\%$（邓美华等，2006）。在华北平原冬小麦-夏玉米轮作体系中，传统施肥处理的氨挥发绝对量为 125.1 kg/hm²，而优化施肥处理的仅为 42.3 kg/hm²，降幅达 66.2%（苏芳等，2006）。曾清如等（2004）利用模拟的温室箱研究了尿素对辣椒土壤氨挥发的影响，发现施用尿素能明显增加土壤的氨挥发，而且 NH_3 释放在较短的时间内达到最大（2~7 d），之后逐步下降。贺发云等（2005）利用密闭法研究菜地土壤的氨挥发，发现低氮和高氮处理的氨挥发率分别为 12.1% 和 17.1%。采用密闭室间歇通气法对设施番茄栽培土壤的氨挥发研究发现，常规施肥处理下氨挥发损失量为 3.18 kg/hm²，而推荐的施肥处理氨挥发损失量为 2.63 kg/hm²（习斌等，2010）。由此可见，合理降低氮肥施用量可显著减少土壤的氨挥发损失。

　　氨挥发受施肥方式的影响显著。表施、深施和表施结合灌溉的处理在白天累积的氨挥发损失率分别为 46.1%、6.2% 和 3.8%（曹兵等，2001）；不同施肥方法处理下 5 种典型土壤（轻度碱化土壤、中度碱化土壤、非盐渍化土壤、轻度盐化土壤、中度盐化土壤）的氨挥发损失量均为表施>混施>深施（张云舒等，2007）。李鑫等（2008）研究表明，撒施氮肥后灌水的氨挥发累计达 2.47 kg/hm²，氨挥发最大速率明显高于撒施后翻耕、条施后覆土等措施；在施肥后翻耕及施肥后立即浇水能使氨挥发损失降低到 5% 以下（董文旭等，2006）。可见，选择合理的施肥方式也是降低氨挥发损失的有效途径。

　　土壤 pH 也是影响土壤氨挥发的主要因素之一。施用尿素在短期内能引起土壤 pH 的急剧上升，是造成氨挥发增加的重要原因。在酸性至中性条件下 H^+ 浓度较高，会降低水溶性 NH_3 的产生，提高 NH_4^+ 的浓度（Mengel et al.，1983）。在变质岩砖红壤中，土壤 pH 为 3.5 时，氨挥发作用很微弱，施肥后 10~24 d 内即可完成氨挥发作用；但当土壤 pH 升至 4.0 时，氨挥发损失量明显增加，其平均损失量是 pH 为 3.5 时的 2.6 倍（魏玉云等，2006）。可见，土壤 pH 的升高，促进了水溶态 NH_3 的形成，进而造成氨挥发损失量的增加；而酸性至中性条件下由于 H^+ 浓度较高，水溶态的 NH_3 往往以 NH_4^+ 形式存在，土壤的氨挥发潜力较弱。随着设施菜田种植年限的增加，土壤有着酸化的趋势,故可认为蔬菜地土壤的氨挥发潜力低于粮田土。

土壤类型影响氨挥发特征。碱化土壤上氨挥发速率较高但持续时间较短,盐化土壤上氨挥发速率相对较低,但氨挥发持续时间较长(张云舒等,2007);而无论是表施肥还是混合施肥,在粗沙质的植苗土中的氨挥发量要远高于富腐殖质的标津土(张淑艳等,2003)。纪锐琳等(2008)研究表明,氮肥在 3 种土壤中的氨累积挥发量大小顺序均为:沙质红壤土(7.37mg)>石灰岩风化土(2.7 mg)>黏性红壤土(1.42 mg);尿素在四种类型土壤上的氨挥发强度与氨挥发总量次序均为:褐土>潮土≈沙姜黑>棕壤(张庆利等,2002);石灰性稻田土壤的氨挥发量远高于酸性稻田土壤(朱兆良等,1989)。氮肥的氨挥发损失是土壤多种性质综合作用的结果,在不同土壤中影响的主导因素又有较大差异。因此,凡是影响土壤质地组成的因素如:土壤 CEC、黏粒含量、黏土矿物类型和有机质含量等均是引起不同土壤类型氨挥发差异的内在原因。

肥料种类对氨挥发亦有明显的影响。碳酸氢铵的氨挥发在施用后迅速发生并达到高峰,此后氨挥发速率急剧降低,至施后约第 5 天即基本停止。而尿素则要经水解成铵后才能发生氨挥发,其氨挥发进程的特点是缓而长,且峰值较低。张庆利等(2002)研究了尿素与碳酸氢铵两种氮肥在 4 种土壤类型上的氨挥发情况,结果发现碳酸氢铵初始的氨挥发强度大于尿素,而氨挥发总量小于尿素。苏芳等(2006)利用风洞法测定系统研究不同形态氮肥的氨挥发损失,结果表明,在相同施氮量条件下,不同氮肥的氨挥发损失差异很大,硝酸铵、硝酸铵钙和硫硝酸铵的氨挥发损失分别比尿素减少 22.5%、3.2%和 8.3%。通过研究尿素与硝酸铵对氨挥发损失的影响,发现施用尿素的氨挥发损失可达 26%~44%,而硝酸铵的氨挥发损失较低,仅为 4%(Cantarella et al.,2003)。在石灰性稻田土壤上,碳铵和尿素在有水层下混施作基肥时的氨挥发分别为 39%和 30%,分别占氮素总损失的 54%和 48%(朱兆良等,1989)。可见,因地制宜地选择氮肥种类也是降低氨挥发损失的有效途径。

土壤水分条件对氨挥发有影响。在不同水分状况下,红壤施入等量尿素后,氨挥发通量与土壤含水量无显著相关性,但其峰值的出现时间则随土壤含水量的增加而提前。当土壤含水量从 20%上升到 30%时,尿素的氨挥发量增加了 20.5%,当土壤含水量上升到 40%时,尿素的氨挥发量比含水量为 20%时增加了 113%(纪锐琳等,2008)。陈振华等(2007)研究了不同水分条件下潮棕壤稻田的氨挥发损失,在田面积水条件下氨挥发总量和肥料氮损失率都较大,而在田面不积水条件下的氨挥发量相对较小。

四、土壤 N_2O 排放

硝化和反硝化作用的中间产物易被水溶解,形成 N_2O 和 N_2,是土壤氮素损失的基本途径之一。土壤硝化作用是指在好氧区域中微生物将铵氧化为硝酸或亚硝酸的过程（$NH_4^+ \rightarrow NH_2OH \rightarrow NO_2^- \rightarrow NO_3^-$）。肥料施入土壤后，除部分被作物吸收和土壤固定外，其余大部分经过硝化作用将土壤中的 NH_4^+ 转化为 NO_3^-。土壤 pH、水分含量、温度以及氧化还原电位等因素均显著影响到硝化作用。土壤反硝化作用有两种情况：生物反硝化作用和化学反硝化作用。生物反硝化作用是指在厌氧条件下反硝化细菌把硝酸盐等较复杂的氮氧化合物转化为气体 NO，N_2O 和 N_2 的过程（$NO_3^- \rightarrow NO_2^- \rightarrow NO \rightarrow NO_2^- \rightarrow N_2$）。化学反硝化作用是指土壤中的含氮化合物通过纯化学反应而生成气态氮的过程，这种情况一般不占主要地位。土壤中水分含量的高低、有机碳的供应、硝态氮的浓度以及温度等是影响反硝化作用的主要因素。

　　硝化作用和反硝化作用是农田土壤 N_2O 产生的主要机制，据推测，70%～90%的 N_2O 来自硝化和反硝化这一生物学反应（Moiser et al.，1996；Malla et al.，2005）。每年施入土壤中的氮肥，有很大一部分氮素通过反硝化与 N_2O 排放方式而损失掉。在北京潮土冬小麦-夏玉米轮作体系下土壤氮素反硝化损失量为 4.71～9.67 kg/hm^2，而土壤 N_2O 年排放量可达 5.66 kg/hm^2（邹国元等，2004）。蔬菜地由于复种指数高，施肥量大，灌水频繁等特点，每个种植季可导致约 1 500 kg/hm^2 氮素累积于土壤中（马文奇等，2000），为土壤中硝化、反硝化的进行提供了充足的氮源。另外，设施环境又具有高温、高湿的特点，土壤不翻耕，无阳光暴晒，适宜的环境为硝化和反硝化细菌的繁殖提供了有利的条件（张光亚等，2002），相比露地旱田，硝化和反硝化细菌数量可分别增加 50.5～68.8 倍、4.33～9.32 倍，硝化与反硝化作用强烈，由此引起的 N_2O 排放量则会更高（唐咏等，1999）。在 20 世纪 90 年代，我国农田由于施肥引起的 N_2O 排放量约 20%来源于蔬菜地（Zheng et al.，2004）。蔬菜地每年土壤反硝化损失的氮量为 95～233 kg/hm^2，占到总氮肥量的 14.5%～52.0%，N_2O 损失量占反硝化总量的 13%～20%（Ryden et al.，1980）。

　　由于 N_2O 的产生主要来自于土壤硝化和反硝化作用等生物过程，因此凡是影响到硝化与反硝化作用的因素均会对 N_2O 的排放产生影响。虽然影响土壤 N_2O 排放的因素很多，但均可归结为环境因素（土壤理化性状，土壤含水量、温度、pH 等）和人为因素（田间管理措施，灌水和氮肥的施用等）两个方面。

　　土壤理化性状主要是通过土壤结构、孔隙大小、团粒以及导水速率等物理因素的变化对 N_2O 产生影响。一般质地黏重的土壤反硝化活性强，而质地轻的土壤硝化活性较强。土壤有机碳含量与反硝化作用潜力也有一定的相关关系，较高的有机碳含量能加快土壤中微生物的呼吸作用，加快了 O_2 的消耗，导致土壤处于厌氧条件下，间接地提高了反硝化的潜力（Parkin et al.，

1987)。黄耀等（2002）研究了土壤理化特性对水稻土 N_2O 排放的影响，发现季节性 N_2O 平均排放通量与土壤有机碳含量、全氮含量及 C/N 成显著负相关，相关系数（r^2）分别为 0.542（$P<0.01$）、0.451（$P<0.01$）及 0.371（$P<0.01$）。菜地土壤黏粒含量与 N_2O 排放呈显著负相关（$r^2=0.583$），而沙粒含量与 N_2O 排放呈显著正相关（$r^2=0.612$）（杨云等，2005）。在室内培养条件下，姜黑土在培养 650 h 后的反硝化损失量（以 N 计）最高为 0.6 μg/g，高于相同条件下的潮土、褐土、盐渍土和风沙土；而培养 268 h 后释放的 N_2O 总量（以 N 计）以风沙土最高，为 0.45 μg/g（丁洪等，2001）。可见，质地较黏重的土壤，易造成嫌气状态，有利于反硝化作用的进行，N_2O 排放量也会相对较高。

土壤水分条件通过影响 O_2 的有效性而影响到土壤反硝化微生物的活性，另外，土壤水分状况还可以决定反硝化产物的运移、分布和气体种类。不同的土壤含水量条件下，硝化作用和反硝化作用对 N_2O 产生所起的作用是不同的。在土壤含水量较低时（处于饱和含水量以下），增加土壤水分，N_2O 的排放量增加，硝化过程是 N_2O 产生的主要来源；土壤含水量较高时（在饱和含水量以上），土壤水分含量的再增加，过多的水分在土壤表面形成一定厚度的水膜，阻止了气体的扩散，造成 N_2O 排放下降，反硝化过程是 N_2O 产生的主要来源；在中等含水量（45%～75% WFPS）情况下，N_2O 的排放量较高，硝化和反硝化作用产生的 N_2O 大约各占一半（Daniel et al.，2000；Luo et al.，2008；张树兰等，2002）。在稻麦轮作周期内的 N_2O 排放强烈地受土壤湿度的制约，当土壤湿度为田间持水量的 97%～100% 或 84%～86% WFPS（土壤体积含水量与总孔隙度的百分比）时，N_2O 排放最强，低于此湿度范围时，N_2O 排放通量与土壤湿度呈正相关，反之，则呈负相关。由此可见，在高水分含量条件下，N_2O 的产生并不与土壤含水量成正比。

土壤 pH 主要通过影响反硝化细菌的活性而影响 N_2O 的形成与排放。土壤 pH 在 5.6～8.6 范围内与 N_2O 排放呈显著正相关（黄耀等，2002）。黄国宏等（1999）的室内模拟试验结果表明，在 pH 为 7～10 时，N_2O 排放随着 pH 的下降呈递增趋势。在土壤 pH 为 6.5 时，N_2O 的排放速率最大，在土壤 pH 为 6.0 和 8.0 时，N_2O 的排放速率最小（Stevens et al.，1998b）。封克等（2004）等研究了土壤 pH 对硝酸根还原过程中 N_2O 产生的影响，结果表明，低 pH 时 N_2O 所占总还原气体（$N_2O + N_2$）的比例最大，说明低 pH 可能对 N_2O 进一步还原成 N_2 的过程有一定的抑制作用。然而就绝对量来说，真正对 N_2O 的产生作出较大贡献的 pH 还是位于近中性附近。因此，在土壤 pH 为中性或偏碱性时，有利于 N_2O 的产生。

温度也对 N_2O 的排放有影响。土壤温度通过影响微生物的活性强度和土壤溶液中的生物化学反应速率影响硝化和反硝化反应的速率,进而影响 N_2O 的排放。土壤温度升高,微生物活性增强,N_2O 排放量则较大。有研究表明,67%的 N_2O 排放量集中在 15～25℃,但在 20～40℃范围内,随着土壤表层温度的升高,N_2O 排放量迅速增加(郑循华等,1997;Goodroad et al.,1984)。当土壤温度为－2～25℃时,反硝化量的平方根与温度呈直线关系(Dorland et al.,1991)。在 10～30℃范围内,随着土壤表层温度的升高,麦豆轮作生态系统的 N_2O 的排放通量在不同程度上有一定的增加,但没有明显的线性相关关系。基于 DNDC 模型的模拟结果显示,N_2O 排放通量随年均气温的升高而升高,在冬春季,土壤 N_2O 排放通量对气温变化的敏感性强于夏秋季。由此可见,在一定温度范围内,土壤 N_2O 的排放速率随土壤温度升高呈增加趋势。

施肥量和灌水量的高低对土壤反硝化和 N_2O 排放有显著的影响。随着氮肥施用量的增加,土壤 N_2O 排放量急剧上升,二者呈极显著直线回归关系(Yan et al.,2003)。在冬小麦/夏玉米轮作体系中,施用氮肥的 N_2O 平均排放量比不施用氮肥的高 46%～64%。基于 ^{15}N 标记尿素微区试验表明,增施化学氮肥显著增加了菜地土壤的反硝化损失和 N_2O 排放,其中反硝化损失占施入氮量的 5.5%～6.0%,N_2O 排放量占施入氮量的 2.6%～4.9%(曹兵等,2006)。也有研究得出,在不施氮处理下,蔬菜地土壤氮素的 N_2O 排放量为 8.2 kg/hm²,而施氮处理 N_2O 排放量高达 33.8 kg/hm²(丁洪等,2004)。灌水由于提高了土壤含水量,水分不断充满土壤孔隙,加大了厌氧环境并使反硝化作用加强,从而促进了土壤 N_2O 排放。张光亚等(2002)研究了灌水对设施栽培土壤 N_2O 释放量的影响,结果表明,未灌水土壤中 N_2O 释放量为 33.0 μg/(m²·h),而灌水土壤中 N_2O 释放量为 71.7 μg/(m²·h),灌水处理 N_2O 的排放较未灌水处理高 1.17 倍。由此可以看出,施氮和灌水等农作措施均能极大的促进土壤中 N_2O 的释放。而选择科学、合理的施氮量与灌水量则能降低土壤的 N_2O 排放。

第二节 沟灌节水减氮与土壤氮素损失控制机制

氮肥在我国农业生产中占据着十分重要的地位。作物产量的形成很大一部分要归功于化肥的施用,宇万太等(2003)研究指出,施肥在产量中的贡献率最高可达 30%～45%。随着我国经济的发展、人口的增长,粮食与蔬菜的需求量日益增加,而化肥的投入量也在持续增长。如今我国氮肥消费量已占全世界消费总量的 1/4,是世界上最大的氮肥生产和消费国。受传统施肥经验的影响,我国的氮肥施用量一直居高不下,导致氮肥利用率仅为 30%～40%。相反,氮素的损失率很高,其中在水稻上的损失率多为 30%～70%,而在旱作上多为 20％～50％（朱兆良，2000）。与水田及旱作农业相比，设施菜田的施肥量则更高，加之频繁的灌水，只有占施入氮量的 16.6％～28.8％被作物吸收，氮肥利用率仅为 14.5％～22.5％（曹兵等，2006）。未被吸收利用的氮素除部分残留土壤之外，其余的大部以各种途径损失，其损失率高达 67.3％～94.7％（李俊良等，2001）。氮素的高损失率不仅浪费了资源，造成了农民生产成本的上升，而且损失掉的氮素还对环境造成了严重的污染。可见，氮肥的低利用率和高损失率一直是困扰我国设施农业可持续发展的一个突出问题。自 20 世纪 70 年代以来，随着对环境保护工作的重视，国内外学者在农田氮素损失机制及对环境的影响方面也做了大量的研究工作（朱兆良等，1989；郑循华等，1997；Angoa Perez et al.，2004）。施入土壤中氮的损失途径主要是氨挥发、反硝化、淋溶和径流等。但在设施栽培条件下，土壤中氮的损失途径主要包括淋溶损失、氨挥发与 N_2O 排放等。

试验方案及取样方法：

试验设在河北省辛集市马庄试验站（$37°78'N$，$115°30'E$）。在同一日光温室内设 2 个水分处理：习惯灌水 W_1（7 556 m^3/hm^2）、节水灌溉 W_2（5 307 m^3/hm^2）。每个水分处理下设 3 个施氮水平：对照 N_0（不施氮）、习惯施氮 N_1（1 200 kg/hm^2）、减施氮 N_2（900 kg/hm^2）。共计 6 个处理，每处理 3 次重复，随机区组排列，试验小区之间用 PVC 板隔离。小区面积为 10.44 m^2，各小区种植黄瓜 3 行，行距为 60 cm，株距为 30 cm。

试验为 2010 年冬春季黄瓜，供试黄瓜品种为博美 11 号，2010 年 1 月 15 日育苗，2 月 22 日定植，7 月 5 日拉秧。采用沟灌方式，各小区灌溉水量由水表准确计量。习惯灌水根据当地农民习惯用量确定，灌水时间与次数与农民管理一致。节水灌溉则参考何华等（2003）研究结果，在黄瓜苗期、初瓜期、盛瓜期、末瓜期分别保持土壤相对含水量（以田间持水量为基数）的 75％～90％、80％～95％、80％～95％、75％～90％。通过张力计和时域反射仪 TDR 实时监测，根据土壤含水量的变化确定灌水时间和灌水量。习惯施氮量是根据对河北省 8 县市的调查确定（张彦才等，2005）。减量施氮则是通过测定黄瓜定植前 0～30cm 硝态氮含量，根据土壤状况、蔬菜生长规律、化肥的氮磷钾含量，确定施用底肥和追肥的数量、追肥次数和时期，做到合理搭配施肥。各小区的磷肥、钾肥用量相等（P，300 kg/hm^2；K，525 kg/hm^2），每个处理氮肥用量的 20％、磷肥用量的 100％、钾肥用量的 40％在黄瓜定植前施入土壤作为基肥，其余分 10 次追施（根据蔬菜不同生育期所需肥量不同来分配）。不施加有机肥。

土壤溶液取样分析方法：

土壤溶液提取采用原位提取法。每次施肥浇水后 24 h 内利用真空原理使用真空泵抽取土壤溶液。抽取时初出溶液为提取器内残留溶液，要舍去，再抽取溶液为所需土壤溶液。溶液使用塑料密封小瓶冷冻保存及运输，实验室使用Smartchem 200全自动智能分析仪测定。抽取土壤溶液时，使用时域反射仪（TDR）测定0～120 cm深度的土壤含水量，并读取不同深度张力计读数；同步在土壤溶液提取器附近打钻采集0～100 cm土样，一部分烘干法测定含水量，另一部分采用2 mol/L氯化钾浸提后使用Smartchem 200全自动智能分析仪测定硝态氮含量。

硝态氮淋洗量计算方法参考于红梅（于红梅，2007；于红梅等，2005）的计算方法，各生育期取土壤溶液硝态氮平均浓度作为该生育期的代表值。由于黄瓜根系较浅，试验取95cm深度处硝态氮淋失量进行研究，并设95cm以外淋失氮为黄瓜氮素淋失量。氮素淋洗量利用田间定位通量法计算土层95 cm处水分通量，再根据此处硝态氮淋洗浓度计算氮素淋失量。

土壤质量含水量（％）＝土壤体积含水量（％）/土壤容重

硝态氮淋洗量的计算是根据Darcy定律（Kengni et al.，1994；Moreno et al.，1996；Home et al.，2002），由85cm和105cm处所测得的基质势值，可以计算出95cm处的水分通量：

$$q_{95} = K_\theta \frac{H_{105} - H_{85}}{20}$$

式中：K_θ为非饱和导水率（mm/d）。K_θ利用Van Genuchten提出的公式计算：

$$K_\theta = K_s \left(\frac{\theta - \theta_r}{\theta_s - \theta_r} \right)^l \left[1 - \left(1 - \left(\frac{\theta - \theta_r}{\theta_s - \theta_r} \right)^{1/m} \right)^m \right]^2$$

式中：K_s为饱和导水率（cm/d）；θ为土壤在一定时间段95cm处土壤含水量（cm^3/cm^3）；θ_r为土壤残留含水量；θ_s为饱和土壤含水量；m为通过土体85～105cm的水分特征曲线所计算得到的水力学参数。

进一步计算可得95cm处得硝态氮淋洗量L_{95}：

$$L_{95} = q_{95} \cdot C_{95}$$

式中：C_{95}为95cm深度通过土壤溶液测定得到的土壤溶液中硝态氮浓度（mg/L）。

氨挥发取样分析方法：

通气法测定土壤氨挥发。用磷酸甘油溶液均匀浸泡海绵（直径16 cm，厚度2 cm），然后将其横置于聚氯乙烯硬质塑料管中（直径15 cm，高10 cm）。下层海绵距管底部5 cm，用于吸收来自土壤中的挥发氨；上层海绵与管顶部齐平，用于吸收空气中的氨，以避免污染下层海绵。双层海绵布置好后将塑料管插入土壤（约2 cm）。取样时，将下层海绵取出后放入自封袋，迅速带回实验室用浓度为 1 mol/L 的氯化钾溶液振荡浸提，浸提液经滤纸过滤后由流动分析仪测定铵态氮含量。每试验小区布置 2 个氨挥发取样装置，一般在施肥后的第 1 天、第 3 天、第 5 天、第 7 天、第 10 天取样，若 2 次施肥间隔较长，则适当增加取样次数。

土壤氨挥发速率由以下公式计算得到：$F=M/(A\times D)\times10^{-2}$

式中：F 为土壤氨挥发速率，kg/（hm²·d）；M 为取样装置单位时间内吸收的氨量（NH₃-N，mg）；A 为氨挥发取样装置的横截面积（m²）；D 为每次连续取样的时间（d）。

土壤氨挥发量由下面公式计算：$M_t=\sum\left(\dfrac{F_{i+1}+F_i}{2}\right)\times(t_{i+1}-t_i)$

式中：M_t 为土壤氨挥发量，kg/hm²；i 为采样次数；t 为采样时间，即定植后天数，d。

氨挥发损失率（%）＝（施氮区氨挥发量－不施氮区氨挥发量）/施氮量×100

在氨挥发取样的当天时，另在氨挥发取样装置周围 10 cm 处采集 0～10 cm 土样，测定土壤含水量及其铵态氮含量。其中土壤孔隙含水量（WFPS，%）＝土壤容重×土壤含水量/（1－土壤容重/2.65）。

土壤 N₂O 取样与分析方法：

密闭静态箱法测定 N₂O 排放。箱体呈圆柱状，直径 10 cm，高 25 cm，由气体收集箱和底座两部分组成。每个小区布置 2 个气体采集装置，采样时间为每天 10：00，气体收集箱密闭后立即用注射器采第一次气样，之后分别在 10 min、20 min 和 30 min 时各采气一次。将采集的气体装入铝塑复合气袋中，带回实验室并在一周内测定完毕。N₂O 气体一般在施肥后的第 1 天、第 3 天、第 5 天、第 7 天、第 10 天采样，若两次施肥间隔较长，则适当增加采气次数。美国安捷伦公司生产的 7890 型气相色谱/电子捕获检测器测定采集的气体。

日光温室内气温和 5 cm 地温的记录在采集气体时同步进行。土壤样品（0～10 cm）的采集在施肥后第 3 天进行，并在施肥间隔较长时增加取样次数。土样由自封袋密封、冷藏，并及时带回实验室测定含水率和硝态氮含量。其中土壤含水率用烘干法测定，并计算土壤孔隙含水率（water filled pore space，WFPS）；硝态氮含量采用 2 mol/L 的 KCl 溶液浸提，Smartchem 流动化学分析仪测定。以小区为单位进行果实采摘，并在拉秧后统计总产量。N₂O 排放通量计算公式为：

$$F=\rho\times h\times\frac{\Delta c}{\Delta t}\times\frac{273}{273+T}$$

式中：F 为 N₂O 排放通量，μg/（m²·h）；h 为气体收集箱高度，m；ρ 为标准状态下 N₂O 的密度，kg/m³；$\dfrac{\Delta c}{\Delta t}$ 为 Δt 时间内采气箱内气体浓度的变化

率，$\mu g/h$；T 为采气箱内温度，℃。

N_2O 累积排放量计算公式：

$$M = \sum \left(\frac{F_{i+1} + F_i}{2}\right) \times (t_{i+1} - t_i) \times 24$$

式中：M 为 N_2O 累积排放量，kg/hm^2；F 为 N_2O 排放通量，$\mu g/(m^2 \cdot h)$；i 为采样次数；t 为采样时间即定植后天数，d。

$$N_2O \text{ 排放系数} = \left(\frac{\text{施氮处理 } N_2O \text{ 排放量} - \text{不施氮处理 } N_2O \text{ 排放量}}{\text{施氮量}}\right) \times 100\%$$

一、节水减氮对设施黄瓜土壤氮素淋洗影响

土壤中氮的转化和利用问题一直是学者研究的热门课题，国外早在 20 世纪 60 年代就开始在干旱地区开展针对作物施肥及水分利用低效问题而进行了水氮关系研究。根据调查，北京地区露天蔬菜种植中氮肥投入量超过蔬菜需求量的 1 倍以上（陈新平等，1996），与水田及旱作农业相比，设施菜田的施肥量则更高，加之频繁的灌水，只有占施入氮量的 16.6%～28.8%被作物吸收，氮肥利用率仅 14.5%～22.5%（曹兵等，2006）。调整氮肥施用、合理耕作、水分管理等措施是减少土壤硝态氮淋溶，提高氮素利用率的有效途径。在整个大棚蔬菜作物生育期内，土壤中硝态氮淋失特征与施氮量、施氮技术等有密切关系。杨治平等（2007）的研究结果表明，减少施肥量可以降低土体中的硝态氮含量。过量施氮是土壤中硝态氮淋失的根本原因，硝态氮在土壤剖面中的分布与土壤质地、施肥、降雨等密切相关。黄瓜的生长特点是营养生长与生殖生长同时进行，生长快、结果多、喜肥，而在所有矿物养分中，氮素是限制植物生长和产量形成的首要因素。

针对设施蔬菜生产过程中水氮供应严重超过作物需求而导致的环境问题，以节水节氮、降低氮素损失、提高氮肥利用率为目的，从设施土壤氮素损失的角度入手，在连续 3 年的试验基础上，采用温室田间小区水肥一体化精量控制试验方法，研究黄瓜生长季内不同水氮管理下各生育期土壤含水量和土壤硝态氮含量对硝态氮淋失影响，分析黄瓜各生育期土壤含水量和土壤硝态氮含量差异，并探讨二者与硝态氮淋失的相关性关系，为温室蔬菜种植过程中及时了解硝态氮运移趋势，进行科学灌溉与合理施肥措施提供理论依据。

（一）土壤含水量与硝态氮含量变化

1. 0～100 cm 土壤含水量变化

苗期（图 3-2A），习惯灌水和节水灌溉处理的 0～100 cm 土壤含水量先缓慢降低再逐渐升高，在 20～40 cm 土层最低，分别为 22.5%和 20.8%，80～

100 cm土层最高，分别为 33.6％和 30.7％。两处理土壤含水量差值保持在
1.1％～2.8％。

初瓜期（图 3-2B），与苗期先缓慢降低再逐渐升高的变化趋势相同，习惯
灌水和节水灌溉处理的土壤含水量在 20～40 cm 土层最低，分别为 22.4％和
19.6％，80～100 cm 土层最高，分别为 30.4％和 27.1％。同深度习惯灌水处
理土壤含水量高于节水灌溉处理。

盛瓜期（图 3-2C），习惯灌水和节水灌溉处理在 0～100 cm 土层土壤含水
量差值为 0.5％～4.0％。习惯灌水和节水灌溉两处理的含水量在 0～20 cm、
40～60 cm 两个土层值比较接近，而与 80～100 cm 土层差值比较大。

末瓜期（图 3-2D），与盛瓜期两处理差值变化规律一致。在 0～100 cm 土
层，两个灌水处理的土壤含水量差值范围为 0.4％～1.9％，差值比较小。

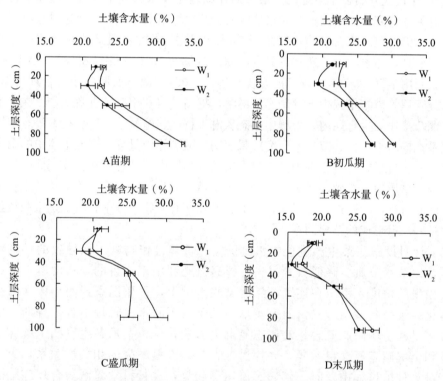

图 3-2　黄瓜生长季 0～100 cm 土层土壤含水量的动态变化

习惯灌水和节水灌溉处理的土壤含水量在各个时期内随深度增加呈现出先
降低再升高的变化趋势，在 20～40 cm 土层有最低值，在 80～100 cm 土层有
最高值。习惯灌水和节水灌溉两个处理的土壤含水量差值随生育期延长不断减
小，且随着生育期延长，0～20 cm、20～40 cm、80～100 cm 土层土壤含水量

呈降低趋势。

据研究（何华等，2003），日光温室条件下有利于黄瓜生长发育的适宜土壤含水量范围在苗期、初瓜期、盛瓜期、末瓜期分别保持土壤相对含水量（以田间持水量为基数）的 80%～90%、80%～90%、90%～100%、70%～80%。试验节水灌溉处理，在黄瓜苗期、初瓜期、盛瓜期和末瓜期 0～40 cm 土层土壤含水量保持在 18.7%～22.1%，即保持在土壤田间持水量（23.7%）的 79%～93%，完全可以满足黄瓜正常生长发育对水分的需要，节水达 30%。

2. 0～100 cm 土层硝态氮含量变化

苗期（图 3-3A），W_1N_0 和 W_2N_0 处理土壤硝态氮含量保持在较低水平。同一土层，各施氮处理的硝态氮含量高低顺序依次为 $W_2N_1 > W_2N_2 > W_1N_1 > W_1N_2$，各处理平均值分别为 457.2 kg/hm²、364.4 kg/hm²、308.0 kg/hm² 和 231.1 kg/hm²，随深度增加呈现"升高—降低—升高"的变化趋势。在 0～40 cm 土层，W_2N_1 相比 W_1N_1 硝态氮含量增加了 44.5%，W_2N_2 相比 W_1N_2 增加了 54.8%。

初瓜期（图 3-3B），W_2N_1、W_2N_2、W_1N_1 和 W_1N_2 4 个施氮处理 0～40 cm 土层硝态氮含量比苗期降低了 15.4%、15.6%、53.9%、35.4%。在 0～40 cm 土层，W_2N_1 相比 W_1N_1 增加了 101.6%，W_2N_2 相比 W_1N_2 增加了 60.8%。

盛瓜期（图 3-3C），W_2N_1 和 W_2N_2 处理 0～40 cm 土层相比 W_1N_1 和 W_1N_2 处理硝态氮含量分别增加了 165.5%、102.2%；60～100 cm 土层土壤硝态氮含量为 485.4 kg/hm²、400.9 kg/hm²，相比 W_1N_1 和 W_1N_2 处理分别增加了 38.8%、68.7%，可见相同施氮量下，节水灌溉处理土壤的硝态氮含量高于习惯灌水处理。

末瓜期（图 3-3D），与盛瓜期相比，W_2N_1、W_2N_2、W_1N_1 和 W_1N_2 4 个处理 0～100 cm 土层土壤硝态氮含量降低了 16.1%、2.1%、13.5%、11.4%。W_2N_1 和 W_2N_2 处理 0～40 cm 土层相比 W_1N_1 和 W_1N_2 处理硝态氮含量分别增加了 79.3%、24.4%。

从 0～100 cm 剖面各土层硝态氮分布看，苗期 0～40 cm 土层和 40～100 cm 土层硝态氮含量均值接近，在初瓜期、盛瓜期和末瓜期 40～100 cm 土层硝态氮含量明显高于 0～40 cm 土层。相同施氮量下，节水灌溉处理耕层土壤的硝态氮含量明显高于习惯灌水处理，占到 0～100 cm 土层百分比为 24.2%～28.5%，而习惯灌水处理不仅 0～100 cm 土层硝态氮平均含量低于节水灌溉，而且 0～40 cm 土层所占 0～100 cm 土层百分比仅为 20.2%～23.8%。而相同灌水量下，习惯施氮处理各土层硝态氮含量都高于减量施氮处理。随着生育期的延长 60～100 cm 土层中硝态氮含量百分比上升，0～

40 cm土层硝态氮含量百分比降低。相同施氮量下，习惯灌水比节水灌溉更易造成硝态氮的淋失。

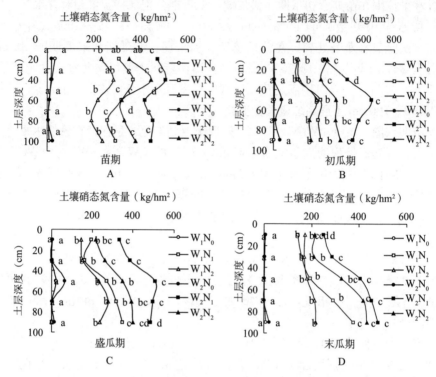

图 3-3　黄瓜生长季 0～100cm 土层硝态氮含量的动态变化

注：同土层数值后不同小写字母表示差异达 5％显著水平。

（二）土壤含水量与硝态氮淋洗量相关性分析

相同施氮量下，节水灌溉与习惯灌水相比可以显著降低硝态氮淋失量（表 3-1），习惯灌水更易导致硝态氮淋失，在苗期、初瓜期、盛瓜期、末瓜期 W_2N_1 处理的硝态氮淋失量比 W_1N_1 处理分别减少了 50.0％、37.3％、10.8％、2.8％，在 4 个时期 W_2N_2 处理的硝态氮淋失量比 W_1N_2 处理分别减少了 37.1％、31.8％、6.3％、3.0％，2 个灌水水平间差异明显。相同灌水量下，2 个施氮处理间硝态氮淋失量的差异也很明显，减施氮用量能显著降低硝态氮的淋失量，在苗期、初瓜期、盛瓜期、末瓜期 W_1N_2 处理比 W_1N_1 处理硝态氮淋失量分别降低了 23.1％、22.0％、20.5％、11.2％。在 4 个生育期 W_2N_2 处理比 W_2N_1 处理硝态氮淋失量分别降低了 3.4％、15.2％、16.5％、11.4％。而整个黄瓜生育期，节水灌溉、减量施氮处理（W_2N_2）比习惯水氮处理（W_1N_1）硝态氮淋失量降低了 35.0％。

表 3-1 不同水氮用量下硝态氮淋失量（kg/hm²）

生育期	处理					
	W₁N₀	W₁N₁	W₁N₂	W₂N₀	W₂N₁	W₂N₂
苗期	1.2a	105.2b	80.9b	1.0a	52.6c	50.8c
初瓜期	1.0a	122.9a	95.9a	1.4a	77.1b	65.4bc
盛瓜期	1.2a	104.0b	82.7b	2.1a	92.8ab	77.5b
末瓜期	0.8a	104.8b	93.1a	1.9a	101.9a	90.3a
累积淋失量	4.1	437.0	352.5	6.3	324.4	284.0

注：同列数值后不同小写字母表示差异达 5% 显著水平。

（三）土壤含水量与硝态氮淋洗量相关性分析

黄瓜全生育期在 95cm 深度土壤含水量和硝态氮淋失量呈正相关（图 3-4，图 3-5），在 N₁ 施氮水平下，两者在盛瓜期呈显著性相关；在 N₂ 施氮水平下，在盛瓜期和末瓜期 95cm 深度土壤含水量和硝态氮淋失量呈显著性相关。

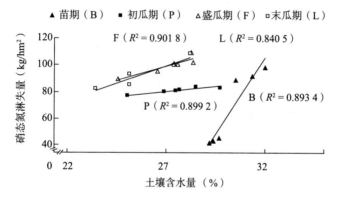

图 3-4 不同生育期 N₁ 水平下土壤含水量与硝态氮淋失量相关性分析

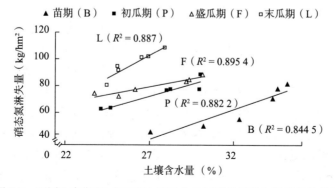

图 3-5 不同生育期 N₂ 水平下土壤含水量与硝态氮淋失量相关性分析

（四）土壤硝态氮含量与硝态氮淋洗量相关性分析

在黄瓜生长全生育期内95cm深度土壤硝态氮含量与硝态氮淋失量呈正相关（图3-6）。苗期、初瓜期、盛瓜期、末瓜期的 R^2 值分别为0.3176（$P<0.05$）、0.8021（$P<0.05$）、0.8756（$P<0.05$）、0.7168（$P<0.05$），说明在初瓜期、盛瓜期、末瓜期内土壤硝态氮含量与硝态氮淋失量显著相关，其中以盛瓜期相关性最高。

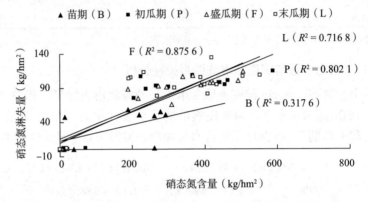

图3-6　不同生育期土壤硝态氮含量与硝态氮淋失量相关性分析

（五）灌水施氮对硝态氮淋失影响分析

1. 灌水量对硝态氮淋失影响

众多研究表明，土壤硝态氮含量随灌水量增大而减小，而硝态氮的淋失随灌水和降水量增大而增大（陈晓歌等，2008；王兴武等，2005）。与习惯灌水相比，节水灌溉处理全生长期硝态氮淋失量明显降低：农民习惯施氮量下，硝态氮淋失量降低了25.8%；减量施氮下，硝态氮淋失量降低了19.4%。

在土壤体系中，水是养分运移的载体，所以土壤供水量越高，土体硝态氮的淋失量越大，适量减少灌水，可以提高0～100 cm土层的硝态氮含量，减少硝态氮深层淋洗损失。安巧霞（2009）等研究表明，灌水对硝态氮淋失有明显的影响，整个种植周期内，土壤浅层硝态氮浓度都呈下降趋势，而深层硝态氮浓度缓慢上升；灌水量越大，深层土壤硝态氮浓度越高。王兴武等（2005）通过田间小区试验发现，集中、大量的降雨或过量的灌溉对硝态氮垂直运移具有明显的推动作用，高水处理的土壤溶液硝态氮浓度最高值出现的深度要比低水处理深约40 cm，达到了100 cm，这无疑增加了硝态氮淋溶损失的潜在风险。吕殿青（1998）等研究发现，随着降水量或灌水量的增大，硝态氮在土层中移动的强度加大，可被淋洗至100 cm深度的根区外土层，这部分硝态氮很难再被作物吸收利用，最终只能引起农田氮素的大量淋溶损失。可见，前人对不同水处理下土壤硝态氮含量影响的研究结果基本一致，这些研究结论在本试验中也得到了验证。由于试验温室已经连续进行 4 年蔬菜种植，习惯灌水和节水灌溉的土壤硝态氮含量累积效果差异明显，相同施氮量下，与节水灌溉处理相比，习惯灌水处理下的土壤硝态氮含量明显要低。这与作为载体的水分供应有关，施氮量一定时，单次灌水量越多，向下迁移的水分所能带走的硝态氮含量就越多；所以科学的节水灌溉更有利于土壤硝态氮的保持。

陈晓歌（2008）等指出，土壤含水量随灌水量的增大而增大，大定额灌水时，在近饱和土壤水分条件下，氮素淋失严重；土壤剖面硝态氮含量随施氮水平的增加有递增趋势、与土壤含水量成消长关系。土壤硝态氮累积量与施氮量、土层深度、渗透时间成正比，与灌水量成反比，符合多元非线性模型。本研究结果也表明土壤硝态氮虽然随土层深度增加而呈现增加趋势，但在习惯灌水基础上减少一定量灌水时，各土层土壤硝态氮含量整体升高，这表明合理减少灌水可以减少土壤硝态氮的向下迁移。通过土壤含水量与硝态氮淋失量的相关性分析，黄瓜全生育期 N_1 和 N_2 施氮水平下在 95 cm 深度土壤含水量和硝态氮淋失量呈正相关，在盛瓜期达到显著性相关水平，进一步验证了上面论述。

2. 施氮量对硝态氮淋失影响

多数研究表明，在一定灌水量下，表现出随施氮量增大而增大的趋势（Power，1989；陈静生等，2004）。本试验结果也表明，随着作物生育期的延长，耕层土壤硝态氮含量出现上升趋势，黄瓜全生育期深层 60～100 cm 硝态氮含量明显比浅层高，而且随着生育期延长硝态氮含量出现缓慢上升再降低的变化趋势。

氮肥用量直接影响农田氮素淋失量和淋失强度，同等管理条件下，氮肥用量是制约农田氮素渗漏损失的主要因素，随氮肥用量的增加，硝态氮淋失量显著增大。施氮量越高，土体硝态氮残留量越高。试验中，相同灌水量下，减量施氮可以降低土壤硝态氮含量。而且随着生育期的延长，4 个施氮处理在耕层硝态氮含量呈不断降低趋势；除 W_1N_1 处理在 80～100 cm 土层硝态氮含量呈现出增加外，4 个处理在 40～60 cm、80～100 cm 土层土壤硝态氮含量呈先增后减的变化趋势。习惯灌水条件下，减量施氮比习惯施氮硝态氮淋失量减少了 19.3%；节水灌溉条件下，减量施氮比习惯施氮硝态氮淋失量减少了 12.5%，与前人的结论一致。在保证作物需氮的基础上减少施氮量可以减少土壤硝态氮含量，降低硝态氮随水分淋失的风险。所以合理的节水灌溉可以保证作物生长同时减少载体，从而减少硝态氮淋失；而适量降低施氮量也可以一定程度上减少硝态氮淋失量。

3. 土壤硝态氮含量与硝态氮淋失量的相关性

土壤硝态氮浓度是决定氮素淋溶的重要因素，大量施用氮肥，会使硝态氮在土壤中累积，从而增加氮素淋溶损失的潜在风险。研究表明，超过正常施氮量时，土壤硝态氮浓度随施氮量呈线性增加（袁新民等，2001；刘宏斌等，2004）。试验在黄瓜全生育期内测定了土壤含水量、土壤硝态氮含量，将二者分别和硝态氮淋失量进行相关性分析。黄瓜全生育期内，施氮处理95cm深度土壤含水量和硝态氮淋失量呈正相关，在 N_1 和 N_2 施氮水平施氮水平下95cm深度土壤含水量和硝态氮淋失量呈显著性相关。而且在初瓜期和盛瓜期均达到显著水平，进一步说明了土壤含水量在一定程度上促进硝态氮淋失。通过土壤硝态氮含量与硝态氮淋失量的相关性分析，在黄瓜全生育期内95cm深度呈正相关，在初瓜期、盛瓜期和末瓜期达到显著性相关水平，其中又以盛瓜期相关性系数最高。由此可见，本研究在所测黄瓜全生育期得到的相关性关系，对以后的温室菜地黄瓜季硝态氮淋失研究提供了一定的理论依据。

（六）小结

一是黄瓜生长期土壤含水量在 0～100cm 土层先降低再升高。在节水 30% 的条件下合理控制不同生育期灌水量可使黄瓜全生育期土壤含水量保持在 18.7%～22.1%，完全满足黄瓜生长对水分的需要。

二是相同施氮量下，节水灌溉处理的土壤硝态氮含量明显高于习惯灌水处理。相同灌水量下，各个生育期内减量施氮处理 0～40cm 土层硝态氮含量明显低于习惯施氮量。

三是节水灌溉和减少施氮量都可以减少硝态氮淋失量。整个黄瓜生育期，节水灌溉、减量施氮处理（W_2N_2）比习惯水氮处理（W_1N_1）硝态氮淋失量降低了 35.0%。黄瓜全生育期95cm深度土壤含水量和硝态氮淋失量呈显著性正相关；土壤硝态氮含量与硝态氮淋失量也呈正相关，在初瓜期、盛瓜期和末瓜期达到显著水平。

四是 3 年连续试验结果表明，节水减氮处理（W_2N_2）与习惯水氮处理（W_1N_1）间产量差异不显著，说明河北省温室大棚蔬菜生产，目前农民习惯施氮和灌水量有很大的节水节肥空间，根据蔬菜不同生育期所需肥量来合理分配氮用量、根据土壤含水量合理控制灌水量能取得明显的节水节氮效果。

二、节水减氮对设施黄瓜番茄土壤氨挥发影响

我国是蔬菜生产大国，蔬菜种植面积和产量分别占世界的 41.7% 和 51.1%（FAO，2013）。菜地是受人类活动强烈干扰的生态系统，具有复种指数高、氮肥用量大、水肥条件优越等特点。有研究指出，常规蔬菜的氮肥推荐用量为 150～300 kg/hm^2（巨晓棠等，2014），但面对高产出、高收益的诱惑，氮肥过量施用现象在实际蔬菜生产中仍普遍存在。以山东寿光为例，设施菜地周年投入的化肥氮达 3 338 kg/hm^2，是当地小麦-玉米轮作种植模式的 6～14 倍（刘苹等，2014）。在设施黄瓜-番茄-芹菜轮作周期内的氮肥利用率仅为 18%，比小麦-玉米的氮肥利用率低 2～2.5 倍（Min et al.，2011），而施用的大部分氮肥则经各种途径损失于环境中。众多研究认为，氨挥发（Ammonia Volatilization）是菜地土壤氮素损失的重要途径，由于在研究区、管理方式及种植作物等方面的差异，氨挥发损失量一般可占施氮量的 0.1%～24%（Matsushima et al.，2009；Gong et al.，2013）。氮肥的氨挥发损失不仅造成作物对肥料的利用率下降，而且引起了水体富营养化、土壤酸化等一系列环境问题（Ni et al.，2014）。长期以来对土壤氨挥发的研究多集中于大田（Huo et al.，2015；Han et al.，2009），设施菜地土壤氨挥发的报道较少。我国设施蔬菜种植模式中，黄瓜和番茄轮作最普遍，但缺少对不同水肥条件下氨挥发周年动态变化的研究，而且对黄瓜和番茄轮作周期内氨挥发损失量及其影响因子尚不明确。本研究以华北平原设施黄瓜-番茄菜地为研究对象，通过设置不同水氮条件，探讨黄瓜-番茄种植体系内的氨挥发特征及其影响因素，以揭示影响设施菜地土壤氨挥发的重要因子，为建立合理的灌溉和施肥制度提供科学依据。

（一）表层土壤铵态氮动态变化

设施黄瓜-番茄种植体系内表层（0～10cm）土壤铵态氮波动幅度大（图 3-7），其中处理 W_1N_1 和 W_1N_2 最高值出现在番茄季，分别为 39.8 mg/kg 和 57.1 mg/kg；处理 W_2N_1 和 W_2N_2 的最高值出现在黄瓜季，分别为 30.1 mg/kg和 40.1mg/kg。与常规氮处理（N_2）相比，相同灌水条件下减施氮（N_1）处理的 0～10cm 土壤铵态氮浓度最高值降低了 25.1%～30.3%（$P<0.05$）。

监测期间的 0～10cm 土壤铵态氮浓度均值为 9.95～24.1mg/kg。减施氮处理（N_1）的 0～10cm 土壤铵态氮浓度均值较低，与常规氮处理（N_2）相比降低了 12.8%～14.3%（$P>0.05$），而减量灌溉（W_2）与常规灌溉（W_1）相比则增加了 2.71%～4.47%（$P>0.05$）。可知，增加施氮量或减少灌溉量均有利于提高 0～10cm 土壤铵态氮浓度。

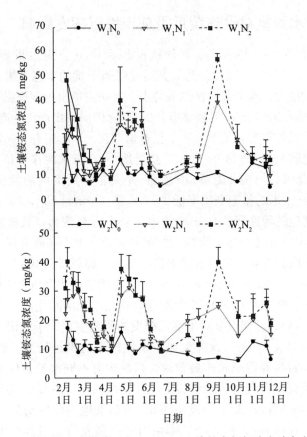

图 3-7 设施黄瓜-番茄体系内 0～10cm 土壤铵态氮氮浓度动态变化

（二）土壤氨挥发速率动态变化

由图 3-8 知，黄瓜季土壤氨挥发速率波动较大，期间共出现 9 次峰值。不同水氮处理的氨挥发峰值均在基肥阶段（2 月 16 日至 3 月 30 日）达最高，为 0.173～0.539 kg/（hm²·d），且在施肥后 7 d 出现；追肥阶段的氨挥发峰值在施肥后 1 d 出现，变动幅度为 0.040 3～0.278kg/（hm²·d），虽然比基肥阶段的氨挥发峰值出现时间提前，但峰值却明显降低。番茄季土壤氨挥发共出现 5 次峰值，峰值呈先升高后降低趋势。基肥阶段（8 月 7 日至 9 月 18 日）的峰值出现在施肥后 5 d，不同水氮处理的变动幅度为 0.056 6～0.219kg/（hm²·d）。追肥阶段的氨挥发峰值均在施肥后 1d 出现，变动幅度为 0.018 1～0.334 kg/（hm²·d）。

相同灌水条件下，减施氮量可显著降低土壤氨挥发速率。其中减施氮处理（N₁）与常规氮处理（N₂）相比，黄瓜季内的氨挥发速率均值降低了 21.1%～22.8%（$P<0.05$），番茄季也降低了 16.5%～17.9%（$P<0.05$）。相同施氮条件下，减量灌溉则提高了土壤氨挥发速率，但影响不显著。其中减量灌溉

（W₁）与常规灌溉处理（W₂）相比，黄瓜季内的土壤氨挥发速率均值增加了
5.4%～7.8%（$P>0.05$），番茄季增加了 8.5%～10.4%（$P>0.05$）。

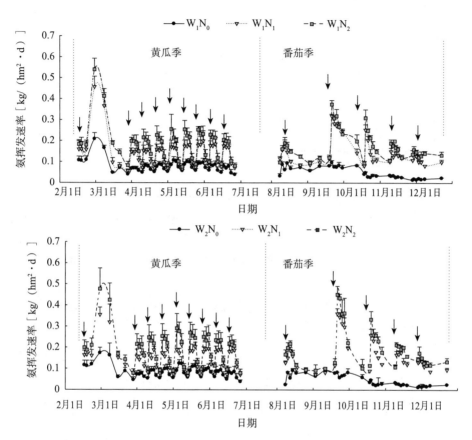

图 3-8　黄瓜-番茄生长季内土壤氨挥发动态变化

（三）土壤氨挥发损失量

由表 3-2 知，黄瓜季和番茄季的氨挥发损失量分别为 11.4～26.6 kg/hm² 和
6.36～21.5 kg/hm²，氨挥发损失量主要发生在黄瓜季，可占全年土壤氨挥发损
失量的 53.8%～64.2%。设施黄瓜-番茄种植体系内氨挥发损失量为 17.8～
48.1 kg/hm²，随施氮量的减少呈显著降低趋势（$P<0.05$），而减少灌溉量后
土壤氨挥发损失量略有增加（$P>0.05$）。减施氮（N₁）与常规氮处理（N₂）
相比，全年氨挥发损失量降低了 19.3%～20.0%，氮肥的氨挥发损失率降低
了 0.85～0.92 个百分点；减量灌溉（W₂）与常规灌溉处理（W₁）相比，全
年氨挥发损失量增加 2.7%～3.6%（未包括不施氮处理 N₀），氮肥的氨挥发损
失率提高了 0.12～0.18 个百分点。

表 3-2　黄瓜-番茄种植体系内土壤氨挥发损失量

处理	氨挥发损失量（kg/hm²）			氮肥的氨挥发损失率（％）		
	黄瓜季	番茄季	全年	黄瓜季	番茄季	全年
W_1N_0	11.4c	6.59c	18.0c	—	—	—
W_1N_1	20.1b	17.3b	37.4b	0.97c	1.59a	1.23c
W_1N_2	25.4a	21.0a	46.4a	1.17ab	1.60a	1.35ab
W_2N_0	11.4c	6.36c	17.8c	—	—	—
W_2N_1	20.7b	17.7b	38.4b	1.04bc	1.68a	1.31bc
W_2N_2	26.6a	21.5a	48.1a	1.27a	1.68a	1.44a

注：同一列不同小写字母表示差异达 5％显著水平，下同。

（四）表层土壤铵态氮含量与土壤氨挥发速率关系

统计分析表明（图 3-9），各处理土壤氨挥发速率与表层（0～10cm）土壤铵态氮浓度均呈正相关关系，除不施氮处理 W_1N_0 和 W_2N_0 外，均达显著或极显著相关。可见，土壤铵态氮氮浓度是设施菜地土壤氨挥发的重要影响因子。

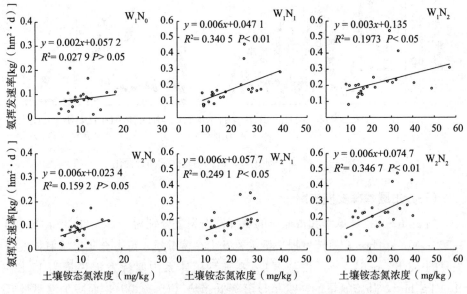

图 3-9　土壤氨挥发速率与 0～10cm 土壤铵态氮浓度的关系

（五）设施菜地土壤氨挥发影响因子分析

1. 施氮量对设施菜地土壤氨挥发影响

本试验中设施菜地土壤氨挥发动态变化与氮肥施用时间及用量密切相关。黄瓜-番茄全年种植体系内的氨挥发峰值共出现 14 次，且多在施肥后 1d 出现，

其中处理 W_1N_2 的最高，达 0.539 kg/（hm^2·d）。土壤氨挥发峰值出现的次数与氮肥施用次数一致，说明氮肥施用时间与氨挥发峰值的出现显著相关。施氮量对设施菜地氨挥发损失量的影响显著，在日光温室芹菜和番茄上的研究表明，通过大幅减施肥料的有机无机肥配合施用模式与习惯施肥处理相比，氨挥发损失量分别降低了50.0%和47.9%（郝小雨等，2012）。在日光温室黄瓜上的研究也表明，比常规氮量减少50%左右，氨挥发损失量可降低37.2%（李银坤等，2011）。本试验中的减施氮处理（N_1）与常规氮处理（N_2）相比，不仅黄瓜季和番茄季的氨挥发损失量分别降低了 20.7%~22.1% 和 17.4%~17.5%；而且全年的产量提高了 3.5%~7.9%，氮肥农学效率提高了95.4%~146.4%（李银坤等，2016）。通过适当控制氮肥投入量，降低了氮肥的氨挥发损失，提高了蔬菜产量，从而显著提高了氮肥利用率。

黄瓜季和番茄季的氮肥氨挥发损失率相似，分别为 0.97%~1.27% 和1.59%~1.68%，高于张琳等（2015）研究得出的黄瓜季氮肥氨挥发损失率为0.35%~0.46%的结果，也高于习斌等（2010）在番茄季上 0.67%~0.76%的研究结果。但与水稻、小麦和玉米等粮食作物上 10.7%~24.0%、2.7%~24%和5%~26%以及果树上26%~44%的研究相比（Gong et al.，2013；Ni et al.，2014；Huo et al.，2015；Han et al.，2014；Cantarella et al.，2003），则明显偏低。这与试验中灌水量大及灌溉频繁，导致更多氮素通过淋洗等其他途径损失有关。Min 等（2011）研究认为，氮淋洗和反硝化是菜地土壤氮素的主要损失途径，通过氨挥发损失的氮仅占施氮量的 0.1%~0.6%。另外，设施菜地高湿的空气环境引起氮素重新回归土壤，也是氮肥的氨挥发损失率较低的原因之一。从黄瓜-番茄轮作周期内氮肥的氨挥发损失率看，相同灌水条件下常规施氮（N_2）处理的最高，为 1.35%~1.44%。而减施氮处理（N_1）的氮肥氨挥发损失率降低了 0.85~0.92 个百分点。这与葛顺峰等（2011）研究得出的氨挥发损失率随施氮量的增加呈升高趋势的结论一致。同时也说明，减少氮肥施用量有利于氮肥氨挥发损失率的降低。

研究表明，施氮因增加了表层土壤中氨挥发的底物（NH_4^+-N）浓度，促进氨挥发过程（Gong et al.，2013；张琳等，2015）。本试验中减施氮处理（N_1）的 0~10cm 土壤铵态氮浓度最高值比常规氮处理（N_2）降低了25.1%~30.3%（$P<0.05$），说明 0~10cm 土壤铵态氮浓度受到施氮水平的强烈影响。统计分析则表明，除不施氮处理外，各处理土壤氨挥发速率与 0~10cm 土壤铵态氮浓度均呈显著或极显著正相关关系。由此可见，土壤氨挥发速率一般随表层土壤铵态氮浓度的增加而增大。

2. 灌水对设施菜地土壤氨挥发影响

施肥后灌水可抑制氮肥的氨挥发损失。Holcomb 等（2011）研究结果表明，氮肥（尿素）施入土壤后立即灌水 14.6 mm，土壤氨挥发损失量可降低 90%。从尿素施用后的转化过程看，其先转化为铵态氮，继而转变成硝态氮，施肥后灌水容易将可溶性氮素（铵态氮和硝态氮）带入土壤深层，大大降低了氮素的氨挥发损失。本试验中常规灌溉（W_1）和减量灌溉（W_2）条件下的土壤水分变化幅度分别为 42.3%～68.1%（WFPS）和 40.0%～66.6%（WFPS），其中 W_1 处理下的土壤含水量相对较高。在高土壤水分条件下，土壤水中溶解的氨较多，易引起土-气界面氨浓度梯度的减小，这时氨扩散作用减弱，氨挥发量随之降低；相反，较低土壤水分条件下的氨挥发量呈增大趋势（高鹏程等，2001）。本试验结果表明，相同施氮条件下减量灌溉处理（W_2）的全年氨挥发损失量比常规灌溉处理（W_1）增加了 2.7%～3.6%（$P>0.05$），这也与 Jantalia 等（2012）的研究结果一致。由此分析，减量灌溉并没有显著增加设施菜地氮肥的氨挥发损失，但节水效应显著。与常规灌溉处理（W_1）相比，减量灌溉（W_2）处理的灌溉水农学效率提高了 27.7%～54.0%。

3. 其他环境因子对设施菜地土壤氨挥发影响

其他环境因子如：气温、地温以及光照条件等均影响到土壤氨挥发（Gong et al.，2013；上官宇先等，2012）。由于本试验是在同一个温室内开展的定位研究，各处理的气象条件差异很小，这种差异对土壤氨挥发的影响可忽略不计。但气象因子本身对土壤氨挥发的影响具有一定规律性，其主要通过影响土壤中的铵态氮浓度间接影响到土壤氨挥发。对于设施菜地来说，由于灌水施肥量大，且施用频繁，气象因子对土壤氨挥发的影响往往被氮肥和灌水的影响掩蔽。

（六）小结

一是减少氮肥施用量可显著降低设施菜地土壤的氨挥发，减量灌溉有增加设施菜地土壤氨挥发的趋势。供试条件下，减量施氮处理（N_1）较常规施氮（N_2）的氨挥发损失量降低了 19.3%～20.0%（$P<0.05$），减量灌溉（W_2）的全年氨挥发损失量比常规灌溉（W_1）增加了 2.7%～3.6%（$P>0.05$）。

二是在当前农民常规水、氮用量的基础上，通过适当减少氮肥用量及灌水量可保证较高的全年蔬菜产量，且可大幅度提高灌溉水和氮肥的利用效率。其中减量施氮（N_1）的氮肥农学效率提高了 95.4%～146.4%；减量灌水处理的灌溉水农学效率提高了 27.7%～54.0%。

三是本试验条件下，节水 30%、减量施氮 25% 的水氮组合（W_2N_1）具有较佳的经济效益与环境效应。

三、沟灌减氮对设施黄瓜番茄土壤 N_2O 排放影响

一氧化二氮（N_2O）是一种重要的温室气体，不仅具有产生温室效应的作用，而且具有破坏平流层中臭氧的特性。农业土壤是 N_2O 排放的主要源泉，

每年释放到大气中的 N_2O-N 达 6.2 Tg（Mosier et al.，1998；Kroeze et al.，1999）。化学氮肥投入的增加是农田 N_2O 排放增加的主要原因之一，中国作为世界上最大的化肥生产和消费国，2012 年的化学氮肥用量已达 2 399.9 万 t，比 1980 年的用量增加了 156.9%（中国统计年鉴，2013）。仅 1997 年因施肥引起的 N_2O 排放量高达 2.0×10^8 kg（Lu et al.，2006）。近 20 多年来，中国蔬菜种植产业发展迅速，2012 年蔬菜种植面积占农作物总播种面积的 12.5%，与 1990 年相比，所占比例提高了 3 倍（中国统计年鉴，2013）。由于菜地用肥量高、施肥次数多，被认 N_2O 排放量为 2.75×10^8 kg/年，其中 20% 源于蔬菜地（Zheng et al.，2004）。而在不施氮条件下菜地 N_2O 排放量是旱地农田的 3.1 倍，N_2O 排放系数也比旱地高 64.0%（于亚军等，2012）。日光温室具有高湿、高温、无阳光暴晒及无雨水淋洗等特点，为土壤微生物提供了适宜的繁殖条件，由此引起的 N_2O 排放量则会更高（张光亚等，2002；Min et al.，2012）。另外，日光温室蔬菜种植过程中灌水量大、且次数多，干湿交替频繁，而土壤干湿交替易引起 N_2O 的爆发式释放（Pang et al.，2009）。设施蔬菜种植中，黄瓜和番茄的种植面积最大，但针对黄瓜-番茄种植体系内土壤 N_2O 排放的周年动态变化及其对不同氮用量的响应尚不明确。本研究以华北平原日光温室黄瓜-番茄土壤为研究对象，通过设置不同氮水平，研究黄瓜-番茄生长季内土壤 N_2O 排放规律及其与不同氮水平的关系，以揭示施氮对日光温室黄瓜-番茄土壤 N_2O 排放的影响，为明确日光温室菜地 N_2O 排放特征及其建立合理的施氮技术提供科学理论依据。

（一）气温、地温及土壤铵态氮含量动态变化

从气温和地温的周年变化趋势看（图 3-10），2 月至 7 月（黄瓜季）呈增加趋势，气温和 5 cm 地温分别由 7.8℃和 8.6℃增加至 33.0℃和 30.1℃。8 月

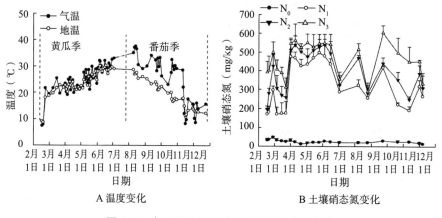

图 3-10 气温和地温及硝态氮含量的动态变化

至 12 月（番茄季）的气温和 5 cm 地温下降趋势明显，由 37.5℃和 28.6℃分别降低至 8.2℃和 11.3℃。由此可见，温室内气温的季节变化幅度较大，而 5 cm 地温则相对稳定。不同施氮水平显著影响 0～10 cm 土壤硝态氮含量（图 3-10）。与处理 N_3 相比，处理 N_1 和 N_2 的 0～10 cm 土壤硝态氮含量均大幅度降低，最大降幅分别有 58.4%和 50.0%（$P<0.01$）。处理 N_0 的 0～10 cm 土壤硝态氮含量随时间的推移变化较小，变动范围仅为 11.2～46.4 mg/kg。

（二）设施黄瓜-番茄生长季 N_2O 排放通量变化

与气温和地温变化规律相似，2 月至 7 月的 N_2O 排放通量呈增加趋势，其中施氮处理期间共出现 9 次峰值，由 50.34～125.3 μg/（$m^2·h$）增加至 445.3～818.4 μg/（$m^2·h$）。8 月至 12 月的 N_2O 排放通量整体呈下降趋势，施氮处理的 N_2O 排放峰值出现 5 次，由最高的 797.9 μg/（$m^2·h$）下降至 350.8 μg/（$m^2·h$）。从年内变化规律看，在气温相对较高的 4 月至 10 月 N_2O 排放通量高，最高达 818.4 μg/（$m^2·h$）；气温较低的 2 月和 3 月以及 11 月和 12 月不仅 0～10 cm 土壤硝态氮含量低，而且各处理 N_2O 排放通量也明显下降（图 3-11），排放通量最高仅为 464.5 μg/（$m^2·h$），比 4 月至 10 月期间的 N_2O 排放峰值降低了 43.2%。

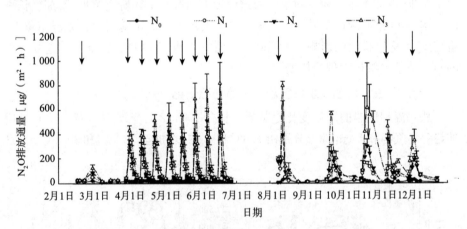

图 3-11　黄瓜-番茄生长季内 N_2O 排放通量的动态变化

注：箭头表示施用氮肥。

（三）设施菜地 N_2O 排放系数

日光温室黄瓜-番茄总产量为 26.3×10^4～30.0×10^4 kg/hm^2。施氮处理的总产量比不施氮处理 N_0 增加了 6.2%～14.1%，而处理 N_1 和 N_2 与处理 N_3 相比，总产量则分别提高了 7.4%和 4.9%（表 3-3）。可见，合理的施氮量更有利于提高日光温室黄瓜-番茄的总产量，其中比常规施氮量减少 50%处理

（N_1）的增产效果最为显著。

表 3-3　设施菜地产量、N_2O 排放量及排放系数

处理	产量（$\times 10^4 kg/hm^2$）			N_2O 排放量（kg/hm^2）			排放系数（%）		
	黄瓜季	番茄季	总量	黄瓜季	番茄季	总量	黄瓜季	番茄季	轮作周期
N_0	13.7c	12.7ab	26.3c	0.47d	0.51d	0.99d	—	—	—
N_1	16.8a	13.3a	30.0a	2.30c	1.74c	4.04c	0.30	0.27	0.29
N_2	16.2ab	13.1a	29.3ab	3.01b	2.90b	5.91b	0.28	0.35	0.31
N_3	15.8b	12.1b	28.0b	5.01a	4.91a	9.92a	0.38	0.49	0.43

注：同一列后的不同小写字母表示 0.05 水平显著。

土壤中的 N_2O 排放主要有两个来源：土壤原来残留的氮素和施入的氮素。在不考虑氮肥激发效应的情况下，施氮小区来自土壤残留氮素的 N_2O 排放与不施氮小区的 N_2O 排放相同，而施氮小区来自肥料的 N_2O 排放由其与不施氮小区的差值进行估算。由表 3-3 知，相同施氮处理在黄瓜季和番茄季的 N_2O 排放量相差不大，其中黄瓜季较高，可占日光温室黄瓜-番茄轮作周期内 N_2O 排放总量的 50.5%～56.9%，这与黄瓜季施用较高的氮肥有关。回归分析也表明，氮施用量与 N_2O 排放量呈指数关系（$P<0.01$）（图 3-12）。

日光温室黄瓜-番茄体系内 N_2O 排放总量为 0.99～9.92 kg/hm^2，其中由施氮引起的 N_2O 排放量可占 75.6%～90.0%。轮作周期内的 N_2O 排放系数为 0.29%～0.43%，并随施氮水平的提高而增加。减施氮可显著降低土壤 N_2O 排放，与处理 N_3 相比，处理 N_1 和 N_2 在轮作周期内的 N_2O 排放量可减少 59.3% 和 40.4%。

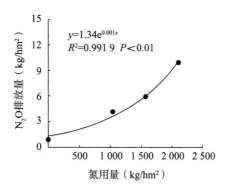

图 3-12　日光温室土壤 N_2O 排放量与施氮量的关系

（四）设施菜地 N_2O 排放通量与土壤硝态氮关系

回归分析表明，除不施氮处理 N_0 外，各施氮处理的 N_2O 排放通量与 0～

10 cm 土壤硝态氮含量均呈指数关系（$P<0.01$）（图 3-13）。说明低土壤硝态氮浓度下，土壤 N_2O 排放通量随硝态氮含量的增加呈缓慢上升趋势，当土壤硝态氮超过一定浓度时，土壤 N_2O 排放通量则急剧增加。由此可见，土壤硝态氮含量是影响日光温室土壤 N_2O 排放的重要因素。

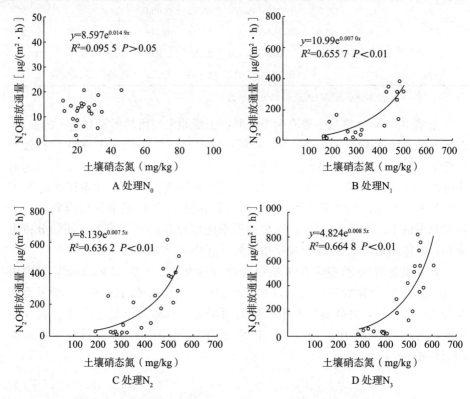

图 3-13 日光温室土壤 N_2O 排放与 0～10cm 土壤硝态氮的关系

（五）设施菜地 N_2O 排放的影响因子分析

日光温室不仅具有高湿、高温等特点，而且蔬菜种植过程中的高肥量和频繁灌水等管理模式，加强了土壤中硝化和反硝化作用的进行，由此引起 N_2O 的大量排放。本试验中，日光温室黄瓜-番茄体系内的 N_2O 排放量为 0.99～9.92 kg/hm^2，黄瓜季 N_2O 排放量可占轮作周期内排放总量的 50.5%～56.9%。若不考虑氮肥的激发效应，N_2O 排放总量中的 75.6%～90.0% 由施氮引起，这与 Diao 等（2013）64.6%～84.5% 的研究结果相似。回归分析表明，N_2O 排放与施氮量呈指数关系（$P<0.01$），说明在高施氮水平下的土壤 N_2O 排放会急剧增加。由此也证明，高施氮量是引起日光温室菜地土壤 N_2O 排放增加的重要原因。与常规氮用量处理（N_3）相比，氮减量 25% 和 50% 处

理（N_2 和 N_1）的 N_2O 排放总量分别降低了 40.4% 和 59.3%，总产量却增加了 4.9% 和 7.4%。可见，针对目前日光温室蔬菜生产过程中的高施肥现象，通过合理减少氮用量不仅是降低日光温室菜地 N_2O 排放的主要途径，而且可获得较高的黄瓜和番茄产量。

日光温室菜地的氮肥高投入量是导致 N_2O 排放系数相对较低的主要原因。总结目前已有研究，N_2O 排放系数的变动范围为 0.05%～1.24%，平均值为 0.36%（Hosono et al.，2006；Mei et al.，2009；He et al.，2009；Min et al.，2012）。本试验条件下的日光温室土壤 N_2O 排放系数变化幅度为 0.29%～0.43%，平均为 0.34%，与上述研究结果类似。

温度，尤其是地温，因影响到土壤微生物的硝化作用和反硝化作用，对土壤 N_2O 排放产生影响。但土壤 N_2O 排放对温度的依赖关系随不同的灌水和施氮水平而不同，当土壤湿度过低抑制微生物活动时，即使温度适宜，土壤 N_2O 排放也会很弱；若土壤速效氮浓度较低，适宜的土壤温度下也不会发生明显的 N_2O 排放。说明 N_2O 排放受到灌水、施肥以及温度的共同控制，随着作物生育期的推进和环境因子的改变，主控制因子亦在不断发生变化。在温度较低的 2 月和 3 月（平均气温和地温分别为 15.1℃ 和 15.0℃）以及 11 月和 12 月（平均气温和地温分别为 14.7℃ 和 13.7℃），温度是影响土壤 N_2O 排放的主要因素。期间虽然施用较高的氮量亦不会引起 N_2O 排放的突增，其原因与低温制约了土壤微生物活性有关。He 等（2009）研究认为，土壤温度低于 15℃，将不利于土壤微生物的硝化和反硝化作用，N_2O 排放通量受灌水和施肥的影响都很小。当温度由 2℃ 升高至 40℃ 时，N_2O 的排放量显著增加，若温度继续升高，N_2O/N_2 的比率将会降低（Castaldi et al.，2000；Wang et al.，2014）。在温度相对较高的 4 月至 10 月 N_2O 排放主要受到施肥的影响，期间平均气温和地温分别为 27.4℃ 和 26.1℃，N_2O 排放通量最高可达 818.4 μg/（m^2·h），峰值一般在施肥后 5 d 内出现。

由于本试验中的各处理灌水量相同，WFPS 的变化范围为 40.0%～66.6%，土壤并未出现过干或过湿的情况，N_2O 排放对土壤水分的变化不敏感；而且施肥与灌水同时进行，灌水对 N_2O 排放的影响常被氮肥掩蔽。施氮引起 N_2O 排放量升高是因为增加了土壤硝化和反硝化作用底物。0～10 cm 土壤中硝态氮含量随氮肥施用量的增加显著升高，土壤硝态氮既能促进反硝化速率，又可抑制 N_2O 还原为 N_2，其与 N_2O 排放量具有显著正相关关系（Stevens et al.，1998a；Riya et al.，2012）。而试验中处理 N_0 未施用氮肥，土壤硝态氮含量低，变化幅度仅为 11.2～46.4 mg/kg，其与 N_2O 排放通量无显著相关关系。已有研究表明，在土壤硝态氮浓度较低时，其他因素（如灌水或温度）均不能引起 N_2O 排放的显著增加（He et al.，2009）。可见，0～10 cm 土壤硝态氮含量增加是促进日光温室土壤 N_2O 排放通量快速升高的主导因子。

(六) 小结

一是日光温室黄瓜-番茄种植体系内 N_2O 排放波动幅度大，温度是影响 N_2O 排放强度的重要因素之一。4 月至 10 月的平均气温为 27.4℃，期间 N_2O 排放通量最高可达 818.4 $\mu g/$ （$m^2 \cdot h$）；2 月和 3 月以及 11 月至 12 月的平均气温分别为 15.1℃ 和 14.7℃，期间 N_2O 排放通量最高仅为 464.5 $\mu g/(m^2 \cdot h)$，比 4 月至 10 月的 N_2O 排放峰值降低了 43.2%。

二是 N_2O 排放峰值在氮肥追施后 5 d 内出现，N_2O 排放量集中在氮肥施用后 7 d 内，可占整个监测期（271 d）排放量的 64.7%~67.8%。施氮因增加了土壤硝态氮含量而引起 N_2O 排放出现峰值，0~10 cm 土壤硝态氮含量与 N_2O 排放量呈指数关系（$P<0.01$）。与常规施氮处理相比，氮减量 25% 和 50% 处理在黄瓜-番茄种植体系内的 N_2O 排放峰值降低幅度分别为 22.3%~55.0%（$P<0.01$）和 33.0%~83.0%（$P<0.01$）。

三是日光温室黄瓜-番茄种植体系内的 N_2O 排放量为 0.99~9.92 kg/hm^2，轮作周期内的 N_2O 排放系数为 0.29%~0.43%。黄瓜季的 N_2O 排放量高于番茄季，可占排放总量的 50.5%~56.9%。N_2O 排放总量的 75.6%~90.0% 由施氮造成，氮减量 25% 和 50% 处理与常规施氮处理相比，N_2O 排放量分别降低了 40.4% 和 59.3%，总产量增加了 4.9% 和 7.4%。合理减少氮肥用量不仅可显著降低日光温室菜地 N_2O 排放，而且不会引起总产量的降低。

第三节 有机部分替代无机肥与设施土壤 氮素损失控制机制

与常规大田作物种植相比，设施蔬菜栽培的环境较特殊。具有复种指数高、施肥过多、灌溉频繁等特点，再加上面积较小，大型的机械无法顺利进入，造成土壤翻耕不彻底，很容易引起 N_2O 排放增加，土壤氮素积累等问题。近年来，N_2O 受到了极大的关注，究其原因有以下几点，N_2O 被认为是 21 世纪破坏臭氧层的主要因子，其全球增温潜势是 CO_2 的 310 倍，在大气中的寿命长达 114 年，远高于 CO_2 和 CH_4 等主要温室气体（McCarthy et al.，2001；Montzka et al.，2003）。菜地 N_2O 排放高于一般粮食作物系统。研究表明，菜地土壤是产生 N_2O 的重要来源，N_2O 排放损失的氮素占到了化学氮素投入总量的 0.27%~0.3%（He et al.，2009）。农业农村部印发的《开展果菜茶有机肥替代化肥行动方案》中明确指出，设施蔬菜由于生产周期长、产量高、用肥量大、施肥结构不合理等特点，偏施氮肥现象严重，每年仅氮肥投入量已经超过 1 200 kg/hm^2（王敬国，2011）。许多研究也表明，设施菜地 N_2O 排放通量明显高于室外露天栽培土壤（张光亚等，2002；武其甫等，2011）。目前关于设施菜地中有机与无机肥施用对土壤和水环境影响的研究较多。而有关有机肥施用对大气环境的影响，特别是在设施菜地施用有机肥后土壤 N_2O 排放规律的研究相对较少，排放规律不明确，研究结果也不尽相同。有机肥和化肥是农田维持地力提高产量的重要措施，也是影响 N_2O 排放的主要因素。本研究以设施番茄为研究对象，研究单施化肥、单施有机肥以及有机部分替代无机肥料条件下的 N_2O 排放特征，探讨有机部分替代无机肥料对设施菜地 N_2O 排放的影响机制，为制定设施菜地温室气体减排措施提供科学理论依据。

试验方案： 试验地点设在河北省辛集市马庄科园农场，供试温室的骨架材料为砖与水泥的混合墙体，金属线材焊接支架，长 39 cm，宽 7.5 m，已种植蔬菜 9 年，供试土壤为石灰性壤质潮土。播前 0～20 cm 土壤全氮含量1.55 g/kg，有机质 15.4 g/kg，碱解氮 63.5 mg/kg，有效磷（P_2O_5）32.4 mg/kg，速效钾（K_2O）165 mg/kg，pH 7.6，土壤容重 1.35 g/cm³，田间持水量23.7%，供试番茄（*Lycopersicon esculentum* L.）品种为荷兰瑞克斯旺 1404。

试验在同一个温室中进行，施氮量处理设两种施肥方式：纯无机氮处理和有机氮部分替代无机氮处理。纯无机氮处理设 3 个施氮水平：减施氮 60%（无机氮 450 kg/hm²）、减施氮 45%（无机氮 675 kg/hm²）、减施氮 25%（无机氮 900 kg/hm²），分别用 CN450、CN675、CN900 表示；有机氮部分替代无机氮处理设 3 个施氮水平：减施氮 60%（有机氮 200 kg/hm²＋250 kg/hm²）、减施氮 45%（有机氮 200 kg/hm²＋475 kg/hm²）；减施氮 25%（有机氮 200 kg/hm² ＋ 700 kg/hm²），分别用 MN200 ＋ CN250、MN200 ＋ CN475、MN200＋CN700表示。同时试验设不施氮处理（CK），共 7 个处理。当地菜地的习惯施氮量为：1 200kg/hm²，习惯施氮量是根据对河北省 8 县市的调查确定（张彦才等，2005）。减量施氮则是通过测定番茄定植前 0～30 cm 硝态氮含量，根据土壤状况、蔬菜生长规律、化肥的氮磷钾含量，确定施用底肥和追肥的数量、追肥次数和时期，做到合理搭配施肥。

每个处理 3 次重复，随机排列。试验小区面积为 9.6m²（宽 1.6m×长6m），株距为 0.4m，宽窄沟相间排布，行距分别为 0.45m 和 0.65m。采用沟灌方式（灌溉系统由河北方田农业服务有限公司设计），每次灌水量用水表准确计量。小区间埋设 PVC 板，防止小区间养分和水分的横向迁移。

试验所施用的化肥为尿素（N 46%）、过磷酸钙（P_2O_5 12%）和硫酸钾（K_2O 51%）。有机肥为商品有机肥与小麦秸秆等量配施，配施比例为 1∶1。商品有机肥（主要为鸡粪）中 N、P_2O_5 和 K_2O 养分含量分别为 1.668%、3.240%，2.294%（干基），水分含量为 7.536%；秸秆为辛集麦秸，其中 N、P_2O_5 和 K_2O 养分含量为 0.939%、0.231%和 0.786%（干基）。各处理磷肥钾肥用量相等，100％磷肥和40％钾肥作为底肥施入，剩余60％的钾肥平均分4次追施；有机氮全部基施，化肥氮20％作为底肥，剩余80％分4次追施，其他田间管理措施保持一致。番茄于2016年8月6日定植，8月12日浇缓苗水；追肥时间分别在番茄开花坐果期（9月20日）、果实膨大期（10月9日）、采收初期（11月11日）和采收盛期（12月2日）。各处理灌水量相同，均为减量灌溉。基施方式为肥料撒施后深翻入土，追施方式为肥料溶于水后随水冲施。为保证各处理灌水量的准确，每个小区均安有单独的PVC进水管，并用水表记录灌水量。

N₂O的测定采用密闭箱-气相色谱法。采样装置由取样箱和底座两部分组成。长×宽×高为30cm×15cm×20cm，由PVC材料制成。箱体顶端安装有一个带有螺旋开关的气密性气体抽气阀门，套上橡胶塞。静态箱底座在番茄移植前一天埋设于沟垄之间，底座上端由约3cm深的凹槽构成用以放置静态箱箱体。采样时间固定在每天的9：00—11：00。取样时注水密封，防止周围空气与箱体空气交换。静态箱密闭后，分别在0 min、24 min、48 min用带有三通阀的注射器（30mL）抽取气样于真空瓶中，并带回实验室测定分析。N₂O气体一般在施肥后的第1天、第2天、第3天、第4天、第5天、第7天、第9天采样。气体采用美国安捷伦公司生产的7890型气象色谱/电子捕获检测器（GC/ECD）测定。N₂O排放通量根据下式进行计算：

$$F = \rho H \frac{dc}{dt} \frac{273}{273+T} \frac{P}{P_0}$$

式中：F 为 N_2O 排放通量，$\mu g/(m^2 \cdot h)$；ρ 为标准状态大气压下 N_2O 的密度，g/L；H 为采样箱高度，m；T 为采样箱内气温，$℃$；dc/dt 为采样箱内 N_2O 浓度的变化速率，$\mu L/(L \cdot h)$；t 为扣箱后的时间，h；P 为采样时气压，$mmHg^*$；P_0 为标准大气压，$mmHg$；$P/P_0 \approx 1$。

N_2O 排放系数（Emission factor）由下式计算：

$$EF = (E-E_0)/N \times 100\%$$

式中：E 与 E_0 分别表示施肥处理与不施肥处理下 N_2O 的排放量，kg/hm^2；N 表示当季施氮肥量，kg/hm^2。

一、有机部分替代无机条件下设施番茄土壤N₂O排放特征

（一）基肥阶段土壤N₂O排放特征

从图中可直观看出：基肥阶段，各处理变化情况相似（图3-14），第5天出现了峰值，然后逐渐下降。各处理的排放峰在不同处理间差异显著（图3-

---

* 注：1 mmHg≈133.3 Pa。——编者注

15），以 MN200＋CN700 处理最高，为 9.808 mg/（m²·h）。在基肥阶段两种施肥方式下，有机部分替代无机氮处理的 N₂O 排放量比纯无机氮处理高 22.5％～34.2％。其中两种施肥方式下的排放量：处理 MN200＋CN250 比处理 CN450 高 25.3％，处理 MN200＋CN475 比处理 CN675 高 34.2％，处理 MN200＋CN700 比处理 CN900 高 22.5％。从图中可以看出，CK 的排放通量始终处于较低的水平，各施氮处理 N₂O 排放通量均比 CK 处理高，表明氮肥施用是促进菜地 N₂O 气体排放的一个非常重要的因素。在相同施肥处理方式下，随着施氮量的降低，N₂O 的排放也随之降低。

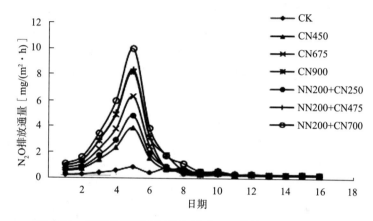

图 3-14　基肥阶段不同施肥处理下 N₂O 排放通量的变化特征

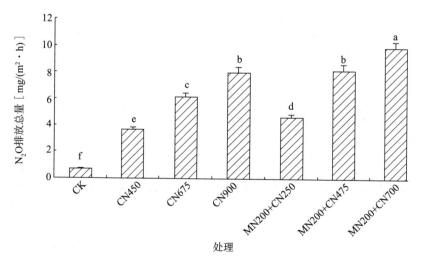

图 3-15　基肥后第 5 天 N₂O 的排放通量

注：不同字母表示差异达 5％ 显著水平。

（二）追肥阶段土壤 N_2O 排放特征

图 3-16 中显示，在番茄 4 个生长阶段中，各处理 N_2O 排放通量变化趋势基本一致。追肥后 2 天达到峰值。第 5 天时已明显降低，至 7 天时各处理变化趋于稳定。追肥后施肥带土壤的 N_2O 排放量也主要集中在前 5 天内，占到 88%，尤以前 3 天的排放量较高占到 69%。对照处理的排放量始终很低，各施氮处理的 N_2O 排放量均显著高于不施肥的对照处理，说明施氮会增加 N_2O 排放量。两种施肥方式下，在施氮量相同时，不同生育期各处理中 N_2O 的排放通量情况为：有机部分替代无机氮处理的 N_2O 排放量低于纯无机氮处理，在不同生育期 N_2O 排放量分别降低了 18.4%～32.7%，10.2%～15.7%，5.6%～13.1% 和 9.4%～38.3%。说明在相同施氮量情况下，有机部分替代无机氮比纯无机氮处理会降低 N_2O 的排放。在相同施肥措施下，随着施氮量的降低，N_2O 排放量出现不同程度的降低，降低了 5.4%～53.6%。

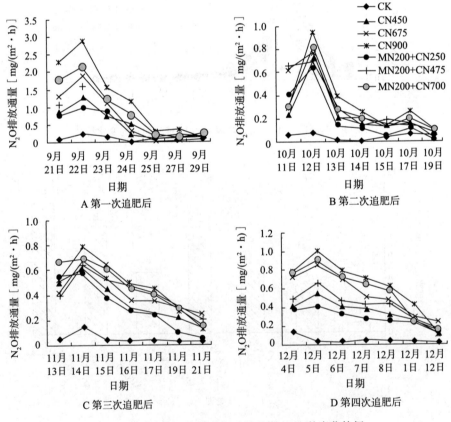

图 3-16 番茄各生育期氮肥追施阶段 N_2O 的变化特征

（三）土壤 N_2O 排放总量与排放系数

图 3-17 为设施番茄季土壤 N_2O 的排放总量。从图中可以看出，施氮量越大，N_2O 的排放总量也越大，且不同施氮水平间差异达显著性水平。整个番茄季 N_2O 排放总量以处理 N900 为最高，达 11.34 kg/hm^2，其次依次为MN200＋CN700、CN675、MN200＋CN475、CN450、MN200＋CN250 与CK。处理 CK 由于没有外源 C 和 N 的投入一直处于较低的水平，为 0.45 kg/hm^2，各施氮处理的排放总量是 CK 处理的 9.59～24.96 倍，远远高于 CK 处理，说明施用氮肥增加了 N_2O 的排放量。在施肥方式不同施氮量相同情况下，有机部分替代无机氮与纯无机氮处理相比，可减少 12.45％～21.66％土壤 N_2O 排放，说明有机部分替代无机氮可以显著降低 N_2O 的排放。

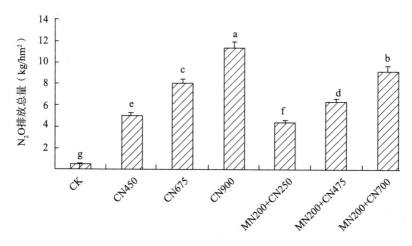

图 3-17　不同施肥处理下土壤 N_2O 排放总量

注：不同字母表示差异达 5％ 显著水平。

IPCC（联合国政府气候变化专门委员会）表示排放系数为单位施氮量下由氮肥施用引起的 N_2O 排放量，默认排放系数为 1％。本研究的 N_2O 排放系数介于 0.86％～1.21％，以纯无机氮处理的 CN900 最大，减施氮 45％（MN200＋CN475）处理最小，为 0.86％。与处理 MN200＋CN700 相比，处理 MN200＋CN475 的排放系数降低了 11.69％；相同施氮量不同施肥方式下，MN200＋CN250、MN200＋CN475、MN200＋CN700 的排放系数与 CN450、CN675、CN900 处理相比分别降低了 13.70％、22.98％和 19.75％。纯无机氮处理均超出 IPCC 的默认值 1％，而有机部分替代无机氮处理排放系数均低于1％这个默认值。可见，在相同施氮量下有机部分替代无机氮处理降低了由氮肥施用产生的 N_2O 排放，且降低明显（表 3-4）。

表 3-4　土壤 N_2O 排放系数与排放强度

处理	施氮量（kg/hm^2）	排放系数（%）
CK	0	—
CN450	450	1.00
CN675	675	1.11
CN900	900	1.21
MN200+CN250	450	0.87
MN200+CN475	675	0.86
MN200+CN700	900	0.97

（四）有机部分替代无机对土壤 N_2O 排放的影响

本研究发现未施氮的对照处理由于没有外源 C 和 N 的投入排放量一直很低，其 N_2O 排放量为 0.34 kg/hm^2，其他施氮处理的 N_2O 排放总量明显高于对照，说明施氮增加了 N_2O 排放。基肥阶段等氮量条件下有机部分替代无机氮处理的 N_2O 的排放量要显著高于纯无机氮处理，这与基肥阶段施肥方式与施肥量有关，有机部分替代无机氮处理基肥施用 20% 无机氮肥和全部有机肥，总氮投入量大，而纯无机氮处理基肥只施用 20% 无机氮肥；基肥阶段 N_2O 排放峰值明显高于追肥阶段，这与施肥方法有关。在基肥阶段，将肥料翻耕于土壤中，追肥阶段为肥料溶于水后施入。此时，肥料容易被水淋溶到下层土壤中，从而减少了 N_2O 产生的基质。在不同施肥方式和相同施氮量条件下，有机部分替代无机氮可以降低 6.16%～12.47% 的 N_2O 排放量。相关报道指出在施氮量一定的条件下，大量减少化肥的施用，设施田有机无机肥配施模式可显著降低土壤 N_2O 排放，比常规施肥处理降低 85.1%（王艳丽，2015）；其他研究表明，与纯施化肥相比，有机无机的结合施用可减少 N_2O 排放，环境效益显著（翟振等，2013）；也有研究表明有机肥替代部分化肥氮可以降低土壤中 N_2O 的排放（陶宝先等，2018）；相关研究分析了减少施氮及不同肥料配施方式对稻田 N_2O 排放的影响，得出有机无机配施减排效果最好，可以减少 38.6% 的 N_2O 的排放（和文祥等，2006）。硝化和反硝化是 N_2O 产生的两种主要方式。施用化肥增加了土壤中的有效氮，成为土壤硝化和反硝化的基质，进一步影响到土壤 N_2O 的排放（孙艳丽等，2008）；有机肥的施用向土壤中带入了氮素的同时也改变了土壤中的 C/N，影响了土壤微生物活性，改变了土壤中的氮素循环过程和 N_2O 排放。在相同施氮量下，有机肥部分替代无机肥可以减少土壤 N_2O 的排放，主要是因为有机肥的施用会增加土壤中有机质的含量，导致氧气被过多地消耗掉，减弱硝化，减少了 N_2O 的排放。由于氧的损失，土壤中的 N_2O 气体被还原成 N_2 作为氧的替代物，N_2O 排放减少。

N_2O 排放系数被认为是评价化肥施用导致 N_2O 排放的一个重要参数，蔬菜地季节排放系数占氮肥施用量的 0.94%（郭佩秋等，2009）。但是，土壤 N_2O 排放系数不是一个固定值，不同地区、不同氮肥品种之间差异比较大。本研究各处理的 N_2O 排放系数介于 0.85%～1.11%，接近于已有相关研究结果 0.55%～1.15%（张光亚等，2004），与通过两年的研究得到的排放系数 0.33%～1.13%也差异不大（张红梅等，2014）。纯无机氮处理均超出 IPCC 的默认值 1%，而有机部分替代无机处理排放系数均低于 1%这个默认值，可见有机部分替代无机氮降低了由氮肥施用产生的 N_2O 排放。

（五）小结

一是施氮能显著增加土壤 N_2O 的排放。各施氮处理的排放总量是不施氮处理 CK 的 9.59～24.96 倍，远远高于 CK 处理。

二是有机部分替代无机氮与纯无机氮处理相比，可显著降低番茄整个生育期 N_2O 的排放通量，降幅为 6.16%～12.47%。在不同生育期 N_2O 排放量分别降低了 18.4%～32.7%，10.2%～15.7%，5.6%～13.1%和9.4%～38.3%。

三是在相同施氮量下有机部分替代无机氮处理能明显降低 N_2O 排放系数。本研究的 N_2O 排放系数介于 0.86%～1.21%。纯无机氮处理均超出 IPCC 的默认值 1%，而有机部分替代无机处理排放系数均低于 1%这个默认值。

二、有机部分替代无机肥条件下土壤 N_2O 排放的影响因素分析

土壤中 N_2O 主要产生于硝化和反硝化作用，因此研究影响土壤硝化与反硝化作用的因素有助于揭示土壤 N_2O 排放机制。对于反硝化过程产生 N_2O 的机制研究较早，近些年来对硝化产生的 N_2O 引起了大家的重视。由于土壤环境复杂稳定性差，两种作用发生时间和顺序不会定期出现，可以同时也可以前后发生。土壤 N_2O 排放量与硝化反硝化中底物的浓度、反应速率以及微生物活性以及酶活性有显著关系（Guo et al.，2008）。研究不同土壤环境因子对 N_2O 产生与排放的影响，对于准确估算和预测设施菜地温室气体排放量非常重要。

土壤酶参与了土壤的肥力形成、演化等各种生物化学反应的全过程，同样在氮循环中也发挥着巨大的作用，对 N_2O 的产生有非常重要的影响。研究相关酶的活性对于揭示 N_2O 的排放特征有重要作用，明确氮素转化微生物性状对于揭示设施菜地 N_2O 排放的主导作用不可或缺。但是在国内外的众多学者中对于土壤氮素转化相关酶活性的研究相对少一些。对于氮转化酶、硝化酶的研究还比较少，其中最主要的就是硝酸还原酶、亚硝酸还原酶和羟胺还原酶，检测方法尚待进一步完善。N_2O 的产生主要是取决于羟胺还原酶，而且主要受羟胺还原酶活性高低的影响。如果其活性高，那么羟胺被还原为铵态氮，可被作物吸收和利用，减少 N_2O 的产生和排放，避免氮肥的浪费；如果其活性

低，羟胺将被氧化成 N_2O 和 NO，增加 N_2O 的排放，造成氮肥利用率下降，对环境造成不利的影响。综上所述，前两种酶活性高或低会影响硝态氮和亚硝态氮的含量，而羟胺还原酶活性的高低将直接影响到 N_2O 的产生与排放，所以如何提高羟胺还原酶活性将是农业生产的重要问题，对于农业可持续发展具有重要意义。有研究显示，有机肥施用到土壤，可以提高土壤中反硝化酶的活性，有机肥的施用效果最好（刘韵等，2016）。也有研究认为有机肥可以提高土壤氮转化酶活性，且随着施用量的增加，酶活性明显提高（杨园园等，2016）。但是其他学者对有机肥、秸秆与化肥土壤酶活性的差异进行了研究和探讨，结果并不一致（朱悦等，2013；陈慧等，2016）。因此，关于有机肥对反硝化酶活性的影响还需进一步探讨。

（一）土壤含水量与土壤温度变化特征

图 3-18 为土壤（0～5cm 土层）温度和土壤 WFPS 变化特征。由图中可以看出，观测期间各处理土壤温度变化动态基本一致。整个观测期内，各处理土壤表层温度（0～5cm 土层）介于 9.78～32.02℃，平均温度为 19.61℃。各处理土壤 WFPS 变化动态基本一致，整体呈现先减后增的趋势，灌水后土壤湿

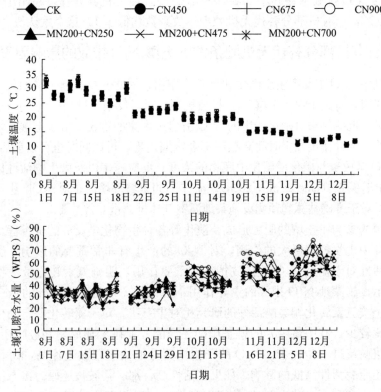

图 3-18 土壤 5cm 温度和土壤 WFPS 变化特征

度均有所上升。整个番茄季土壤 WFPS 值介于 23.7%～86.9%。

（二）土壤 pH、电导率变化特征

图 3-19 和图 3-20 分别为不同施肥处理对土壤 pH 和电导率 EC 的影响。土壤 pH 可以衡量土壤的酸碱性，且对硝化和反硝化速率都有显著影响。土壤 EC 值是监测其污染状况的一个重要指标。两者能反映出土壤的质量情况。由图可知，施肥处理的 0～10cm 土壤 pH 变化范围是 7.67～7.84；10～20cm 土壤 pH

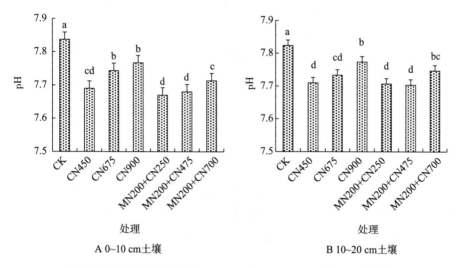

图 3-19　不同施肥处理对 0～10cm 和 10～20cm 土壤 pH 的影响
注：不同字母表示差异达 5% 显著水平。

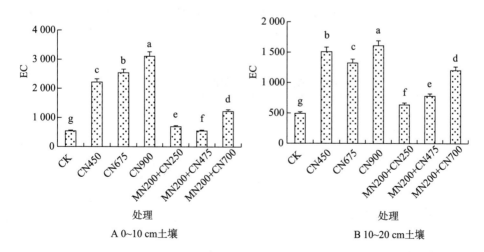

图 3-20　不同施肥处理对 0～10cm 和 10～20cm 土壤 EC 的影响
注：不同字母表示差异达 5% 显著水平。

变化范围是 7.70～7.82；两个土层 pH 差别不大，其中 0～10 cm 土层略高。6 个施肥处理都能在不同程度上降低土壤的 pH，降幅在 0.61%～3.95%。

有机部分替代无机氮处理与纯无机氮相比，显著降低了土壤表层的电导率。施氮量越高，土壤 EC 值越大。

（三）土壤 N_2O 排放与土壤温度以及含水量的相关性分析

图 3-21 为土壤 N_2O 排放量与土壤 5cm 温度的关系。土壤温度对 N_2O 释放的影响主要通过调节土壤微生物活性和土壤溶液中的生物化学反应来进行，本质上就是改变土壤的硝化和反硝化作用的条件。本试验番茄季土壤温度能够解释 53% 的土壤 N_2O 排放量，且与各处理的 N_2O 排放通量之间呈现显著或极显著的指数关系，相关系数为 0.450～0.627。

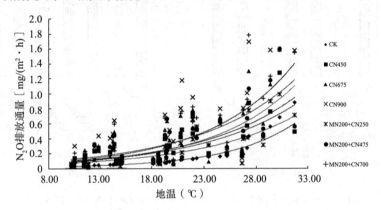

图 3-21　N_2O 排放通量与 5cm 地温的关系

表 3-5 为土壤 N_2O 排放量与 5cm 地温及 WFPS 的相关分析，本试验番茄季土壤含水量可以解释 52% 的土壤 N_2O 排放量，由表中可以看出土壤 N_2O 的排放与土壤 WFPS 显著相关，相关系数为 0.356～0.573。

表 3-5　N_2O 排放通量与 5cm 地温及 WFPS 的相关分析

处理	5cm 土壤地温（℃）	土壤含水率（WFPS）（%）
CK	0.627**	0.573**
CN450	0.567**	0.586**
CN675	0.381*	0.435**
CN900	0.501**	0.551**
MN200+CN250	0.540**	0.529**
MN200+CN475	0.537**	0.356*
MN200+CN700	0.577**	0.596**

注：* 和** 分别表示在 0.05 和 0.01 水平上差异显著，下同。

(四) 土壤无机氮变化及其与 N_2O 排放关系

图 3-22 为不同施氮处理下土壤无机氮含量的变化情况。由图中可以看出，在整个番茄生长期，土壤 $NO_3^- -N$ 含量介于 $5.15 \sim 325.65$ mg/kg，随着种植时间的延长，$0 \sim 10$ cm 土层中硝态氮含量也呈逐渐增加趋势。$0 \sim 10$ cm 土层中 $NO_3^- -N$ 含量为 $11.4 \sim 107.9$ mg/kg。相同施氮量下，有机部分替代无机氮硝态氮含量要低于纯无机氮处理，降低幅度为 $3.1\% \sim 15.7\%$；相同施氮方式不同施氮量下，随着施氮量的增加硝态氮含量逐渐增加。$10 \sim 20$ cm 土层中 $NO_3^- -N$ 含量为 $30.1 \sim 232.5$ mg/kg，而 $10 \sim 20$ cm 土层中土壤硝态氮的含量随着种植时间的延长表现出增加趋势，在施氮方式不同施氮量相同情况下，$10 \sim 20$ cm 土层中有机部分替代无机氮处理的含量要低于纯无机氮处理，降低幅度为 $7.08\% \sim 14.91\%$。

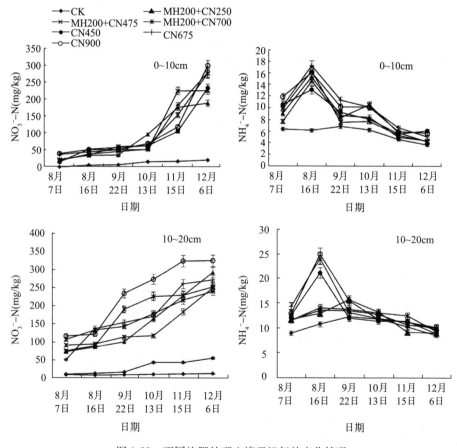

图 3-22　不同施肥处理土壤无机氮的变化情况

随着种植时间的延长，$0 \sim 10$cm 土层中铵态氮的含量表现为先增加后降低，呈单峰状。$0\sim10$ cm 土层中 NH_4^+-N 含量为 $6.90\sim9.07$ mg/kg，其中相同施氮量下，有机部分替代无机氮处理（MN200＋CN250）比纯无机氮处理（CN450）降低了 4.69%；相同施氮方式不同施氮量下，随着施氮量的增加铵态氮含量逐渐增加。$10\sim20$ cm 土层中 NH_4^+-N 含量为 $10.52\sim14.44$ mg/kg，在施氮方式不同施氮量相同情况下，$10\sim20$ cm 土层中有机部分替代无机氮处理的含量要低于纯无机氮处理，降低幅度为 $7.6\%\sim24.1\%$。

整体看来，不同施氮方式、相同施氮量条件下，有机部分替代无机氮处理降低了土壤中无机氮的含量。

表 3-6 是土壤中 N_2O 排放量与土壤中无机氮含量的相关性分析，由表中可以看出，除不施氮处理 CK 外，各施氮处理的土壤 N_2O 排放量与土壤中硝态氮的含量呈显著或极显著的正相关关系，相关系数为 $0.450\sim0.638$。土壤 N_2O 排放与土壤铵态氮含量也呈正相关关系，但均未达到显著水平。

表 3-6　N_2O 排放通量与土壤无机氮的相关分析

处理	NH_4^+-N（mg/kg）	NO_3^--N（mg/kg）
CK	0.127	0.141
CN450	0.159	0.450*
CN675	0.32	0.632**
CN900	0.461	0.638**
MN200＋CN250	0.274	0.606**
MN200＋CN475	0.226	0.456*
MN200＋CN700	0.357	0.573**

注：*和**分别表示在 0.05 和 0.01 水平上差异显著。

（五）土壤氮素转化过程关键酶对土壤 N_2O 排放影响

1. 不同施肥处理对土壤硝酸还原酶的影响

由图 3-23 中可以看出，不施氮的 CK 处理硝酸还原酶活性最低，均低于各施氮处理，各施氮处理的硝酸还原酶活性比 CK 处理提高了 $3.39\sim8.58$ 倍，施肥可以显著提高土壤硝酸还原酶的活性。2 种施氮方式等氮量施用情况下，有机部分替代无机氮的施肥措施相较于单施化肥氮处理能显著提高土壤硝酸还原酶活性，增幅为 $24.57\%\sim38.49\%$，差异显著。相同施肥方式不同施氮量情况下随着施氮量的增加，土壤硝酸还原酶活性也逐渐增加。

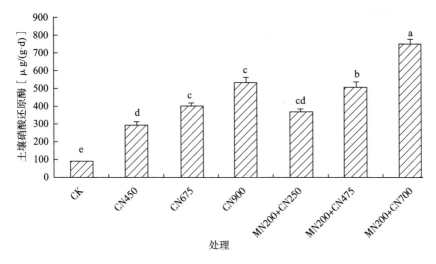

图 3-23　不同施肥处理对土壤中硝酸还原酶的影响

注：不同字母表示差异达 5% 显著水平。

2. 不同施肥处理对土壤亚硝酸还原酶的影响

图 3-24 是不同施肥处理对土壤中亚硝酸还原酶活性的影响。由图中可以看出，不施氮的 CK 处理亚硝酸还原酶活性最低，均低于各施氮处理，各施氮处理的亚硝酸还原酶活性比 CK 处理提高了 2.01～3.47 倍，施肥可以显著提高土壤硝酸还原酶的活性。2 种施氮方式等氮量施用情况下，有机部分替代无机氮的施肥措施相较于单施化肥氮处理能显著提高土壤硝酸还原酶活性，增幅为 4.64%～21.29%，差异显著。

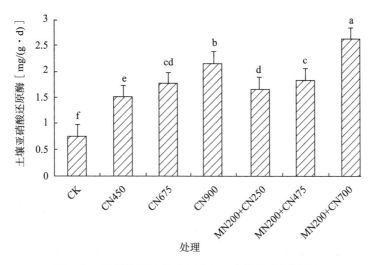

图 3-24　不同施肥处理对土壤中亚硝酸还原酶的影响

3. 不同施肥处理对土壤羟胺还原酶的影响

由图 3-25 中可以看出，不施氮的 CK 处理羟胺还原酶活性最低，均低于各施氮处理，各施氮处理的羟胺还原酶活性比 CK 处理提高了 2.29～3.06 倍，施肥可以显著提高土壤羟胺还原酶的活性。两种施氮方式等氮量施用情况下，有机部分替代无机氮的施肥措施相较于单施化肥氮处理能显著提高土壤羟胺还原酶活性，增幅为 4.98%～9.07%，差异显著。相同施肥方式、不同施氮量情况下随着施氮量的增加，土壤羟胺还原酶活性也逐渐增强。

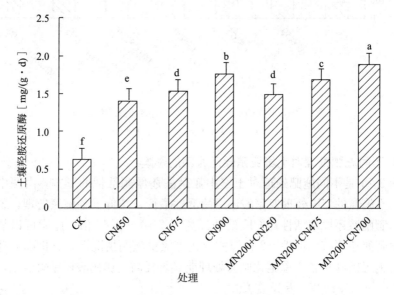

图 3-25　不同施肥处理对土壤中羟胺还原酶的影响

（六）土壤 N_2O 排放影响因素分析

土壤温度和水分这两种环境因子对 N_2O 排放有重要影响。目前，对于 N_2O 排放最适宜的 WFPS 结论不尽相同，有研究发现番茄地 N_2O 的排放通量与 WFPS 之间存在显著的正相关关系，且 WFPS 在 60%～70% 条件下有利于 N_2O 的产生和排放；有人研究发现番茄地 N_2O 排放峰值出现在 WFPS 为 46%～52.1%（贾俊香等，2012）。本试验研究表明，不同处理下土壤 N_2O 排放峰值出现在土壤充水孔隙率为 60%～80% 范围内，且土壤含水率与 N_2O 的排放表现为显著或极显著相关关系。研究表明，土壤湿润程度的改变会造成 N_2O 大量排放，原因是干燥时土壤中有机碳含量增加，而灌水后土壤湿润度大幅上升导致反硝化作用发生，造成土壤中 N_2O 的大量积累（张玉铭等，2004）。本试验温室内温度比较高，每次灌溉后水分蒸发比较快，等下次灌水时土壤已是干燥状态，所以灌水后 N_2O 大量释放。本研究也发现，不同处理间，灌水对施氮处理的影响比较大而对不施氮 CK 处理影响比较小，这表明同时施肥和灌溉更有利于 N_2O 的排放。

土壤温度同样会对 N_2O 排放产生影响，本质上是通过影响酶与微生物的活性进而影响到硝化和反硝化进程。有研究证实，硝化微生物的适宜温度是 $15\sim35℃$，最适宜生长温度是 $25\sim35℃$。当超出这个范围，其活性就会降低（宋震震等，2014）。反硝化微生物活性适宜生存温度是 $5\sim75℃$，最适宜温度是 $30\sim67℃$。本试验中，土壤 5 cm 温度呈季节性变化，且与 N_2O 的排放通量呈显著或极显著指数相关关系。影响硝化和反硝化过程的另一个主要因素是土壤 pH。$N_2O/$（N_2+N_2O）的比例和土壤 pH（$5\sim8$）之间呈显著负相关关系（张星星，2015）。针对全球田间试验数据的综合分析表明，土壤中 N_2O 的排放随着 pH 降低而升高（Dambreville et al.，2008）。反硝化过程中的三种酶活性在 pH 小于 7 时活性更强（Dobbie et al.，2003）。硝化作用对土壤 pH 也特别敏感，其最适 pH 为 $7\sim8$（李卫芬等，2014）。此外，在 pH 小于 7 时，硝化细菌反硝化过程产生的 N_2O 也会增多。本研究表明，有机部分替代无机氮可降低石灰性土壤的 pH。农田施用有机肥可以增加土壤表面的孔隙度，有利于土壤表面盐分随灌溉向深层淋溶，也是导致 $0\sim20cm$ 土壤电导率下降的原因。

土壤 N_2O 排放主要受硝化反硝化作用影响，而硝化反硝化作用最直接底物是硝态氮和铵态氮，底物含量越高，N_2O 排放可能性越大。施用氮肥由于增加了土壤中 NH_4^+ 和 NO_3^- 含量和硝化反硝化基质，进而影响到 N_2O 排放。相关研究表明，施氮肥处理的 N_2O 平均排放量比不施用氮肥的高 $46\%\sim64\%$（杨岩等，2013）。施氮量增加，土壤 N_2O 排放量增加，二者表现出极显著的直线回归关系（李银坤等，2014）。本研究结果表明，各施氮处理的土壤 N_2O 排放量与铵态氮、硝态氮含量均呈正相关关系；除不施肥处理外，土壤 N_2O 排放量与土壤铵态氮含量均未达到显著水平，但与土壤硝态氮含量均达到显著或极显著水平，相关系数最高为 0.638（$P<0.01$）。王改玲等（2010）研究表明，在一定水分、温度条件下，NH_4^+-N 浓度由 50 mg/kg 增加到 200 mg/kg 时，N_2O 排放速度无明显变化，但随着 NH_4^+-N 浓度增加，N_2O 排放比例由 0.66% 增加到 0.98%。然而，也有相关研究表明，当 NH_4^+ 含量高于 3 000 mg/L 时，硝化过程反而会被抑制（李俊等，2002）。硝态氮含量较低时，N_2O 还原成 N_2 的过程将更慢；而硝态氮含量很高时，N_2O 还原成 N_2 的过程会被抑制，这是因为高浓度的 NO_3^- 对 N_2O 还原酶的抑制作用，导致了反硝化不完全发生并产生 N_2O。

土壤酶是土壤组分中最活跃的有机组分之一。硝酸、亚硝酸还原酶和羟胺还原酶在农业生产活动中的活性高低是影响氮素形态、氮素利用和 N_2O 排放的重要因素（刘韵等，2016）。本研究结果表明，施氮可显著提高土壤硝酸还原酶、亚硝酸盐还原酶和羟胺还原酶活性，分别提高了 $3.39\sim8.58$ 倍、$2.01\sim3.47$ 倍和 $2.29\sim3.06$ 倍。相同施肥方式不同施氮量情况下随着施氮量的增加，土壤亚硝酸还原酶活性也在增加。在两种施肥方式下，与单施化肥和氮肥相比，有机部分替代无机氮的施肥措施能显著提高土壤中这三种酶的活性。单独施用化肥可以促进作物根系发育，加速微生物繁殖，从而显著提高土壤酶活性（蒋静艳等，2001；李鑫等，2008）。相关研究表明，当碳和氮相对较低时，NO_3^- 相对增加，从而使硝酸还原酶活性增加（张秀君等，2006）。还有研究认为有机肥对土壤硝酸亚硝酸还原酶活性有明显的促进作用。由于有机肥长期施用，氮素转化关键酶活性在较宽范围内有所提高（Yoo et al.，2018；易珍玉，2013），进一步表明有机部分可以代替无机氮调节根际生理菌群结构。由于有机部分替代无机氮处理能显著提高羟胺还原酶活性导致更多的羟胺被还原为 NH_4^+，从而降低了 N_2O 的排放。所以可以推断有机部分替代无机氮处理可以降低反硝化过程中土壤 N_2O 的排放。

（七）小结

一是等氮量条件下有机部分替代无机氮的施肥措施相较于纯无机氮处理能显著提高土壤硝酸还原酶、亚硝酸还原酶以及羟胺还原酶的活性，进而影响 N_2O 的排放。与纯无机氮处理相比，三种酶活性分别提高了 $24.57\%\sim38.49\%$、$4.64\%\sim21.29\%$ 和 $4.98\%\sim9.07\%$。由于有机部分替代无机氮处理能显著提高羟胺还原酶活性从而导致反硝化过程中更多的羟胺被还原为 NH_4^+ 而降低 N_2O 的生成。

二是土壤温度与土壤含水量是影响土壤 N_2O 排放的重要因素。所有施氮处理的土壤温度、土壤含水量均与 N_2O 排放通量之间呈现显著或极显著的相关关系，相关系数分别为 $0.450\sim0.627$ 和 $0.356\sim0.586$，其中温度与 N_2O 排放通量之间呈现显著或极显著的指数相关关系。本试验番茄季土壤温度和土壤含水量能够分别解释53%和42%的土壤 N_2O 排放量。

三是各施氮处理的土壤 N_2O 排放量与 $0\sim20cm$ 土壤硝态氮含量呈显著或极显著的相关关系，相关系数为 $0.450\sim0.638$。相同施氮量下，有机部分替代无机氮硝态氮含量要低于纯无机氮处理，降低了 $3.1\%\sim15.7\%$。

第四节　滴灌水肥一体化与土壤氮素损失控制机制

中国设施蔬菜栽培种植规模迅速发展，已成为我国北方蔬菜栽培的主要模式。我国传统管理形式下蔬菜种植灌溉水和肥料的投入量已经达到作物实际需求量的 $2\sim3$ 倍甚至更高，这种管理形式下不仅造成资源的浪费，还导致温室土壤养分和盐分累积、肥料深层淋失、产量品质下降及环境污染等问题（李银坤，2010；李若楠等，2013；黄绍文等，2011）。据调查，我国有30%的农田用水用于蔬菜灌溉（孙晶辉等，2001），这与设施蔬菜生产仍凭经验灌溉，水分管理缺乏科学的量化指标等因素有关。滴灌可提高温室番茄的水分利用效率，促进净光合速率峰值的提前出现。黄绍文（2013）研究表明，设施番茄采用水肥一体化技术，可节水、节肥40%以上，增产15%以上，增收20%以上，提高氮肥利用率50%以上。巨晓棠等（2014）研究表明，蔬菜生产中氮肥过量施用的现象相当普遍，特别是在蔬菜和果树等经济作物上；在山东寿光蔬菜生产基地，年氮肥平均投入量高达4 088 kg/hm²，蔬菜氮素吸收量仅占氮肥投入量的24%（余海英等，2010）。河北省日光温室黄瓜、番茄的传统化肥氮肥投入量平均为1 269.0 kg/hm² 和996.0 kg/hm²，化肥投入量是推荐施氮量的2.8和3.5倍（张彦才等，2005）。过量施氮不仅没有提高蔬菜种植的经济收益，反而导致土壤硝态氮累积，增加土壤次生盐渍化风险。确定合理的施肥量成为增加蔬菜收益，减轻环境污染的关键问题。有机物料对于改善土壤结构具有积极的作用，通过与化肥配施，在补充土壤养分的同时，还可以调节土壤与化肥养分的释放强度和速率，使作物在生育阶段得到均衡的矿质养分，从而降低肥料投入，提高土壤生产力。长期定位试验结果表明，有机无机配施可有效提高土壤供肥能力（周卫军等，2002；索东让，2005）。

N_2O 被认为是本世纪破坏臭氧层的主要因子，其全球增温潜势是 CO_2 的310倍（Martin，2007；Berge et al.，2007），在大气中的寿命长达114年，远高于 CO_2 和 CH_4 两种主要温室气体（张相松等，2009；Montzka et al.，2003）。由于大量氮肥用于农业生产，使得农业种植成为大气中 N_2O 的主要来源，其中菜地 N_2O 排放又高于一般粮食作物生产系统（于亚军等，2012），N_2O 的排放与土壤中流失的氮肥密切相关，由于设施蔬菜地的特殊条件，设施土壤 N_2O 排放通量明显高于室外露天栽培土壤，蔬菜地土壤 N_2O 排放可占菜地损失氮量的20%左右（Wang et al.，2011）。因此，设施蔬菜地土壤 N_2O 排放对于大气温室气体含量影响显著，进而影响全球气候变化，如何通过改变农业种植方式来降低设施蔬菜地土壤 N_2O 排放变得尤为重要。本研究利用滴灌水肥一体化技术，以设施番茄为研究对象，通过研究耕层土壤无机氮含量动态变化、土壤氮素转化关键酶活性以及 N_2O 排放特征，探讨滴灌水肥一体化条件下有机无机配施对设施蔬菜土壤氮素转化和 N_2O 排放的影响；同时研究不同有机肥和无机肥配比对番茄产量、品质、土壤剖面硝态氮累积、土壤电导率以及土壤 pH 的影响。以期在保证蔬菜产量与品质的同时，降低肥料投入，提高氮肥利用率，增加收益，并减少对环境的不利影响，为该地区蔬菜种植中水肥的合理施用提供参考。

试验方案：试验地点位于河北省辛集市马庄试验站日光温室。供试土壤为壤质潮土，0~100 cm 土壤基础理化性质见表 3-7，供试番茄品种为荷兰瑞克斯旺 1404。番茄定植时间为 2016 年 8 月 6 日，拉秧时间为 2017 年 1 月 25 日，种植株距 0.30 m，行距 0.60 m。

表 3-7 供试温室基础土壤理化性质

土层 (cm)	有机质 (g/kg)	全氮 (g/kg)	硝态氮 (kg/hm)	电导率 (μS/cm)	容重 (g/cm^3)	田间持水量 (%)
0~20	15.4	1.55	14.87	276	1.354	19.11
>20~40			12.80	278	1.517	16.87
>40~60			22.25	348	1.485	22.04
>60~80			70.25	360	1.361	23.02
>80~100			98.68	392	1.424	20.18

试验在 2008 年 2 月开始实施，采用的轮作制度是冬春茬黄瓜-秋冬茬番茄。试验共设 4 个处理：处理 1，不施肥（CK）；处理 2，仅施 200 kg/hm² 有机肥（M）；处理 3，施 200 kg/hm² 有机氮＋250 kg/hm² 无机氮（MN1）；处理 4，施 200 kg/hm² 有机氮＋475 kg/hm² 无机氮（MN2），见表 3-8。施氮依据黄瓜番茄目标产量、氮素吸收量和土壤硝态氮水平推荐，M、MN1、MN2处理分别接近农民传统沟灌氮肥推荐量的 20.7%、46.7%、70%（张彦才等，2005）。目前有大量研究表明，有机无机配施在提高土壤培肥地力、促进养分循环、提供养分资源以及调控土壤健康区系等方面有积极的作用，故施用等量有机肥以保证土壤质量。各处理 3 次重复，各小区面积为 10.80 m²（长 6 m、宽 1.8 m），随机排列，采用膜下滴灌的方式。在小区四周开挖宽 10 cm、深 100 cm 的沟槽，放入 4 mm PVC 板制成的塑料隔断，隔断上缘高出土面 5 cm，周围用相应层次的土回填，防止小区之间土壤养分相互干扰。

表 3-8 秋冬茬番茄试验处理方案

处理	总氮（kg/hm²）	施氮量
CK	0	不施氮
M	200	200 kg/hm² 有机氮
MN1	450	200 kg/hm² 有机氮 ＋250 kg/hm² 无机氮
MN2	675	200 kg/hm² 有机氮 ＋475 kg/hm² 无机氮

供试化学氮肥、磷肥、钾肥分别为尿素、过磷酸钙和硫酸钾，分别含 N 46%、P$_2$O$_5$ 16%、K$_2$O 51%。200 kg/hm² 有机肥（以 N 计）包括 100 kg/hm² 商品有机肥和 100 kg/hm² 小麦秸秆。商品有机肥含 N 1.668%，P$_2$O$_5$ 3.24%，

K_2O 2.294%，含水量为 7.536%；小麦麦秸含 N 0.939%，P_2O_5 0.231%，K_2O 0.786%，含水量为 26.233%。全部麦秸、商品有机肥以及 20% 氮肥、100% 磷肥和 40% 钾肥基施入土，余下肥料分 4 次（9 月 20 日、10 月 10 日、11 月 12 日、12 月 3 日）平均滴入土壤。各处理施磷量，施钾量相等，P_2O_5：K_2O = 75 kg/hm² : 450 kg/hm²。控制每个小区灌水量一致，总灌水量在 126～135 mm。

样品采集与分析：

N_2O 排放通量的测定采用静态暗箱-气相色谱法。在每次灌水施肥前 1 天及灌水施肥后第 1 天、第 2 天、第 3 天、第 4 天、第 5 天、第 7 天和第 9 天采集气样，具体采样时间为每天上午 9：30—10：20。取样箱取样时用带有三通阀的注射器，分别在 0 min、17 min、34 min 抽取经过搅拌的气样 35 mL 注入已备好的真空玻璃瓶中。

气体样品采用 Agilent 7890A 气相色谱仪进行分析，采用电子捕获检测器（ECD）分析 N_2O 浓度，气相色谱仪在每次测试时使用国家标准计量中心的标准气体进行标定，N_2O 测定的相对误差控制在 2% 以下，N_2O 排放通量的计算公式为：

$$F = \rho \times H \times (\Delta c / \Delta t) \times 273 / (273 + T)$$

式中：F 为 N_2O 排放通量，μg /（m²·h）；ρ 为 N_2O 标准状态下的密度，1.964 kg /m³；H 为取样箱高度，m；$\Delta c / \Delta t$ 为单位时间静态箱内的 N_2O 气体浓度变化率，mL/（m³·h）；T 为测定时箱体内的平均温度，℃。

N_2O 排放总量计算公式为：$T = \sum [(F_{i+1} + F_i) / 2] \times (D_{i+1} - D_i) \times 24/1\,000$

式中：T 为 N_2O 季节排放总量（以 N 计），mg/m²；F_i 和 F_{i+1} 分别为第 i 次和第 $i+1$ 次采样时 N_2O 平均排放通量，μg/（m²·h）；D_i 和 D_{i+1} 分别为第 i 次和第 $i+1$ 次采样时间，d；N_2O 排放总量是将 3 次重复的各次观测值按时间间隔加权平均后再进行平均化处理。

IPCC（Intergovernmental Panel on Climate Change）将同期内由化肥氮施用引起的 N_2O-N 排放量占总施氮量的百分比定义为 N_2O 排放系数，并建议化肥氮的 N_2O 排放系数为 1%。

计算公式为：$EF_d = 100 (E_F - E_C) / N$

式中：E_F 和 E_C 分别为施氮和不施氮处理作物生长季 N_2O 排放总量，kg/hm²；N 为当季施氮肥量 [kg/hm²（以 N 计）]。

在基肥、灌水以及 4 次追肥后的第 1 天、第 3 天、第 5 天、第 7 天、第 9 天，采集各小区 0～10 cm 表层土样，土样采用 2 mol/L 的 KCl 浸提，浸提液中的铵态氮与硝态氮用 Smartchem 化学分析仪测定；基肥、灌水以及 4 次追肥后第 2 天，采集 0～10 cm 表层土样，测定土壤酶活性。

滴灌水肥一体化条件下设施番茄土壤 N_2O 排放及影响因素分析

（一）番茄生育期内土壤温湿度及无机氮含量的动态变化

1. 土壤温湿度的动态变化

温度对番茄生长的影响很大，温度的高低直接影响设施番茄的生长速率、出叶速率、呼吸及光合速率等，试验中在观测期内土壤表层温度（5 cm 深度）随季节变化明显（图 3-26），8 月温度在 $25\sim32$℃，而冬季 11 月、12 月温度在 $10\sim16$℃。

滴灌水肥一体化条件下，各处理灌水量相同，观测期间各处理水分变化动态基本一致，均呈上升趋势，处理间含水率也无明显差异（图 3-26），土壤表层含水率范围为 $12.10\%\sim31.64\%$。

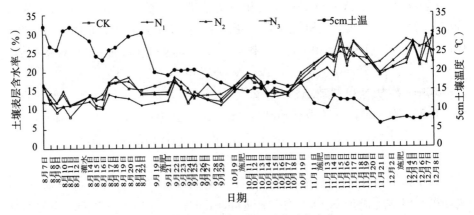

图 3-26　设施番茄土壤温湿度动态变化

2. 土壤无机氮含量的动态变化

土壤中无机氮作为硝化和反硝化的底物显著影响着土壤中的酶活性以及 N_2O 的排放。由图 3-27 可知，在番茄整个生育期内，土壤表层硝态氮含量在 $3.94\sim420.83$ mg/kg。番茄 $0\sim10$ cm 土壤硝态氮含量均在施肥后第 1 天达到最高值，以氮肥基施阶段最高，与 N_2O 排放峰值一致，峰值之后各处理硝态氮含量明显下降，最终趋于稳定；各处理 $0\sim10$ cm 土壤硝态氮含量差异显著，以处理 N_3 含量最高。由于天气炎热，基肥后第 7 天开始灌水，各处理土壤表层硝态氮持续下降。追肥阶段，处理 N_1 土壤表层硝态氮含量接近于 CK 水平，而处理 N_2 和 N_3 土壤表层硝态氮的含量远高于 CK 水平。可见，高量施肥会增加土壤硝态氮的积累，增加环境风险。$0\sim10$ cm 土壤中铵态氮含量与硝态氮含量变化趋势基本一致，土壤铵态氮含量均在施肥后第 1 天达到最高，随着时间的推移，趋于稳定。

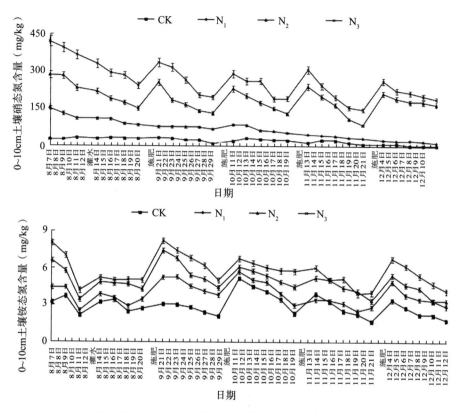

图 3-27　0～10cm 土壤硝态氮及铵态氮含量动态变化

（二）设施番茄土壤 N_2O 排放通量及排放系数

1. 土壤 N_2O 排放通量动态变化

在基肥阶段，各处理土壤 N_2O 排放通量的变化趋势基本一致（图 3-28），N_2O 排放通量峰值在施肥后第 1 天出现，随着时间延长呈显著下降趋势。各处理在基肥后第 1 天的 N_2O 排放通量具有显著性差异（$P<0.05$），与处理 CK 相比，处理 N_1、N_2 和 N_3 的土壤 N_2O 排放通量分别增加了 72.37%、213.22% 和 267.08%；相比处理 N_3，处理 N_2 的 N_2O 排放通量降低了 97.81%，说明减少无机氮基施可以显著降低土壤 N_2O 排放通量。基肥后第 7 天单独灌水，灌水前 2 天与灌水后 1 天土壤 N_2O 排放差异不显著。在此阶段，处理 CK、N_1、N_2、N_3 的 N_2O 排放通量变化范围分别为 0.39～420.83 $\mu g/$（$m^2 \cdot h$）、13.50～725.40 $\mu g/$（$m^2 \cdot h$）、17.08～1 318.10 $\mu g/$（$m^2 \cdot h$）、28.05～1 544.79 $\mu g/$（$m^2 \cdot h$）。

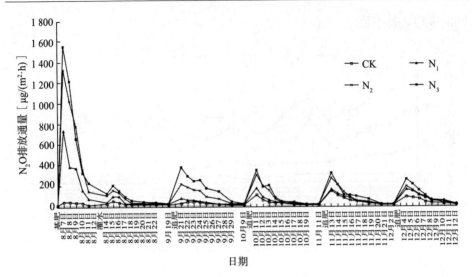

图 3-28　设施番茄生育期内土壤 N_2O 排放通量动态变化

图 3-28 显示了番茄追肥阶段各处理土壤 N_2O 排放通量在追肥前 1 天及施肥后 9 天内的动态变化。滴灌追肥均显著提高了不同生育期内土壤 N_2O 排放通量，与追肥前 1 天相比，在 1~4 次追肥后 1 天处理 CK、N_1、N_2、N_3 的土壤 N_2O 排放通量分别增长了 14.78~283.82 $\mu g/(m^2 \cdot h)$。

各处理 N_2O 排放均在滴灌追肥后第 1 天出现排放高峰，然后随时间推移逐渐下降，并在第 9 天时趋于稳定，处理间也无显著性差异。随着番茄生育期的推进，各处理土壤 N_2O 排放峰值也有下降趋势，其中处理 N_2 与 N_3 在第一次追肥后的 N_2O 排放峰值为 205.10 $\mu g/(m^2 \cdot h)$ 与 370.10 $\mu g/(m^2 \cdot h)$，而在第 4 次追肥后的 N_2O 排放峰值为 178.54 $\mu g/(m^2 \cdot h)$ 与 247.51 $\mu g/(m^2 \cdot h)$，峰值分别降低了 12.95% 与 33.12%。

2. 设施番茄土壤 N_2O 排放总量及排放系数

试验期间土壤 N_2O 排放总量、排放系数均随施氮量的增加而增加，且不同处理间的 N_2O 排放总量存在显著性差异（表 3-9）。与处理 N_3 相比，处理 N_2 的 N_2O 排放总量降低了 31.70%（$P<0.05$），排放系数降低了 6.74%。可见，滴灌施肥条件下减少无机氮投入可显著降低 N_2O 排放总量。

表 3-9　土壤 N_2O 排放总量及排放系数

处理	排放总量（kg/hm²）	排放系数（%）
CK	1.56±0.23e	—
N_1	2.54±0.17d	0.49
N_2	4.87±0.21b	0.83
N_3	7.13±0.11a	0.89

注：小写字母代表处理间差异达到 5% 显著水平。

（三）设施番茄土壤酶活性变化

由图 3-29A 可知，在番茄整个生长季，各处理土壤脲酶（UR）活性变化基本上一致，均先升高后降低，各处理 UR 活性在番茄生长旺盛期（开花期到采收盛期）维持在较高水平，而至采收盛期土壤 UR 活性达到最大值，处理 CK、N_1、N_2、N_3 的土壤 UR 活性依次为 2.13 mg/（g·d）、3.34 mg/（g·d）、4.59 mg/（g·d）、6.21 mg/（g·d），与 CK 相比，N_1、N_2、N_3 分别提高了 57.13%、116.37%、192.93%，各处理差异显著（$P<0.05$）；在采收末期土壤 UR 活性最低，各施肥处理土壤 UR 活性差异不显著。番茄由定植期到采收盛期，处理 N_3 土壤 UR 活性均大于处理 N_2，而至采收末期追肥后，土壤 UR 活性表现为处理 N_2 大于处理 N_3，且采收末期处理 N_3 土壤 UR 活性较采收盛期降低了 66.34%。可见，过量施氮反而会抑制土壤 UR 活性。

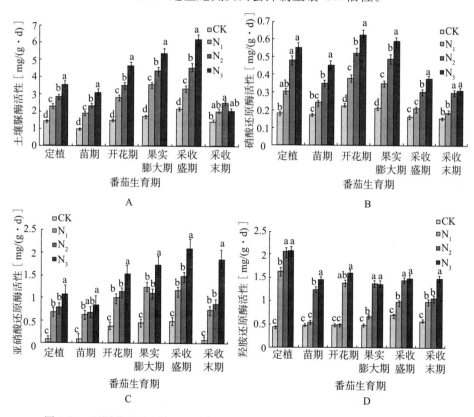

图 3-29　不同处理下土壤 UR 活性、NR 活性、NiR 活性、HyR 活性动态变化

由图 3-29B 可知，在番茄整个生长季，各处理土壤硝酸还原酶（NR）活性以定植期、开花期和果实膨大期维持在较高水平，苗期次之，采收盛期和采收末期最低，土壤 NR 活性与 N_2O 排放通量有相同的趋势。各处理均在开花期

出现活性高峰,CK、N_1、N_2、N_3 处理土壤 NR 活性依次为 0.23 mg/（g•d）、0.38 mg/（g•d）、0.53 mg/（g•d）、0.63 mg/（g•d），各处理间差异显著，番茄整个生育期内均以处理 N_3 土壤 NR 活性最大，在采收末期，处理 N_1 土壤 NR 活性接近于 CK 水平。

由图 3-29C 可知，在番茄整个生长季，土壤亚硝酸还原酶（NiR）活性呈现先升高后降低的趋势，以采收盛期活性最高，处理 CK、N_1、N_2、N_3 土壤亚硝酸酶活性分别为 0.48 mg/（g•d）、1.16 mg/（g•d）、1.48 mg/（g•d）、2.10 mg/（g•d）。全生育期内土壤 NiR 活性均以处理 N_3 最高，处理 N_1 和处理 N_2 间土壤 NiR 活性差异不显著。

由图 3-29D 可知，各施肥处理番茄土壤羟胺还原酶（HyR）活性在定植期最高，处理 N_1、N_2、N_3 分别为 1.62 mg/（g•d）、2.04 mg/（g•d）、2.07 mg/（g•d），而全生育期内处理 CK 土壤 HyR 活性变化不显著，始终保持在 0.44～0.68 mg/（g•d）。追肥阶段处理 N_2、N_3 土壤 HyR 活性差异不大，均保持在较高水平，而处理 N_1 在苗期和开花期与处理 CK 差异性不显著。

（四）土壤 N_2O 排放与环境因子及土壤酶的相关性分析

土壤 N_2O 排放通量与环境因子及无机氮含量的相关分析表明（表 3-10），5 cm 深度土壤温度与处理 N_1、N_2 和 N_3 的土壤 N_2O 排放通量呈现极显著的正相关关系（$P < 0.01$），而处理 CK 与土壤温度无显著相关关系。对各处理的 N_2O 排放通量与土壤重量含水率的相关分析表明，不同处理的土壤含水率对 N_2O 排放通量影响不显著。此外，土壤无机氮作为硝化作用和反硝化作用的底物，其含量也影响着 N_2O 的排放，本研究中除 CK 处理外，0～10 cm 土壤硝态氮含量均与各处理 N_2O 排放通量都有极显著相关（$P < 0.01$），而只有处理 N_3 土壤 N_2O 排放通量与 0～10 cm 土壤铵态氮含量达到极显著相关，其他处理无显著的相关关系。

表 3-10　土壤 N_2O 排放通量与环境因子及无机氮含量的相关分析

	5cm 土温	含水量	0～10cm 硝态氮	0～10cm 铵态氮
CK	0.278	0.134	0.124	0.102
N_1	0.319**	0.158	0.506**	0.155
N_2	0.401**	0.237	0.766**	0.351
N_3	0.445**	0.352	0.820**	0.512**

注：* 和** 分别表示在 0.05 和 0.01 水平上差异显著。

将番茄 6 个生育期土壤反硝化酶活性与采集田间土样当天的 N_2O 排放通量进行相关性分析，结果见表 3-11。采集土样当天土壤 N_2O 排放通量与土壤

NR 和 HyR 活性之间呈极显著正相关，相关系数分别为 0.516 和 0.757，土壤 N_2O 排放通量与土壤 UR 和 NiR 活性之间的相关性不显著。将 6 个生育期内 4 种土壤氮素转化酶活性进行相关分析表明，土壤 UR 活性、土壤 NR 活性、NiR 活性以及 HyR 活性两两之间均呈极显著相关（$P<0.01$）。

表 3-11 土壤氮素转化酶活性与 N_2O 排放通量的相关分析

	N_2O 排放通量	UR 活性	NR 活性	NiR 活性	HyR 活性
N_2O 排放通量	1	−0.055	0.516**	0.163	0.757**
UR 活性		1	0.704**	0.843**	0.567**
NR 活性			1	0.605**	0.712**
Ni R 活性				1	0.566**
Hy R 活性					1

注：* 和**分别表示在 0.05 和 0.01 水平上差异显著。

（五）滴灌水肥一体化条件下土壤 N_2O 排放的影响因素分析

本试验条件下，秋冬茬番茄各生育期土壤 N_2O 排放通量变化趋势基本一致，均在施肥后的第 1 天出现峰值，随时间推移 N_2O 排放通量不断下降，由此也证明了氮肥刺激 N_2O 排放的高峰。试验地地形、环境因素、肥料类型及施肥量都会影响土壤 N_2O 的排放，施肥是影响土壤 N_2O 排放的主要因素，施用氮肥能显著促进土壤 N_2O 的排放。本试验条件下以处理 N_3 排放通量最大。郝小雨等（2012）对设施菜田 N_2O 排放规律的研究也表明 N_2O 排放的最大值出现在施肥灌水后第 1 天，但本试验中施氮量为 450 kg/hm² 处理 N_2 的土壤 N_2O 排放通量比其试验中在漫灌条件下施 450 kg/hm²（有机氮＋无机氮）降低了 50%。陈海燕（2012）、张婧（2014）等在京郊地区采取漫灌和冲灌的灌水方式对番茄地土壤 N_2O 排放的研究得出，N_2O 排放峰出现在施肥后 3～4 d，单独灌水后 2～3 d，与本监测结果相似；但土壤 N_2O 排放通量与土壤含水量均达到极显著相关（$P<0.01$），而本试验中各处理的土壤含水率对 N_2O 排放通量影响不显著，说明在滴灌水肥一体化可以减少土壤水分含量的变化所造成的 N_2O 排放。本研究中各处理土壤 N_2O 排放系数在 0.49%～0.89%，N_2O 排放系数随施氮量的增多而增大。Xiong 等（2006）指出，南京郊区的设施菜地 N_2O 平均排放系数为 0.73%，与本研究结果相似，其值低于 Eichner 的研究结果，他指出全球因施用氮肥引起的土壤 N_2O 排放占了 2.2%～2.7%。

土壤微生物参与下的硝化与反硝化过程是生成 N_2O 的主要途径，施氮引起 N_2O 排放量升高是因为增加了土壤硝化和反硝化作用底物。土壤表层中硝态氮含量随氮肥施用量的增加显著升高，土壤硝态氮既能促进反硝化速率，又可抑制 N_2O 还原为 N_2，在本试验中施氮条件下土壤表层中硝态氮含量与 N_2O

排放量达到了极显著正相关（$P<0.01$），而不施氮处理（CK）并无显著相关，可见硝态氮含量是影响 N_2O 排放量的重要指标，长期过量施肥会造成大量的硝态氮积累，这给 N_2O 排放提供了更有利的条件。

设施菜地高温、高湿的特点为土壤中硝化和反硝化作用的进行提供了重要的条件，由此引起 N_2O 的大量排放。土壤温度是影响硝化和反硝化微生物活性的重要因素，温度的变化会影响土壤 N_2O 的排放过程和排放量。有研究指出，促进硝化过程的微生物其活性最大的适宜温度在 $15\sim35℃$，反硝化微生物活性最大的适宜温度在 $5\sim75℃$（巨晓棠等，2003），温度低不利于硝化和反硝化微生物的活动。随着土壤温度的升高，土壤的呼吸强度增大氧气消耗促进反硝化过程中 N_2O 的形成与释放，但土壤 N_2O 排放对温度的依赖关系随不同灌水和施氮水平而不同。而本试验土壤 N_2O 排放量与土壤含水率无显著相关，与 5 cm 土温均呈极显著相关，故本研究中 N_2O 排放存在明显的季节性变化规律，秋季土壤 N_2O 排放量较高，冬季相对较低，正是温度影响所致。这与吴勇（2011）、刘洪亮（2004）等研究结果一致。在本试验条件下，秋季、冬季的平均 5 cm 土层温度分别为 21.57℃ 和 11.27℃，可见，秋季的温度更有利于提高土壤硝化微生物酶活性，促进土壤 N_2O 的生成与排放。土壤水分对 N_2O 排放通量的影响不显著主要原因是本试验条件为滴灌水肥一体化，滴灌施肥具有供水均匀，供水量适宜等优势，不会造成土壤湿度过大，同时本试验各处理灌水量一致，故土壤水分对 N_2O 排放的影响较小。

（六）土壤氮素转化酶与土壤 N_2O 排放的关系

土壤酶参与土壤中重要的生物化学循环、有机质及矿物质的转化过程，土壤微生物是土壤养分转化的主要推动者，土壤中生命体内氧化还原反应、化合物水解等许多重要的生物化学反应都是在酶的催化下进行的。土壤 UR 活性的提高对于土壤中稳定性较高的有机态氮向有效态氮的转化具有重要意义，从而改善土壤向植物提供氮素养分的状况，增强土壤供氮能力。土壤酶活性对根区土壤环境的变化较为敏感，施肥措施、土壤水分、土壤温度等均会对其产生显著的影响，同时王树起（2009）、褚素贞（2010）、肖新（2013）等人的研究得出硝化和反硝化作用的底物浓度对 UR 活性有很大影响，而其含量对土壤 N_2O 的排放有重要的作用，而本研究中采集土样当天土壤 N_2O 排放通量与土壤 UR 活性未达到显著相关，主要是由于本试验中肥料分基施和追施两个阶段，单次施肥量小，而作物所需养分含量高，白红英等研究也得出氮素的少量多次供应能降低土壤中 N_2O 的排放。

NR、NiR 及 HyR 是土壤硝化和反硝化作用中的 3 种关键性还原酶，其活性大小体现了土壤硝化反硝化能力的强弱。土壤 N_2O 的产生主要是在土壤酶的作用下通过硝化和反硝化作用完成的，当土壤含水量较低时，土壤 N_2O 主要来自于硝化作用，土壤含水量高时，土壤 N_2O 主要来自于反硝化作用。郑欠（2017）及姚志生（2006）得出土壤含水量临界值在 70% 左右。本试验在滴灌水肥一体化条件下全生育期内土壤含水量均低于 35%，土壤含水量低，相关分析表明土壤 HyR、NR 活性与采样当天土壤 N_2O 排放通量显著相关，而土壤 NiR 活性与 N_2O 排放通量未达到显著相关，可见本试验中土壤 N_2O 主要是在 NR 占主导地位的硝化作用产生的。

土壤 HyR 除定植期外，其余生育期内同一处理间差异不显著，主要是由于羟胺（NH_2OH）在土壤中含量极少，只是 N 转化过程中存在时间极短的两种中间产物，故在追肥阶段土壤 HyR 活性较低。采样当天土壤 N_2O 排放通量与土壤 HyR 活性之间呈显著正相关，可能是在土壤 HyR 的作用下，羟胺被还原为氨使得底物中羟胺浓度降低，促进了上级反应 NO_2^- 在 NiR 的作用下被还原为羟胺的过程，而这一过程有中间产物 N_2O 的产生，从而使土壤 N_2O 的排放增加。

（七）小结

在滴灌水肥一体化条件下，设施番茄土壤 N_2O 排放存在明显的季节排放特征，秋季高，冬季低；番茄生育期内土壤 N_2O 排放均在氮肥基施及追肥后第 1 天达到峰值，随着时间延长呈显著下降趋势。滴灌水肥一体化可降低土壤含水量变化所造成的 N_2O 排放，而土壤无机氮含量及温度是影响 N_2O 排放的重要因素。滴灌水肥一体化条件下，土壤 N_2O 排放与土壤 NR、HyR 活性的达到极显著相关，且土壤 N_2O 排放主要来自于由 NR 催化的硝化作用。

本章参考文献

安巧霞，孙三民，2009. 不同灌水量对阿拉尔垦区棉田土壤硝态氮淋失量的影响 [J]. 干旱地区农业研究，27（3）：154-159.

白玲，2014. 有机无机肥配施对滴灌棉田氮素转化生物学过程的影响研究 [D]. 石河子：石河子大学.

曹兵，李新慧，张琳，等，2001. 冬小麦不同基肥施用方式对土壤氨挥发的影响 [J]. 华北农学报，16（2）：83-86.

曹兵，贺发云，徐秋明，等，2006. 南京郊区番茄地中氮肥的气态氮损失 [J]. 土壤学报（1）：62-68.

曾清如，沈杰，周细红，等，2004. 施用尿素对温室内 N_2O 和 NH_3 气体积累的影响 [J]. 农业环境科学学报，23（5）：857-860.

曾泽彬，2011. 施肥对川中丘陵区紫色土微生物活性及 N_2O 排放的影响 [D]. 成都：四川农业大学.

陈海燕，李虎，王立刚，等，2012. 京郊典型设施蔬菜地 N_2O 排放规律及影响因素研究

[J]. 中国土壤与肥料 (5)：5-10.

陈海燕，2012. 京郊典型设施蔬菜地温室气体排放规律及影响因素 [D]. 北京：中国农业科学院.

陈慧，侯会静，蔡焕杰，等，2016. 加气灌溉温室番茄地土壤 N_2O 排放特征 [J]. 农业工程学报，32 (3)：111-117.

陈静生，于涛，2004. 黄河流域氮素流失模数研究 [J]. 农业环境科学学报，23 (5)：833-838.

陈晓歌，马耀华，2008. 不同灌水和施氮对黄土性土壤中 $NO_2^- - N$ 迁移和淋失的影响 [J]. 水土保持研究，15 (5)：109-113.

陈新平，张福锁，1996. 北京地区蔬菜施肥的问题与对策 [J]. 中国农业大学学报，1 (5)：63-66.

陈振华，陈利军，武志杰，等，2007. 辽河下游平原不同水分条件下稻田氨挥发 [J]. 应用生态学报，18 (12)：2771-2776.

褚素贞，张乃明，史静，等，2010. 云南省设施栽培土壤脲酶活性变化趋势研究 [J]. 土壤通报，41 (4)：811-814.

邓美华，尹斌，张绍林，等，2006. 不同施氮量和施氮方式对稻田氨挥发损失的影响 [J]. 土壤，38 (3)：263-269.

丁洪，王跃思，项虹艳，等，2004. 菜田氮素反硝化损失与 N_2O 排放的定量评价 [J]. 园艺学报，31 (6)：762-766.

丁洪，蔡贵信，王跃思，等，2001. 华北平原几种主要类型土壤的硝化及反硝化活性 [J]. 农业环境保护，20 (6)：390-393.

董文旭，胡春胜，张玉铭，2006. 华北农田土壤氨挥发原位测定研究 [J]. 中国生态农业学报，14 (3)：46-48.

董章杭，李季，孙丽梅，2005. 集约化蔬菜种植区化肥施用对地下水硝酸盐污染影响的研究 —以"中国蔬菜之乡"山东省寿光市为例 [J]. 农业环境科学学报，24 (6)：1139-1144.

段立珍，汪建飞，于群英，2007. 长期施肥对菜地土壤氮磷钾养分积累的影响 [J]. 中国农学通报，23 (3)：293-296.

封克，王子波，王小治，等，2004. 土壤 pH 对硝酸根还原过程中 N_2O 产生的影响 [J]. 土壤学报，41 (1)：81-86.

高鹏程，张一平，2001. 氨挥发与土壤水分散失关系的研究 [J]. 西北农林科技大学学报（自然科学版），29 (6)：22-26.

葛顺峰，姜远茂，魏绍冲，等，2011. 不同供氮水平下幼龄苹果园氮素去向初探 [J]. 植物营养与肥料学报，17 (4)：949-955.

郭佩秋，李絮花，王克安，等，2009. 氮肥用量对日光温室黄瓜和土壤硝态氮含量的影响 [J]. 华北农学报，24 (1)：185-188.

郝小雨，高伟，王玉军，等，2012. 有机无机肥料配合施用对日光温室土壤氨挥发的影响 [J]. 中国农业科学，45 (21)：4403-4414.

何华，杜社妮，梁银丽，等，2003. 土壤水分条件对温室黄瓜需水规律和水分利用的影响 [J]. 西北植物学报，23 (8)：1372-1376.

和文祥，魏燕燕，蔡少华，2006. 土壤反硝化酶活性测定方法及影响因素研究［J］. 西北农林科技大学学报（自然科学版），34（1）：121-124.

贺发云，尹斌，金雪霞，等，2005. 南京两种菜地土壤氨挥发的研究［J］. 土壤学报，42（2）：253-259.

黄国宏，陈冠雄，韩冰，等，1999. 土壤含水量与 N_2O 产生途径研究［J］. 应用生态学报，10（1）：53-56.

黄绍文，2013. 设施番茄水肥一体化技术［J］. 中国蔬菜（13）：40-41.

黄绍文，王玉军，金继运，等，2011. 我国主要菜区土壤盐分、酸碱性和肥力状况［J］. 植物营养与肥料学报（4）：906-918.

黄耀，焦燕，宗良纲，等，2002. 土壤理化特性对麦田 N_2O 排放影响的研究［J］. 环境科学学报，22（5）：598-602.

纪锐琳，朱义年，佟小薇，等，2008. 竹炭包膜尿素在土壤中的氨挥发损失及其影响因素［J］. 桂林工学院学报，28（1）：113-118.

贾俊香，张曼，熊正琴，等，2012. 南京市郊区集约化大棚蔬菜地 N_2O 的排放［J］. 应用生态学报，23（3）：739-744.

蒋静艳，黄耀，2001. 农业土壤 N_2O 排放的研究进展［J］. 农业环境保护，20（1）：51-54.

巨晓棠，谷保静，2014. 我国农田氮肥施用现状、问题及趋势［J］. 植物营养与肥料学报（4）：783-795.

巨晓棠，张福锁，2003. 关于氮肥利用率的思考［J］. 生态环境（2）：192-197.

李贵桐，李保国，陈德立，2002. 大面积冬小麦夏玉米农田土壤的氨挥发［J］. 华北农学报，17（1）：76-81.

李俊，于沪宁，于强，等，2002. 农田 N_2O 通量测定方法分析［J］. 地学前缘，9（2）：377-385.

李俊良，朱建华，张晓晟，等，2001. 保护地番茄养分利用及土壤氮素淋失［J］. 应用环境生物学报，7（2）：126-129.

李若楠，张彦才，黄绍文，等，2013. 节水控肥下有机无机肥配施对日光温室黄瓜-番茄轮作体系土壤氮素供应及迁移的影响［J］. 植物营养与肥料学报（3）：677-688.

李卫芬，郑佳佳，张小平，等，2014. 反硝化酶及其环境影响因子的研究进展［J］. 水生生物学报，38（1）：166-170.

李晓欣，胡春胜，程一松，2003. 不同施肥处理对作物产量及土壤中硝态氮累积的影响［J］. 干旱地区农业研究，21（3）：38-42.

李鑫，巨晓棠，张丽娟，等，2008. 不同施肥方式对土壤氨挥发和氧化亚氮排放的影响［J］. 应用生态学报，19（1）：99-104.

李银坤，2010. 不同水氮条件下黄瓜季保护地氮素损失研究［D］. 北京：中国农业科学院.

李银坤，武雪萍，郭文忠，等，2014. 不同氮水平下黄瓜-番茄日光温室栽培土壤 N_2O 排放特征［J］. 农业工程学报，30（23）：260-267.

李银坤，武雪萍，梅旭荣，等，2011. 常规灌溉条件下施氮对温室土壤氨挥发的影响［J］. 农业工程学报，27（7）：23-30.

李银坤，武雪萍，武其甫，等，2016. 水氮用量对设施栽培蔬菜地土壤氨挥发损失的影响

［J］. 植物营养与肥料学报，22（4）：949-957.

刘洪亮，曾胜河，施敏，等，2004. 棉花膜下滴灌施肥技术的研究［J］. 土壤肥料（2）：30-31.

刘苹，李彦，江丽华，等，2014. 施肥对蔬菜产量的影响——以寿光市设施蔬菜为例［J］. 应用生态学报，25（6）：1752-1758.

刘韵，柳文丽，朱波，2016. 施肥方式对冬小麦-夏玉米轮作土壤 N_2O 排放的影响［J］. 土壤学报，53（3）：735-745.

刘兆辉，江丽华，张文君，等，2006. 氮、磷、钾在设施蔬菜土壤剖面中的分布及移动研究［J］. 农业环境科学学报，25（增刊）：537-542.

吕殿青，同延安，孙本华，等，1998. 氮肥施用对环境污染影响的研究［J］. 植物营养与肥料学报，4（1）：8-15.

马文奇，毛如达，张福锁，2000. 山东省蔬菜大棚养分积累状况［J］. 磷肥与复肥，15（3）：65-67.

倪康，丁维新，蔡祖聪，2009. 有机无机肥长期定位试验土壤小麦季氨挥发损失及其影响因素研究［J］. 农业环境科学学报，28（12）：2614-2622.

宁建凤，邹献中，杨少海，等，2007. 有机无机氮肥配施对土壤氮淋失及油麦菜生长的影响［J］. 农业工程学报，23（11）：95-100.

齐玉春，董云社，1999. 土壤氧化亚氮产生、排放及其影响因素［J］. 地理学报（6）：534-542.

邱炜红，刘金山，胡承孝，等，2011. 菜地系统土壤氧化亚氮排放的日变化［J］. 华中农业大学学报（2）：210-213.

上官宇先，师日鹏，李娜，等，2012. 垄作覆膜条件下田间氨挥发及影响因素［J］. 环境科学，33（6）：1987-1993.

宋震震，李絮花，李娟，等，2014. 有机肥和化肥长期施用对土壤活性有机氮组分及酶活性的影响［J］. 植物营养与肥料学报，20（3）：525-533.

苏芳，黄彬香，丁新泉，等，2006. 不同氮肥形态的氨挥发损失比较［J］. 土壤，38（6）：682-686.

孙晶辉，2001. 21 世纪中国的水问题及其对策［J］. 长江职工大学学报（4）：1-4.

孙文涛，张玉龙，娄春荣，等，2007. 灌溉方法对温室番茄栽培尿素氮利用影响的研究［D］. 核农学报，21（3）：295-298.

孙艳丽，陆佩玲，李俊，等，2008. 华北平原冬小麦/夏玉米轮作田土壤 N_2O 通量特征及影响因素［J］. 中国农业气象，29（1）：1-5.

索东让，2005. 长期定位试验中化肥与有机肥结合效应研究［J］. 干旱地区农业研究（2）：71-75.

汤丽玲，陈清，张宏彦，等，2002. 不同灌溉与施氮措施对露地菜田土壤无机氮残留的影响［J］. 植物营养与肥料学报，8（3）：282-287.

唐咏，梁成华，刘志恒，等，1999. 日光温室蔬菜栽培对土壤微生物和酶活性的影响［J］. 沈阳农业大学学报（自然科学版），30（1）：16-19.

陶宝先，刘晨阳，2018. 寿光设施菜地土壤 N_2O 排放规律及影响因素［J］. 环境化学，37

（1）：154-163.

王改玲，陈德立，李勇，2010. 土壤温度、水分和 NH_4^+-N 浓度对土壤硝化反应速度及 N_2O 排放的影响 [J]. 中国生态农业学报，18 (1)：1-6.

王树起，韩晓增，乔云发，等，2009. 不同土地利用和施肥方式对土壤酶活性及相关肥力因 子的影响 [J]. 植物营养与肥料学报，15 (6)：1311-1316.

王兴武，于强，张国梁，等，2005. 鲁西北平原夏玉米产量与土壤硝态氮淋失 [J]. 地理研 究，24 (1)：140-150.

王艳丽，2015. 京郊设施菜地水肥一体化条件下土壤 N_2O 排放的研究 [D]. 北京：中国农 业科学院.

魏玉云，2006. 热带地区砖红壤上不同土壤 pH 和含水量对尿素氨挥发的影响研究 [D]. 儋 州：华南热带农业大学.

吴琼，杜连凤，赵同科，等，2009. 蔬菜间作对土壤和蔬菜硝酸盐积累的影响 [J]. 农业环 境科学学报，28 (8)：1623-1629.

吴勇，高祥照，杜森，等，2011. 大力发展水肥一体化加快建设现代农业 [J]. 中国农业信 息，(12)：19-22.

武其甫，武雪萍，李银坤，等，2011. 保护地土壤 N_2O 排放通量特征研究 [J]. 植物营养与 肥料学报，17 (4)：942-948.

习斌，张继宗，左强，等，2010. 保护地菜田土壤氨挥发损失及影响因素研究 [J]. 植物营 养与肥料学报 (2)：327-333.

肖新，朱伟，肖靓，等，2013. 适宜的水氮处理提高稻基农田土壤酶活性和土壤微生物量碳 氮 [J]. 农业工程学报 (21)：91-98.

徐玉裕，曹文志，黄一山，等，2007. 五川流域农业土壤反硝化作用测定及其调控措施 [J]. 农业环境科学学报，26 (3)：1126-1131.

杨淑莉，朱安宁，张佳宝，等，2010. 不同施氮量和施氮方式下田间氨挥发损失及其影响因 素 [J]. 干旱区研究，27 (3)：415-421.

杨岩，孙钦平，李吉进，等，2013. 不同水肥处理对设施菜地 N_2O 排放的影响 [J]. 植物营 养与肥料学报，19 (2)：430-436.

杨园园，高志岭，王雪君，2016. 有机、无机氮肥施用对苜蓿产量、土壤硝态氮和温室气体 排放的影响 [J]. 应用生态学报，27 (3)：822-828.

杨云，黄耀，姜纪峰，2005. 土壤理化特性对冬季菜地 N_2O 排放的影响 [J]. 农村生态环 境，21 (2)：7-12.

姚志生，郑循华，周再兴，等，2006. 太湖地区冬小麦田与蔬菜地 N_2O 排放对比观测研究 [J]. 气候与环境研究，11 (6)：691-701.

易珍玉，2013. 不同有机无机肥配施条件下菜地温室气体排放规律及影响因素研究 [D]. 长沙：湖南农业大学.

于红梅，2005. 不同水氮管理下蔬菜地水分渗漏和硝态氮淋洗特征的研究 [D]. 北京：中国 农业大学.

于红梅，李子忠，龚元石，2005. 不同水氮管理对蔬菜地硝态氮淋洗的影响 [J]. 中国农业 科学，38 (9)：1849-1855.

于亚军，高美荣，朱波，2012. 小麦-玉米轮作田与菜地 N_2O 排放的对比研究 [J]. 土壤学报，49 (1)：96-103.

余海英，李廷轩，张锡洲，2010. 温室栽培系统的养分平衡及土壤养分变化特征 [J]. 中国农业科学 (3)：514-522.

宇万太，张璐，马强，等，2003. 施肥进步在粮食增产中的贡献及其地理分异 [J]. 应用生态学报，14 (11)：1855-1858.

袁新民，同延安，杨学云，等，2000. 灌溉与降水对土壤 $NO_3^- - N$ 累积的影响 [J]. 水土保持学报 (3)：71-74.

袁新民，杨学云，同延安，等，2001. 不同施氮量对土壤 $NO_3^- - N$ 累积的影响 [J]. 干旱地区农业研究，19 (1)：7-13.

翟振，王立刚，李虎，等，2013. 有机无机肥料配施对春玉米农田 N_2O 排放及净温室效应的影响 [J]. 农业环境科学学报，32 (12)：2502-2510.

张光亚，陈美慈，闵航，等，2002. 设施栽培土壤氧化亚氮释放及硝化、反硝化细菌数量的研究 [J]. 植物营养与肥料学报，8 (2)：239-243.

张光亚，方柏山，闵航，等，2004. 设施栽培土壤氧化亚氮排放及其影响因子的研究 [J]. 农业环境科学学报，23 (1)：144-147.

张红梅，金海军，丁小涛，等，2014. 有机肥无机肥配施对温室黄瓜生长、产量和品质的影响 [J]. 植物营养与肥料学报，20 (1)：247-253.

张婧，李虎，王立刚，等，2014. 京郊典型设施蔬菜地土壤 N_2O 排放特征 [J]. 生态学报，34 (14)：4088-4098.

张琳，孙卓玲，马理，等，2015. 不同水氮条件下双氰胺（DCD）对温室黄瓜土壤氮素损失的影响 [J]. 植物营养与肥料学报，21 (1)：128-137.

张庆利，张民，杨越超，等，2002. 碳酸氢铵和尿素在山东省主要土壤类型上的氨挥发特性研究 [J]. 土壤通报，33 (1)：32-34.

张瑞杰，林国林，胡正义，等，2008. 氮肥减施及双氰胺施用对滇池北岸蔬菜地土壤氮素流失影响 [J]. 水土保持学报，22 (5)：34-37.

张淑艳，松中照夫，2003. 不同施肥法及土壤对氨挥发影响的比较研究 [J]. 中国农学通报，19 (6)：176-180.

张树兰，杨学云，吕殿青，等，2002. 温度、含水率及不同氮源对土壤硝化作用的影响 [J]. 生态学报，22 (12)：2147-2153.

张相松，刘兆辉，江丽华，等，2009. 设施菜地土壤硝态氮淋溶防控技术的研究 [J]. 青岛农业大学学报（自然科学版）(3)：207-211.

张星星，2015. 氮肥类型对免耕稻田 NH_3 挥发与 N_2O 排放及氮肥利用率的影响 [D]. 武汉：华中农业大学.

张秀君，江丕文，2006. 植物释放 N_2O 的研究进展 [J]. 沈阳教育学院学报，8 (1)：119-121.

张学军，赵营，陈晓群，等，2007. 滴灌施肥中施氮量对两年蔬菜产量、氮素平衡及土壤硝态氮累积的影响 [J]. 中国农业科学，40 (11)：2535-2545.

张彦才，李巧云，翟彩霞，等，2005. 河北省大棚蔬菜施肥状况分析与评价 [J]. 河北农业科学，9（3）：61-67.

张玉铭，胡春胜，董文旭，2004. 农田土壤 N_2O 生成与排放影响因素及 N_2O 总量估算的研究 [J]. 中国生态农业学报，12（3）：119-123.

张玉铭，黄文旭，曾江海，等，2001. 玉米地土壤反硝化速率与 N_2O 排放通量的动态变化 [J]. 中国生态农业学报，9（4）：70-72.

张云舒，徐万里，刘骅，2007. 土壤盐渍化特性和施肥方法对氮肥氨挥发影响初步研究 [J]. 西北农业学报，16（1）：13-16.

章燕，徐慧，夏宗伟，等，2012. 硝化抑制剂 DCD、DMPP 对褐土氮总矿化速率和硝化速率的影响 [J]. 应用生态学报，23（1）：166-172.

郑欠，丁军军，李玉中，等，2017. 土壤含水量对硝化和反硝化过程 N_2O 排放及同位素特征值的影响 [J]. 中国农业科学，50（24）：4747-4758.

郑循华，王明星，王跃思，等，1997. 温度对农田 N_2O 产生与排放的影响 [J]. 环境科学，18（5）：1-5.

中华人民共和国国家统计局，2013. 中国统计年鉴 [M]. 北京：中国统计出版社.

周卫军，王凯荣，张光远，等，2002. 有机与无机肥配合对红壤稻田系统生产力及其土壤肥力的影响 [J]. 中国农业科学（9）：1109-1113.

朱悦，2013. 测量土壤中的 N_2、N_2O、NO 和 CO_2 排放 [J]. 中国环境科学，33（3）：408.

朱兆良，2000. 农田中氮肥的损失与对策 [J]. 土壤与环境（1）：1-6.

朱兆良，SIMPON J R，张绍林，等，1989. 石灰性稻田土壤上化肥氮损失的研究 [J]. 土壤学报，26（4）：337-343.

邹国元，张福锁，巨晓棠，等，2004. 冬小麦-夏玉米轮作条件下氮素反硝化损失研究 [J]. 中国农业科学，37（10）：1492-1496.

邹建文，黄耀，宗良纲，等，2003. 稻田 CO_2、CH_4 和 N_2O 排放及其影响因素 [J]. 环境科学学报，23（6）：758-764.

ANGOA PEREZ M V, GONZALEZ CASTANEDA J, FRIAS-HERBABDEZ J T, et al., 2004. Trace gas emissions from soil of the central highlands of Mexico as affected by natural vegetation: a laboratory study [J]. Biology and Fertility of Soils, 40: 252-259.

AKIYAMA H, MCTAGGART I P, BALL B C, et al., 2004. N_2O, NO, and NH_3 emissions from soil after the application of organic fertilizers, urea and water [J]. Water, Air, and Soil Pollution, 156 (1/4): 129-133.

BERGE H F M T, BURGERS S L G E, MEER H G V D, et al., 2007. Residual inorganic soil nitrogen in grass and maize on sandy soil [J]. Environmental Pollution, 145 (1): 22.

BERGSTROM L, BRINK N, 1986. Effects of differentiated applications of fertilizer N leaching losses and distribution of inorganic N in the soil [J]. Plant and Soil, 93 (3): 333-345.

BOUWMAN A F, LEE D S, AAMAN W A H, et al., 1997. A global high-resolution emission inventory for ammonia [J]. Global Biogeochemical Cycles, 11 (4): 561-587.

CASTALDI S, 2000. Responses of nitrous oxide, dinitrogen and carbon dioxide production and oxygen consumption to temperature in forest and agricultural light-textured soils determined by model experiment [J]. Biology and Fertility of Soils, 32 (1): 67-72.

CANTARELLAL H, MATTOS JR D, QUAGGIO J A, et al. , 2003. Fruit yield of Valencia sweet orange fertilized with different N sources and the loss of applied N [J]. Nutrient Cycling in Agroecosystems, 67: 215-223.

CAI G X, ZHU Z L, 2000. An assessment of N loss from agricultural fields to the environment in China [J]. Nutrient Cycling in Agroecosystems, 57 (1): 67-73.

CASTALDI S, 2000. Responses of nitrous oxide, dinitrogen and carbon dioxide production and oxygen consumption to temperature in forest and agricultural light-textured soils determined by model experiment [J]. Biol Fertil Soils, 32: 67-72.

CANTARELLA H, MATTOS D, QUAGGIO J A, et al. , 2003. Fruit yield of Valencia sweet orange fertilized with different N sources sand the loss of applied N [J]. Nutrient Cycling in Agroecosystems, 67 (3): 215-223.

COOPER J L, 1980. The effect of nitrogen fertilizer and irrigation frequency on a semi-dwarf wheat in South-east Australia. I. Growth and yield [J]. Australian Journal of Experimental Agriculture and Animal Husbandry, 20: 359-364.

DANIEL R S, ALI M S, GREGORY W M, 2000. Effect of soil water content on denitrification during cover crop decomposition [J]. Soil Science, 165 (4): 365-371.

DAMBREVILLE C, MORVAN T, GERMON J, 2008. N_2O emission in maize-crops fertilized with pig slurry, matured pig manure or ammonium nitrate in Brittany [J]. Agriculture, Ecosystems & Environment, 123 (1/3): 201-210.

DAS P, KIM K H, SA J H, et al. , 2008. Emissions of ammonia and nitric oxide from an agricultural site following application of different synthetic fertilizers and manures [J]. Geosciences Journal, 12 (2): 177-190.

DELGADO J A, MOSIER A R, 1996. Mitigation alternatives to decrease nitrous oxides emissions and urea nitrogen loss and their effect on methane flux [J]. Journal of Environmental Quality, 25: 1105-1111.

DIAO TIANTIAN, XIE LIYONG, GUO LIPING, et al. , 2013. Measurements of N_2O emissions from different vegetable fields on the North China Plain [J]. Atmospheric Environment, 72: 70-76.

DOBBIE K E, SMITH K A, 2003. Impact of different forms of N fertilizer on N_2O emissions from intensive grassland [J]. Nutrient Cycling in Agroecosystems, 67 (1): 37-46.

DORLAND S, BEQUCHAMP E, 1991. Denitrification and ammonification at low soil temperatures [J]. Soil Science, 71 (3): 293-303.

FILLERY I R P, SIMPSON J R, DE DATTA S K, 1984. Influence of field environment and fertilizer management on ammonia loss from flooded soil [J]. Soil Science Society of America Journal, 48: 914-920.

FILLERY I R P, DE DATTA S K, 1986. Ammonia volatilization from nitrogen volatilization as a N loss mechanism in flooded rice fields [J]. Fertilize Research, 9: 78-98.

GOODROAD L L, KEENEY D R, 1984. Nitrous oxide production in aerobic soils under varying pH, temperature and water content [J]. Soil Biol. Biochem, 16 (1): 39- 43.

GONG W W, ZHANG Y S, HUANG X F, et al. , 2013. High-resolution measurement of ammonia emissions from fertilization of vegetable and rice crops in the Pearl River Delta Region, China [J]. Atmospheric Environment, 65: 1-10.

GUO R Y, LI X L, PETER C, et al, 2008. Influence of root zone nitrogen management and a summer catch crop on cucumber yield and soil mineral nitrogen dynamics in intensive production systems [J]. Plant and Soil, 313 (1/2): 55-77.

JANTALIA C P, HALVORSON A D, FOLLETT R F, et al. , 2012. Nitrogen source effects on ammonia volatilization as measured with semi-static chamber [J]. Agronomy journal, 104 (6): 1595-1603.

KENGNI L, VACHAUD G, THONY J L, et al. , 1994. Field measurements of water and nitrogen losses under irrigated maize [J]. Journal of Hydrology, 162: 23-46.

KROEZE C, MOSIER A, BOUWMAN L, 1999. Closing the global N_2O budget: A retrospective analysis 1500—1994 [J]. Global Biogeochemical Cycles, 13 (1): 1-8.

HAN K, ZHOU C J, WANG L Q, 2014. Reducing ammonia volatilization from maize fields with separation of nitrogen fertilizer and water in an alternating furrow irrigation system [J]. Journal of Integrative Agriculture, 13 (5): 1099-1112.

HE F F, CHEN Q, JIANG R F, et al. , 2007. Yield and nitrogen balance of greenhouse tomato (*Lycopersicum esculentum* Mill.) with conventional and site-specific nitrogen management in Northern China [J]. Nutrient Cycling in Agroecosystems, 77: 1-14.

HE F F, JIANG R F, CHEN Q, et al. , 2009. Nitrous oxide emissions from an intensively managed greenhouse vegetable cropping system in Northern China. [J]. Environmental Pollution, 157 (5): 1666-1672.

HOSONO T, HOSOI N, AKIYAMA H, et al. , 2006. Measurements of N_2O and NO emissions during tomato cultivation using a flow-through chamber system in a glasshouse [J]. Nutrient Cycling in Agroecosystems, 75 (1/3): 115-134.

HOME P G, PANDA R K, KAR S, 2002. Effect of method and scheduling of irrigation of water and nitrogen use efficiencies of Okra (*Abelmoschus esculentus*) [J]. Agricultural Water Management, 55: 159-170.

HOLCOMB J C, SULLIVAN D M, HORNECK D A, et al. , 2011. Effect of irrigation rate on ammonia volatilization [J]. Soil Science Society of America Journal, 75 (6): 2341-2347.

HUO Q, CAI X H, KANG L, et al. , 2015. Estimating ammonia emissions from a winter wheat cropland in North China Plain with field experiments and inverse dispersion Modeling [J]. Atmospheric Environment, 104: 1-10.

LU YANGYU, HUANG YAO, ZOU JIANWEN, et al. , 2006. An inventory of N_2O emissions from agriculture in China using precipitation rectified emission factor and background emission [J]. Chemosphere, 65 (11): 1915-1924.

LUO J, SAGGAR S, BHANDRAL R, et al. , 2008. Effects of irrigating dairy-grazed grassland with farm dairy effluent on nitrous oxide emissions [J]. Plant Soil, 309: 119-130.

MALLA G, BHATIA A, PATHAK H, et al. , 2005. Mitigating nitrous oxide and methane emissions from soil in rice-wheat system of the Indo-Gangetic plain with nitrification and urease inhibitors [J]. Chemosphere, 58: 141-147.

MARTIN P, 2007. Change 2007 Impacts, Adaptation and Vulnerability [D]. Cambridge: Cambridge University.

MATSUSHIMA M, Lim S S, KWAK J H, et al. , 2009. Interactive effects of synthetic nitrogen fertilizer and composted manure on ammonia volatilization from soils [J]. Plant and Soil, 325 (1/2): 187-196.

MEI BAOLING, ZHENG XUNHUA, XIE BAOHUA, et al. , 2009. Nitric oxide emissions from conventional vegetable fields in southeastern China [J]. Atmospheric Environment, 43 (17): 2762-2769.

MENGEL K, ROBIN P, SALSAC L, 1983. Nitrate Reductase Activity in Shoots and Roots of Maize Seedlings as Affected by the Form of Nitrogen Nutrition and the pH of the Nutrient Solution [J]. Plant Physiol, 71: 618-622.

MCCARTHY J J, CANZIANI O F, LEARY N A, et al. , 2001. Climate Change 2001: Impacts, Adaptation, and Vulnerability. Contribution of Working Group II to the Third Assessment Report of the Intergovernmental Panel on Climate Change [M]. Cambridge: Cambridge University Press.

MIN JU, SHI WEIMING, XING GUANGXI, et al. , 2012. Nitrous oxide emissions from vegetables grown in a polytunnel treated with high rates of applied nitrogen fertilizers in Southern China [J]. Soil Use and Management, 28 (1): 70-77.

MIN J, ZHAO X, SSHI W M, et al. , 2011. Nitrogen balance and loss in a greenhouse vegetable system in Southeastern China [J]. Pedosphere, 21 (4): 464-472.

MORENO F, CAYUELA J A, FERNÁNDEZ J E, et al. , 1996. Water balance and nitrate leaching in an irrigated maize crop in SW Spain [J]. Agricultural Water Management, 32: 71-83.

MOSIER A, KROEZE C, NEVISON C, et al. , 1998. Closing the global N_2O budget: Nitrous oxide emissions through the agricultural nitrogen cycle [J]. Nutrient Cycling in Agroecosystems, 52 (2/3): 225-248.

MONTZKA S A, FRASER P J, BUTLER J H, et al. , 2003. Controlled Substances and Other Source Gases, Chapter 1 of the Scientific Assessment of Ozone Depletion: 2002 [M]. Genève: World Meteorological Organization.

NI K, PACHOLSKI A, KAGE H, 2014. Ammonia volatilization after application of urea to winter wheat over 3 years affected by novel urease and nitrification inhibitors [J]. Agriculture, Ecosystems and Environment, 197: 184-194.

PANG X B, MU Y J, LEE X Q, et al. , 2009. Nitric oxides and nitrous oxide fluxes from typical vegetables cropland in China: Effects of canopy, soil properties and field management [J]. Atmospheric Environment, 43 (16): 2571-2578.

PARKIN T B, 1987. Soil microsites as a source of denitrification variability [J]. Soil Science Society of America Journal, 51: 1194-1199.

POWER J E, 1989. Nitrate contamination of ground-water in north America [J]. Agriculture Ecosystem and Environment, 26 (1): 165-187.

QUEMADA M, ABRERA M L, 1997. Temperature and moisture effects on C and N mineralization from surface applied clover residue [J]. Plant Soil, 189: 127-137.

RIYA S, MIN J, ZHOU S, et al. , 2012. Short-Term responses of nitrous oxide emissions and concentration profiles to fertilization and irrigation in greenhouse vegetable cultivation [J]. Pedosphere, 22 (6): 764-775.

RYDEN J C, LUND L J, 1980. Nature and Extent of Directly Measured Denitrification Losses from Some Irrigated Vegetable Crop Production Units [J]. Soil Science Society of America, 44: 505-511.

ROELLE P A, ANEJA V P, 2002. Characterization of ammonia emissions from soils in the upper coastal plain, North Carolina [J]. Atmospheric Environment, 36 (6): 1087-1097.

SØGAARD H T, SOMMER S G, HUTCHINGS N J, et al. , 2002. Ammonia volatilization from field applied animal slurry-the ALFAM model [J]. Atmospheric Environment, 36 (20): 3309-3319.

SOLOMON C M, 2006. Regulation of estuarine phytoplankton and bacterial urea uptake and urease activity by environmental factors [D]. Maryland: University of Maryland.

SMITH K A, BALL T, CONEN F, et al. , 2003. Exchange of greenhouse gases between soil and atmosphere: interactions of soil physical factors and biological processes [J]. European Journal of Soil Science, 54, 779-791.

STEVENS R J, LAUGHLIN R J, MOSIER A, 1998a. Measurement of Nitrous Oxide and Dinitrogen Emissions from Agricultural Soils, International Workshop on Dissipation of N from the Human N-Cycle, and Its Role in Present and Future N_2O Emissions to the Atmosphere [J]. Nutrient Cycling in Agroecosystems, 52 (3): 131-139.

STEVENS R J, LAUGHLIN R J, MALONE J P, 1998b. Soil pH affects the processes reducing nitrate to nitrous oxide and di-nitrogen [J]. Soil Biology and Biochemistry, 30 (8/9): 1119-1126.

STREETS D G, BOND T C, CARMICHAEL G R, et al. , 2003. An inventory of gaseous and primary aerosol emissions in Asia in the year 2000 [J]. Journal of Geophysical Research, 108 (D21): 8809 .

TIAN G M, CAO J L, CAI Z C, et al. , 1998. Ammonia volatilization from wheat field topdressed with urea [J]. Pedosphere, 8 (4): 331-336.

WANG J, XIONG Z, YAN X, 2011. Fertilizer-induced emission factors and background emissions of NO from vegetable fields in China [J]. Atmospheric Environment, 45 (38): 6923-6929.

WANG X J, YANG X R, ZHANG Z J, et al. , 2014. Long-term effect of temperature on N_2O emission from the denitrifying activated sludge [J]. Journal of Bioscience and Bioengineering, 117 (3): 298-304.

XIONG Z, XIE Y, XING G, et al., 2006. Measurements of nitrous oxide emissions from vegetable production in China [J]. Atmospheric Environment, 40 (12): 2225-2234.

YAN H L, XIE L Y, GUO L P, et al., 2014. Characteristics of nitrous oxide emissions and the affecting factors from vegetable fields on the North China Plain [J]. Journal of Environmental Management, 144: 316-321.

YAN X Y, AKIMOTO H, OHARA T, 2003. Estimation of nitrous oxide, nitric oxide and ammonia emissions from croplands in East, Southeast and South Asia [J]. Global Change Biology, 9 (7): 1080-1096.

YOO G, LEE Y O, WON T J, et al., 2018. Variable effects of biochar application to soils on nitrification-mediated N_2O emissions [J]. Science of The Total Environment, 626: 603-611.

ZHANG Y S, LUAN S J, CHEN L L, et al., 2011. Estimating the volatilization of ammonia from synthetic nitrogenous fertilizers used in China [J]. Journal of Environmental Management, 92 (3): 480-493.

ZHOU S, HOU H, HOSOMI M, 2008. Nitrogen removal, N_2O emission, and NH_3 volatilization under different water levels in a vertical flow treatment system [J]. Water, Air, and Soil Pollution, 191 (1/4): 171-182.

ZHANG Y Y, LIU J F, MU Y J, et al., 2011. Emissions of nitrous oxide, nitrogen oxides and ammonia from a maize field in the North China Plain [J]. Atmospheric Environment, 45 (17): 2956-2961.

ZHENG X H, HAN S H, HUANG Y, et al., 2004. Re-quantifying the emission factors based on field measurement s and estimating the direct N_2O emission from Chinese croplands [J]. Global Biogeochemical Cycles, 18 (2): GB2018.

第四章

设施菜地土壤磷素转化与节水减肥增效机制

第一节　无机磷肥施用与土壤无机磷转化

一、研究背景

我国农田土壤普遍缺磷，据统计占全国农业耕地面积 2/3 的中低产田属于有效磷小于 10mg/kg 的缺磷土壤。磷是作物生长、生理活动的重要营养元素，土壤中磷素营养状况影响作物产量和品质，维持土壤一定磷水平是作物高产优质的基础。由于土壤供磷不足，施用磷肥是改善作物磷素营养和提高产量的重要措施。我国北方的一些土壤因大量施用磷肥，使磷在土壤中的积累量逐年增加，有报道指出，我国农业土壤中储存的难溶态（或固定态）五氧化二磷的总量已达 6 000 万 t（李寿田等，2003），且大量的磷肥施用并未使磷肥利用率得到显著提高，有研究报道目前作物的当季磷肥利用率仅为 10％～25％。磷肥的低利用率不仅造成了经济的损失，更对生态环境及可持续农业造成了威胁（程明芳，2010）。土壤全磷主要来自成土母质和施用的肥料；它能反映土壤磷库大小和潜在的供磷能力；了解我国土壤全磷含量状况对土壤磷肥管理具有重要指导作用。石灰性土壤 pH 通常大于 7.5 以上，土壤全磷中有 85％左右的属于无机磷，约 2/3 的无机磷是以作物难以吸收利用的无效态存在（寇长林，1999）。施入土壤的磷肥可通过专性吸附或者化学沉淀的方式被石灰性土壤所固定，转化成作物难以吸收利用难溶性的磷酸盐，限制了作物产量的提高（张清等，2007），降低了磷肥利用率（姚晓芹等，2005）。因此，如何在石灰性土壤上减少磷的固定，活化土壤无机磷库，提高磷肥的利用效率，已成为人为调控土壤肥力的一个重要课题，它不仅对改善作物的磷营养和提高作物产量有重要意义，同时对磷素养分资源的高效利用和缓解磷资源不足具有现实意义。

土壤供磷特性是磷肥合理分配和有效施用的重要依据，可决定磷肥肥效及作物需磷程度。土壤有效磷是土壤磷库中对作物最为有效的部分，是能直接被作物吸收利用的无机磷或小分子的有机磷组分；它是表征土壤供磷能力、确定磷肥用量、评价农田磷环境风险的重要指标。根际磷素耗竭不仅仅发生在无机磷和有机磷上，还包括可溶性磷酸盐和其他形态的有机磷和无机磷。土壤磷很难浸提（比如，NaOH 浸提），因此，磷的生物有效性较低。土壤磷库中各形态磷根据作物吸磷的难易划分为有效态磷、缓效态磷、无效态磷三种，它们之间相互影响、相互转化，而且始终处于动态平衡状态，对土壤磷素的有效性产生直接影响。矿物态、吸附态和水溶态磷是土壤无机磷的三种形态，其中矿物态磷由磷灰石和磷酸铝铁构成，在三种形态中磷含量最高；吸附态磷是指土壤有机质和黏土矿物所吸附的磷酸盐，其含量居中，一般以 HPO_4^{2-} 和 $H2PO_4^-$ 为主，而磷酸根较少；水溶性磷是能够直接被作物吸收的磷形态，但其含量最低，有 $0.1 \sim 1$ mg/kg（袁可能，1981）。由于石灰性土壤的 Ca^{2+}、Mg^{2+} 含量较高，而且土壤 pH 大于 7，磷肥施入土壤后，容易造成施入的大量磷肥形成难溶性的 $Ca_3(PO_4)_2$，并逐渐向更稳定的 Ca_8-P（磷酸八钙）、Ca_{10}-P（磷灰石）等无效磷转化；同时，磷在土壤中移动性差，显著降低了磷的生物有效性和作物对磷的吸收。国内外科学家针对土壤无机磷的分级体系在分级指标、分级流程、测试手段等方面进行了大量研究，并针对不同土壤类型提出了很多具体的分级与测定方法。自 20 世纪 50 年代以来有 $4 \sim 5$ 种不同的连续浸提方法对土壤磷组分进行分级。如张守敬将土壤无机磷划分为四部分，分别为易溶态磷、Al-P（铝磷）、Fe-P（铁磷）、Ca-P（钙磷），以及顾益初和蒋柏藩（1990）把土壤无机磷分为 Ca_2-P（磷酸二钙）、Al-P、Fe-P、Ca_8-P、Ca_{10}-P 和 O-P（闭蓄态磷）六个分级，并认为此法是最适用于石灰性土壤的磷分级方法。

　　研究表明，不同形态无机磷对植物的有效性有很大差异，一般认为 Ca_2-P 易于被植物吸收，而 Fe-P 有效性相对较低；Al-P、Ca_8-P 的有效性介于 Ca_2-P 与 Fe-P 之间，Al-P、Ca_8-P、Fe-P 可视为缓效磷源；O-P 和 Ca_{10}-P 被视为无效态磷源。磷肥在石灰性土壤中会很快转化成 Ca_2-P，继而再向 Ca_8-P、Al-P 和 Fe-P 转化，最后形成 Ca_{10}-P（顾益初等，1990）。研究表明，施化学磷肥可提高土壤中 Ca_2-P、Ca_8-P 和 Al-P 的数量，但 Fe-P 含量相对稳定，O-P 和 Ca_{10}-P 几乎没有受到施肥的影响（张漱茗，1992）。冯固等（1996）利用 ^{32}P 同位素示踪实验表明，无机磷形态对玉米的有效性大小为：Ca_2-P＞Al-P＞Ca_8-P＞Fe-P＞Ca_{10}-P（冯固，1996）。张英鹏等（2008）通过比较各形态无机磷与有效磷的相关性发现（括号内为相关系数）：Ca_2-P（0.72）＞Fe-P（0.58）＞Ca_8-P（0.18）＞Ca_{10}-P（－0.01）＞O-P（－0.15）＞Al-P（－0.16），说明 Ca_2-P、Fe-P 和 Ca_8-P 是土壤中有效性较高的磷源（张英鹏，2008）。吕家珑等（1995）研究表明石灰性土壤长期施用磷肥后，磷的转化主要发生在 Ca-P 的变化，Ca_2-P 逐渐下降，Ca_8-P 有增有减，Al-P 和 Fe-P 变幅不大，并逐渐向 Ca_{10}-P 和 O-P 转化（吕家珑等，1995）。

　　磷在土壤中的固定机制受磷的浓度、水分含量、磷源、施肥方式、磷肥施用时间、土壤类型、质地、pH、有机质含量、黏粒组成等多因素影响。

在中性和石灰性土壤中，由于土壤中含有大量的碳酸钙，所以，当磷肥施入土壤后，以碳酸钙对磷的固定为主。水溶性磷肥施入石灰性土壤中很容易转化成 Ca_2-P，进一步转化成 Ca_8-P、O-P、Ca_{10}-P。石灰性土壤中的 Ca_2-P 是作物的有效磷源，Ca_8-P 和 Al-P 的有效性低于 Ca_2-P，高于 Fe-P，是作物的第二有效磷源，而 O-P 和 Ca_{10}-P 在短期内不能被作物吸收利用。因此，采用不同的磷肥，如何在石灰性土壤上减少磷的固定，活化土壤无机磷库，提高磷肥的利用效率，对磷素养分资源的高效利用意义重大。为探明磷肥施用对土壤磷素转化的影响，采用土培法研究了过磷酸钙和重过磷酸钙两种水溶性磷肥在石灰性土壤上的转化。

二、试验方法

试验在河北省农林科学院农业资源环境研究所进行。供试土壤类型为黏壤质石灰性潮土（取自武强），黏壤质石灰性褐土（取自定州）和沙壤质石灰性褐土（取自定州）。试验施磷水平为 P_2O_5 0.224g/kg，过磷酸钙处理用 P 表示；重过磷酸钙处理用 PP 表示；试验设计 2 个重复，在培养 60 d 时取样。土壤培养采用塑料杯，将供试土壤风干后，粉碎过 2mm 筛，每杯装土 250 g。将供试肥料分别与土壤混匀后，装入塑料杯中、浇水。培养期间，保持土壤含水量在 16%～25%（称重法）。取样时将每杯土充分混匀后，风干、粉碎，由河北省农林科学院衡水旱作所测定土壤有效磷和无机磷分组。试验测定指标为土壤有效磷、无机磷 Ca_2-P、Ca_8-P、O-P、Al-P、Fe-P、Ca_{10}-P。

三、黏壤质石灰性潮土无机磷分级

在黏壤质石灰性潮土条件下，分析基础土无机磷分级结果（图 4-1）可见，无机磷中以 Ca_{10}-P 含量最高，以下依次为 Ca_8-P＞O-P＞Al-P＞Fe-P＞Ca_2-P；将不施磷处理磷分级结果与基础土磷分级结果比较发现，经过 60 d 的培养，不施磷处理无机磷总量略有升高，其中 O-P 含量明显升高，而 Fe-P 含量降低较为明显，这说明土壤供磷能力下降。

比较施用过磷酸钙和重过磷酸钙后土壤无机磷分级变化可见，经过 60 d 的平衡，各无机磷组分之间的相对含量并没有明显变化。无论是施用过磷酸钙还是重过磷酸钙的处理，土壤 Ca_2-P 和 Ca_8-P 含量均显著增加；施用过磷酸钙还显著增加土壤中 Fe-P 的含量，Al-P 含量也有增加，而 Ca_{10}-P 含量也略有增加，施用过磷酸钙平衡 60 d 后无机磷各组分含量排序为 Ca_{10}-P＞Ca_8-P＞O-P＞Al-P＞Fe-P＞Ca_2-P；施用重过磷酸钙还增加了土壤 Fe-P 含量，而 Al-P 含量变化不大，O-P 和 Ca_{10}-P 含量略有下降，施用重过磷酸钙平衡 60 d 后无机磷各组分含量排序为 Ca_8-P＞Ca_{10}-P＞O-P＞

Al-P>Fe-P>Ca$_2$-P。

从土壤无机磷各形态比例分析，培养 60 d 后，施用过磷酸钙和重过磷酸钙的黏壤质石灰性潮土的 Ca$_2$-P 占无机磷的比例，即相对含量仍然很低，分别为 0.73%、0.85%，土壤 Ca$_8$-P 的相对含量分别为 37.85%、41.74%，Al-P 相对含量为 5.65%、7.65%，Fe-P 相对含量分别为 5.29%、5.07%，O-P 相对含量分别为 9.75%、9.50%，Ca$_{10}$-P 相对含量分别为 38.71%、37.19%。

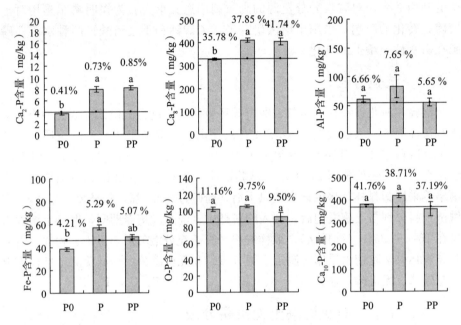

图 4-1　培养 60 d 黏壤质石灰性潮土施用无机磷肥对土壤无机磷各组分转化的影响

注：图中每个柱子上的百分数代表该项目在总无机磷含量的百分比，

实线表示基础土磷分级水平，下同。

P0 代表不施磷对照，P 代表施用过磷酸钙，PP 代表施用重过磷酸钙，下同。

土壤无机磷各个形态间时刻存在着相互转化过程。分析各无机磷组分与有效磷含量之间的相关性发现（表 4-1），Ca$_2$-P 和 Ca$_8$-P 含量与土壤有效磷含量呈极显著正相关，其他无机磷形态与土壤有效磷含量相关不显著，说明在黏壤质石灰性潮土条件下，Ca$_2$-P 和 Ca$_8$-P 对土壤有效磷的贡献较大，是土壤供磷能力的主要形态。

表 4-1　土壤不同形态无机磷与土壤有效磷之间的相关

不同形态无机磷	r 值
Ca$_2$-P	0.914 6

（续）

不同形态无机磷	r 值
Ca_8-P	0.896 7
Al-P	0.159 1
Fe-P	0.640 4
O-P	0.007 7
Ca_{10}-P	0.053 9
无机磷总量	0.632 5

四、黏壤质石灰性褐土无机磷分级

石灰性褐土是河北省主要土壤类型之一，其成土母质和环境条件与潮土不同。在黏壤质石灰性褐土条件下，分析基础土无机磷分级结果（图 4-2）可见，无机磷中以 Ca_8-P 含量最高，以下依次为 Ca_{10}-P＞Al-P＞O-P＞Fe-P＞Ca_2-P，将不施磷处理磷分级结果与基础土磷分级结果比较发现，经过 60 d 的培养，不施磷处理无机磷总量略有降低，其中 Ca_2-P 和 Ca_{10}-P 降低明显，而 Al-P 升高较为明显。

比较施用过磷酸钙和重过磷酸钙后土壤无机磷分级变化可见，经过 60 d 的平衡，各无机磷组分之间的相对含量并没有明显变化。无论是施用过磷酸钙还是重过磷酸钙的处理，土壤 Ca_2-P 和 Ca_8-P 含量均显著增加，Al-P 和 O-P 含量略有降低，而 Ca_{10}-P 含量变化不显著；施用过磷酸钙还显著增加土壤中 Fe-P 的含量，施用过磷酸钙平衡 60 d 后无机磷各组分含量排序为 Ca_8-P＞Ca_{10}-P＞Al-P＞O-P＞Fe-P＞Ca_2-P；施用重过磷酸钙平衡 60 d 后无机磷各组分含量排序为 Ca_8-P＞Ca_{10}-P＞Al-P＞O-P＞Fe-P＞Ca_2-P。

与黏壤质潮土相比，黏壤质褐土的 Ca_2-P、Ca_8-P 和 Al-P 的相对含量增加，Ca_{10}-P 的相对含量降低，其他形态的相对比例差异不大。从土壤无机磷各形态比例分析，培养 60 d 后，施用过磷酸钙和重过磷酸钙的黏壤质石灰性褐土的 Ca_2-P 占无机磷的比例，即相对含量仍然很低，分别为 1.53%、1.61%，土壤 Ca_8-P 的相对含量分别为 41.57%、43.72%，Al-P 相对含量为 12.97%、14.12%，Fe-P 相对含量分别为 7.64%、5.80%，O-P 相对含量分别为 9.02%、8.94%，Ca_{10}-P 相对含量分别为 27.27%、25.80%。

分析各无机磷组分与有效磷含量之间的相关性发现（表 4-2），在黏壤质石灰性褐土条件下，不同形态无机磷含量与土壤有效磷含量之间均未达到显著

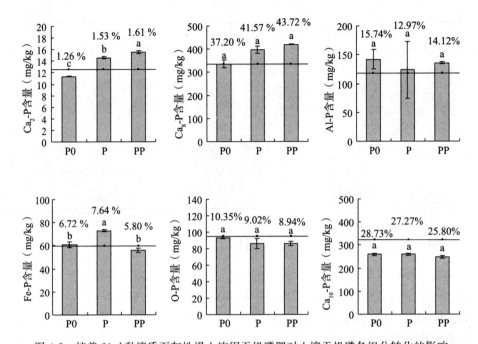

图 4-2　培养 60 d 黏壤质石灰性褐土施用无机磷肥对土壤无机磷各组分转化的影响

相关。

表 4-2　土壤不同形态无机磷与土壤有效磷之间的相关

不同形态无机磷	r 值
Ca_2-P	0.447 8
Ca_8-P	0.561 3
Al-P	0.014 1
Fe-P	0.262 5
O-P	0.316 1
Ca_{10}-P	0.507 8
无机磷总量	0.361 9

五、沙壤质石灰性褐土无机磷分级

在沙壤质石灰性褐土条件下，分析基础土无机磷分级结果（图 4-3）可见，无机磷中以 Ca_{10}-P 含量最高，以下依次为 Ca_8-P＞O-P＞Al-P＞Fe-P＞Ca_2-P，将不施磷处理磷分级结果与基础土磷分级结果比较发现，经过 60 d 的培养，不施磷处理无机磷总量略有降低，其中 O-P 降低明显，而 Ca_{10}-P 略有降低，说明土壤供磷能力提高。

比较施用过磷酸钙和重过磷酸钙后土壤无机磷分级变化可见，经过 60 d 的平衡，各无机磷组分之间的相对含量并没有明显变化。无论是施用过磷酸钙还是重过磷酸钙的处理，土壤 Ca_2-P 和 Ca_8-P 含量均显著增加，Fe-P 含量略有增加；施用过磷酸钙还显著增加土壤中 O-P 的含量，施用过磷酸钙平衡 60 d 后无机磷各组分含量排序为 Ca_{10}-P＞Ca_8-P＞O-P＞Fe-P＞Al-P＞Ca_2-P；施用重过磷酸钙平衡 60 d 后无机磷各组分含量排序为 Ca_{10}-P＞Ca_8-P＞O-P＞Al-P＞Fe-P＞Ca_2-P。

与黏壤质石灰性褐土相比，沙壤质褐土的 Ca_8-P、Al-P 的相对含量降低，Ca_{10}-P 的相对含量增加，其他形态的相对比例差异不大。从土壤无机磷各形态比例分析，培养 60 d 后，施用过磷酸钙和重过磷酸钙的黏壤质石灰性褐土的 Ca_2-P 占无机磷的比例，即相对含量仍然很低，分别为 1.10%、1.15%，土壤 Ca_8-P 的相对含量分别为 26.98%、27.93%，Al-P 相对含量为 6.12%、5.86%，Fe-P 相对含量分别为 6.48%、5.84%，O-P 相对含量分别为 10.05%、8.47%，Ca_{10}-P 相对含量分别为 49.27%、50.57%。

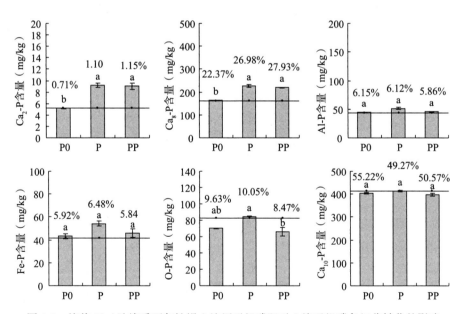

图 4-3　培养 60 d 沙壤质石灰性褐土施用无机磷肥对土壤无机磷各组分转化的影响

分析各无机磷组分与有效磷含量之间的相关性发现，Ca_8-P 含量与土壤有效磷含量呈显著正相关，说明在沙壤质石灰性褐土条件下，Ca_8-P 含量对土壤有效磷的贡献较大（表 4-3）。

表 4-3 土壤不同形态无机磷与土壤有效磷之间的相关

不同形态无机磷	r 值
Ca_2-P	0.828 4
Ca_8-P	0.895 1
Al-P	0.574 1
Fe-P	0.577 9
O-P	0.024 5
$Ca_{10}-P$	0.083 1
无机磷总量	0.740 2

六、小结

综合黏壤质石灰性潮土、黏壤质石灰性褐土和沙壤质石灰性褐土条件下，施用过磷酸钙和重过磷酸钙可显著增加土壤 Ca_2-P 和 Ca_8-P 的含量，且在黏壤质石灰性褐土条件下，重过磷酸钙对土壤 Ca_2-P 和 Ca_8-P 含量的增加作用较过磷酸钙显著，而在黏壤质石灰性潮土和沙壤质石灰性褐土条件下，两种肥料作用相当。施用过磷酸钙在三种土壤条件下还可明显增加 Fe-P 含量。而施用重过磷酸钙在三种土壤条件下则有略微降低土壤 O-P 和 $Ca_{10}-P$ 含量的作用。

第二节 有机肥施用与土壤无机磷转化

一、研究背景

施用有机肥，开发利用有机肥中的有机磷，是补充作物磷素营养，提高土壤磷素肥力的一项重要技术措施。有机肥料种类繁多，来源不一，各形态有机磷含量差异较大。有机肥对土壤有效磷的影响，一方面是有机肥本身含有大量的有效磷，另一方面是有机物质矿化分解释放有效磷，同时在有机质腐解过程中所产生的有机酸等类物质可以阻止磷的沉淀，也可以溶解土壤中难溶性磷。国内外许多研究表明，施用有机肥料可以提高土壤有效磷（倪仲伍，1990；Sharply et al.，1989）。据莫淑勋（1990）研究，在低肥力地块上，亩施2 500 kg马粪、比不施的有效磷增加6.5倍，在中肥力地块可增加2.6倍。蒋仁成（1991）研究了有效磷与有机肥、无机肥的关系指出，在有效磷的提高方面，有机肥比无机磷肥有更大的功效。Meek 等（1979）也指出在停施有机肥六年以后，有效磷含量仍比对照不施有机肥高得多，认为等量有机肥磷比无机肥更能提高有效磷。有机肥腐解过程中产生的有机酸等物质，可以和铁、铝形成络合物，从而减少土壤对磷的吸附固定。磷酸盐的溶解度可因有机肥在磷肥腐解过程中产生的碳酸而提高，腐殖酸盐还可以在胶体的氧化物上面形成一个保护的表面，减少磷酸盐的固定。张为政等研究指出，施用猪厩肥，首先使中活性和高稳性有机磷增加，然后转化为其他形态的有机磷和无机磷。一般以中活性、中稳性有机磷为主。化学磷肥在土壤中的转化速率很快，土壤对磷肥的固定表现出瞬时过程，施入土壤的磷肥很快转化成其他形态的磷酸盐。

二、试验方法

采用日光温室尼龙袋原位掩埋法，在辛集马庄试验站日光温室，研究了有机肥施用及有机无机肥配施对土壤无机磷各组分转化的影响。供试土壤类型为壤质石灰性潮土，基础土壤理化性质为：有机质 15.4 g/kg、土壤全氮 1.55 g/kg、碱解氮 63.5 mg/kg、Olsen-P 32.5 mg/kg、NH_4OAc-K 165.28 mg/kg。该土壤田间持水量 25.1%。试验设 4 个处理，分别为对照不是磷肥（P0）、施用 8 g有机肥（Po）、施用重过磷酸钙折合 P_2O_5 1 g（Pi）、施用 8 g 有机肥和 P_2O_5 1 g（Po+i）。试验设两个重复。供试土壤风干后过 2 mm 筛与肥料混匀装入尼龙袋中，埋入试验棚 10～20 cm，然后浇水。每个尼龙袋装 100 g 供试土壤。在土壤掩埋期间土壤水分与蔬菜种植区一致。培养 6 个月后取出土袋，将土壤风干、粉碎，测定土壤无机磷分组。

三、有机肥施用对土壤无机磷转化的影响

研究结果表明（图 4-4），比较基础土和不施磷肥处理，经过 6 个月后土壤各无机磷组分含量变化不大，只有 O-P 含量稍有降低。比较不施磷肥处理和施用有机磷处理，施用有机磷后无机磷各组分含量均有增加，其中 Ca_2-P、Ca_8-P、Al-P、O-P 有显著增加，其绝对量增加幅度排序为：Ca_8-P＞Al-P＞O-P＞Fe-P＞Ca_{10}-P＞Ca_2-P；比较不施磷肥处理和施用无机磷处理发现，施用无机磷后无机磷各组分含量均有显著增加，且增加幅度大于施用有机肥各处理，其绝对量增加幅度排序为：Ca_8-P＞Al-P＞O-P＞Ca_2-P＞Fe-P＞Ca_{10}-P；比较不施磷肥处理和无机磷与有机肥配施处理发现，无机磷与有机肥配施后土壤无机磷各组分含量均有显著增加，且除 Ca_{10}-P 外其他各组分增加幅度大于单独施用无机磷和有机肥各处理，其绝对量增加幅度排序与单独施用无机磷排序一致。

综合该结果可见，对于增加土壤有效和缓效磷源而言，有机肥与无机磷肥配合施用＞单施用无机磷肥＞单施有机肥；对于增加土壤 O-P 含量而言，也为有机肥与无机磷肥配合施用＞单施用无机磷肥＞单施有机肥；对于增加土壤 Ca_{10}-P 含量而言，单施用无机磷肥＞有机肥和无机磷肥配合施用＞单施有机肥。

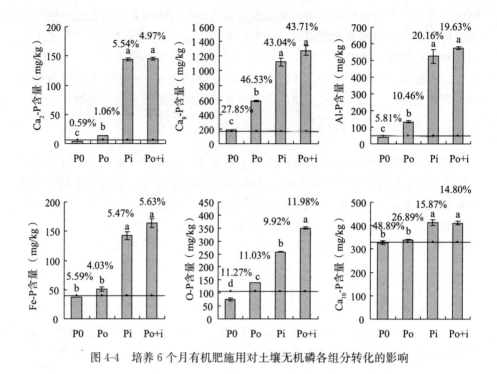

图 4-4　培养 6 个月有机肥施用对土壤无机磷各组分转化的影响

四、小结与讨论

土壤磷素有效性不仅与磷矿物形态类型有关，还与土壤 pH、有机碳、CEC、黏粒、粉粒、沙粒含量等土壤性质有关，因为磷在土壤中一系列转化行为受到多种土壤性质影响。黑土土壤有效磷与 Al-P 和 Ca_2-P 相关性最好，Ca_8-P 和 Fe-P 为其次，Ca_{10}-P 和 O-P 相关性最差，所以在黑土里 Al-P 和 Ca_2-P 是主要的有效磷源，Ca_8-P 和 Fe-P 为缓效磷源。尹金来等（2000、2001），通过室温培养−盆栽黑麦草试验，研究了石灰性土壤施用猪粪和磷酸二氢钾后，猪粪转化为无机磷 Ca_2-P、Ca_8-P、Al-P、Fe-P。施用猪粪和磷肥显著地增加了活性、中活性和中稳性有机磷的含量，其中以中活性有机磷增量最大，活性和中活性有机磷对黑麦草吸磷总量直接贡献较大，活性、中活性和中稳性有机磷对黑麦草吸磷总量也有一定的间接贡献。顾益初等（1997）研究表明，长期施用磷肥或有机肥，土壤中的 Ca_2-P、Ca_8-P、Al-P 和 Fe-P 含量均显著增加，尤以 Ca_8-P 增加幅度最大。施磷肥也显著增加土壤中 O-P 的含量。说明化肥和有机肥中易溶性磷在施入土壤后，不但形成易溶和较易溶的 Ca-P，也形成相当数量的 Al-P 和 Fe-P，即进行着 Ca-P 体系和 Al-P、Fe-P 体系两方面的转化，在这两方面的转化中，Ca_8-P、Al-P 和 Fe-P 含量均显著增加，尤

以 Ca_8-P 增加幅度最大。施磷肥也显著增加土壤中 O-P。石灰性土壤上磷肥有效性很低,磷肥施入石灰性土壤,浸出的磷只相当于施入磷 40%～65%;施肥 200 d,浸出率仅为 25%(鲁如坤等,1997、2000)。尹金来等(2000、2001)研究表明,施入石灰性土壤的磷肥主要转化为土壤 Ca_2-P、Ca_8-P、Al-P、Fe-P,短时期磷肥不易形成 O-P、Ca_{10}-P,磷肥的影响大于猪粪。刘建玲等(2000a、2000b)研究结果表明,土壤磷素积累以无机磷为主,首先为 Ca_2-P、Ca_8-P,平均占无机磷积累总量的 52.3%,其中 Ca_8-P 占二者积累磷总量的 78.3%;其次为 Al-P、Fe-P,平均占无机磷积累磷总量的 26.1%;再次为 O-P,短时期内,土壤 Ca_{10}-P 无显著增加,二者平均占 20.4%。施入潮土的水溶性磷肥在短时期内主要转化为 O-P,继而向 Ca_8-P、Al-P、Fe-P 转化,残留在土壤中的主要以 Ca_2-P、Ca_8-P 形态存在,Al-P、Fe-P 也有不同程度的积累,有少量的磷向 O-P 转化,Ca_{10}-P 没有显著变化。

本研究采用了 3 种石灰性土壤,在黏壤质石灰性潮土、黏壤质石灰性褐土、沙壤质石灰性褐土下,施用过磷酸钙或重过磷酸钙 60 d 能明显增加土壤 Ca_2-P 和 Ca_8-P 含量,3 种土壤类型下 Ca_2-P 的增量分别为 4.2～4.4 mg/kg、3.2～4.2 mg/kg、3.9～4.0 mg/kg,Ca_8-P 的增量分别为 77.5～83.0 mg/kg、60.8～85.0 mg/kg、55.6～62.8 mg/kg。施用过磷酸钙后还明显增加了 Fe-P 的含量,3 种土壤类型下 Fe-P 的增量分别在 18.8 mg/kg、12.2 mg/kg、11.6 mg/kg。施用重过磷酸钙后土壤中 O-P 和 Ca_{10}-P 含量略有下降,3 种土壤类型下 O-P 的降幅分别在 9.9 mg/kg、7.4 mg/kg、3.9 mg/kg,Ca_{10}-P 的降幅分别在 21.1 mg/kg、11.0 mg/kg、5.4 mg/kg。在壤质石灰性潮土下,有机肥鸡粪施用 6 个月能显著增加 Ca_8-P、Al-P 和 O-P 含量,增量分别在 400.8 mg/kg、93.1 mg/kg、63.8 mg/kg,Ca_2-P、CA_{10}-P 和 Fe-P 也略有增加;等量 P_2O_5 投入下无机磷肥较有机肥显著增加了土壤无机磷各组分。

第三节 有机无机配施与土壤磷素盈余

一、研究背景

设施蔬菜过量有机肥和化肥磷投入导致土壤磷养分积累现象特别严重(王敬国,2011),老菜田土壤有效磷为 150～200 mg/kg,高的甚至达到 437 mg/kg(Ren et al.,2010)。磷肥管理一般以土壤肥力维持为原则,依据土壤肥力状况和作物目标产量的磷素需求推荐施肥量,目标是保证作物产量的前提下,使土壤磷素水平保持在适宜范围水平。石灰性土壤上磷肥当季利用率很低(Schachtman et al.,1998;Vance et al.,2003),因此,土壤磷素积累成为磷素损失的主要来源,并导致土壤环境质量退化。如何减量推荐有机肥,依据土壤养分水平调控化肥配施量，使土壤养分供应保证作物产量和品质，降低环境风险是有机肥和化肥养分管理的关键。

国际上对有机肥的管理采用以 N-based 或以 P-based 来推荐，基于氮素或磷素投入量推荐有机肥用量是定量化有机肥施用的有效途径。但是，由于有机肥的 N/P 比作物 N/P 小，依据 N-based 推荐有机肥容易导致土壤 P 积累，而以 P-based 推荐有机肥可以控制土壤磷积累（Eghball et al.，1999；Maguire，2009）。目前我国设施蔬菜生产中有机肥和化肥过量施用问题极其突出，生产中有机肥施用仍以培肥地力为主，忽视了有机肥养分投入对作物养分利用和环境的影响。尽管国家制定了有机肥限量标准，提出不同作物有机肥用量的最高限量（GB/T 25246—2010），但该限量与目前生产的传统用量差异不大，很难控制有机肥过量施用现象。有机肥节肥潜力大的原因很大程度上是没有对有机肥提供的养分进行定量化，很难真正实现有机肥科学定量化施用，导致土壤养分积累、养分利用效率低和菜田土壤质量下降。因此，采用根层调控原理，以氮或以磷为基准推荐有机肥，实现有机无机养分供应与作物养分高效利用是有机肥量化推荐的关键。针对目前设施蔬菜有机肥和化肥过量施用导致土壤氮磷养分和盐分积累严重的问题，采用以 N-based 和以 P-based 的有机肥推荐策略，依据"氮素总量控制、磷素恒量监控"的原理，研究了有机-无机配施对蔬菜生长、养分吸收、土壤氮磷钾养分积累、盐分和 pH 的影响，为设施蔬菜有机肥定量化推荐及养分管理提供技术支撑。

二、材料与方法

试验于 2010 年 8 月至 2012 年 1 月在河北省藁城市农业示范场进行。供试日光温室为带保温层的土坯后墙，无水泥柱拱形结构，拱形外表面覆 0.8 mm 聚乙烯棚膜，冬季棚膜上覆盖草帘，没有增温措施。棚长为 58.8 m，宽为 5.7 m，拱高 2.5 m。该温室已连续种植 9 年，前茬为越冬茬番茄。供试土壤为石灰性褐土，试验开始前 2010 年 8 月 5 日采集基础土，土壤理化性质见表 4-4。

表 4-4 供试温室土壤理化性质

土层 (cm)	容重 (kg/m³)	pH	碳氮比 C/N	全氮 (g/kg)	有机碳 (g/kg)	硝态氮 (mg/kg)	铵态氮 (mg/kg)
0~30	1 322	7.90	7.70	16.4	126.6	34.88	1.16

供试作物为番茄（*Lycopersicum esculentum* Mill.）。种植方式为一年两季番茄轮作，即 1 月底或 2 月初至 7 月初为冬春季，8 月至翌年 1 月为秋冬季，7 月初到 8 月初为夏季休闲，但不揭棚膜。番茄品种选择当地代表性品种，育苗及移栽定植时间见表 4-5。采用穴盘育苗，当番茄幼苗生长到 3~5 叶时移栽、

定植。栽培方式采用高畦栽培，大小行双行种植，株距 30～35 cm，大行距 100 cm、小行距 40 cm，种植密度为 52 500 株。

表 4-5　2010—2011 年番茄种植品种和移栽时间

种植季节	品种	播种日期	定植	采收期	
				第一次采收	拉秧期
2010 秋冬茬	欧锦	2010-7-16	2010-8-15	2010-11-30	2011-1-23
2011 冬春茬	迪芬尼	2011-12-15	2011-1-26	2011-5-10	2011-7-8
2011 秋冬茬	金棚 11	2011-7-15	2011-8-15	2011-10-29	2012-2-20

田间其他管理措施如开风口、盖草帘等视季节与温室内气候环境而定。番茄生长期间除草、打叶、病虫害防治等措施按照无公害蔬菜栽培技术规程进行管理。根据当地习惯与病害发生状况每隔定期喷施杀菌或者杀虫剂，主要用于防治常见病虫害，如灰霉病、根结线虫、蚜虫以及潜叶蝇等病虫害。番茄拉秧后，将番茄秧连根拔起，移出温室丢弃。

该试验设置 5 个处理，3 次重复，随机区组排列。各处理氮磷钾养分投入量如下（王丽英，2012）。

（1）对照（M_0）：不施有机肥，化学氮肥依据土壤氮素供应目标值按照公式 4-1 计算。

（2）以氮推荐有机肥（M_{170N}）：有机肥施氮量 170 kg/（hm^2·年），秋冬季和冬春季分别为 70 kg/hm^2 和 100 kg/hm^2；化学氮肥依据土壤氮素供应目标值计算，推荐量减去有机肥磷钾量为化肥磷钾用量，如果有机肥磷钾投入量超过推荐用量，则不再推荐磷、钾肥。

（3）以氮推荐有机肥（M_{400N}）：有机肥施氮量 400 kg/（hm^2·年），秋冬季和冬春季各 200 kg/hm^2，化学氮磷钾推荐原则同处理（2）。

（4）以氮推荐有机肥（M_{600N}）：有机肥施氮量 600 kg/（hm^2·年），秋冬季和冬春季各 300 kg/hm^2，化学氮磷钾推荐原则同处理（2）。

（5）以磷推荐有机肥（M_{70P}）：有机肥施磷量 70 kg/（hm^2·年），秋冬季和冬春季各 35 kg/hm^2，化学氮磷钾推荐原则同处理（2）。

各处理养分投入的原则依据有机肥带入的氮磷养分量来确定，无论以氮或以磷来推荐有机肥用量，番茄整个生育时期的氮磷钾养分管理原则为：依据番茄目标产量和土壤肥力确定氮磷钾养分总量，生育期使根层土壤氮磷保持在适宜水平，避免产生土壤氮磷积累。氮肥在底施有机肥的基础上，追施氮量依据生育期根层土壤氮素供应目标值来推荐（公式 4-1）；磷肥依据作物磷素带走量推荐，保证番茄定植和苗期分别灌根 P 溶液 1 次，其余磷肥一次底施；钾肥推荐原则与磷相同，全部钾肥滴灌追肥，但保证结果后期钾肥用量在 30 kg/hm^2

（以 K_2O 计）。秋冬季和冬春季番茄的目标产量分别为 90 t/hm² 和 120 t/hm²，冬春季和秋冬季番茄不同生育时期的氮素供应目标值见表 4-6。

氮肥推荐依据各时期的根层土壤硝态氮测试结果，计算每次追施氮量（以 N 计）：

追肥氮量（kg/hm²）＝氮素供应目标值－追肥前根层土壤硝态氮

（公式 4-1）

土壤硝态氮含量（kg/hm²）＝土壤硝态氮含量（mg/kg）×

容重（g/cm²）×土壤深度（30cm）/10

（公式 4-2）

表 4-6　冬春茬和秋冬茬番茄各生育期氮素供应目标值

单位：kg/hm²

种植季节	第 1 穗果实膨大期 FCD1st	第 2 穗果实膨大期 FCD2nd	第 3 穗果实膨大期 FCD3rd	第 4 穗果实膨大期 FCD4th	第 5 穗果实膨大期 FCD5th
2010 秋冬茬（AW）	250	300	350	300	300
2011 冬春茬（WS）	200	250	250	200	200
2011 秋冬茬（AW）	150	150	200	200	200

施肥时期分配：每季整地前将有机肥沟施入番茄种植畦，磷肥在定植和苗期分别灌根 1 次，每次施磷量（以 P_2O_5 计）8 kg/hm²，合计 16 kg/hm²，其余磷肥在种植畦底施。化学氮肥和钾肥全部采用滴灌施肥方式。追肥分配按照每穗果膨大期开始，每穗果追肥 2 次，间隔时间 10～15 d。

供试有机肥来自附近养殖场风干发酵鸡粪，化学肥料采用尿素（含N46%），硫酸钾（含 K_2O 50%），过磷酸钙（含 P_2O_5 16%）或重过磷酸钙（含 P_2O_5 43%）。

灌溉：灌溉采用膜下滴灌，2010 年秋冬茬、2011 年冬春茬、2011 年秋冬茬的灌溉量分别为 181 mm、239 mm、255 mm，每次灌溉 14～16 次。每次滴灌施肥时先滴清水 30 min，然后滴灌肥液，灌溉结束前 30 min 再滴清水以冲洗施肥罐和滴灌管。

由于温室面积的限制，该试验区组Ⅰ、区组Ⅱ的小区面积为 24 m²，每区种植 3 畦 6 行，区组Ⅲ的小区面积为 16 m²，每区种植 2 畦 4 行。为防止小区间水肥测渗，在每个小区四周开挖为 20～25cm，深度为 50 cm 的沟槽，用厚度为 8 mm 塑料布隔离。

三、结果与分析

不同有机肥推荐对设施番茄干物质积累的影响结果表明，2010AW 季番茄植株和果实总干物质积累量以对照 M_{70P} 最高，显著高于以磷推荐 M_0 处理，增长率为 23.3％，但 M_{70P} 处理与以氮推荐的 M_{170N}、M_{400N} 和 M_{600N} 三个处理的差异不显著；以氮推荐的 M_{400N} 和 M_{600N} 分别比对照增加 10.3％ 和 11.1％，两个处理间差异不显著；2011WS 季各处理番茄干物质量以 M_{600N} 处理最高，比对照增加 21.6％，显著高于 M_0 和 M_{70P} 两个处理，但与 M_{170N}、M_{400N} 和 M_{70P} 处理间差异不显著，M_{170N} 和 M_{400N} 处理比对照的干物质增加 7.1％、15.5％ 和 2.5％；2011AW 季，总干物质量以 M_{170N} 处理最高，显著高于 M_{600N} 处理，但与其他三个处理差异不显著，M_{170N}、M_{400N} 和 M_{70P} 处理分别比对照增加 22.8％、12.6％和 18.4％，但 M_{600N} 处理反而比对照降低 1.3％；分析三季番茄各处理的总干物质积累量之间差异均不显著。三季番茄总干物质量差异较大，主要是由于种植季节和番茄品种的差异，一般冬春季比秋冬季的番茄产量和长势高，从而干物质积累也相应较高。

　　分析有机肥推荐对果实干物质积累量的结果发现（表 4-7），2010AW 季果实干物质积累以对照最高，显著高于 M_{70P} 处理，增加 39.0％，但与以氮推荐的三个处理间的差异均不显著。2011WS 和 2011AW 两季各处理之间的差异均不显著，但三季果实累积干物质量以 M_{70P} 处理最低，显著低于其他四个处理，果实干物质积累的降低可能影响产量。可见，有机肥管理策略对番茄总干物质积累和果实干物质的影响效果不同，可能是由于 M_{70P} 处理增加总干物质的积累主要是增加了茎叶干物质积累的比例。从有机肥推荐对番茄总干物质积累的结果看，以氮推荐每年底施有机肥（以 N 计）170 kg/hm² 处理的总干物质积累量较高，并连续保持相对较高的水平。综合分析表明，以磷推荐有机肥在根层土壤氮素供应水平较高条件下可以获得较高的干物质积累量，以氮推荐适合在土壤氮素中等或较低的条件下应用。

表 4-7　不同有机肥推荐对设施番茄干物质积累的影响（t/hm²）

处理	植株和果实总干物质				果实干物质			
	2010AW	2011WS	2011AW	三季	2010AW	2011WS	2011AW	三季
M_0	10.32b	17.58b	5.95ab	33.85a	7.10a	11.58a	4.53a	23.20a
M_{170N}	11.26ab	18.84ab	7.31a	37.41a	6.02ab	11.37a	4.95a	22.34ab
M_{400N}	11.38ab	20.31ab	6.71ab	38.39a	5.64ab	12.87a	4.90a	23.41a
M_{600N}	11.46ab	21.38a	5.88b	38.72a	6.39ab	12.15a	4.88a	23.41a
M_{70P}	12.72a	18.02b	7.05ab	37.79a	5.10a	11.20a	3.15a	19.45b

注：AW 为秋冬季，WS 为冬春季；M_0 表示对照、M_{170N} 表示以氮推荐有机肥、M_{400N} 表示以氮推荐有机肥、M_{600N} 表示以氮推荐有机肥、M_{70P} 表示以磷推荐有机肥，以下相同。

　　有机肥本身含有丰富的营养元素，施用有机肥提高土壤养分含量水平，同时改善土壤结构和理化性质，有利于作物根系对养分的吸收，而且有机肥可以活化土壤中的磷养分，提高土壤磷的生物有效性。不同有机肥推荐对番茄氮磷养分吸收的影响见表4-8，结果表明，不同有机肥推荐对番茄果实氮磷吸收量的影响表明，2010AW季增施有机肥提高氮磷养分吸收量，并随有机肥用量的增加而增加。M_{70P}处理促进氮磷养分吸收量最为显著，氮吸收量显著高于对照和M_{170N}处理，增幅均为47%，但M_{70P}处理与以氮推荐的处理差异均不显著；磷吸收量显著高于对照和以氮推荐处理，比M_0、M_{170N}、M_{400N}和M_{600N}分别增加40%~63%，而这四个处理间差异不显著。M_{70P}处理的果实干物质量尽管显著低于其他处理，但果实磷吸收量却没有降低，可能是该推荐量有利于番茄磷素吸收。2011WS和2011AW不同有机肥推荐对番茄果实氮磷吸收量的影响均差异不显著。综合分析三季总氮磷吸收量，随着有机肥用量的增加，氮磷吸收量增加。以M_{600N}处理的氮磷吸收量最高，氮吸收量显著高于M_0处理，但与其他处理差异不显著；磷吸收量显著高于M_0、M_{170N}和M_{600N}，但与M_{400N}处理差异不显著。因此，基于氮磷推荐有机肥比单施化肥提高了番茄植株和果实的氮磷吸收量。崔崧等（2006）研究了基质栽培条件下，配施有机肥料使黄瓜对磷的吸收比率得到较大提高。

表4-8 不同有机肥推荐对设施番茄氮磷吸收量的影响（kg/hm^2）

处理	植株和果实养分吸收总量				果实中养分吸收量			
	2010AW	2011WS	2011AW	三季	2010AW	2011WS	2011AW	三季
M_0	33.3a	52.5b	21.4 a	107.2c	16.4b	34.2a	15.4a	66.0c
M_{70P}	36.6a	55.8b	24.5 a	116.9bc	23.0a	35.9a	17.2a	76.1bc
M_{170N}	37.1a	57.1b	22.0 a	116.2bc	16.3b	34.5a	17.1a	67.9bc
M_{400N}	35.7a	67.9a	22.1 a	125.7ab	16.0b	42.0a	17.0a	75.0ab
M_{600N}	34.4a	73.8a	20.0 a	128.2a	14.1b	41.3a	15.7a	71.1a

田间试验研究表明，有机物料减量与化肥精施推荐的三季番茄磷素盈余的结果发现（表4-9），随着有机物料磷素投入的增加，有机与无机投入比例增加。连续9季的番茄磷素吸收量（以P_2O_5计）为711~881 kg/hm^2，随着总磷投入量的增加，磷素吸收量显著增加（$r=0.5597$，$P<0.05$），磷素盈余显著增加（$r=0.9994$，$P<0.05$）。但是，由于北方土壤对磷的固定性强，连续9季试验后，土壤有效磷比试验前变化量较小，仅M_0、M_{70P}和M_{170N}处理缓解了土壤有效磷积累，分别降低27.12 mg/kg、8.18 mg/kg、22.12 mg/kg，降低幅度为15.4%、4.7%、12.6%，但M_{70P}和M_{170N}处理的土壤有效磷比M_{600N}分别降低34.6%、40.0%，土壤积累显著降低（$P<0.05$）。有机物料减量与化肥精施推荐M_{70P}和M_{170N}处理的磷肥偏生产力分别是传统推荐M_{600N}处理的5.8

倍、3.7 倍，显著提高（$P < 0.05$）。因此，M_{70P} 和 M_{170N} 处理两种模式实现了磷肥高效利用，缓解了土壤磷素积累。

表 4-9　有机物料减量与化肥精施对设施番茄体系磷素盈余的影响（以 P_2O_5 计）（kg/hm^2）

处理	有机肥	化肥	磷投入	磷吸收量	磷素盈余	土壤有效磷（mg/kg）			磷肥偏生产力（kg/kg）
						定植前	9 季收获后	土壤速效	PFP*
M_0	0	963	963	752	211	176.0	148.8	−27.12	762
M_{70P}	720	243	963	878	85	176.0	167.7	−8.28	776
M_{170N}	1 409	144	1 553	711	842	176.0	153.8	−22.12	487
M_{400N}	3 557	144	3 701	869	2 832	176.0	197.5	21.55	205
M_{600N}	5 335	144	5 479	881	4 598	176.0	256.5	80.55	133

注：土壤有效磷变化为 9 季拉秧后土壤有效磷减去试验前。* PFP 为 9 季单位施磷量的番茄果实产量与施肥量的比值。

有机质具有培肥地力的作用，同时有机肥可以活化土壤磷素，减少土壤对磷的固定，提高土壤有效磷含量。图 4-5 结果表明，2010AW 季对照 M_0 与 M_{70P} 处理的施磷量相同，但磷肥种类不同，分别为化学磷肥和有机肥全量磷，但一季番茄拉秧后对照 M_0 的根层土壤 Olsen-P 含量显著高于 M_{70P} 处理，主要是 M_{70P} 处理的番茄磷吸收量高于 M_0 处理，而且 M_{70P} 处理施用有机肥全磷，其中有一部分为有机磷，而测试 Olsen-P 含量仅为土壤有机磷库的一小部分，因此，以磷推荐有机肥策略 M_{70P} 处理表现了对土壤磷的活化，从而使土壤难溶性磷转化为可溶性磷，以提高土壤磷的生物有效性。2011WS 季随着有机肥推荐用量的增加土壤 Olsen-P 含量增加的趋势非常明显，尽管对照 M_0 处理推荐

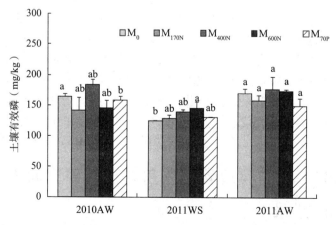

图 4-5　不同有机肥推荐对每季番茄拉秧后根层土壤有效磷含量的影响

化肥磷量与其他 M_{70P} 处理相同，但 M_{70P} 处理表现出土壤 Olsen-P 含量高于对照，可见，有机肥施用对土壤磷的活化以及有机肥对土壤持续供磷能力的作用。2011AW 各处理的土壤有效磷含量差异不显著，这可能与秋冬季温室内土壤温度较低，无论是有机肥还是化学磷肥投入处理的土壤磷素固定程度要高于2011WS，而 2011WS 土壤有效磷与其他两个秋冬季相比降低原因是该季番茄产量和磷吸收量显著高于秋冬季，而推荐磷量低于作物需求量，土壤 Olsen-P 出现亏缺。综合分析得知，在土壤有效磷含量较高的条件下，以磷推荐有机肥用量（以 P 计）70 kg/（hm^2·年）在保证番茄产量的前提下，控制土壤有效磷积累。

四、小结与讨论

有机肥过量施用导致土壤磷积累。Maerere（2001）研究了有机肥对全磷、C/N 和 C/P 的影响。连续施用 20 年导致土壤有效磷含量从 9 mg/kg 显著升高到 1 200 mg/kg（Eghball et al.，1999），有机肥用量从 0 增加到361 t/hm^2 使土壤 Bray-P 含量从 45 mg/kg 升高到 391 mg/kg（Viveanandan et al.，1990），土壤磷含量增加并通过径流、淋失进入到水体导致富营养化是非常严重的环境问题（Sharply et al.，1996）。有机肥或堆肥施用导致磷淋洗到浅层地下水更加值得关注，Eghball（1996）发现长期施用有机肥的磷淋洗到 1.8 m 土层。国外已有研究表明，基于磷素投入量定量化推荐有机肥是有机养分资源合理利用方式，也是控制高磷土壤磷素环境污染风险的有效途径（Eghball et al.，1999）。土壤对磷素的吸附能力有限，长期大量施磷肥和有机肥的过量施用显著增加施肥层土壤磷素的积累量。由于有机肥 N/P 小于作物 N/P 比例，本研究采用的鸡粪 N/P 为 1.2～1.5，而秋冬季番茄吸收的 N/P 为 5.8～6.7，冬春季为 5.1，以氮推荐有机肥带入的磷量远高于作物需求，但导致土壤磷素积累；而以磷为基准推荐有机肥可以避免土壤磷积累，但需要增加氮肥追施量。美国林肯大学连续 4 年的玉米试验表明，以氮或以磷推荐量分一年一次和两年一次施用的玉米产量相近，但以磷推荐有机肥降低了土壤有效磷含量，两年一次施用推荐导致土壤磷素积累。通过三季的试验结果得出以磷推荐为优化有机无机养分的调控模式，在中等以上土壤肥力条件下，基于根层调控原理的有机肥推荐实现。以磷推荐（以 P 计）70 kg/（hm^2·年）的模式中追肥氮量（以 N 计）推荐为 80～100 kg/（hm^2·季），追肥时期在第一穗和第二穗果实膨大期。

第四节　设施菜地磷肥施用与土壤磷素农学阈值

一、研究背景

不同作物适宜的土壤有效磷含量范围差异较大，土壤有效磷的临界值根据所要实现目标的区别分为农学需求临界值和环境阈值两个指标，一般农学临界值通过一系列磷肥梯度试验，采用线性加平台方法拟合作物相对产量与土壤有效磷的关系，方程的拐点即农学临界值。环境阈值一般采用土壤分段线性模型分析获得，一般农学临界值高于环境阈值。欧洲规定土壤有效磷的环境阈值为 60 mg/kg，马一兵等提出我国北方地区土壤磷的环境阈值应为 50 mg/kg；姜波（2008）调查分析得出，杭州市郊典型菜园 72％的土壤超过菜园土磷素丰缺的有效磷-临界值 Olsen-P 为 60 mg/kg，用分段线性模型分析土壤磷素淋失的临界值 Olsen-P 为 76.19 mg/kg。不同作物对土壤有效磷的响应不同，目前我国设施蔬菜磷肥推荐技术缺乏各种蔬菜高产高效的土壤有效磷适宜指标。采用盆栽试验，研究了不同磷肥用量对番茄生长、磷素吸收和土壤有效磷的影响，以建立不同蔬菜的土壤有效磷需求临界值，为蔬菜磷肥提供依据。

二、试验方法

试验在河北省农林科学院农业资源环境研究所日光温室进行。盆栽用土壤为轻壤质石灰性褐土，该土壤 pH 为 7.8，有机质含量为 13.2 g/kg，全氮为 0.61 g/kg、碱解氮 56.6 mg/kg、有效磷 38.7 mg/kg、速效钾 104.5 mg/kg。供试番茄品种为：毛 T5。试验设 8 个施磷水平，即：P_2O_5 0 g/kg、0.04 g/kg、0.20 g/kg、0.36 g/kg、0.53 g/kg、0.85 g/kg、1.51 g/kg、2.49 g/kg（分别用处理 1 至处理 8 表示）。每个处理 9 次重复，随机区组排列。整个生育期各处理施氮量均为 N 0.3 g/kg，施钾量均为 K_2O 0.3 g/kg。氮肥和钾肥按照基追比 1∶2 施用，追肥分别在结果初期和结果盛期进行；磷肥一次性底施。用过磷酸钙（含 P_2O_5 16.0％），尿素（含 N 46.0％），硫酸钾（K_2O 50.0％）作肥源。试验采用 40 cm×25 cm 塑料盆，每盆装风干土 12 kg，装盆时将土与过磷酸钙和基施的尿素、硫酸钾 3 种肥料混匀。每盆栽种番茄幼苗 1 株。保持土壤水分含量在 16％～23％（称重法）；温度 15～29℃。生长到开花期后，留 4 穗果打顶，其他按常规管理。土壤有效磷含量采用 Olsen 法测定，土壤电导率采用 DDSJ-308A 型电导仪测定。

三、磷肥用量与番茄干物质积累

磷肥用量影响番茄生长和干物质积累，随着磷肥用量的增加，番茄总干物质积累逐渐增加（图 4-6），从结果初期起，不同施磷量对番茄干物质积累量的影响差异逐渐明显，结果初期至结果盛期的干物质积累速率最高。当磷肥用量为 0.23 g/kg（以 P 计）时，结果期番茄干物质积累量最高。

最高磷肥用量（以 P 计）为 1.09 g/kg，是番茄磷肥带走量的 4.5 倍，与

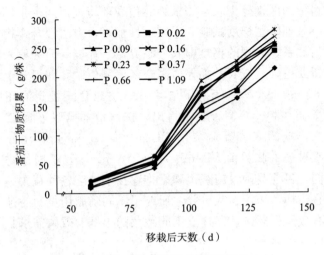

图 4-6 番茄干物质积累对磷肥用量的响应

设施蔬菜农民常规施磷量相近（Zhang et al.，2008）。磷肥用量影响番茄地上部和根的干重，磷肥用量（以 P 计）0.23 g/kg 处理的地上部干重最高，为185.2 g/株，根干重为 14.7 g/株，分别比不施磷肥对照增加 24.3％ 和93.4％，而且该磷肥用量的番茄冠根比最小，为 18.18。最大单果重和果实产量分别为 83.4 g/株和1018.2 g/株，分别比对照增加 27.3％和41.2％。磷肥用量（以 P 计）1.09 g/kg 处理的番茄结果数最多，为 12.4 个（表 4-10）。

综合分析磷肥用量对番茄干物质积累的影响，当磷肥用量（以 P 计）为1.09 g/kg 时，番茄的干物质积累最高。番茄果实产量随磷肥用量的增加而增加，磷肥用量（以 P 计）为 0.23 g/kg 时，产量最高。番茄产量与磷肥用量的关系呈二次抛物线的趋势（从 P_0 到 $P_{0.37}$ 处理）：$y = -519x^2 + 215x + 735.3$，$r = 0.90^*$。从方程得出磷肥用量（以 P 计）为 0.21 g/kg 时番茄产量最高，当磷肥用量超过 0.66 g/kg（$P_{0.66}$）时，番茄产量开始降低。获得番茄最高产量90％的磷肥用量（以 P 计）在 0.12～0.30 g/kg，这个磷肥用量范围所对应的拉秧时土壤 Olsen-P 含量在 50～117 mg/kg（表 4-10）。

表 4-10 不同磷肥用量对拉秧后番茄干物质、果实产量和土壤有效磷的影响

处理	土壤有效磷 (mg/kg)	结果数 (个)	单果重 (g)	果实产量 (g)	拉秧时植株干重			
					地上部 (g)	果实干重 (g)	根 (g)	根冠比 (R/T)
P_0	21.2 f	11.0 b	65.5 c	721.0 c	149.0 c	57.7e	7.6 e	27.03
$P_{0.02}$	27.4 f	11.6 ab	70.7 bc	820.2 bc	169.3 b	65.6d	9.7 d	24.39

（续）

处理	土壤有效磷 (mg/kg)	结果数 (个)	单果重 (g)	果实产量 (g)	拉秧时植株干重			
					地上部 (g)	果实干重 (g)	根 (g)	根冠比 (R/T)
$P_{0.09}$	49.6 e	11.6 ab	73.4 b	851.4 b	176.7 ab	68.1c	10.3 cd	23.81
$P_{0.16}$	68.8 d	12.2 ab	74.0 b	902.4 ab	184.3 a	72.2b	12.3 b	20.83
$P_{0.23}$	76.4 d	12.2 ab	83.4 a	1018.2 a	185.2 a	81.5a	14.7 a	18.18
$P_{0.37}$	116.6 c	11.2 ab	71.7 bc	804.8 bc	178.9 ab	64.4d	12.1 bc	20.00
$P_{0.66}$	151.8 b	12.2 ab	67.6 bc	819.0 bc	181.8 ab	65.5d	12.7 b	19.61
$P_{1.09}$	351.1 a	12.4 a	64.9 c	804.6 bc	178.0 ab	64.4d	12.3 b	19.61

四、磷肥用量与番茄磷素吸收

磷肥用量影响番茄对磷的吸收。番茄果实和营养部位（茎、叶和根系）的磷含量随生育期的变化而有差异。在苗期和花期，营养部位（茎、叶和根系）的磷含量随磷肥用量的增加而增加。就整个生育期而言，生长前期高于结果初期至收获时期。除了收获时期，其他各个生育期果实和营养部位中磷的含量与施磷量（以 P 计）（0～1.09 g/kg）的关系符合线性加平台方程，基于方程，得到番茄苗期、花期、结果初期和结果中期的最佳施磷量（以 P 计）分别为：0.27 g/kg、0.27 g/kg、0.51 g/kg、0.53 g/kg。在不同生育时期，番茄果实中的磷含量与施磷量均符合线性加平台方程，果实的磷含量（0.31～0.61 g/kg）低于营养部位磷含量（0.19～0.68 g/kg）的变化幅度，果实磷吸收量也低于植株磷吸收量（图 4-7）。

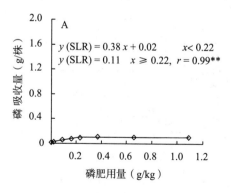
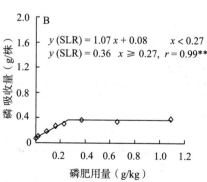

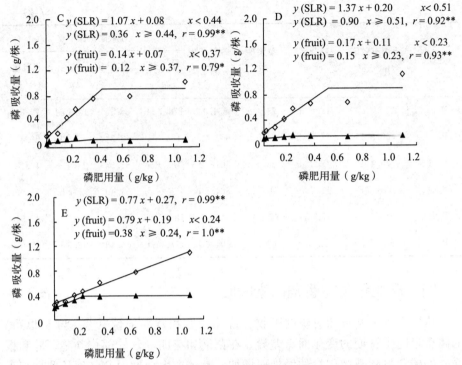

图 4-7　番茄不同生育期果实和营养部位磷素吸收对施磷量（以 P 计）的响应关系
A. 苗期（DAT58）；B. 花期（DAT85）；C. 结果初期（DAT105）；
D. 结果中期（DAT120）；E. 收获期（DAT136）。

五、不同生育时期土壤有效磷供应临界值

番茄干物质累积与土壤 Olsen-P 含量密切相关（图 4-8）。从结果初期至收获期均以 $P_{0.23}$ 处理的番茄植株干物质含量最高。运用线性加平台方程对番茄不同生育期的干物质含量与土壤 Olsen-P 含量进行拟合分析，得到苗期、花期、

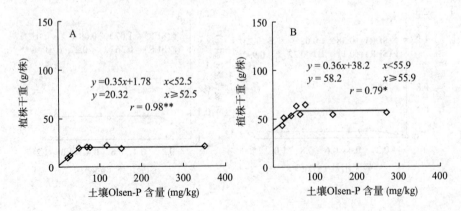

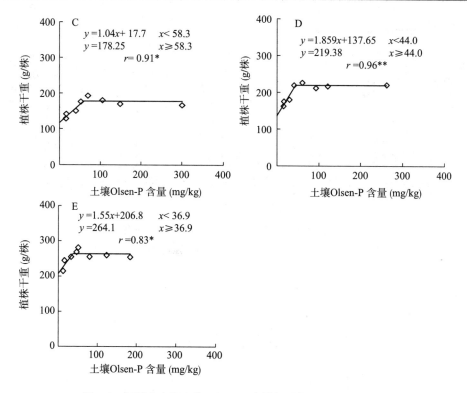

图 4-8　不同生育期土壤 Olsen-P 含量与番茄干物质含量关系

A. 苗期（DAT58）；B. 花期（DAT85）；C. 结果初期（DAT105）；

D. 结果中期（DAT120）；E. 收获期（DAT136）。

结果初期、结果中期和结果后期土壤有效磷临界含量分别为：52.5 mg/kg、55.9 mg/kg、58.3 mg/kg、44.0 mg/kg 和 36.8 mg/kg，表明番茄生长前期比结果期需要更高的磷素供应。

六、土壤有效磷与根系生长

在低量供磷水平下，随着供磷量的增加，根系干物质量增加，但过量磷素供应会抑制根系生长（图 4-9）。在苗期和花期，$P_{0.16}$ 处理的根系干重最大，分别占到了植株总干重的 11.7% 和 9.5%。而结果初期至收获时期 $P_{0.23}$ 处理，根系干重最大。番茄收获时期，根系干重与土壤有效磷含量也符合线性加平台方程，此时，土壤 Olsen-P 供应的临界值为 50.7 mg/kg（图 4-10）。

七、小结与讨论

国内外研究表明，大豆、向日葵的土壤磷素临界值为 9～13 mg/kg（Bray-P），小麦和玉米土壤磷素临界值为 14～19 mg/kg（Rubio et al.，

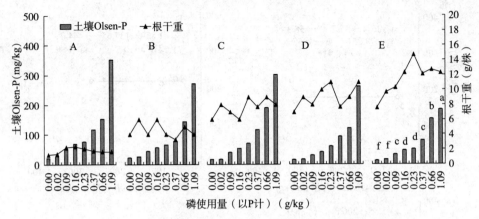

图 4-9　番茄不同生育期磷肥施用量对土壤 Olsen-P 和根干重的影响

A. 苗期（DAT58）；B. 花期（DAT85）；C. 结果初期（DAT105）；

D. 结果中期（DAT120）；E. 收获期（DAT136）。

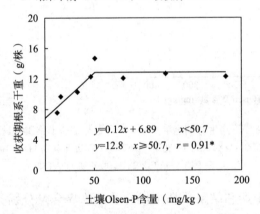

图 4-10　收获期根系干重与土壤 Olsen-P 含量的关系（DAT136）

2008）。蔬菜的根系浅，但是对磷的吸收更高（Canadell et al.，1996；Schenk et al.，1991；Meng et al.，2003；Zotarelli et al.，2009）。与粮食作物相比，蔬菜生长需要更高的磷素供应临界值。因此，磷素管理应该根据作物需磷规律，进行不同时期的优化管理。本书采用线性加平台方程拟合，得到番茄生长前期和结果中后期的土壤磷素供应临界值分别为 50～60 mg/kg 和 35～45 mg/kg，番茄生长前期对磷的需求临界值高于结果期。因此，早期生长阶段是番茄需磷关键期，结果盛期至结果后期为番茄需磷的维持期。随着番茄根系的生长和温度提高，结果期土壤磷的生物有效磷提高，但秋冬季番茄结果期的低温可能影响根系生长。在番茄生长前期应该提供充足的磷素供应作物生长，但后期番茄产量形成带走的磷量需要持续供应。考虑到磷素移动性差，大部分磷肥应在定植前作为基肥施入以保证作物生长前期磷素吸收，但在蔬菜结果期磷素需求关键期以追施磷肥以满足果实生长阶段对磷素的需求。比如，在番茄需磷关键时期，采用水肥一体化或者根际注射的方式施入高磷含量启动液（Starter Solution technology，SST），可能是蔬菜生产中提高磷素有效性的有效磷素管理。启动液通过保持更高的养分强度促进根系生长，提高磷肥生物有效性，在石灰质土壤上效果更加明显（Bertrand et al.，2006）。

第五节　滴灌减量施磷对土壤磷素积累、迁移与利用的影响

一、研究背景

设施蔬菜生产过量施磷问题普遍存在。我国设施蔬菜单季磷肥平均用量为 P_2O_5 1 308 kg/hm²，达蔬菜需磷量的 13.0 倍（Yan 等，2013）。黄绍文等（2011）调查发现我国温室和大棚菜田平均有效磷（Olsen-P）含量分别为 201.1 mg/kg 和 140.3 mg/kg，80%以上调查田块 Olsen-P 含量超过适宜值上限 100 mg/kg。在河北，设施黄瓜和番茄栽培磷肥用量高达蔬菜需求量的 15.5 倍和 28.7 倍，平均土壤 Olsen-P 含量达 150.1 mg/kg 和 205.4 mg/kg（张彦才等，2005；Zhang et al.，2010）。在山东寿光，设施菜田年均磷素盈余量高达 1 485 kg/hm²，磷肥利用率仅 8%（余海英等，2010）。土壤中过量积累的磷素是水体环境的潜在威胁。一些研究显示设施菜田水溶性磷含量高，磷素吸附饱和度大，淋失风险较高（严正娟，2015；吕福堂等，2010）。然而，与此形成鲜明对比的是 2010 年我国磷矿石储量仅 37 亿 t，按照现在年开采量 6 800 万 t 计算，仅够维持 50 年左右（Sattari et al.，2014）。合理化设施蔬菜生产磷肥用量为磷资源可持续利用提供重要途径。

不同磷肥用量定位试验供试温室位于河北省辛集马庄试验站。该区域属于暖温带半湿润大陆季风气候。供试土壤类型为壤质石灰性潮土。耕层土壤基础理化性质如下：有机质 15.0 g/kg、NO_3^--N 5.5 mg/kg，NH_4OAc-K 60.0 mg/kg，全磷 1.0 g/kg，容重 1.35 g/cm，pH 8.1（2.5∶1 v/w，25℃）。0～20 cm、20～40 cm、40～60 cm、60～80 cm、80～100 cm 土层基础 Olsen-P 含量分别为 40.2 mg/kg、6.0 mg/kg、2.6 mg/kg、2.5 mg/kg、2.5 mg/kg。试验始于 2008 年 2 月，采用该区域典型冬春茬黄瓜-秋冬茬番茄种植模式。试验共设计 3 个施磷水平，分别为不施磷肥 P_0 处理、减量施磷 P_1 处理和农民常规施磷量 P_2 处理。P_1 处理参考温室黄瓜和番茄目标产量、种植茬口、基础土壤 Olsen-P 测试值推荐施磷量。根据前 3 年供试农户产量水平，拟定冬春茬黄瓜目标产量为 170 t/hm²，秋冬茬番茄目标产量为 140 t/hm²；按照黄瓜每形成 1 000 kg 产量吸收磷 0.7 kg，明确目标产量下黄瓜需磷 119 kg/hm²（刘军等，2017）；

根据本课题组研究，番茄每形成 1 000 kg 产量吸收磷 0.35 kg，明确目标产量下番茄需磷 49 kg/hm²；供试土壤基础 Olsen-P 含量低于黄瓜、番茄土壤有效磷适中范围 60～100 mg/kg，根据"增加并维持"的施磷策略，按照蔬菜磷需求量的 1.0～2.0 倍推荐施磷量（陈清等，2014）；考虑冬春茬种植季温度有利于土壤磷素供应，按照黄瓜磷素需求量的 1.1 倍推荐施磷，施 P_2O_5 300 kg/hm²；由于秋冬茬种植季内温度逐渐降低，土壤供磷能力转弱，按照番茄需磷量的两倍推荐施磷，施 P_2O_5 225 kg/hm²。P_2 处理按照调查所得河北设施蔬菜磷肥平均用量设计，单季投入 P_2O_5 675 kg/hm²（张彦才等，2005）。3 处理氮肥和钾肥用量一致，黄瓜季 N 用量 600 kg/hm²，K_2O 用量 525 kg/hm²，番茄季 N 用量 450 kg/hm²，K_2O 用量 450 kg/hm²。

二、减量施磷对温室土壤 Olsen-P 含量的影响

温室菜田以表层土壤 Olsen-P 含量最高，年季变化最明显（图 4-11）。在 0～20 cm 土层，随着种植年限的增加，P_0 处理 Olsen-P 含量呈降低趋势，年均降幅 3.4 mg/（kg·年）；P_1 和 P_2 处理 Olsen-P 含量呈波浪式增加，年均增幅分别为 2.5 mg/（kg·年）和 13.2 mg/（kg·年）（李若楠等，2018）。Yan 等（2013）研究明确在中国基于瓜果菜产量的土壤 Olsen-P 阈值为 58.0 mg/kg，高于该值蔬菜产量对 Olsen-P 的增加不响应。《中国主要作物施肥指南》中给出适宜

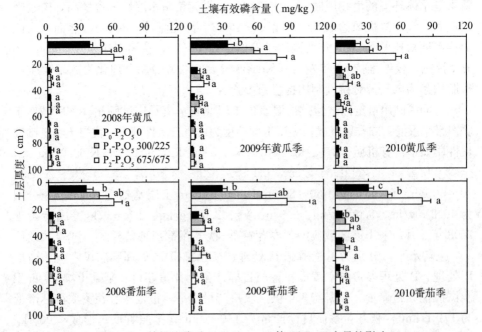

图 4-11　减量施磷对 0～100 cm 土体 Olsen-P 含量的影响

黄瓜、番茄生长的根层土壤 Olsen-P 含量为 60～100 mg/kg（张福锁等，2009）。在供试 0～20 cm 土层，3 年 P_0、P_1、P_2 处理平均 Olsen-P 含量分别为 30.5 mg/kg、49.3 mg/kg、70.2 mg/kg，P_0、P_1 较 P_2 处理 Olsen-P 含量分别下降 36.9%～67.6% 和 18.6%～43.5%，2010 年黄瓜季开始处理间差异显著。在 20～40 cm 土层，P_0、P_1 较 P_2 处理 Olsen-P 含量分别下降 40.7%～55.0% 和 17.1%～51.8%，种植两年后 P_0 和 P_2 处理 Olsen-P 含量差异显著。在 40～60 cm 土层，P_0、P_1 较 P_2 处理 Olsen-P 含量分别下降 4.8%～76.2% 和 2.0%～53.9%（2008 年、2010 年黄瓜季除外）。60～100 cm 土体 Olsen-P 含量没有明显变化，表明减量施磷后温室菜田表层土壤有效磷含量降低，磷素深层迁移量下降（李若楠等，2018）。

三、减量施磷对温室土壤磷素饱和度的影响

温室蔬菜生产灌水频繁，一些研究显示土壤磷素存在淋失问题（严正娟，2015；刘京，2015）。Heckrath 等（1955）研究表明黏壤质土磷素淋失临界值为 Olsen-P 60 mg/kg。席雪琴（2015）对全国不同区域 18 个典型土壤调查发现磷素淋溶阈值在 Olsen-P 14.9～119.2 mg/kg，其中河北潮土磷淋溶阈值为 14.9 mg/kg。Xue 等（2014）研究我国典型石灰性土壤发现磷素流失的 DPS_{M3} 和 Olsen-P 临界值分别为 28.1% 和 49.2 mg/kg。供试温室菜田以表层土壤磷素饱和度最高。供试 0～20 cm 土层基础 DPS 为 36.3%，经过 3 年种植，P_0 处理 0～20 cm 土层 DPS 较基础下降 6.7 个百分点。减量施磷下土壤磷素饱和度降低（图 4-12）。2010 年番茄收获后，P_0、P_1 较 P_2 处理 0～20 cm 土层 DPS 分别下降 50.4 个、21.1 个百分点。20～40 cm 和 40～60 cm 土层 DPS 低于 10%，处理间未有显著差异。

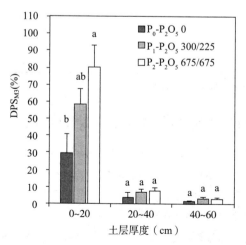

图 4-12　减量施磷对 0～60 cm 土体磷素饱和度的影响

四、减量施磷对温室蔬菜磷素吸收和产量的影响

P_1较P_2磷肥用量下降了61.1%，3年黄瓜和番茄关键生育期磷素吸收量没有显著差异（表4-11）。2008年番茄季P_0较P_2处理总磷吸收量显著下降，降幅30.0%，P_0较P_1处理总磷吸收量下降19.8%，其余种植季P_0、P_1与P_2处理磷素吸收量未有显著差异。供试温室为中高产水平，减量施磷后未显著影响黄瓜、番茄产量（表4-12）。3年P_0、P_1与P_2处理产量没有显著差异（李若楠等，2018）。

表4-11 减量施磷对温室黄瓜-番茄关键生育期磷素吸收的影响

种植茬口	年份	$P_0-P_2O_5$ 0	$P_1-P_2O_5$ 300/225	$P_2-P_2O_5$ 675
冬春茬黄瓜 (kg/hm²)	2008	97.0±4.0 a	89.5±5.9 a	111.5±7.9 a
	2009	70.0±6.3 a	71.9±4.7 a	77.2±3.2 a
	2010	61.4±4.5 a	62.5±4.0 a	58.3±4.3 a
秋冬茬番茄 (kg/hm²)	2008	25.4±1.0 b	31.7±3.2 ab	36.3±0.9 a
	2009	20.3±0.9 a	22.0±1.4 a	23.2±2.3 a
	2010	23.3±2.9 a	23.0±2.3 a	22.1±2.4 a

注：不同小写字母表示差异达5%显著水平。

表4-12 减量施磷对温室黄瓜-番茄产量的影响

种植茬口	年份	$P_0-P_2O_5$ 0	$P_1-P_2O_5$ 300/225	$P_2-P_2O_5$ 675
冬春茬黄瓜 (t/hm²)	2008	199.9±4.0 a	199.0±6.6 a	203.2±6.5 a
	2009	172.6±8.5 a	175.2±4.2 a	173.5±2.1 a
	2010	158.7±8.1 a	158.2±7.1 a	159.3±3.0 a
秋冬茬番茄 (t/hm²)	2008	129.1±1.8 a	134.8±9.2 a	138.4±7.6 a
	2009	89.1±9.6 a	87.1±7.2 a	80.4±6.0 a
	2010	89.6±7.3 a	89.8±6.0 a	90.2±5.1 a

注：不同小写字母表示差异达5%显著水平。

五、减量施磷对温室蔬菜磷素平衡的影响

减量施磷后温室黄瓜、番茄生产磷素盈余量显著降低（表4-13）。连续3年P_0处理磷素一直呈亏缺状态，亏缺量为99.1 kg/（hm²·年），P_1、P_2处理磷素出现盈余，盈余量分别为129.1 kg/（hm²·年）、480.0 kg/（hm²·年），3年P_1较P_2处理磷素盈余量下降71.0%~77.3%。由于农民常规施磷量、减量施磷61.1%为盈余施磷，表层20 cm土壤Olsen-P呈增加趋势，每盈余磷素100 kg/hm²，0~20 cm土壤Olsen-P增加1.9~2.7 mg/kg。前人在黄壤性水

稻土（刘彦伶等，2016）、黄潮土（魏猛等，2015）、黑土（展晓莹等，2016）、紫色土（刘京等，2015）上的长期研究表明土壤磷素每盈余 100 kg/hm²，有效磷分别提高 2.0～4.0 mg/kg、1.4～2.2 mg/kg、19.6 mg/kg、3.9～6.2 mg/kg。本试验与在黄壤性水稻土（刘彦伶等，2016）、黄潮土（魏猛等，2015）上的研究结果较接近。

在基础土壤 Olsen-P 含量 40 mg/kg，较农民常规磷量减施磷 60%，磷素盈余量下降 71.0%～77.3%，主根区 Olsen-P 含量下降 18.6%～43.5%，3 年均值接近瓜果类蔬菜 Olsen-P 农学阈值，产量保持在中高水平不降低，同时土壤磷素深层迁移缓解。在实际生产中，由于菜农超量施肥，种植一段时间的设施土壤有效磷含量均高于本试验供试水平。调查显示我国北方菜区温室和大棚土壤平均 Olsen-P 含量为 179.7～203.7 mg/kg（黄绍文等，2011）。因此对于中老龄（≥3 年）温室较农民常规减施磷 60%，可保证根区磷供应，保持黄瓜、番茄中高产量水平不降低。

表 4-13　减量施磷对温室黄瓜-番茄轮作磷素平衡与去向的影响

种植茬口	年份	P_0-P_2O_5 0	P_1-P_2O_5 300/225	P_2-P_2O_5 675
冬春茬黄瓜 （kg/hm²）	2008	−97.0±4.0 c	41.5±5.9 b	183.3±7.9 a
	2009	−70.0±6.3 c	59.1±4.7 b	217.5±3.2 a
	2010	−61.4±4.5 c	68.5±4.0 b	236.4±4.3 a
秋冬茬番茄 （kg/hm²）	2008	−25.4±1.0 c	66.5±3.2 b	258.4±0.9 a
	2009	−20.3±0.9 c	76.3±1.4 b	271.6±2.3 a
	2010	−23.3±2.9 c	75.2±2.3 b	272.7±2.4 a
总磷素平衡 （kg/hm²）	3 年	−297.3	387.2	1 440.0

注：不同小写字母表示差异达 5%显著水平。

六、小结与讨论

华北平原温室蔬菜生产减施磷肥潜力较大。对于种植一段时间（≥3 年）的温室，较农民常规减量施磷 60%，可以显著改善磷素盈余状况，缓解土壤表层 20 cm 有效磷积累，降低土壤磷素深层迁移量，并保证黄瓜、番茄产量不降低。推荐土壤有效磷含量≥40 mg/kg 的温室，黄瓜产量水平 170 t/hm² 下施用 P_2O_5 不宜超过 300 kg/hm²，番茄产量水平 100 t/hm² 下施用 P_2O_5 不宜超过 225 kg/hm²。实际生产中常配施有机肥，在本书温室黄瓜番茄总磷推荐量下，有机肥猪粪、鸡粪可按磷计算施用量，其投入磷量不应超过总磷推荐量。Yan 等研究明确在中国基于瓜果菜产量的土壤 Olsen-P 阈值为 58.0 mg/kg，高于该值蔬菜产量对 Olsen-P 的增加不响应。《中国主要作物施肥指南》中给出适宜黄瓜、番茄生长的根层土壤 Olsen-P 含量为 60～100 mg/kg。本研究较农民常规施磷减量 61.1% 后，3 年总磷素盈余量下降 73.1%，土壤有效磷积累显著缓解，0～20 cm 土层 3 年平均 Olsen-P 含量下降 29.7%，在 50 mg/kg 的相对适宜值，蔬菜磷素吸收未受显著影响。研究表明设施番茄较农民常规减施磷 50%～70%，单季有效磷下降 33%～37%（赵伟等，2017）。

本章参考文献：

陈清，张福锁，2007. 蔬菜养分资源综合管理理论与实践［M］. 1 版. 北京：中国农业大学出版社.

顾益初，钦绳武，1997. 长期施用磷肥条件下潮土磷素的积累形态转化和有效性［J］. 土壤，29（1）：13-17.

何金明，高峻岭，宋克光，等，2016. 磷肥用量对番茄产量，磷素利用及土壤有效磷的影响［J］. 中国农学通报，32（31）：40-45.

黄绍文，王玉军，金继运，等 2011. 我国主要菜区土壤盐分，酸碱性和肥力状况［J］. 植物营养与肥料学报，17（4）：906-918.

姜波，林咸永，章永松，2008. 杭州市郊典型菜园土壤磷素状况及磷素淋失风险研究［J］. 浙江大学学报（农业与生命科学版），34（2）：207-213.

蒋仁成，厉志华，1990. 有机肥和无机肥在提高黄潮土肥力中的作用研究［J］. 土壤学报，27（2）：179-185.

刘建玲，张福锁，2000a. 小麦玉米轮作长期肥料定位试验中土壤磷库的变化磷肥产量效应及土壤总磷库、无机磷库的变化［J］. 应用生态学报，11（3）：360-364.

刘建玲，张福锁，2000b. 小麦玉米轮作长期肥料定位试验中土壤磷库的变化土壤及各形态无机磷的动态变化［J］. 应用生态学报，11（3）：365-368.

刘京，2015. 长期施肥下紫色土磷素累积特征及其环境风险［D］. 重庆：西南大学.

刘军，曹之富，黄延楠，等，2007. 日光温室黄瓜冬春茬栽培氮磷钾吸收特性研究［J］. 中国农业科学，40（9）：2109-2113.

刘彦伶，李渝，张雅蓉，等，2016. 长期施肥对黄壤性水稻土磷平衡及农学阈值的影响［J］. 中国农业科学，49（10）：1903-1912.

鲁如坤，时正元，钱承梁，2000. 磷在土壤中有效性的衰减［J］. 土壤学报，37（3）：323-329.

鲁如坤，时正元，钱承梁，1997. 土壤积累态磷研究Ⅲ：几种典型土壤中积累态磷的形态特征及其有效性［J］. 土壤学报，29（2）：57-60.

鲁如坤，1999. 土壤农业化学分析方法［M］. 北京：中国农业科技出版社.

吕福堂，张秀省，董杰，等，2010. 日光温室土壤磷素积累、淋移和形态组成变化研究［J］. 西北农业学报，19（2）：203-206.

莫淑勋，钱菊芳，钱承梁，1991. 猪粪与有机肥料中磷素养分循环再利用的研究［J］. 土壤学报，28（3）309-315.

倪仲吾，1990. 有机无机配施对土壤中磷的有效性和水稻生长及产量的影响［J］. 土壤通报，21（4）：167-169.

王敬国，2011. 设施菜田退化土壤修复与资源高效利用［M］. 北京：中国农业大学出版社 .

王丽英，2012. 根层氮磷供应对设施黄瓜-番茄生长及氮磷高效利用的影响［D］. 北京：中国农业大学 .

魏猛，张爱君，李洪民，等，2015. 长期施肥条件下黄潮土有效磷对磷盈亏的响应［J］. 华北农学报，30（6）：226-232.

严正娟，2015. 施用粪肥对设施菜田土壤磷素形态与移动性的影响［D］. 北京：中国农业大学.

尹金来，沈其荣，周春霖，等，2001. 猪粪和磷肥对石灰性土壤无机磷组分及有效性的影响［J］. 中国农业科学，4（3）：296-300.

余海英，李廷轩，张锡洲，2010. 温室栽培系统的养分平衡及土壤养分变化特征［J］. 中国农业科学，43（3）：514-522.

袁丽金，巨晓棠，张丽娟，等，2010. 设施蔬菜土壤剖面氮磷钾积累及对地下水的影响［J］. 中国生态农业学报，18（1）：14-19.

展晓莹，2016. 长期不同施肥模式黑土有效磷与磷盈亏响应关系差异的机理［D］. 北京：中国农业科学院 .

张福锁，陈新平，陈清，2009. 中国主要作物施肥指南［M］. 1 版 . 北京：中国农业大学出版社 .

张国桥，2014. 不同磷源及施用方式对石灰性土壤磷的有效性与磷肥利用效率的影响［D］. 石河子：石河子大学 .

张彦才，李巧云，翟彩霞，等，2005. 河北省大棚蔬菜施肥状况分析与评价［J］. 河北农业科学，9（3）：61-67.

赵伟，刘梦龙，杨圆圆，等，2005. 减施磷肥对番茄植株生长，产量，品质及土壤养分状况的影响［J］. 中国农学通报，33（1）：47-51.

BERTRAND I, MCLAUGHLIN M J, HOLLOWAY R E, et al., 2006. Changes in P bioavailability induced by the application of liquid and powder sources of P, N and Zn fertilizers in alkaline soils ［J］. Nutrient Cycling in Agroecosystems，74（1）：27-40.

BROOKES P, POULTON P, HECKRATH G, et al., 1995. Phosphorus leaching from soils containing different phosphorus concentrations in the Broadbalk experiment ［J］. Journal of Environmental Quality，24（5）：904-910.

CANADELL J, JACKSON R, EHLERINGER J, et al., 1996. Maximum rooting depth of vegetation types at the global scale ［J］. Oecologia，108（4）：583-595.

MEEK B D, GRAHAM L E, 1979. Phosphorous availability in a calcareous soil after high loading rates of animal manure ［J］. Soil Science Social America，43：741-743.

MENG L, ZUO Q, 2003. Effects of reclaimed wastewater irrigation on distributions of root length density and root water uptake rate in winter wheat ［J］. Journal of Irrigation and Drainage ，22（4）：25-29.

REN T, CHRISTIE P, WANG J, et al. , 2010. Root zone soil nitrogen management to maintain high tomato yields and minimum nitrogen losses to the environment [J]. Scientia Horticulturae, 125 (1): 25-33.

SATTARI S Z, VAN ITTERSUM M K, GILLER K E, et al. , 2014. Key role of China and its agriculture in global sustainable phosphorus management [J]. Environmental Research Letters, 9 (5): 054003.

SCHACHTMAN D P, REID R J, AYLING S, 1998. Phosphorus uptake by plants: from soil to cell [J]. Plant physiology, 116 (2): 447-453.

SCHENK M, HEINS B, STEINGROBE B, 1991. The significance of root development of spinach and kohlrabi for N fertilization [J]. Plant and Soil, 135 (2): 197-203.

SHARPLEY A, 1999. Agricultural phosphorus, water quality, and poultry production: are they compatible [J]. Poultry Science, 78 (5): 660-673.

SHARPLY A N, SMITH S J, 1989. Mineralization of leaching phosphorous from soil incubated with surface-applied incorporated Crop-residue [J]. Journal of Environmental Quality, 18 (1): 101-106.

YAN Z, LIU P, LI Y, et al. , 2013. Phosphorus in China's intensive vegetable production systems: overfertilization, soil enrichment, and environmental implications [J]. Journal of Environmental Quality, 42 (4): 982-989.

VANCE C P, UHDE-STONE C, ALLAN D L, 2003. Phosphorus acquisition and use: critical adaptations by plants for securing a nonrenewable resource [J]. New Phytologist, 157 (3): 423-447.

WEI M, ZHANG A J, LI H M, et al. , 2015. Response of Olsen-p to P balance in yellow fluvo-aquic soil under long-term fertilization [J]. Acta Agriculturae Boreali-Sinica, 30 (6): 226-232.

ZHANG Y C, LI R N, WANG L Y, et al. , 2010. Threshold of soil Olsen-P in greenhouses for tomatoes and cucumbers [J]. Communications in soil science and plant analysis, 41 (20): 2383-2402.

第五章

设施蔬菜光合光谱特征与节水减肥增效机制

第一节 设施蔬菜叶片光合特征对节水减肥响应机制

光合作用是植物间生产力差异的主要象征，其强弱受到不同水氮条件和环境因素的综合影响。施氮或适当增加水分可显著增强黄瓜的光合作用（张西平等，2007）；缺氮或水分亏缺会使净光合速率降低，产量下降（Papastylianou，1995；Janoudi et al.，1993）。针对温室的特殊环境，有关灌水施氮一体化条件下主要环境因子变化规律、黄瓜光合特征及其与产量间关系的系统研究较为少见。本研究设置了不同灌水、施氮条件，结合温室环境因子变化特征，通过分析黄瓜叶片光合日变化规律以及不同生育期的光合速率变化特征，研究了水氮用量、光合特征与黄瓜产量的关系，并得出了较为合理的水氮组合方案。以期为进一步研究温室特定环境条件下光合作用机理，建立蔬菜生产的减肥增效措施提供科学参考。

试验方案： 试验地点设在河北省辛集市马庄农场。供试的黄瓜品种为博美11 号，2008 年 1 月 12 日育苗，2 月 18 日定植，7 月 8 日拉秧。试验设 2 个水分处理：习惯灌水 W_1，减量灌水 W_2。每个水分处理中设 3 个施氮水平，共计6 个组合处理（表 5-1）。本试验的灌溉方式为沟灌（灌溉系统由河北方田农业服务有限公司设计），每次灌水量用水表准确计量。习惯水分管理采用当地黄瓜种植中农民的习惯用水量来确定，灌水时间和次数与农民管理一致，灌水量约为 7 470 m³/hm²；减量灌水则是参考国内外发表文献，在黄瓜的苗期、初瓜期、盛瓜期、末瓜期分别保持土壤相对含水率的 75%～90%、80%～95%、80%～95%、75%～90%，以张力计和 TDR 实时监测土壤含水率的变化，灌水量约为 5 190 m³/hm²，比习惯灌水量减少 30% 左右。

每个处理设 3 次重复，共 18 个小区（小区之间用 1 m 深的 PVC 板隔离），完全随机排列。小区面积为 10.4 m²，每小区种植黄瓜 3 行，行距为 60 cm，株距为 30 cm。各处理氮肥用量的 20%，磷肥用量的 100%，钾肥用量的 40%在黄瓜定植前施入土壤作为基肥，其余分 10 次与氮肥一起追施（按蔬菜生育期需肥规律和需肥量分配）。在 4 月中旬以后，由于气温升高，黄瓜正处于初瓜期阶段，为避免高温高湿下黄瓜灰霉病等病情的发生，温室顶棚塑料膜敞开

1 m 宽左右，后墙与边墙的通风口开放（均有网膜隔离防虫），通风口大小为边长 20 cm 的正方形。如遇阴雨天气，封顶，并关闭通风口，防止降雨对试验的影响。

表 5-1　试验处理设计及氮、磷、钾、灌水用量

处理	N（kg/hm²）	P₂O₅（kg/hm²）	K₂O（kg/hm²）	灌水量（m³/hm²）
W_1N_0	0	300	525	7 470
W_1N_{60}	900	300	525	7 470
W_1N_{80}	1 200	300	525	7 470
W_2N_{40}	600	300	525	5 190
W_2N_{60}	900	300	525	5 190
W_2N_{80}	1 200	300	525	5 190

注：W 代表水分处理，N 代表氮水平处理。数字 0、40、60、80 分别代表施氮量为 0 kg/hm²、600 kg/hm²、900 kg/hm²、1 200 kg/hm²，其中 N_{80} 为当地农民习惯施氮量。

选择晴朗无云的天气，采用 Li-6400 便携式光合仪，分别在黄瓜苗期、初瓜期、盛瓜期、末瓜期（均选择在灌水后的第 5 天）测定各处理叶片的光合速率 [Pn，μmol/（m²·s）]、蒸腾速率 [Tr，mmol/（m²·s）]。测定时选择自上向下数第 4 片无病虫害的功能叶片，测定时间为上午 10：00—11：30。在晴朗无云的黄瓜盛瓜期，选择自顶部向下数第 4 片无病虫害的功能叶，每隔 1 h 测定一次叶片光合速率，测定时间为 7：00—18：00。盛瓜期间共测定 3 次（5 月 6 日、5 月 17 日、5 月 26 日），每次测定 3 株，以平均值作为最终的观测结果。主要观测项目包括：叶片净光合速率 [Pn，μmol/（m²·s）]、蒸腾速率 [Tr，mmol/（m²·s）]、气孔导度 [Gs，mol/（m²·s）]、温室 CO_2 浓度 [Ca，μmol/mol]、空气温度（Ta，℃）、相对湿度（RH，%）、光合有效辐射 [PAR，μmol/（m²·s）] 及叶表饱和蒸汽压（VPD，kPa）。

温室外的温、湿度由安装在温室南侧 10 m 远处的气象站监测，在测定上述指标时同步读取。叶片瞬时水分利用效率（WUE，μmol/mmol）由公式 $WUE = Pn/Tr$ 计算。黄瓜的产量、瓜条数在采摘时以小区为单位用电子天平称量，黄瓜拉秧后统计总产量及瓜条数，并计算单瓜质量。

一、节水减氮对设施黄瓜光合日变化及产量影响

（一）不同水氮条件下温室环境因子及黄瓜光合日变化特征

1. 温室内主要环境因子的日变化

光合作用是作物生产力构成的最重要因素，是产量形成的基础，受到各种环境条件和作物本身内在因素的相互影响。由于温室属于封闭或半封闭设

施，环境因子造成的作物光合日变化规律也将明显不同于露地环境。对于黄瓜这种典型的 C_3 植物来说，光强度、温度、CO_2 浓度、水分条件等均能显著影响到光合作用的强弱，通过分析温室中温、湿度，光合有效辐射及饱和蒸汽压等因子的日变化特点，有助于探讨光合日变化规律及"午休"现象的原因。

由图 5-1 可以看出，黄瓜盛瓜期间温室内的温度日变化规律为单峰曲线，变化范围在 25.6～40.4℃，与 PAR 显著相关（R＝0.963）。中午 13：00 达到最高值，变化趋势与室外一致，但要明显高于室外。室内相对湿度变化范围为 33.2%～58.5%，一天各个时段的湿度都要高于室外，日变化趋势与温度日变化相反。而室内的温度、湿度与室外的温度、湿度存在极显著的相关关系（R_1＝0.786，R_2＝0.949），说明室内环境因子变化受到温室内环境因子的显著影响。

温室内 PAR、Ca 和 VPD 的日变化均为单峰曲线。PAR 早晚较低，中午 13：00 左右达到最高值 1 076 μmol/（㎡·s），18：00 最低，为 67.3 μmol/（㎡·s）。VPD 日变化幅度在 0.731～2.09 kPa 之间，上午较低且上升缓慢，峰值也在中午 13：00 左右出现，这可能与当时的高温低湿等环境因子有关。VPD 与 PAR、Ta 呈极显著正相关（R_1＝0.568，R_2＝0.655），与 RH 呈极显著负相关（R＝－0.874）。Ca 日变化进程也呈现出一定的规律性，经夜间的富集早晨较高，随着 PAR 的上升、光合作用的加强，Ca 在 11：00 以前下降速度快，中午时段较低且变化稳定，14：00 之后又逐步回升，日变幅范围在 357～499 μmol/mol。可见，由于温室具有较强的保温、增温功效，以及室内温湿度变幅变小等特点，能够保证适宜的温湿度和较高的 CO_2 浓度，有利于增强黄瓜的光合作用。但中午时分的高光强及高温环境，也易引起光合"午休"现象的出现。

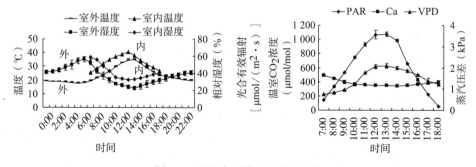

图 5-1　温室内环境因子的日变化

2. 净光合速率（Pn）的日变化

图 5-2 表明，在不同水氮条件下，黄瓜叶片 Pn 的日变化呈双峰曲线。上

午 11：00 左右出现第一高峰，且为全天最高值，中午 12：00—13：00 有所下降，各处理均出现不同程度的光合"午休"现象，尤其以不施氮处理（W_1N_0）最为明显，下午 14：00 左右出现第二高峰，随后下降。

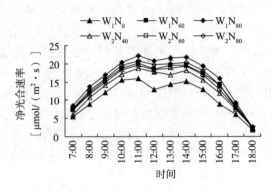

图 5-2　不同水氮条件下黄瓜叶片净光合速率的日变化

黄瓜叶片 Pn 与温室内 Ta、PAR 相关性显著（$R_1=0.726$，$R_2=0.782$）。不同水氮条件下 Pn 日变化规律相同，并在 Pn 出现高峰和低谷处差异明显。在 11：00 时，处理 W_1N_0 与其余各处理均存在极显著差异（$P<0.01$）。施氮量的增加有助于提高 Pn，减弱光合"午休"，其中在 12：00 时，W_1 条件下处理 W_1N_{80}、W_1N_{60}、W_1N_0 之间存在显著性差异（$P<0.05$）；而在 W_2 条件下，处理 W_2N_{80}、W_2N_{60}、W_2N_{40} 间的差异不显著，但均显著高于处理 W_1N_0；同一施氮条件下，两种灌水处理间的差异不显著，说明两种灌水条件均能满足黄瓜光合作用的水分需要。

3. 蒸腾速率（Tr）的日变化

Tr 与室内 Ta、PAR 极显著相关（$R_1=0.846$，$R_2=0.874$）。由图 5-3 看出，不同水氮条件下 Tr 日变化趋势相同，7：00—11：00 间随着光照的增强，Tr 上升较快，11：00 之后上升速度减缓，其中处理 W_1N_0 出现下降的现象，13：00 左右各处理 Tr 均达到全天最高值，随后下降。不施氮处理 W_1N_0 全天日变化呈双峰曲线，中午 Tr 下降明显；而施氮处理条件下，中午 Tr 下降不大，日变化曲线双峰不明显。这是因为在不施氮条件下，黄瓜根系的生长受到限制，午间叶片的蒸腾速率已大大超过了根系吸水力，又由于强光照和高温的影响，叶面部分气孔关闭或缩小，最终导致气孔导度变小，Tr 降低。而施氮促进了黄瓜根系对水分的吸收利用，在相同条件下黄瓜的气孔开度与不施氮处理的相比较大，又因为叶内外的水汽压在午间增至最大，增加了潜在的蒸发速率，部分抵消了气孔关闭的作用，气孔阻力较小，因而 Tr 下降不明显。施氮具有提高作物蒸腾量的效果，在 2 种灌水条件下 Tr 均随施氮量的增加有所升高。中午 12：00 时，处理 W_1N_{80} 与 W_1N_{60} 的 Tr 差异不显著，但均与 W_1N_0 存在极显著差异；W_2 条件下，W_2N_{80}、W_2N_{60}、W_2N_{40} 无显著差异。

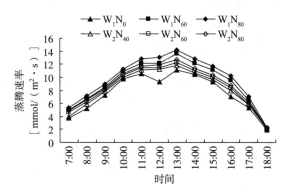

图 5-3　不同水氮条件下黄瓜叶片蒸腾速率的日变化

4. 叶片气孔导度（Gs）日变化

气孔是叶片和外界环境进行气体和水分交换的重要通道，气孔的开闭对作物的蒸腾和光合过程具有重要的作用。

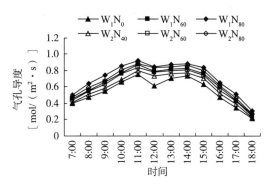

图 5-4　不同水氮条件下黄瓜叶片气孔导度的日变化

图 5-4 显示，不同水、氮处理 Gs 的日变化规律与 Pn 相似，呈双峰曲线。7：00—11：00 期间 Gs 逐步上升，11：00 左右达最高，随后 Gs 下降，13：00 又有所回升，并于 14：00 左右出现第二高峰。各处理的 Gs 早晚相差较小，峰值出现前后差异较为明显。两种灌水条件下 Gs 均随施氮量的增加而升高，但升高幅度逐渐减小，其中处理 W_1N_{80} 与 W_1N_0 的 Gs 平均值分别为 0.714 mol/（m^2·s）、0.546 mol/（m^2·s），具有显著性差异（$P<0.05$）。

5. 水分利用效率（WUE）日变化

WUE 是植物消耗每单位质量水分所固定的 CO_2 数量，反映了植物耗水与干物质生产之间的关系，是评价植物生长适宜程度的综合生理生态指标。不同水氮条件下的温室黄瓜 WUE 日变化规律相同（图 5-5），呈不规则的双峰"M"型，波动范围为 $0.94 \sim 1.95\ \mu mol/mmol$。从 7：00 开始，WUE 开始上升，8：00—9：00 时出现第一高峰。中午 WUE 明显下降，在 13：00 左右降至谷底。随着光合有效辐射的减弱，Tr 下降，Pn 上升，WUE 在 14：00 左右又出现第二高峰，之后 WUE 又逐渐降低。

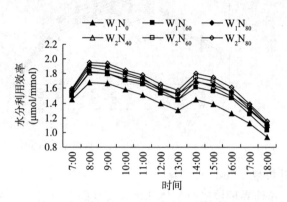

图 5-5　不同水氮条件下黄瓜叶片水分利用效率的日变化

两种灌水条件下 WUE 均随施氮量的增加而升高。其中处理 W_1N_{80} 和 W_1N_{60} 的 WUE 比不施氮处理（W_1N_0）分别提高了 15.7%、9.96%，同一施氮条件下，处理 W_2N_{80} 比 W_1N_{80} 提高 3.50%，处理 W_2N_{60} 比 W_1N_{60} 提高 5.22%。可见，减量灌水条件下的 WUE 较高。也说明菜农习惯灌水量由于灌水过多，通过蒸发和淋洗等途径损失较大，造成了 WUE 降低。

（二）黄瓜产量及其与光合速率的关系

1. 温室黄瓜产量

从表 5-2 可以看出，各施氮处理的黄瓜产量与不施氮处理（W_1N_0）相比，有不同程度的提高。W_1 灌水条件下，黄瓜产量及构成要素均以处理 W_1N_{60} 的较好，与对照 W_1N_0 相比差异达显著水平。说明适量的增加施氮有利于黄瓜产量的提高，而当施氮量过高时（本试验中的处理 W_1N_{80}），对经济产量的提高效果不明显，甚至会造成减产。W_2 灌水条件下，以处理 W_2N_{40} 的黄瓜产量较高，构成要素好，显著高于对照 W_1N_0，与习惯水氮处理 W_1N_{80} 相比，增产 4.21%。说明在 W_2 灌水条件下，施氮 $600\ kg/hm^2$ 时不但不会引起产量的降低，与习惯水氮处理（W_1N_{80}）相比，还有所增加。相同施氮条件下，灌水量的增加有利于黄瓜产量的升高，但差异不显著。从减肥增效的角度考虑，以处理 W_2N_{40} 的水氮组合较优。

表 5-2　不同水氮条件对黄瓜产量及其构成要素的影响

处理	产量（$\times 10^4 \mathrm{kg/hm^2}$）	瓜条数（$\times 10^4/\mathrm{hm^2}$）	单瓜质量（g）
W_1N_0	$15.4\pm0.24b$	$82.7\pm2.03b$	$167.9\pm0.02b$
W_1N_{60}	$16.7\pm0.87a$	$87.2\pm2.74a$	$179.1\pm4.23a$
W_1N_{80}	$16.4\pm1.05a$	$85.4\pm2.56a$	$179.0\pm5.68a$
W_2N_{40}	$17.1\pm0.78a$	$88.3\pm0.67a$	$180.8\pm8.12a$
W_2N_{60}	$16.9\pm1.07a$	$87.8\pm2.89a$	$180.5\pm7.66a$
W_2N_{80}	$16.2\pm0.99ab$	$85.5\pm3.47a$	$179.0\pm4.35a$

注：不同小写字母表示差异达 5% 显著水平。

2. 黄瓜光合速率与产量的关系

叶片是黄瓜进行光合作用的重要器官，所生产的有机物主要是由叶片制造，而在盛瓜期，叶片的作用尤为重要。将叶片的日平均光合速率与盛瓜期黄瓜产量进行回归分析，得出光合速率与产量之间呈二次曲线关系（图 5-6），且 $R^2=0.590$，达极显著水平；式中 y 分别表示盛瓜期黄瓜产量，x 表示日平均光合速率。

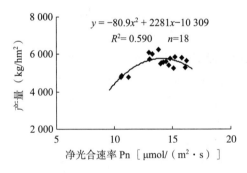

图 5-6　黄瓜光合速率与产量之间的关系

（三）设施黄瓜光合日变化特征及"午休"原因分析

本试验条件下，Pn 日变化曲线呈双峰型，早晨光强和温度低，Pn 也很低，随着光照增强，温度升高，气孔的开放，黄瓜叶片 Pn 明显提高，均在 11：00 左右达到第一个高峰，最高可达 22.2 $\mu mol/（m^2 \cdot s）$。此时叶面入射光强在 931 $\mu mol/（m^2 \cdot s）$，对应的自然光强为 1 107 $\mu mol/（m^2 \cdot s）$ 左右，温度为 37.1℃，叶温为 35.6℃，VPD 为 1.76 kPa。Sing 等（1982）研究提出油菜保持高 Pn 的条件是：有效辐射在 800～1 600 $\mu mol/（m^2 \cdot s）$，温度为 14～30℃，VPD 为 0.7～1.7 kPa；也有研究得出温室黄瓜光合作用的最适温度为 25～35℃（马德华等，1998）。在本试验中，温室黄瓜叶片出现最高 Pn

时，温度与 VPD 稍高于已有研究的结果，产生这些差异的原因可能与测定方法及环境条件的不同有关。在 12：00—13：00 期间，黄瓜处于光合"午休"阶段，这时 PAR 最高达 1 071 $\mu mol/(m^2 \cdot s)$，温度为 40.4℃，叶温为 36.7℃，RH 降至最低 32.4％，VPD 上升至最大 2.09 kPa，在这种高温低湿的环境条件下光合作用明显减弱。14：00 左右，PAR 已明显下降，温度与叶温分别降至 36.8℃与 34.9℃，较适宜于黄瓜光合作用的进行，此时 Pn 出现第二高峰。

在中午光照最强时段出现光合"午休"现象，而造成"午休"的原因是多方面的。许大全等（1990）认为中午光照过强、叶温过高，水汽压亏缺过大造成 Pn 的"午休"，其中空气湿度的降低、气孔的部分关闭和脱落酸（ABA）浓度提高，是导致 Pn"午休"的重要生态、生理和生化因子；Pn"午休"除与低湿、高温引起的高饱和差有关系外，光合产物积累也是 Pn 降低的一个重要原因；韩凤山等（1988）的结果表明中午大气 CO_2 浓度降低、呼吸增加、叶片水势下降、Gs 降低等因素导致了 Pn 的"午休"。从本试验结果看，Pn"午休"现象发生时温室内 PAR、Ta、VPD 达全天最高值，RH 降至最低，而且 Gs 也处于一个较低的水平，说明是气孔因素制约了午间 Pn 的升高。这是由于中午的强光照，造成了气孔的部分关闭，同时叶温过高（已达 40℃）抑制了参与光合过程酶的活性，最终导致 Pn 的降低。

（四）设施黄瓜叶片光合效率及其与产量关系

众所周知，光合作用是作物产量形成的基础，在生物学产量中 90％～95％的物质来自光合作用，而只有 5％～10％的物质来自根部吸收的营养物质。有许多研究者通过对大豆、小麦、高粱、向日葵等（朱保葛等，2000；董建力等，2001；孙守钧等，2000；徐惠风等，2001）研究表明，叶片光合速率与产量呈显著的正相关。但以上研究在分析光合速率与产量的关系只是用到一天中光合速率的瞬时值，浮动性大，测定时外界条件的影响也较大，难以真正代表作物的生长状况。本试验通过测定盛瓜期黄瓜光合速率的日变化，利用日平均光合速率探讨与产量的关系，克服了瞬时光合速率易受环境条件影响的弊端，而且日平均光合速率作为一天光合速率的代表值，掩盖了测定时由于人为因素所造成的差异，更能够代表当天光合作用的平均强度。试验结果表明，盛瓜期黄瓜的日平均光合速率与同时期的产量呈二次曲线关系。说明盛瓜期的日平均同化量仅决定着这一时期内产量的高低，同时也说明光合速率对产量的增加作用存在一定适宜范围，当光合速率过高时，并不一定得到最高的产量。这可能与制造的光合产物过多用于营养生长，而向果实中运输的比例较少有关。而对于黄瓜来说，卷须的大量生长，也会减少光合产物向幼瓜的运移。另外，光合作用与产量的关系还跟光合产物的数量、分配去向以及环境等多种因素有关。

有关灌水和施氮对黄瓜产量的影响，前人已做过大量研究。普遍认为目前农民大水大肥的管理方式不仅难以达到黄瓜的高产，而且带来了严重的环境问题，并增加了黄瓜硝酸盐积累、降低了黄瓜品质（闵炬等，2009）。在本试验条件下，处理 W_2N_{60} 与 W_2N_{40} 均具有较高的产量，与习惯水氮处理 W_1N_{80} 相比，处理 W_2N_{60} 与 W_2N_{40} 增产分别达 3.35%，4.21%。综合以上分析，从减氮增效与提高水分利用效率（WUE）出发，处理 W_2N_{40} 比农民习惯灌水减少30%、施氮量减少50%的情况下，仍然具有较高的 Pn 与 WUE，而且黄瓜产量高，产量构成要素好。因此，W_2N_{40} 的水氮处理组合较为合理，该处理沟灌水量约 5 190 m^3/hm^2，施氮量 600 kg/hm^2，与前人研究结论相似（王荣莲等，2009；徐坤范等，2006）。

（五）小结

一是通过对温室内外环境因子日变化的研究表明，温室内 PAR、Ta、RH、Ca 和 VPD 的日变化均为单峰曲线，Ta 的高低主要受 PAR 的影响，RH、VPD 分别与温室内的 Ta、RH 相关性最好。

二是不同灌水、施氮条件下黄瓜叶片 Pn 日变化曲线呈双峰形，Pn "午休"现象明显，气孔因素是限制午间 Pn 升高的主要原因；WUE 最高出现在上午 8：00—9：00，日变化曲线为不规则的双峰 M 形。

三是温室条件下黄瓜光合速率与产量间并不是简单的直线相关，而是呈二次曲线关系。说明光合速率的适度提高有助于产量的增加。

四是适量的减水、减氮黄瓜 Pn 下降不显著，而 WUE 则明显提高。本试验条件下，黄瓜以灌水 5 190 m^3/hm^2，施氮 600 kg/hm^2 时（处理 W_2N_{40}）具有较高的产量。综合分析，处理 W_2N_{40}（灌水量 5 190 m^3/hm^2，施氮量600 kg/hm^2）的水氮组合较优，该处理条件下黄瓜不仅具有较高的 Pn 及WUE，而且产量高，产量构成要素好。依此建议目前河北省温室蔬菜生产应适当降低氮用量，并通过合理灌溉减少灌水量，逐渐改变目前大水大肥的现象，从而达到节水节肥与增效的目的。

二、节水减氮对设施黄瓜不同生育期光合特征影响

光合作用是作物产量形成的生理基础，水氮是影响作物生长和光合生产率的重要因素（Jose et al.，2003）。适当增施氮肥，可以提高叶片叶绿素含量，改善光合性能，增加光合产物的积累，并增加作物产量；但过量施氮会降低叶片叶绿素含量和光合速率，使光合产物在营养器官过多分配，抑制生殖器官生长而降低产量。也有研究表明，随灌水量的增加光合速率升高，但灌水量过多，光合速率不再随之增高（林琪等，2004）。该试验通过设置不同水氮条件，研究了水

氮互作对温室黄瓜叶片不同生育期光合特征的影响，并进一步分析了黄瓜光合作用与产量的关系，为实现黄瓜的高产、优质、高效生产提供理论依据。

（一）黄瓜生育期光合特征及产量

1. 黄瓜生育期光合速率与蒸腾速率变化

水氮条件对黄瓜苗期、初瓜期、盛瓜期、末瓜期叶片光合速率（Pn）、蒸腾速率（Tr）及瞬时水分利用效率（WUE）的影响见表5-3。随着生育期的延长，气温逐渐升高，黄瓜生长迅速，不同水、氮处理的黄瓜叶片 Pn 和 Tr 上升较快，均在盛瓜期达到最大，末瓜期由于叶片衰老、光合能力降低，Pn 和 Tr 均下降。习惯灌水条件下，施氮量增加有助于 Pn、Tr 的提高，其中处理 W_1N_{1200} 的 Pn 与 Tr 生育期均值分别是处理 W_1N_{900} 的 1.08 倍和 1.07 倍，处理 W_1N_0 的 1.38 倍和 1.20 倍；减量灌水条件下，施氮对 Pn 和 Tr 的作用不明显。在习惯施氮条件下，灌水量的增加提高了黄瓜叶片的 Pn 和 Tr，但差异并不显著。

作物水分利用效率（WUE）是作物消耗单位水量生产出的同化物质量，可以用光合速率和蒸腾速率的比值（Pn/Tr）表示。该试验结果表明，温室黄瓜的 WUE 在初瓜期达最高，末瓜期最低。盛瓜期的 WUE 相对于初瓜期明显下降，这一时期虽然 Pn 最高，但由于环境的温度高、叶面蒸腾强度大，导致 WUE 较低。习惯灌水条件下，施氮处理的 WUE 较高，其中处理 W_1N_{900} 在苗期、初瓜期、盛瓜期、末瓜期均显著高于不施氮处理。减量灌水条件下，WUE 并没有随施氮量的增加而升高，其中处理 W_2N_{600} 的 WUE 相对较高，与习惯施氮处理 W_2N_{1200} 相比，各个生育期的增加幅度在 1.24%～9.66%。同一施氮条件下，减量灌水处理的 WUE 相对较高（末瓜期除外），其中在盛瓜期处理 W_2N_{900} 的 WUE 显著高于处理 W_1N_{900}。从 WUE 的生育期均值来看，处理 W_2N_{600} 的 WUE 最高，是习惯水氮处理 W_1N_{1200} 的 1.08 倍，对照处理 W_1N_0 的 1.24 倍。

2. 黄瓜产量及其构成

从表5-4可以看出，水氮互作条件下的黄瓜产量、瓜条数、单果重与对照 W_1N_0 相比差异均达显著水平，增加幅度分别为 5.19%～10.90%、3.27%～6.78%、6.63%～7.77%。在习惯与减量灌水条件下，分别以处理 W_1N_{900} 与 W_2N_{600} 的黄瓜产量较高，产量构成因素较好，与习惯施氮处理 W_1N_{1200} 和 W_2N_{1200} 相比，产量分别增加 1.86%、5.43%，瓜条数分别增加 2.06%、3.29%，单果重分别增加 0.01%、1.06%。综上分析，不同水氮组合中以处理 W_2N_{600} 的产量、瓜条数与单果重最高，与习惯水氮处理 W_1N_{1200} 相比，分别增加 4.21%、3.40%、0.98%。可见，处理 W_2N_{600} 在减水 30% 左右、减氮 50% 时并没有引起黄瓜产量的降低。

表 5-3 水氮互作对黄瓜叶片光合速率、蒸腾速率及水分利用效率的影响

生育期	生理指标	处理					
		W_1N_{1200}	W_1N_{900}	W_1N_0	W_2N_{1200}	W_2N_{900}	W_2N_{600}
苗期	Pn[$\mu mol/(m^2 \cdot s)$]	15.18±1.17a	13.89±1.20ab	11.47±0.99b	13.88±1.95ab	14.43±2.79ab	13.91±1.50ab
	Tr[$mmol/(m^2 \cdot s)$]	6.63±0.08a	5.92±0.56ab	5.62±0.41ab	5.84±0.79ab	5.65±0.97ab	5.35±0.78b
	WUE($\mu mol/mmol$)	2.29±0.15c	2.35±0.03bc	2.03±0.03d	2.38±0.18bc	2.55±0.091ab	2.61±0.13a
初瓜期	Pn[$\mu mol/(m^2 \cdot s)$]	19.93±2.19a	18.67±1.07a	15.12±0.54b	18.11±0.90a	18.77±0.74a	19.77±0.90a
	Tr[$mmol/(m^2 \cdot s)$]	7.82±0.76a	7.34±0.93ab	6.55±0.42b	6.66±0.72ab	6.67±0.75ab	7.09±0.54ab
	WUE($\mu mol/mmol$)	2.55±0.04bc	2.60±0.23ab	2.31±0.07c	2.73±0.17ab	2.83±0.19a	2.79±0.10ab
盛瓜期	Pn[$\mu mol/(m^2 \cdot s)$]	20.40±0.96a	19.49±1.39a	15.40±1.44b	20.47±1.02a	20.17±0.53a	20.48±0.49a
	Tr[$mmol/(m^2 \cdot s)$]	10.09±0.29a	9.89±0.18ab	8.44±0.43c	9.81±0.57ab	9.56±0.22ab	9.41±0.35b
	WUE($\mu mol/mmol$)	2.02±0.06bc	1.98±0.11c	1.82±0.08d	2.09±0.02ab	2.11±0.01ab	2.18±0.04a
末瓜期	Pn[$\mu mol/(m^2 \cdot s)$]	14.21±0.43a	12.48±1.48ab	8.56±1.63c	12.27±1.59ab	12.01±0.17b	12.02±0.92b
	Tr[$mmol/(m^2 \cdot s)$]	8.48±1.18a	7.64±0.75ab	6.81±0.83b	7.65±0.40ab	7.58±0.55ab	7.42±0.46ab
	WUE($\mu mol/mmol$)	1.70±0.24a	1.63±0.04a	1.26±0.21b	1.60±0.15a	1.59±0.09a	1.62±0.05a

注：不同小写字母表示差异达5%显著水平，下同。

表5-4 水氮互作对黄瓜产量及产量构成因素的影响

处理	产量（$\times 10^4$ kg/hm^2）	瓜条数（$\times 10^4$/hm^2）	单果重（g）
W_1N_0	15.38±0.24b	82.72±2.03b	167.90±0.02b
W_1N_{900}	16.67±0.87a	87.18±2.74a	179.05±4.23a
W_1N_{1200}	16.37±1.05a	85.42±2.56a	179.04±5.68a
W_2N_{600}	17.06±0.78a	88.33±0.67a	180.80±8.12a
W_2N_{900}	16.92±1.07a	87.78±2.89a	180.48±7.66a
W_2N_{1200}	16.18±0.99ab	85.52±3.47a	178.98±4.35a

3. 黄瓜不同生育期光合速率与产量及其产量构成因素关系

用Y_1、Y_2、Y_3分别表示黄瓜产量、瓜条数、单果重，X表示光合速率，进行回归分析，分别得到两者的拟合方程。通过分析发现（图5-7），盛瓜期黄瓜Pn与产量、瓜条数、单果重的拟合方程最优，R^2分别为0.706、0.448、0.644，均达显著水平（$P < 0.05$）。初瓜期时的方程系数也均达显著水平（$P < 0.05$），R^2分别为0.494、0.350、0.417。末瓜期的Pn与产量、瓜条数、单果重的拟合方程较差（图5-7中未列出）。图5-7结果也说明：当光合速率为20 μmol/（$m^2 \cdot s$）左右时，黄瓜产量较高，但光合速率过高对增加产量无益。由此可见，利用二次曲线方程可以较好地描述叶片光合速率与黄瓜产量间的相互关系，而关键生育期的光合速率则能够较好地反映当季产量及构成因素的好坏。

（二）设施黄瓜不同生育期光合特征分析及优化水氮组合探讨

光合作用是绿色植物生产的实质，也是生物界获得能量和食物的基础。水、氮是增强光合作用的重要因素，适当提高施氮水平，可增加叶绿素含量，改善叶片的光合能力。相同条件下，叶片Pn随灌水量的增加而升高，但灌水量过多，Pn不再随之升高（林琪等，2004）。已有研究表明，土壤含水量过高或过低均不利于培育黄瓜壮苗，土壤含水量适中时，黄瓜叶片光合能力增强，Pn增加（冯嘉玥等，2005）。不同水氮条件对黄瓜叶片光合特征的影响显著，高水配高肥与低水配低肥均能显著促进温室黄瓜植株的生长、提高WUE（李绍等，2010）。该试验结果表明，在习惯灌水条件下，施氮可显著提高黄瓜叶片的Pn、Tr及WUE；而在减量灌水量条件下，增加施氮量对提高黄瓜叶片Pn的效果并不明显。习惯施氮条件下，增加灌水量可提高黄瓜叶片的Pn及WUE；施氮量为900 kg/hm^2时，则以减量灌水的Pn和WUE较高。

不同生育期黄瓜叶片的Pn与Tr差异明显，其中以盛瓜期最高。从生育期均值来看，水氮互作条件下均以处理W_1N_{1200}的Pn和Tr较高，分别是对照（W_1N_0）的1.38倍和1.20倍，但与处理W_2N_{600}差异不显著。瞬时WUE在

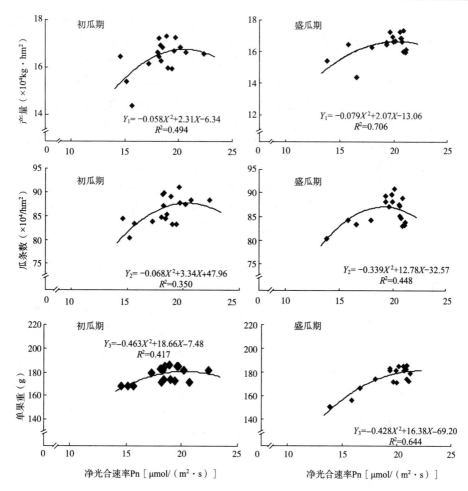

图 5-7　初瓜期与盛瓜期黄瓜光合速率与产量及构成因素之间的关系

初瓜期达最高值，以处理 W_2N_{600} 为最高，是习惯水氮处理 W_1N_{1200} 的 1.08 倍、不施氮处理（W_1N_0）的 1.24 倍。可见，并非在任何条件下氮肥或灌水用量越高越好，适宜的水氮互作是提高黄瓜光合特征的重要因素，要使水、氮两因素的作用最大化，必须兼顾二者用量，否则就会影响植株的生长。该试验中 W_2N_{600} 与习惯水氮处理 W_1N_{1200} 相比，可在减水 30% 左右、减氮 50% 的情况下，仍具有较高 Pn、Tr 和最高 WUE。

　　不同水氮组合条件下黄瓜产量及构成要素与对照相比均有不同程度提高。习惯灌水条件下，施氮量的增加可显著增加黄瓜产量，但施氮量过高，产量却不升高，反而下降。闵炬等（2009）研究表明，施氮量高时，虽然黄瓜吸收较多氮素，但并未在产量上发挥作用，而是以硝酸盐的形式累积在果实中，进而影响黄瓜品质。减量灌水条件下，施氮量为 600 kg/hm² 时黄瓜产量达最高

（1.706×10^5 kg/hm²），继续增加施氮量，黄瓜产量开始下降。有研究表明，日光温室黄瓜在氮肥用量超过 675 kg/hm² 时增产效果不明显，甚至会导致减产（郭佩秋等，2009）。随着施氮水平提高，灌水量引起的黄瓜产量差异并不一致。在习惯施氮条件下，灌水量越高，黄瓜产量越高；而在减施氮 25%（900 kg/hm²）的条件下，灌水量的增加反而引起产量的降低，这与黄瓜光合作用的变化规律相似。王荣莲等（2009）的温室黄瓜水肥耦合试验结果表明，在氮、磷、钾肥料配比下，黄瓜产量随灌水量的增加呈先增后降趋势，而生育期的最优灌水量仅为 3 977 m³/hm² 左右。可见，在温室黄瓜生产管理中，盲目增加施氮量或灌水量，并不能得到理想的产量，而合理的水氮搭配，不仅能保证产量增加，还可减少资源浪费。在该试验条件下，温室黄瓜生育季灌水量为 5 190 m³/hm²，施氮量为 600 kg/hm² 时水氮组合（W_2N_{600}）较优，其黄瓜产量与习惯水氮处理相比可增加 4.21%。

据报道，农作物全部干重的增长有 90%～95% 直接来自绿叶的光合作用，只有 5%～10% 来自根系吸收的无机物质，叶片 Pn 与产量间呈正相关（朱保葛等，2000；崔志峰等，2000）。但也有研究认为光合作用与产量之间缺乏明显相关性，孙守钧等（2000）的研究表明光合作用与产量的相关程度因品种而异，当光合产物主要分配于籽粒中时，相关必显著。在本试验中，黄瓜叶片 Pn 与产量间呈二次曲线关系，其中在盛瓜期的拟合方程最好，其次是初瓜期，而末瓜期的较差。因为盛瓜期是黄瓜生长最旺盛的阶段，对产量形成具有决定性作用。二者之间的二次曲线关系也说明，黄瓜 Pn 高，并不一定代表具有高产量及最优产量构成因素。这可能与光合产物的数量、分配去向以及环境等多种因素有关，其原因还有待进一步探讨。

（三）小结

温室黄瓜生育季灌水量为 5 190 m³/hm²、施氮量为 600 kg/hm²（W_2N_{600}）的条件下，既具有较高的 Pn、Tr，又具有最高的 WUE，而且产量高达 1.706×10^5 kg/hm²，产量构成因素好，是较为合理的水氮组合。另外，在本试验条件下，黄瓜叶片的 Pn、Tr 在盛瓜期最高，叶片 WUE 在初瓜期达最高值。黄瓜的 Pn 与产量、瓜条数、单果重之间均呈二次曲线关系，其中盛瓜期的拟合方程最好，初瓜期次之，苗期与末瓜期较差。

第二节　设施蔬菜叶片反射光谱特征对节水减肥的响应机制

一、节水减氮对设施黄瓜叶片反射光谱特征的影响

利用高光谱遥感技术进行作物氮素和水分的实时监测和快速诊断一直是遥

感在农业中应用的研究热点。已有研究表明，小麦氮素营养与光谱特征有良好的相关关系，而且通过建立作物氮素营养的光谱诊断模型，可快速诊断作物氮素状况（任红艳等，2005；姚霞等，2009）。也有研究指出，采用反射光谱的红外通道，可进行作物水分状况的监测（吉海彦等，2007）。也有研究利用高光谱技术对作物长势进行监测以及对产量进行估算，并取得了较好应用效果（王渊等，2008；Ma et al.，2008）。但上述均是基于高光谱遥感技术开展的针对大田作物的光谱特征研究，而有关温室环境中黄瓜叶片光谱特征及其对不同水氮条件的响应规律并不明确。

中国北方温室大棚蔬菜发展很快，由于受经验施肥的影响，对科学施肥概念的误解，盲目过量施肥现象普遍存在，实际施肥量远远超过了蔬菜养分需求量。而高光谱遥感技术的兴起及其在温室中的应用为温室蔬菜水肥科学管理提供了技术支撑。该研究针对华北温室蔬菜生产上存在的水肥不协调现象，借助地面光谱测量仪器，研究不同水氮处理对温室黄瓜叶片光谱特征的影响，对光谱特征指数与生物学参数及产量品质的相关性进行了分析，并探讨了温室自然光条件下光谱特征参数对水氮条件的响应规律，以期为温室黄瓜水肥的科学管理及黄瓜产量和品质的快速、无损估测提供新的技术手段。

试验方案：试验设两个水分处理（高水灌溉 W_1：7 470 m^3/ hm^2，低水灌溉 W_2：5 190m^3/hm^2），灌溉方式为沟灌，每次灌水量用水表准确计测灌水量。每个水分处理中设 3 个施氮（N）水平。W_1 条件下施氮量为：0 kg/hm^2、900 kg/hm^2、1 200 kg/ hm^2（分别用 W_1N_0、W_1N_{60}、W_1N_{80} 表示）；W_2 条件下施氮量为：600 kg/hm^2、900 kg/hm^2、1 200 kg/ hm^2（分别用 W_2N_{40}、W_2N_{60}、W_2N_{80} 表示），6 个处理，每个处理 3 次重复，共 18 个小区。小区与小区之间用 PVC 板隔离，试验小区完全随机排列。小区面积为 10.44 m^2，每小区种植黄瓜 3 行，行距为30 cm，株距为 20 cm。各小区的磷、钾用量相等，且各处理氮肥用量的 20%，磷肥用量的 100%，钾肥用量的 40% 在黄瓜定植前施入土壤作为基肥，其余分 10 次与氮肥一起追施（按蔬菜生育期需肥规律和需肥量分配）。

光谱反射率数据采集采用 ASD FieldSpec 地物光谱辐射仪（Analytical Spectral Devices，Inc.，USA），测量波长范围为 325～1 075 nm，分辨率为 1 nm。在黄瓜盛瓜期（5 月 10 日至 12 日）晴朗无云的天气，选择从黄瓜顶部向下数第五片无病虫害的功能叶片，测定时仪器探头垂直向下，探头距离该黄瓜叶片与标准白板的距离一致。为减少温室大棚特殊构造的影响，在其测定过程中叶片与标准白板的反射光谱测定交替进行，重复之间的小区优先测定，每个小区固定测量 3 点，每次重复测量 3 次，取平均值作为该小区的光谱反射率值。具体观测时间为每日的 11：00—14：00。叶片的净光合速率在测定光谱当天的 10：00—11：30，采用 LI-6400 便携式光合仪进行测量。黄瓜叶水势的测定采用 WP₄ 水势仪，在当天 8：00—9：00 进行测定。

本试验条件下的温室黄瓜叶片光谱曲线具有绿色植物典型的反射光谱吸收特征，如图 5-8 所示。

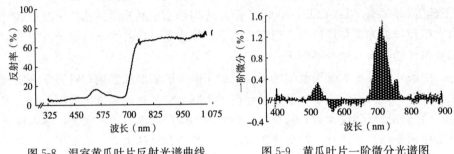

图 5-8　温室黄瓜叶片反射光谱曲线　　　图 5-9　黄瓜叶片一阶微分光谱图

为清楚区分不同水氮处理对温室黄瓜光谱曲线的影响，更好地提取目标物的光谱信息，首先对所获取的光谱数据进行一阶微分处理。反射光谱一阶微分通过以下公式来计算。

$$\rho'_{(\lambda_i)} = \frac{\rho_{(\lambda_{i+1} - \lambda_{i-1})}}{2 \times \Delta\lambda}$$

式中：i 为光谱通道，λ_i 为各波段的波长，$\Delta\lambda$ 为波长 λ_{i-1} 到 λ_i 的间隔，$\rho_{(\lambda_i)}$ 为波段 λ_i 的反射率，$\rho'_{(\lambda_i)}$ 为 λ_i 的一阶微分光谱。图 5-9 是温室黄瓜叶片主要波段的一阶微分光谱图。

根据图 5-8，图 5-9 可发现在光谱曲线中几个较为重要的波段位置，由此可提取基于光谱位置的主要变量：黄边（y）、红边（r）、红谷（Ro）、绿峰（Rg）等。通过对光谱数据进行构造指数法或归一化变换也可消除其他因子（如：土壤背景、叶片密度等）的干扰和光照条件差异的影响，本书所选用的双通道（或多通道）光谱指数公式见下表 5-5。

表 5-5　光谱指数及其计算公式

指数名称	简称	指数公式
比值植被指数	RVI	$RVI = R_{NIR} / R_{RED}$
归一化植被指数	NDVI	$NDVI = (R_{NIR} - R_{RED}) / (R_{NIR} + R_{RED})$
抗大气植被指数 1	$VARI_{green}$	$VARI_{green} = (R_{green} - R_{red}) / (R_{green} + R_{red} - R_{blue})$
抗大气植被指数 2	$VARI_{700}$	$VARI_{700} = (R_{700} - 1.7 \times R_{red} + 0.7 \times R_{blue}) / (R_{700} + 2.3 \times R_{red} - 1.3 \times R_{blue})$

（续）

指数名称	简称	指数公式
绿度归一化植被指数	GNDVI	$GNDVI=（R_{750}-R_{550}）/（R_{750}+R_{550}）$
水分指数 1	WI_1	$WI_1=R_{900}/R_{970}$
水分指数 2	WI_2	$WI_2=R_{950}/R_{900}$

（一）不同水氮条件下温室黄瓜叶片反射光谱特征

1. 温室黄瓜叶片反射光谱曲线变化

从图 5-10 可看出，不同水氮处理的温室黄瓜叶片的反射光谱曲线表现出了差异。在可见光波段，反射率随供氮水平的提高而降低；从波段 720 nm 处，黄瓜叶片反射率发生跃迁至近红外高台，并随供氮水平的增加而升高。同一供氮水平下，W_1 处理的黄瓜叶片反射率在可见光区较低；其在近红外波段的反射率又高于 W_2 处理。

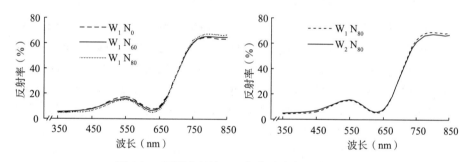

图 5-10　不同水氮处理温室黄瓜叶片光谱反射率

经一阶微分处理后的黄瓜叶片导数光谱，在 650 nm 和 725 nm 等敏感波段处出现了明显的峰和谷，而且均表现出了不同水氮处理条件下的差异（图 5-11）。

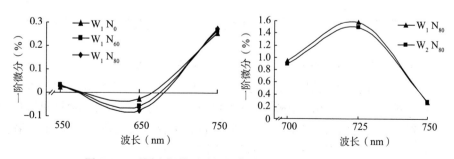

图 5-11　不同水氮处理下温室黄瓜叶片反射光谱一阶微分

2. 黄瓜叶片反射光谱曲线的"绿峰"和"红边"变化

水氮是影响温室黄瓜生长的重要因素,各处理黄瓜叶片的光谱反射率在特定波段位置上表现出差异。"绿峰"是绿色植物绿光反射峰所在的波长位置,"红边"是由于绿色植物在红光波段强烈地吸收与近红外波段强烈地反射造成的。不同水氮处理黄瓜叶片的"绿峰"位置在 556~558 nm 间变化,而"红边"位置在 716~723 nm 间变化(表 5-6)。

表 5-6 不同水氮处理黄瓜"绿峰""红边"位置及其反射高度

		W_1N_0	W_1N_{60}	W_1N_{80}	W_2N_{40}	W_2N_{60}	W_2N_{80}
绿峰位置	λ_g (nm)	558	557	556	556	557	557
	Rg (%)	17.50	16.35	15.40	16.57	16.42	16.08
红边位置	λ_r (nm)	716	722	723	723	722	722
	Dr (%)	1.40	1.47	1.50	1.46	1.53	1.58

注:λ_g绿峰波长(nm),Rg 绿峰反射率(%);λ_r指红边波长(nm),Dr 指红边高度(%)。

"绿峰"和"红边"位置常被认为是描述植物健康状况的重要指示波段,在作物的关键生长期会有红移或蓝移现象的发生。红边的红移和绿峰的蓝移,预示着作物生长旺盛;而红边的蓝移或绿峰的红移则表明作物可能受到病虫危害、衰老或处于营养、水分等逆境条件的影响。由表 5-6 知,红边的红移现象较为明显,处理 W_1N_{80}、W_2N_{40} 与 W_1N_0 相比,有最大 7 nm 的红移。处理 W_1N_{60} 和 W_2N_{60} 的绿峰和红边位置均相同,说明在施氮量相同的条件下,水分处理并没有引起绿峰和红边位置上的变化;而对于处理 W_1N_{80} 和 W_2N_{80} 来说,绿峰与红边位置都有 1 nm 的位移,可能是由于施氮量增加,W_2水分处理引起了绿峰的红移和红边的蓝移。从绿峰的反射高度和红边高度来看,前者随供水和施氮水平的提高而降低,后者随供水和施氮水平的升高而增加,其中处理 W_1N_0的绿峰高度比处理 W_1N_{80}最大可高出 12.0%,经方差分析,两个处理在 0.05 水平差异显著。

(二)温室黄瓜叶片光谱参数与光合速率、叶水势及产量与品质的相关性分析

1. 黄瓜叶片红谷光谱参数与光合速率的相关性分析

"红谷"区被认为是绿色植物光合作用的能量区,温室黄瓜反射光谱的红谷波长位置 λ_o 在 671~675 nm,反射率 Ro 为 6.32%~8.50%。通过对黄瓜叶片"红谷"区反射率 Ro 与光合速率 Pn 进行相关分析发现,W_1 条件下二者呈负相关(图 5-12A),W_2 条件下正相关(图 5-12B)。

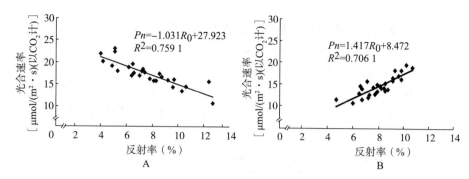

图 5-12　W_1 和 W_2 条件下温室黄瓜叶片光谱红谷反射率与叶片光合速率相关性

2. 黄瓜叶片反射光谱指数与叶水势的相关性分析

温室黄瓜需水量大，植株内的水分含量高，仅果实中的水分就占到鲜重的 98％以上，植株叶片光谱特征参量受到叶片水分含量的影响。叶水势可反映土壤供水能力的大小和作物缺水的程度，也可反映叶片从其他器官中吸取水分的能力。根据温室黄瓜生长特点，并参考已有研究成果，对黄瓜叶水势和光谱指数进行了相关性分析，相关系数见表 5-7。

表 5-7　光谱指数与叶水势的相关系数

光谱指数	W_1	W_2
WI_1	−0.507 9	0.462 7
WI_2	−0.566 4	0.419 8
RVI (810, 460)	−0.286 6	0.459 2
RVI (810, 610)	−0.439 0	0.697 9
RVI (610, 560)	−0.770 7	0.427 4
RVI (680, 750)	0.588 5	−0.599 3
WI_1/NDVI (800, 680)	0.640 5	−0.565 7
WI_2/NDVI (800, 680)	0.501 6	−0.744 0
RVI (610, 680)/NDVI (810, 610)	−0.751 6	0.779 3
WI_1/NDVI (675, 1 050)	0.820 0	−0.850 7

注：每次 27 组样本 $r_{0.05}$ (27) = 0.380 9，$r_{0.01}$ (27) =0.486 9。

从表 5-7 看出，两种灌溉条件下选用的光谱指数与同期测定的黄瓜叶片水势间存在显著或极显著的相关关系。水分指数或比值指数和植被指数的比值（WI_1/NDVI、RVI /NDVI）与叶水势间的相关性要优于单独的水分指数和比值指数，其中 WI_1/NDVI（675，1 050）与叶水势的相关系数最高，达

0.850 7。

3. 黄瓜叶片反射光谱指数与产量品质的相关性分析

已有研究开展了基于关键生育期叶片的光谱信息估算水稻、棉花等作物的产量，并取得了较好应用效果（薛利红等，2005；杨智等，2008）。为探讨温室黄瓜叶片光谱参数与其产量及品质间的相关关系，选取了三类光谱指数：抗大气植被指数1、抗大气植被指数2；比值指数；归一化植被指数和绿度归一化植被指数。相关系数见表5-8。

表5-8　温室黄瓜光谱参数与产量及其品质的相关系数（r）

光谱指数	W_1					W_2				
	产量	单果重	可溶性糖	维生素C	硝酸盐	产量	单果重	可溶性糖	维生素C	硝酸盐
$VARI_{green}$	0.995 1	0.428 9	0.698 5	0.426 8	0.469 8	−0.900 4	−0.875 8	−0.785 0	−0.934 2	0.689 4
$VARI_{700}$	0.997 9	0.486 4	0.701 8	0.430 3	0.473 3	−0.631 0	−0.593 0	−0.471 5	−0.994 8	0.934 3
RVI (710，680)	0.906	0.816 4	0.951 7	0.770 8	0.806 1	−0.995 8	−0.989 3	−0.949 8	−0.756 9	0.438 2
RVI (810，560)	0.956 7	0.574 4	0.558 0	0.518 3	0.561 4	−0.848 8	−0.819 8	−0.717 4	−0.932 5	0.759 3
RVI (800，680)	0.967 8	0.706 7	0.763 5	0.654 2	0.389 3	−0.925 2	−0.908 3	−0.826 4	−0.906 0	0.640 0
NDVI (710，660)	0.976 4	0.682 4	0.864 2	0.628 9	0.670 2	−0.998 1	−0.995 1	−0.963 5	−0.727 5	0.405 0
NDVI (890，980)	0.968 8	0.703 9	0.759 5	0.651 2	0.691 8	−0.825 2	−0.980 7	−0.688 2	−0.794 6	0.383 8
NDVI (990，440)	0.976 2	0.683 0	0.864 6	0.629 5	0.670 7	−0.966 3	−0.950 8	−0.885 1	−0.761 9	0.557 8
GNDVI (810，560)	0.905 1	0.818 7	0.906 0	0.774 3	0.808 5	−0.870 3	−0.843 0	−0.744 8	−0.911 5	0.464 8
GNDVI (750，550)	0.972 8	0.693 1	0.872 0	0.640 0	0.680 9	−0.851 3	−0.822 5	−0.720 6	−0.966 3	0.756 3

注：数据均由 SAS 软件分析，每次27组样本 $r_{0.05}$（27）= 0.380 9，$r_{0.01}$（27）=0.486 9。

从表5-8知，温室黄瓜叶片反射光谱指数与产量及品质具有较好的相关性。其中 W_1 条件下黄瓜产量及品质指标与所选光谱指数均呈正相关；W_2 条件下除果实硝酸盐含量指标外，其余均与光谱指数呈负相关。而光谱参数 NDVI（990，440）和 GNDVI（750，550）与黄瓜产量等指标均存在极显著相关关系，为本试验条件下估测黄瓜产量及品质的最优光谱指数。

（三）小结

1. 不同水氮处理下温室黄瓜叶片反射光谱曲线表现出差异，经一阶微分处理后，各处理导数光谱在波长 650 nm 和 725 nm 处差异更大。绿峰和红边在不同水氮处理下均有蓝移和红移现象的发生。

2. 本试验条件下，温室黄瓜叶片的红谷反射率与光合速率在 W_1 条件下下呈显著负相关，而在 W_2 条件下呈显著正相关。

3. 在本试验条件下，水分指数或比值指数和植被指数的比值与叶水势的相关性要优于单独的水分指数和比值指数，其中 WI_1/NDVI（675，1 050）与黄瓜叶水势的相关系数达 0.8507，为供试条件下预测黄瓜叶片水势高低的良好光谱植被指数。

4. 本研究通过对 10 种光谱参数与黄瓜产量及品质指标进行相关性分析表明，归一化植被指数 NDVI（990，440）和绿度归一化植被指数 GNDVI（750，550）为供试条件下估测温室黄瓜产量和品质的最优光谱参数。

二、滴灌减氮对设施番茄叶片反射光谱特征影响

番茄是温室主要栽培的作物之一，实时而快速地获取其生长信息有助于植株养分亏缺的诊断和估产。高光谱遥感技术在温室中的应用可为蔬菜生产的定量化水肥管理提供重要技术手段，为我国温室蔬菜生产走向良性发展道路提供保障。该研究借助地面光谱测量仪器，研究了不同施氮水平对温室番茄叶片光谱特征的影响，分析了光谱特征指数与叶片氮含量、光合速率及产量的关系，探讨了温室自然光照条件下光谱分析技术诊断番茄生长状况以及检测叶片氮含量和产量的可行性，以期为温室蔬菜生产管理提供一种科学、简便、快捷、非破坏性的诊断方法。

试验方案： 试验地点设在河北省辛集市马庄科园农场。供试蔬菜为番茄，试验设 4 种施氮水平，每一施氮水平下磷、钾肥及灌水量相同（表 5-9），灌溉方式为滴灌。每个处理 3 次重复，共 12 个小区，试验小区完全随机排列，小区面积为 10.8 m^2，每小区种植番茄 3 行，行距为 60 cm，株距为 30 cm。且各处理氮肥用量的 20%，磷肥用量的 100%，钾肥用量的 40% 在番茄定植前施入土壤作为基肥，其余按番茄生育期需肥规律和需肥量进行追施。

表 5-9 试验处理设计及氮、磷、钾、灌水用量

处理	N（kg/hm²）	P_2O_5（kg/hm²）	K_2O（kg/hm²）	灌水量（m³/hm²）
N_0	0	225	450	1 350
N_{225}	225	225	450	1 350
N_{450}	450	225	450	1 350
N_{675}	675	225	450	1 350

注：N 代表氮水平处理。数字 0、225、450、675 分别代表施氮量为 0 kg/hm²、225 kg/hm²、450 kg/hm²、675 kg/hm²。

　　光谱反射率数据采集采用 ASD FieldSpec 地物光谱辐射仪（Analytical Spectral Devices，Inc.，USA），测量波长范围为 325～1 075 nm，分辨率为 1 nm。在番茄盛果期（2008 年 10 月 22 日至 24 日）晴朗无云的天气，选择从番茄顶部向下数第 5 片无病虫害的功能叶片，测定时仪器探头垂直向下，探头距离该番茄叶片与标准白板的距离一致。为减少温室大棚特殊构造的影响，在其测定过程中叶片与标准白板的反射光谱测定交替进行，重复之间的小区优先测定，每个小区固定测量 3 点，每次重复测量 3 次，取平均值作为该小区的光谱反射率值。具体观测时间均在当日的 12：00 进行。

　　利用 LI-6400 便携式光合仪同步测定叶片光合速率，每小区重复测定 3 次。光合速率测定完毕后，采集对应位置叶片，在 105℃烘箱中杀青 15 min，70 ℃下烘干至恒重，并称重，粉碎后采用凯氏定氮法测定全氮含量。该试验条件下测定得到的温室番茄叶片光谱曲线具有绿色植物典型的反射光谱吸收特征，如图 5-13 所示。

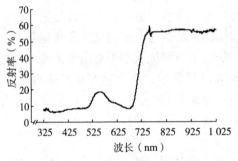

图 5-13　温室番茄叶片反射光谱曲线　　　图 5-14　番茄叶片一阶微分光谱图

　　为清楚区分不同施氮水平对温室番茄光谱曲线的影响，更好地提取目标物的光谱信息，首先对所获取的光谱数据进行一阶微分处理。反射光谱一阶微分通过以下公式来计算。

$$\rho'_{(\lambda_i)} = \frac{\rho_{(\lambda_{i+1} - \lambda_{i-1})}}{2 \times \Delta\lambda}$$

　　式中：i 为光谱通道，λ_i 为各波段的波长，$\Delta\lambda$ 为波长 λ_{i-1} 到 λ_i 的间隔，$\rho_{(\lambda_i)}$ 为波段 λ_i 的反射率，$\rho'_{(\lambda_i)}$ 为 λ_i 的一阶微分光谱。图 5-14 是温室番茄叶片主要波段的一阶微分光谱图。

　　根据图 5-13、图 5-14 可发现在光谱曲线中几个较为重要的波段位置，由此可提取基于光谱位置的主要变量：红边（r）、绿峰（Rg）、红谷（Ro）等。反射率从红谷到近红外高反射平台之间的变化用红边来表示，红边特征通常采用红边高度（Dr）和红边位置（λ_r）两个因子来描述，Dr、λ_r 分别为波长

680～780 nm 内最大的一阶微分值与其所对应的波长；绿峰反射率 Rg 是波长 510～560 nm 范围内最大的波段反射率；红谷反射率 Ro 是波长 640～690 nm 范围内最小的波段反射率。

本书参考前人选用的双通道（或多通道）光谱指数公式（Pearson et al.，1972；Gitelson et al.，2002；Penuelas et al.，1995；Gitelson et al.，1996）（表 5-10），通过分析叶片氮含量与单波段反射率相关性，在敏感光谱波段范围内筛选出最佳光谱参数，进而建立相应的回归方程。

表 5-10　光谱指数及其计算公式

高光谱指数	计算公式
比值植被指数（RVI）	$RVI = R_{NIR}/R_{RED}$
光化学反射指数（PRI）	$PRA = (R_{570} - R_{531})/(R_{570} + R_{531})$
归一化植被指数（NDVI）	$NDVI = (R_{NIR} - R_{RED})/(R_{NIR} + R_{RED})$
抗大气植被指数 1（VARI$_{green}$）	$VARI_{green} = (R_{green} - R_{red})/(R_{green} + R_{red} - R_{blue})$
抗大气植被指数 2（VARI$_{700}$）	$VARI_{700} = (R_{700} - 1.7 \times R_{red} + 0.7 \times R_{blue})/(R_{700} + 2.3 \times R_{red} - 1.3 \times R_{blue})$
绿度归一化植被指数（GNDVI）	$GNDVI = (R_{750} - R_{550})/(R_{750} + R_{550})$

（一）温室番茄叶片光谱曲线特征变化

1. 温室番茄叶片反射光谱特征

图 5-15 为番茄盛果期不同施氮水平下叶片的反射光谱曲线。在 400～700 nm 的可见光波段，由于叶绿素对入射光中蓝光及红光区的强烈吸收，叶片的反射率较低，其中在黄绿波段（550 nm 左右）有 1 个反射峰，称为绿峰。随供氮水平的提高，可见光波段的反射率依次降低。从 720 nm 处番茄叶片反射率跃迁至近红外高台，说明番茄叶片对该波段的吸收较弱。其中 N_{450} 处理在近红外区反射率最高，其次为 N_{675}、N_{225}、N_0，这与不同施氮条件下温室黄瓜叶片的反射光谱特征相似（张喜杰等，2004）。

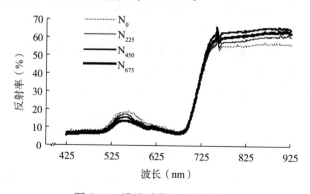

图 5-15　设施番茄叶片光谱特征

2. 温室番茄叶片光谱曲线绿峰和红边的变化

不同施氮水平下的反射光谱曲线在可见光区和近红外光区差异明显。绿峰和红边是描述光谱曲线两个重要的特征参数，在作物的关键生育期，两参数受不同施氮条件的影响更大。盛果期是番茄生长的最旺盛时期，4种施氮水平下，绿峰位置（λ_g）范围为554~559 nm，反射率（Rg）在13.7%~18.7%，其中处理 N_{675}、N_{450} 与不施氮处理 N_0 之间均存在显著的差异（表5-11）。红边位置（λ_r）范围为714~723 nm，红边高度（Dr）在1.21%~1.46%，其中处理 N_{450} 与不施氮 N_0 处理之间的差异显著。

表 5-11　不同施氮水平下绿峰、红边位置及其反射高度

		N_0	N_{225}	$W_1 N_{450}$	$W_2 N_{675}$
绿峰位置	λ_g（nm）	559a	557b	556b	554c
	Rg（%）	18.7a	17.4ab	15.8b	13.7c
红边位置	λ_r（nm）	714b	721a	722a	723a
	Dr（%）	1.21b	1.40ab	1.46a	1.44ab

注：λ_g 指绿峰波长（nm），Rg 指绿峰反射率（%）；λ_r 指红边波长（nm），Dr 指红边高度（%）。不同小写字母代表差异性显著（$P<0.05$）。

从表5-11可以看出，随着施氮水平的提高，红边的红移现象较为明显。其中处理 N_{675} 与处理 N_0 相比，有9 nm的红移，已达显著水平（$P<0.05$），而处理 N_{225}、N_{450}、N_{675} 之间的红边位置差异不显著。随着施氮水平的提高，绿峰亦有蓝移的现象发生，由不施氮条件下（N_0）的559 nm至最高施氮条件下（N_{675}）的554 nm，经方差分析，差异也达显著水平（$P<0.05$）。

（二）温室番茄叶片光谱参数与叶片光合速率、含氮量及产量的相关性分析

1. 温室番茄叶片光谱参数与光合速率的相关分析

对同步测定的番茄叶片光合速率进行分析表明，施氮处理与不施氮处理间显著差异，而各施氮处理间的差异不显著（图5-16）。叶片光合速率作为判断番茄是否早衰的重要指标，代表了植株的生长状况。而红谷区被认为是绿色植物光合作用的能量区，温室番茄叶片反射光谱的红谷位置 λ_0 在670~675 nm，反射率 Ro 在6.61%~8.22%。随施氮水平的提高，红谷反射率呈降低的趋势。通过分析发现，光合速率与红谷反射率之间的关系用二次方程拟合的较优，其曲线方程为：$Y = -0.0913X^2 + 0.338X + 22.2$，且 $R^2 = 0.805$（$n = 24$），达极显著水平（图5-17）。式中 Y 代表番茄叶片光合速率（以 CO_2 计）[μmol/（$m^2 \cdot s$）]，X 为红谷反射率。

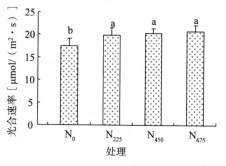

图 5-16　不同施氮水平下温室番茄
　　　　叶片光合速率

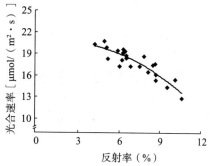

图 5-17　番茄叶片红谷反射率与叶片
　　　　光合速率的关系

2. 温室番茄叶片氮含量与光谱指数关系

图 5-18 显示了波长在 350～950 nm，光谱反射率与番茄叶片氮含量的相关关系。在 350～710 nm 波段范围内，叶片氮含量与光谱反射率呈负相关。其中波段 580～695 nm 范围内的光谱反射率与叶片氮含量达显著负相关，平均相关系数为 -0.636。由于该波段范围是叶绿素的强烈吸收区域，与氮含量密切相关，因此该区域可以视作氮素的敏感区用来监测叶片氮素营养。在 720～950 nm（近红外）波段范围内，光谱反射率与叶片氮含量呈正相关，其中短波近红外波段 740～900 nm 范围内的光谱反射率与叶片氮含量达极显著负相关，平均相关系数为 0.762。近红外区域相对高的反射率是由于叶片内部组织结构复杂、细胞层数多、经多次反射散射的结果，与叶片氮含量相关密切，因此，该区域光谱反射率也与叶片氮含量间有着良好的相关关系。基于以上分析，本试验条件下番茄叶片敏感波段为 580～695 nm、740～900 nm，而在波段 695 nm 和 770 nm 处的反射率与叶片氮含量具有最高的负相关性和正相关性。

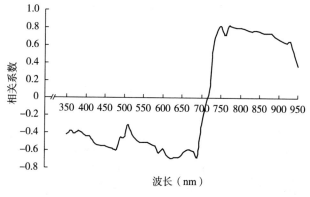

图 5-18　光谱反射率与叶片含氮量的相关系数

相关分析表明，除光谱指数 VARI$_{green}$ 外，其余所选用光谱指数与叶片氮含量间均存在良好的相关性（表 5-12）。而基于 695 nm、770 nm 这两个波段构建的高光谱指数（RVI、NDVI）相关系数最高，已达极显著水平。由此说明，由原始光谱数据敏感波段构成的光谱指数可用于预测温室番茄叶片氮含量。

表 5-12　番茄叶片氮含量 [y（%）] 与光谱指数（x）的相关分析

光谱指数	回归方程	R^2
VARI$_{700}$	$y=6.21x^2-2.19x+2.90$	0.433*
VARI$_{green}$	$y=-17.9x^2+11.1x+1.16$	0.051 1
GNDVI	$y=3.99x^2-2.89x+3.22$	0.424*
PRI	$y=239x^2-33.6x+3.99$	0.355*
红边最小值 L$_0$	$y=0.033\ 4x^2-0.583x+5.31$	0.421*
RVI（770，695）	$y=0.024x^2-0.122x+2.82$	0.719**
NDVI（770，695）	$y=18.3x^2-22.0x+9.33$	0.707**

注：*、**分别表示 0.05、0.01 水平显著，表 5-13 亦同。

3. 温室番茄叶片光谱指数与产量关系

通过分析了番茄叶片光谱数据与产量相关关系，结果表明，除绿度归一化植被指数（VARI$_{green}$）外，其余的光谱指数与产量的相关性都达显著、极显著水平（表 5-13）。其中光谱指数 RVI（710，680）、VARI$_{700}$ 与产量的相关性最好，相关系数分别达 0.749、0.732。可见，通过关键生育期的光谱植被指数估计作物产量的方法亦可在温室条件下得到很好的应用。

表 5-13　番茄产量 [y（kg/hm^2）] 与光谱指数（x）的相关分析

光谱指数	回归方程	R^2
VARI$_{700}$	$y=-211\ 296x^2+220\ 044x-149\ 666$	0.732**
VARI$_{green}$	$y=-2E+06x^2+1E+06x-18\ 864$	0.404*
RVI（710，680）	$y=3\ 591.7x^2-12\ 067x+199\ 718$	0.749**
RVI（810，560）	$y=4\ 736x^2-32\ 464x+251\ 524$	0.469**
RVI（800，680）	$y=-234x^2+6\ 715x+160\ 003$	0.634**
RVI（770，695）	$y=-924.29x^2-14\ 590x+147\ 617$	0.465**
红边最小值 L$_0$	$y=-30x^2-2951x+221\ 804$	0.547**
NDVI（710，660）	$y=407\ 103x^2-320\ 661x+254\ 913$	0.731**
NDVI（770，695）	$y=-167\ 836x^2+318\ 299x+59\ 994$	0.469**
NDVI（890，980）	$y=-2E+06x^2+290\ 555x+194\ 226$	0.333*
NDVI（990，440）	$y=1E+06x^2-2E+06x+773\ 011$	0.483**
GNDVI（750，550）	$y=466\ 624x^2-471\ 715x+315\ 020$	0.431*

（三）小结

本试验通过把高光谱遥感技术应用到设施环境中，揭示了设施番茄叶片光谱反射率与叶片氮含量、光合速率及产量的关系，这对实时监测设施番茄生长状况以及指导田间氮肥管理方式具有一定的参考价值。

一是温室番茄叶片反射率在可见光波段随施氮水平的提高而降低；而在近红外波段，随施氮水平的提高而增加。绿峰和红边的波长位置在不同施氮水平下具有显著的差异，与不施氮处理相比，施氮处理具有明显的蓝移和红移现象发生。两者在判断番茄生长是否旺盛时具有同样的指示作用，其规律亦与大田作物及落叶松上的光谱研究结论相一致（石韧等，2008；吴春霞等，2008）。在本试验条件下，设施番茄叶片红谷反射率与光合速率之间的关系用二次曲线拟合的方程系数更高（$R^2 = 0.805$）。

二是基于反射光谱估测设施番茄叶片氮素含量及产量的研究较为少见。本书通过光谱反射率与叶片含氮量的相关分析发现，番茄叶片敏感波段为 580～695 nm，740～900 nm。由近红外波段 695 nm、770 nm 组合的光谱指数（RVI、NDVI）与叶片氮含量建立的回归方程较好。而光谱指数 RVI（710，680）、$VARI_{700}$ 与产量之间的相关系数分别为 0.749、0.732，均达极显著水平。可见，通过转换原始光谱数据而建立的预测模型，在设施栽培条件下也能得到很好地应用，特别是光谱指数 RVI（770，695）和 RVI（710，680）在监测设施番茄叶片氮素水平及估产的效果较佳。

本章参考文献

陈永山，戴剑锋，罗卫红，等，2008. 叶片氮浓度对温室黄瓜花后叶片最大总光合速率影响的模拟 [J]. 农业工程学报，24（7）：13-19.

崔志峰，艾希珍，张振贤，等，2000. 日光温室辣椒不同层次叶片光合速率及其对产量的贡献 [J]. 长江蔬菜（4）：25-27.

代辉，胡春胜，程一松，等，2005. 不同氮水平下冬小麦农学参数与光谱植被指数的相关性 [J]. 干旱地区农业研究，23（4）：16-21.

董建力，惠红霞，任贤，等，2001. 春小麦光合速率与产量的关系研究 [J]. 甘肃农业科技（6）：10-12.

冯嘉玥，邹志荣，陈修斌，2005. 土壤水分对温室春黄瓜苗期生长与生理特性的影响 [J]. 西北植物学报，25（6）：1242-1245.

郭佩秋，李絮花，王克安，等，2009. 氮肥用量对日光温室黄瓜和土壤硝态氮含量的影响 [J]. 华北农学报，24（1）：185-188.

吉海彦，王鹏新，严泰来，2007. 冬小麦活体叶片叶绿素和水分含量与反射光谱的模型建立 [J]. 光谱学与光谱分析，27（3）：514-516.

韩凤山，王朝江，孙振元，1988. 小麦"午睡"原因的研究（Ⅳ）小麦灌浆期营养器官糖分积累动态特点 [J]. 华北农学报，3（2）：6-11.

李绍，薛绪章，郭文善，等，2010. 水肥耦合对温室盆栽黄瓜产量与水分利用效率的影响 [J]. 植物营养与肥料学报，16（2）：376-381.

李银坤，武雪萍，吴会军，等，2010. 水氮互作对温室黄瓜光合特征与产量的影响 [J]. 中国生态农业学报，18（6）：1170-1175.

李银坤，武雪萍，吴会军，等，2010. 水氮条件对温室黄瓜光合日变化及产量的影响 [J]. 农业工程学报，26（S1）：122-129.

李银坤，武雪萍，梅旭荣，等，2012. 不同施氮水平下温室番茄叶片反射光谱特征分析 [J]. 土壤通报，43（1）：141-146.

林琪，侯立白，韩伟，等，2004. 限量控制灌水对小麦光合作用及产量构成的影响 [J]. 莱阳农学院学报，21（3）：199-202.

马德华，庞金安，霍振荣，等，1998. 大棚黄瓜光合作用日变化及环境因素对光合作用的影响 [J]. 河北农业学学报，21（4）：59-63.

闵炬，施卫明，2009. 不同施氮量对太湖地区大棚蔬菜产量、氮肥利用率及品质的影响 [J]. 植物营养与肥料学报，15（1）：151-157.

牛勇，刘洪禄，吴文勇，等，2008. 不同灌水下限对日光温室黄瓜生长指标的影响 [J]. 灌溉排水学报，28（3）：81-84.

任红艳，潘剑君，张佳宝，2005. 不同施氮水平下的小麦冠层光谱特征及产量分析 [J]. 土壤通报，36（1）：26-29.

石韧，刘礼，高娜，2008. 用高光谱数据反演健康与病害落叶松冠层光合色素含量的模型研究 [J]. 遥感技术与应用，23（3）：267-271.

孙守钧，马鸿图，2000. 高粱光合作用与产量关系的饰变 [J]. 华北农学报，15（3）：45-50.

王绍辉，张福墁，2000. 不同土壤含水量对日光温室黄瓜生理特性的影响 [J]. 中国蔬菜（增刊）：26-29.

王荣莲，于健，赵永来，等，2009. 滴灌施肥水肥耦合对温室无土栽培水果黄瓜产量的影响 [J]. 节水灌溉（3）：15-22.

王渊，黄敬峰，王福民，等，2008. 油菜叶片和冠层水平氮素含量的高光谱反射率估算模型 [J]. 光谱学与光谱分析，28（2）：273-277.

吴春霞，王进，任岗，等，2008. 基于高光谱技术的棉花冠层反射特征研究 [J]. 农业与技术，28（4）：56-60.

徐坤范，李明玉，艾希珍，2006. 氮对日光温室黄瓜呈味物质、硝酸盐含量及产量的影响 [J]. 植物营养与肥料学报，12（5）：717-721.

薛利红，曹卫星，罗卫红，2005. 基于冠层反射光谱的水稻产量预测模型 [J]. 遥感学报，9（1）：100-105.

许大全，1990. 光合作用"午睡"现象的生态、生理与生化 [J]. 植物生理学通讯（6）：5-10.

徐惠风，金研铭，徐克章，2001. 向日葵不同节位叶片光合特性及其与产量关系的研究

［J］. 吉林农业大学学报，23（1）：6-9.

杨智，李映雪，徐德福，等，2008. 冠层反射光谱与小麦产量及产量构成因素的定量关系［J］. 中国农业气象，29（3）：338-342.

杨治平，陈明昌，张强，等，2007. 不同施氮措施对保护地黄瓜养分利用效率及土壤氮素淋失影响［J］. 土保持学报，21（2）：58-60.

姚霞，朱艳，冯伟，等，2009. 监测小麦叶片氮积累量的新高光谱特征波段及比值植被指数［J］. 光谱学与光谱分析，29（8）：2191-2195.

张西平，赵胜利，张旭东，等，2007. 不同灌水处理对温室黄瓜形态及光合作用指标的影响［J］. 中国农学通报，23（6）：622-625.

张喜杰，李民赞，张彦娥，等，2004. 基于自然光照反射光谱的温室黄瓜叶片含氮量预测［J］. 农业工程学报，20（6）：11-14.

张英鹏，徐旭军，林咸永，等，2004. 供氮水平对菠菜产量、硝酸盐和草酸累积的影响［J］. 植物营养与肥料学报，10（5）：494-498.

朱保葛，柏惠侠，张艳，等，2004. 大豆叶片净光合速率、转化酶活性与籽粒产量的关系［J］. 大豆科学，19（4）：346-350.

GITELSON A A，KAUFMAN Y J，MERZLYAK M N，1996. Use of a green channel in remote sensing of global vegetation from EOS-MODIS［J］. Remote Sensing of Environment，58：289-298.

GITELSON A A，KAUFMAN Y J，STARK R，et al.，2002. Novel algorithms for remote estimation of vegetation fraction［J］. Remote Sensing of Environment，80：76-87.

JANOUDI A K，WIDDERS I E，FLORE J A，1993. Water deficits and environmental fact photosynthesis in leaves of cucumber［J］. Journal of the American Society for Horticultural Science，118（3）：366-370.

JOSE S，MEMITT S，RAMESY C L，2003. Growth，nutrition，photosynthesis and transpiration responses of long leaf pine seedlings to light，water and nitrogen［J］. Forest Ecology and Management，180：335-344.

MA Y P，WANG S L，ZHANG L，et al.，2008. Monitoring winter wheat growth in North China by combining a crop model and remote sensing data［J］. International Journal of Applied Earth Observation and Geoinformation，10（4）：426-437.

PAPASTYLIANOU I，1995. Yield components in relation to grain yield losses of barley fertilized with nitrogen［J］. European Journal of Agronomy，4（1）：55-63.

PEARSON R L，MILLER L D，1972. Remote mapping of standing crop biomass for estimation of the productivity of the short-grass prairie［J］. Remote Sensing of Environment，8：1357-1381.

PENUELAS J，FILELLA I，GAMON J A，1995. Assessment of photosynthetic radiation-use efficiency with spectral reflectance［J］. New Phytol，131（3）：291-296.

第六章
设施蔬菜养分吸收与节水减肥增效机制

第一节 设施蔬菜养分吸收与分配规律

一、设施黄瓜养分吸收与分配规律

中国是黄瓜的主产国。FAO 统计中国黄瓜（Cucumbers and gherkins）产量占世界的 70% 以上（FAOSTAT，2016）。黄瓜是设施蔬菜主栽种类。温室冬春茬黄瓜一般定植于 2 月中旬，苗期和初花期长 30~40 d，该阶段基本完成花芽和终生节位分化，培育壮苗对于高产的形成有决定作用。结瓜期始于 3 月底 4 月初止于 7 月中旬，此时营养生长与生殖生长并行，该阶段氮、磷、钾需求量占到全生育期总量的 70%~90%，以向果实和叶片分配为主，其中果实养分需求量占到该阶段总量的 60% 左右。本研究依托日光温室不同肥水用量黄瓜-番茄轮作中长期定位试验结果，明确黄瓜不同生育阶段养分需求特征，为养分精量化施用提供科学依据。

（一）冬春茬黄瓜氮、磷、钾养分需求特征

冬春茬黄瓜全生育期全株氮、磷、钾吸收均呈弱 S 形增长趋势（图 6-1）。在 180~200 t/hm² 产量水平下，氮、磷、钾吸收总量分别达 N 392.2~483.1 kg/hm²、P_2O_5 235.6~304.8 kg/hm²、K_2O 610.3~712.1 kg/hm²，N：P_2O_5：K_2O 需求比例为 1：0.54~0.75：1.46~1.56，平均为 1：0.62：1.50（表 6-1），以盛瓜期养分吸收最多。

冬春茬黄瓜苗期 N、P_2O_5、K_2O 需求量分别为 11.5~13.3 kg/hm²、4.2~4.6 kg/hm²、12.3~17.1 kg/hm²，占总需求量的 2.6%~2.9%、1.5%~1.9%、2.0%~2.6%。初花期 N、P_2O_5、K_2O 需求量分别为 33.3~43.0 kg/hm²、13.4~14.9 kg/hm²、36.9~47.8 kg/hm²，占总需求量的 6.9%~10.9%、4.4%~5.9%、5.2%~7.6%。初瓜期 N、P_2O_5、K_2O 需求量分别为 101.2~122.7 kg/hm²、54.0~65.4 kg/hm²、160.3~172.9 kg/hm²，占总需求量的 24.4%~27.9%、18.3%~27.7%、22.5%~27.9%。在盛瓜期，N、P_2O_5、K_2O 需求量分别为 140.3~171.5 kg/hm²、81.0~109.1 kg/hm²、197.8~253.9 kg/hm²，占总需求量的 31.5%~39.0%、33.9%~36.2%、31.7%~39.1%。末瓜期及拉秧期 N、P_2O_5、K_2O 需求量分别为 92.7~

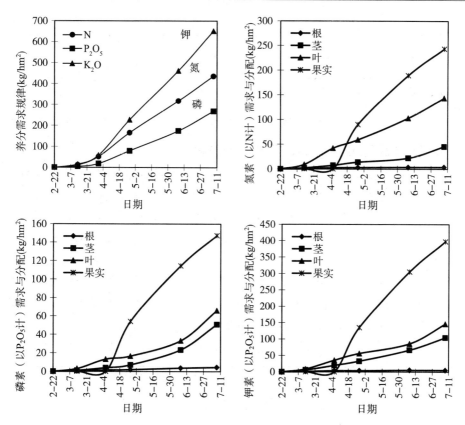

图 6-1 冬春茬黄瓜全生育期氮、磷、钾养分需求与器官分配

166.2 kg/hm²、68.9～114.8 kg/hm²、141.0～250.6 kg/hm²，占总需求量的 21.4%～34.4%、29.2%～38.9%、23.1%～35.2%。

表 6-1 日光温室冬春茬黄瓜各生育阶段氮、磷、钾配比

| 生育阶段 | 项目 | 养分生育期分配比例（%） | | | 养分配比 |
		N	P₂O₅	K₂O	N：P₂O₅：K₂O
苗期 0～20 DAT	范围	2.6～2.9	1.5～1.9	2.0～2.6	1：0.35～0.39：1.03～1.39
	平均	2.8	1.7	2.3	1：0.37：1.26
初花期 21～38 DAT	范围	6.9～10.9	4.4～5.9	5.2～7.6	1：0.33～0.40：1.04～1.11
	平均	9.2	5.3	6.7	1：0.36：1.09
初瓜期 39～65 DAT	范围	24.4～27.9	18.3～27.7	22.5～27.9	1：0.53～0.55：1.36～1.68
	平均	26.1	23.1	26.0	1：0.54：1.49
盛瓜期 66～107 DAT	范围	31.5～39.0	33.9～36.2	31.7～39.1	1：0.48～0.74：1.41～1.66
	平均	35.0	35.3	36.0	1：0.63：1.54

（续）

生育阶段	项目	养分生育期分配比例（%）			养分配比
		N	P_2O_5	K_2O	N：P_2O_5：K_2O
末瓜期＋拉秧期	范围	21.4～34.4	29.2～38.9	23.1～35.2	1：0.65～1.24：1.51～1.85
108～137 DAT	平均	26.9	34.5	29.0	1：0.83：1.62

（二）冬春茬黄瓜氮、磷、钾养分分配特征

冬春茬黄瓜全生育期根、茎、叶和果实氮素吸收量（以 N 计）分别为 3.4～3.8 kg/hm^2、40.3～48.7 kg/hm^2、121.4～184.4 kg/hm^2、227.1～259.4 kg/hm^2，占全株氮素吸收量的 0.7%～0.9%、10.0%～11.1%、29.1%～38.2%、51.1%～59.0%（表 6-2 和表 6-3）。根氮素吸收高峰出现在初花期，占根氮素吸收总量的 35.8%～55.6%；茎氮素吸收高峰出现在末瓜期至拉秧期，占茎氮素吸收总量的 39.5%～59.2%；叶片氮素吸收高峰出现在盛瓜期，占叶片氮素吸收总量的 25.1%～41.4%；果实氮素吸收高峰出现在初瓜期至盛瓜期，占果实氮素吸收总量的 35.7%～41.9%。

表 6-2　日光温室冬春茬黄瓜各器官氮素吸收与分配

生育阶段	项目	同一生育阶段不同器官氮素分配比例（%）			
		根	茎	叶	果实
苗期	范围	6.1～6.2	16.6～20.8	73.1～77.3	—
0～20 DAT	平均	6.1	18.8	75.1	—
初花期	范围	4.3～5.2	13.3～15.1	79.9～82.4	—
21～38 DAT	平均	4.7	14.4	80.9	—
初瓜期	范围	1.7～1.8	7.8～8.7	32.1～37.4	52.1～58.3
39～65 DAT	平均	1.8	8.4	35.7	54.2
盛瓜期	范围	1～1.1	6.2～8.1	31.7～33.4	58.5～60.8
66～107 DAT	平均	1.1	7.0	32.3	59.6
末瓜期＋拉秧期	范围	0.7～0.9	10～11.1	29.1～38.2	51.1～59
108～137 DAT	平均	0.8	10.4	32.8	56.0

表 6-3　日光温室冬春茬黄瓜各阶段氮素吸收与分配

生育阶段	项目	同一器官不同生育阶段氮素分配比例（%）			
		根	茎	叶	果实
苗期	范围	18.7～24.1	4.5～5.9	5.5～7	—
0～20 DAT	平均	20.9	5.0	6.4	—

（续）

生育阶段	项目	同一器官不同生育阶段氮素分配比例（%）			
		根	茎	叶	果实
初花期 21～38 DAT	范围	35.8～55.6	9.8～14.3	14.8～30	—
	平均	47.9	11.5	23.9	—
初瓜期 39～65 DAT	范围	4.0～26.7	12.1～15.7	8.3～16.4	35.7～38.8
	平均	14.8	14.2	12.2	36.9
盛瓜期 66～107 DAT	范围	8.1～19.5	13.2～26.8	25.1～41.4	38.7～41.9
	平均	14.5	18.3	31.0	40.9
末瓜期＋拉秧期 108～137 DAT	范围	0.0～12.5	39.5～59.2	9.6～44.6	22～22.5
	平均	1.8	51.0	26.5	22.2

冬春茬黄瓜全生育期根、茎、叶和果实磷素吸收量（以 P_2O_5 计）分别为 3.0～6.6 kg/hm^2、41.5～60.9 kg/hm^2、47.1～84.6 kg/hm^2、139.0～159.5 kg/hm^2，占全株磷素吸收量的 1.3%～2.2%、17.4%～20.6%、20.0%～27.8%、50.9%～59.7%（表 6-4 和表 6-5）。根磷素吸收高峰出现在盛瓜期，占根磷素吸收总量的 14.5%～49.2%；茎磷素吸收高峰出现在末瓜期至拉秧期，占茎磷素吸收总量的 48.1%～58.0%；叶片磷素吸收高峰出现在末瓜期至拉秧期，占叶片磷素吸收总量的 33.9%～62.1%；果实磷素吸收高峰出现在初瓜期至盛瓜期，占果实磷素吸收总量的 31.7%～44.4%。

表 6-4 日光温室冬春茬黄瓜各器官磷素吸收与分配

生育阶段	项目	同一生育阶段不同器官磷素分配比例（%）			
		根	茎	叶	果实
苗期 0～20 DAT	范围	9.2～10.7	21.5～26.3	63.9～69.3	—
	平均	9.8	24.1	66.1	—
初花期 21～38 DAT	范围	6.9～8.5	19.9～22.1	69.9～73.2	—
	平均	7.7	21.1	71.2	—
初瓜期 39～65 DAT	范围	1.9～2.8	7.8～10.4	19.4～23	64.8～71
	平均	2.4	8.9	20.9	67.8
盛瓜期 66～107 DAT	范围	1.5～2.8	11.3～17.5	16.3～21.7	63.4～67.9
	平均	2.1	13.3	19.0	65.7
末瓜期＋拉秧期 108～137 DAT	范围	1.3～2.2	17.4～20.6	20～27.8	50.9～59.7
	平均	1.6	18.9	24.2	55.3

表6-5　日光温室冬春茬黄瓜各阶段磷素吸收与分配

生育阶段	项目	同一器官不同生育阶段磷素分配比例（%）			
		根	茎	叶	果实
苗期	范围	7.3~13.9	1.8~2.6	3.8~5.8	—
0~20 DAT	平均	10.5	2.2	4.7	
初花期	范围	13.2~38.1	4.5~7.4	11.3~21.6	
21~38 DAT	平均	24.8	5.7	16.5	
初瓜期	范围	0.4~20.8	4.6~9.9	3.5~7.4	31.7~42.1
39~65 DAT	平均	10.1	6.5	5.4	36.8
盛瓜期	范围	14.5~49.2	23.7~40.2	16~31.7	37.9~44.4
66~107 DAT	平均	36.4	31.3	25.8	40.9
末瓜期＋拉秧期	范围	5.2~33.7	48.1~58.0	33.9~62.1	20~23.9
108~137 DAT	平均	18.2	54.3	47.6	22.3

　　冬春茬黄瓜全生育期根、茎、叶和果实钾素吸收量（以 K_2O 计）分别为 4.3~5.6 kg/hm²、98.2~109.7 kg/hm²、92.9~203.8 kg/hm²、363.0~417.3 kg/hm²，占全株钾素吸收量的 0.6%~0.9%、15.4%~16.5%、15.2%~28.6%、55.4%~67.8%（表6-6和表6-7）。根钾素吸收高峰出现在初花期，占根钾素吸收总量的 52.5%；茎钾素吸收高峰出现在盛瓜期至拉秧期，占茎钾素吸收总量的 18.1%~44.6%；叶片钾素吸收高峰出现在末瓜期及拉秧期，占叶片钾素吸收总量的 25.0%~53.5%；果实钾素吸收高峰出现在盛瓜期，占果实钾素吸收总量的 42.0%~44.6%。

表6-6　日光温室冬春茬黄瓜各器官钾素吸收与分配

生育阶段	项目	同一生育阶段不同器官钾素分配比例（%）			
		根	茎	叶	果实
苗期	范围	6~8	34~41.8	50.3~60	—
0~20 DAT	平均	6.7	37.7	55.6	
初花期	范围	5.8~6.5	31.3~35.1	58.4~62.9	
21~38 DAT	平均	6.1	33.5	60.4	
初瓜期	范围	1.4~1.9	12.7~16	22~27.6	55.1~63.9
39~65 DAT	平均	1.6	14.4	24.6	59.4
盛瓜期	范围	0.9~1.3	12.4~17.1	14.6~20.5	64.7~67
66~107 DAT	平均	1.1	14.4	18.5	66.0
末瓜期＋拉秧期	范围	0.6~0.9	15.4~16.5	15.2~28.6	55.4~67.8
108~137 DAT	平均	0.8	16.0	22.1	61.1

表 6-7　日光温室冬春茬黄瓜各阶段钾素吸收与分配

生育阶段	项目	同一器官不同生育阶段分配比例（%）			
		根	茎	叶	果实
苗期	范围	19.4~23.7	5.1~6.4	3.9~9.4	—
0~20 DAT	平均	20.7	5.5	6.3	—
初花期	范围	43.6~57.1	12~14.8	10.4~31.6	—
21~38 DAT	平均	52.5	13.4	20.4	—
初瓜期	范围	0~12.9	8.1~18.3	8.4~24	31.5~35.5
39~65 DAT	平均	3.0	12.9	15.6	34.0
盛瓜期	范围	0~48.3	26.1~44.3	8.7~35.3	42.0~44.6
66~107 DAT	平均	23.8	32.5	19.6	42.8
末瓜期＋拉秧期	范围	0~20.7	18.1~44.6	25.0~53.5	22.2~24.2
108~137 DAT	平均	0.0*	35.7	38.1	23.2

注：＊表示在黄瓜生长后期根系有减小的趋势，此处数据过小，因此记为 0.0。

冬春茬黄瓜各器官 $N：P_2O_5：K_2O$ 配比（表 6-8），全生育期为根 1：0.79~1.95：1.22~1.66、茎 1：0.92~1.51：2.24~2.44、叶 1：0.37~0.64：0.77~1.12，果实 1：0.54~0.66：1.51~1.82，平均根 1：1.27：1.38，茎 1：1.13：2.3、叶 1：0.46：1.00、果实 1：0.61：1.63。

表 6-8　日光温室冬春茬黄瓜各器官氮、磷、钾养分配比

生育阶段	项目	$N：P_2O_5：K_2O$	
		根	茎
苗期	范围	1：0.51~0.68：1.25~1.54	1：0.44~0.54：2.3~2.63
0~20 DAT	平均	1：0.59：1.36	1：0.48：2.52
初花期	范围	1：0.52~0.73：1.30~2.01	1：0.49~0.62：2.31~3.11
21~38 DAT	平均	1：0.59：1.54	1：0.55：2.70
初瓜期	范围	1：0.02~2.95：0~3.05	1：0.36~0.71：1.15~2.84
39~65 DAT	平均	1：1.23：波动大	1：0.50：2.10
盛瓜期	范围	1：1.79~6.67：0~5.57	1：1.49~2.47：3.37~4.97
66~107 DAT	平均	1：3.35：波动大	1：1.98：4.19
末瓜期＋拉秧期	范围	—	1：0.98~1.84：1.12~1.98
108~137 DAT	平均	—	1：1.24：1.57
生育阶段	项目	$N：P_2O_5：K_2O$	
		叶片	果实
苗期	范围	1：0.31~0.34：0.67~1.04	—
0~20 DAT	平均	1：0.33：0.94	—

（续）

生育阶段	项目	N：P$_2$O$_5$：K$_2$O	
		叶片	果实
初花期 21～38 DAT	范围	1：0.29～0.35：0.78～0.88	—
	平均	1：0.31：0.81	—
初瓜期 39～65 DAT	范围	1：0.16～0.22：0.77～1.68	1：0.59～0.63：1.39～1.61
	平均	1：0.20：1.26	1：0.6：1.51
盛瓜期 66～107 DAT	范围	1：0.28～0.52：0.21～0.94	1：0.49～0.70：1.55～1.94
	平均	1：0.38：0.63	1：0.61：1.71
末瓜期＋拉秧期 108～137 DAT	范围	1：0.52～1.87：0.96～2.60	1：0.49～0.69：1.55～1.95
	平均	1：1.06：1.66	1：0.60：1.72

（三）冬春茬黄瓜单位产量氮、磷、钾养分吸收量

在目标产量 180～200 t/hm² 下，形成 1 000 kg 产量冬春茬黄瓜氮、磷、钾养分需求总量分别为 N 2.16～2.67 kg、P$_2$O$_5$ 1.27～1.69 kg、K$_2$O 3.37～3.94 kg，平均为 N 2.39 kg、P$_2$O$_5$ 1.47 kg、K$_2$O 3.57 kg（表 6-9）。

表 6-9　日光温室冬春茬黄瓜形成 1 000 kg 产量氮、磷、钾需求量

生育阶段	项目	形成 1 000 kg 产量养分需求量（kg）		
		N	P$_2$O$_5$	K$_2$O
苗期 0～20 DAT	范围	0.06～0.07	0.02～0.03	0.07～0.09
	平均	0.07	0.02	0.08
初花期 21～38 DAT	范围	0.18～0.24	0.07～0.08	0.2～0.26
	平均	0.22	0.08	0.24
初瓜期 39～65 DAT	范围	0.56～0.66	0.3～0.36	0.89～0.94
	平均	0.62	0.33	0.92
盛瓜期 66～107 DAT	范围	0.76～0.93	0.44～0.6	1.08～1.37
	平均	0.83	0.52	1.28
末瓜期＋拉秧期 108～137 DAT	范围	0.51～0.92	0.37～0.63	0.78～1.39
	平均	0.65	0.52	1.04

（四）讨论与结论

本研究在明确温室黄瓜生长发育特征的基础上，摸清了冬春茬黄瓜全生育期氮磷钾需求量、配比、器官分配规律。冬春茬黄瓜氮磷钾需求呈弱 S 形增长特征，盛瓜期养分需求进入高峰；全生育期氮、磷、钾需求比例 N：

P_2O_5：K_2O 为 1：0.54～0.75：1.46～1.56，平均为 1：0.62：1.50；形成 1 000 kg产量的氮、磷、钾需求量为 N 2.16～2.67 kg、P_2O_5 1.27～1.69 kg、K_2O 3.37～3.94 kg，平均 N 2.39 kg、P_2O_5 1.47 kg、K_2O 3.57 kg。刘军等（2007）研究表明黄瓜全生育期 N：P_2O_5：K_2O 为 1：0.63：1.36，进入采收期每生产 100 kg 黄瓜需吸收 N 0.18～0.27 kg，P_2O_5 0.10～0.16 kg，K_2O 0.19～0.36 kg。黄绍文等（2017）推荐每生产 1 000 kg 黄瓜分别施用 N 2.15 kg、P_2O_5 1.10 kg、K_2O 2.75 kg。李国龙等（2014）发现生产 1 000 kg 黄瓜产品 N、P_2O_5 和 K_2O 用量分别为 2.2 kg、0.8 kg 和 2.2 kg。本研究与前人结果较为接近。

二、设施番茄养分吸收与分配规律

中国是番茄生产大国。FAO 统计中国番茄产量约占世界总产量的 32%（FAOSTAT，2018）。番茄是设施蔬菜主栽种类。日光温室秋冬茬番茄一般于 8 月中旬定植，苗期和初花期长 30～40 d，该阶段第 1 花序、第 2 花序花芽分化基本完成，第 3 花序、第 4 花序也已进入花芽分化阶段，培育壮苗对高产的形成有决定作用。结果期始于 9 月中下旬止于 12 月底，约 100 d，表现为第 1 穗、第 2 穗、第 3 穗、第 4 穗果实重叠膨大；该阶段氮、磷、钾需求量占到全生育期总量的 90% 左右，以向果实分配为主；果实养分需求量占到该阶段总量的 65%～80%。本研究汇总日光温室不同肥水用量黄瓜-番茄轮作中长期定位试验结果，在明确日光温室番茄生长发育特征的基础上，摸清了秋冬茬番茄各生长发育阶段养分需求量、配比、器官分配，为养分精量化推荐提供技术参数。

（一）秋冬茬番茄氮、磷、钾养分需求特征

秋冬茬番茄全生育期全株氮、磷、钾吸收呈 S 形曲线特征（图 6-2 和表 6-10）。在 130～140 t/hm^2 产量水平下，氮、磷、钾吸收总量分别达 N 187.3～235.2 kg/hm^2、P_2O_5 68.1～99.1 kg/hm^2、K_2O 420.6～548.5 kg/hm^2，N：P_2O_5：K_2O 需求比例为 1：0.32～0.44：2.06～2.65，平均为 1：0.37：2.37；以第 1～4 穗果果实重叠膨大阶段（10 月中旬至 11 月中旬）养分需求量最多。

苗期 N、P_2O_5、K_2O 需求量分别为 10.7～20.2 kg/hm^2、2.4～6.6 kg/hm^2、19.3～38.2 kg/hm^2，占总需求量的 4.8%～9.0%、3.3%～6.7%、3.7%～7.0%。初花期 N、P_2O_5、K_2O 需求量分别为 21.5～35.0 kg/hm^2、5.3～9.8 kg/hm^2、44.9～65.9 kg/hm^2，占总需求量的 10.8%～17.2%、5.4%～13.5%、8.5%～15.7%。第 1 果穗、第 2 果穗膨大期，N、P_2O_5、K_2O 需求量分别为 61.2～92.3 kg/hm^2、19.8～30.3 kg/hm^2、126.2～179.5 kg/hm^2，占总需求量的 32.7%～39.9%、27.1%～30.9%、25.4%～34.5%。在第 3 穗、第 4 穗果实膨大期，N、P_2O_5、K_2O 需求量分别为 60.1～81.9 kg/hm^2、

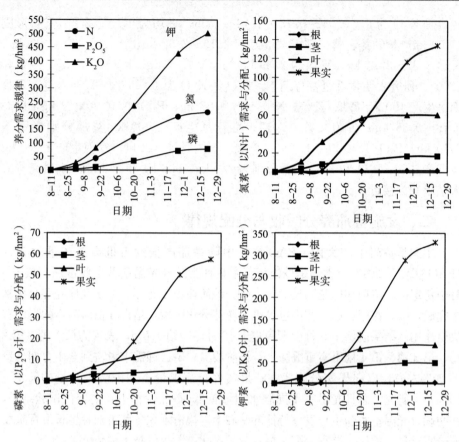

图 6-2　秋冬茬番茄全生育期氮、磷、钾养分需求与各器官间分配

$29.2\sim49.3$ kg/hm^2、$155.6\sim238.0$ kg/hm^2，占总需求量的 $29.5\%\sim37.7\%$、$42.9\%\sim50.7\%$、$33.9\%\sim43.4\%$；拉秧期 N、P$_2$O$_5$、K$_2$O 需求量分别为 $14.2\sim21.2$ kg/hm^2、$6.4\sim8.1$ kg/hm^2、$34.3\sim95.8$ kg/hm^2，占总需求量的 $6.9\%\sim9.8\%$、$7.7\%\sim11.0\%$、$7.7\%\sim22.3\%$。

表 6-10　日光温室秋冬茬番茄各生育阶段氮、磷、钾配比

生育阶段	项目	各生育阶段养分分配比例（%）			
		N	P$_2$O$_5$	K$_2$O	N：P$_2$O$_5$：K$_2$O
苗期	范围	$4.8\sim9.0$	$3.3\sim6.7$	$3.7\sim7.0$	$1:0.22\sim0.33:1.72\sim2.00$
$0\sim21$ DAT	平均	7.0	5.3	5.4	$1:0.28:1.84$
初花期	范围	$10.8\sim17.2$	$5.4\sim13.5$	$8.5\sim15.7$	$1:0.18\sim0.33:1.70\sim2.50$
$22\sim38$ DAT	平均	13.4	9.1	11.0	$1:0.25:1.94$
第1、第2果穗膨	范围	$32.7\sim39.9$	$27.1\sim30.9$	$25.4\sim34.5$	$1:0.25\sim0.37:1.75\sim2.21$
大期$39\sim70$ DAT	平均	36.8	29.4	30.8	$1:0.3:1.98$

（续）

生育阶段	项目	各生育阶段养分分配比例（%）			
		N	P_2O_5	K_2O	N：P_2O_5：K_2O
第3、第4果穗膨大期 71～107 DAT	范围	29.5～37.7	42.9～50.7	33.9～43.4	1：0.41～0.63：2.25～3.04
	平均	34.6	46.7	38.0	1：0.5：2.59
拉秧期 108～140 DAT	范围	6.9～9.8	7.7～11.0	7.7～22.3	1：0.37～0.47：2.42～7.07
	平均	8.1	9.5	14.8	1：0.43：4.25

（二）秋冬茬番茄氮、磷、钾养分分配规律

秋冬茬番茄全生育期根、茎、叶和果实氮素（以 N 计）吸收分别达 1.4～2.3 kg/hm²、13.0～23.9 kg/hm²、41.9～72.7 kg/hm²、113.3～155.9 kg/hm²，占全株氮素吸收量的 0.6%～1.1%、5.8%～11.9%、22.4%～35.2%、55.5%～69.4%（表6-11、表6-12）。根和茎氮素吸收未出现明显高峰期，叶片氮素吸收高峰出现在第1、第 2 果穗膨大期，占叶片氮素吸收总量的31.9%～54.1%；果实氮素吸收高峰出现在第3、第 4 果穗膨大期，占果实氮素吸收总量的 42.3%～52.0%。

表 6-11　日光温室秋冬茬番茄各器官氮素吸收与分配

生育阶段	项目	同一生育阶段不同器官氮素分配比例（%）			
		根	茎	叶	果实
苗期 0～21 DAT	范围	2.6～2.9	21.2～27.2	70.7～76.0	—
	平均	2.8	24.2	73.0	—
初花期 22～38 DAT	范围	1.7～2.0	17.4～20.1	69.3～77.2	1.8～9.1
	平均	1.8	19.2	73.6	5.4
第1、第2果穗膨大期 39～70 DAT	范围	0.8～1.8	8.8～14.3	41.7～50.7	37.4～48.0
	平均	1.1	10.3	46.6	42.0
第3、第4果穗膨大期 71～107 DAT	范围	0.6～1.2	6.3～13.0	24.8～37.9	52.2～67.0
	平均	0.9	8.8	30.8	59.5
拉秧期 108～140 DAT	范围	0.6～1.1	5.8～11.9	22.4～35.2	55.5～69.4
	平均	0.8	8.1	28.3	62.8

表 6-12 日光温室秋冬茬番茄各阶段氮素吸收与分配

生育阶段	项目	同一器官不同生育阶段氮素分配比例（%）			
		根	茎	叶	果实
苗期 0～21 DAT	范围	15.6～43.1	15.9～36.8	12.2～28.7	—
	平均	26.0	22.1	19.0	—
初化期 22～38 DAT	范围	17.5～26.2	20.5～39.2	28.2～43.6	0.7～3.9
	平均	22.8	28.9	35.2	1.8
第1、第2果穗膨大期 39～70 DAT	范围	11.0～39.0	12.0～54.2	31.9～54.1	34.1～41.3
	平均	23.0	25.7	41.0	36.5
第3、第4果穗膨大期 71～107 DAT	范围	9.8～52.8	0～48.9	0～18.0	42.3～52.0
	平均	28.3	23.3	4.8	48.7
拉秧期 108～140 DAT	范围				10.4～14.8
	平均				13.0

秋冬茬番茄全生育期根、茎、叶和果实磷素（以 P_2O_5 计）吸收分别达 0.4～0.5 kg/hm²、3.9～6.3 kg/hm²、11.3～17.4 kg/hm²、48.0～75.0 kg/hm²，占全株磷素吸收量的 0.4%～0.7%、4.7%～8.1%、15.4%～23.5%、69.6%～76.9%（表 6-13、表 6-14）。根磷素吸收高峰出现在苗期，占根磷素吸收总量的 21.0%～57.9%；茎磷素吸收高峰在初花期，占茎磷素吸收总量的 13.5%～56.0%；叶片磷素吸收高峰出现在第 1、第 2 果穗膨大期，占叶片磷素吸收总量的 18.9%～39.0%；果实磷素吸收高峰出现在第 3、第 4 果穗膨大期，占果实磷素吸收总量的 50.5%～58.7%。

表 6-13 日光温室秋冬茬番茄各器官磷素吸收与分配

生育阶段	项目	同一生育阶段不同器官磷素分配比例（%）			
		根	茎	叶	果实
苗期 0～21 DAT	范围	2.8～3.5	27.8～39.9	56.9～68.7	—
	平均	3.2	32.9	63.9	—
初花期 22～38 DAT	范围	2.1～2.7	22.8～31.9	58.1～62.5	3.2～13.3
	平均	2.3	28.2	60.8	8.7
第1、第2果穗膨大期 39～70 DAT	范围	0.8～2	9.7～16.1	29.4～34.8	51～59.8
	平均	1.1	11.4	32.9	54.6
第3、第4果穗膨大期 71～107 DAT	范围	0.4～0.8	5.1～9	17.3～25.7	66.7～74
	平均	0.6	7.2	21.6	70.6
拉秧期 108～140 DAT	范围	0.4～0.7	4.7～8.1	15.4～23.5	69.6～76.9
	平均	0.6	6.5	19.6	73.4

表 6-14　日光温室秋冬茬番茄各阶段磷素吸收与分配

生育阶段	项目	同一器官不同生育阶段分配比例（%）			
		根	茎	叶	果实
苗期 0～21 DAT	范围	21.0～57.9	14.1～39.0	11.4～27.8	—
	平均	32.6	27.7	17.8	—
初花期 22～38 DAT	范围	20～30.9	13.5～56.0	19.7～35.6	0.7～3.4
	平均	28.0	36.5	27.4	1.7
第1、第2果穗膨大期 39～70 DAT	范围	1.9～38.3	0～44.1	18.9～39.0	28.5～34.4
	平均	20.1	15.3	28.9	30.9
第3、第4果穗膨大期 71～107 DAT	范围	1.3～47.2	0～39.8	17.8～34.5	50.5～58.7
	平均	19.2	20.5	25.9	54.4
拉秧期 108～140 DAT	范围	—	—	—	10.2～14.9
	平均	—	—	—	13.0

秋冬茬番茄全生育期根、茎、叶和果实钾素（以 K_2O 计）吸收分别达 2.4～3.4 kg/hm^2、41.3～63.0 kg/hm^2、64.8～103.3 kg/hm^2、272.6～405.5 kg/hm^2，占全株总钾素吸收的 0.4%～0.8%、8.1%～14.2%、14.7%～24.6%、64.8%～74.7%（表 6-15、表 6-16）。根钾素吸收高峰出现在苗期，占根钾素吸收总量的 16.1%～38.0%；茎钾素吸收高峰在初花期，占茎钾素吸收总量的 23.9%～52.8%；叶片钾素吸收高峰出现在第1、第2果穗膨大期，占叶片钾素吸收总量的 26.1%～54.3%；果实钾素吸收高峰出现在第3、第4果穗膨大期，占果实钾素吸收总量的 48.3%～56.6%。

表 6-15　日光温室秋冬茬番茄各器官钾素吸收与分配

生育阶段	项目	同一生育阶段不同器官钾素分配比例（%）			
		根	茎	叶	果实
苗期 0～21 DAT	范围	2.4～3.4	45～58.1	39～51.7	—
	平均	2.8	49.4	47.8	—
初花期 22～38 DAT	范围	1.7～2	35.1～43.3	50.1～57.8	1.8～8.3
	平均	1.9	38.7	54.0	5.5
第1、第2果穗膨大期 39～70 DAT	范围	0.7～1.6	16～20.6	29.5～37.1	42.6～53.1
	平均	1.0	17.4	34.1	47.5
第3、第4果穗膨大期 71～107 DAT	范围	0.5～0.9	8.8～15.6	16.4～26.7	61.7～71.8
	平均	0.6	11.4	21.1	66.8
拉秧期 108～140 DAT	范围	0.4～0.8	8.1～14.2	14.7～24.6	64.8～74.7
	平均	0.6	10.4	19.2	69.8

表 6-16　日光温室秋冬茬番茄各阶段钾素吸收与分配

生育阶段	项目	同一器官不同生育阶段钾素分配比例（%）			
		根	茎	叶	果实
苗期	范围	16.1～38.0	18.2～41.3	10～22.6	—
0～21 DAT	平均	29.4	28.5	15.0	—
初花期	范围	22.3～35.5	23.9～52.8	25.1～45.9	0.5～2.7
22～38 DAT	平均	28.3	38.6	35.3	1.4
第1、第2果穗膨	范围	3.5～47.3	5.6～35.8	26.1～54.3	31.2～36.4
大期 39～70 DAT	平均	23.5	20.2	40.1	33.0
第3、第4果穗膨	范围	0～53.3	0～30.3	3.9～27.4	48.3～56.6
大期 71～107 DAT	平均	18.7	12.8	9.6	52.7
拉秧期	范围	—	—	—	10.4～14.9
108～140 DAT	平均	—	—	—	13.0

秋冬茬番茄各器官 $N：P_2O_5：K_2O$ 养分配比（表 6-17）为根 $1：0.23～0.28：1.48～1.81$、茎 $1：0.23～0.48：2.51～3.42$、叶 $1：0.23～0.32：1.34～1.76$、果实 $1：0.37～0.48：2.19～2.6$，平均为根 $1：0.26：1.6$、茎 $1：0.31：2.87$、叶 $1：0.26：1.5$、果实 $1：0.43：2.46$。

表 6-17　日光温室秋冬茬番茄各器官氮、磷、钾养分配比

生育阶段	项目	$N：P_2O_5：K_2O$	
		根	茎
苗期	范围	1：0.27～0.37：1.52～2.16	1：0.25～0.51：3.34～4.28
0～21 DAT	平均	1：0.32：1.86	1：0.38：3.75
初花期	范围	1：0.27～0.36：1.67～2.31	1：0.17～0.56：2.62～5.08
22～38 DAT	平均	1：0.31：1.99	1：0.37：3.88
第1、第2果穗膨	范围	1：0.04～0.28：0.47～2.06	1：0～0.87：1.19～7.33
大期 39～70 DAT	平均	1：0.20：1.45	1：0.21：2.73
第3、第4果穗膨	范围	1：0.02～0.22：0～2.03	1：0.15～1.03：0.89～3.17
大期 71～107 DAT	平均	1：0.14：0.85	1：0.43：1.86
拉秧期	范围	—	—
108～140 DAT	平均	—	—

生育阶段	项目	$N：P_2O_5：K_2O$	
		叶片	果实
苗期	范围	1：0.21～0.27：1.12～1.27	—
0～21 DAT	平均	1：0.24：1.20	—

（续）

生育阶段	项目	N：P$_2$O$_5$：K$_2$O	
		叶片	果实
初花期 22～38 DAT	范围	1：0.16～0.26：1.15～1.9	1：0.33～0.51：1.55～2.33
	平均	1：0.20：1.50	1：0.42：1.94
第1、第2果穗膨大期 39～70 DAT	范围	1：0.13～0.29：1.1～1.68	1：0.31～0.4：2.1～2.34
	平均	1：0.18：1.44	1：0.36：2.22
第3、第4果穗膨大期 71～107 DAT	范围	1：0～2.56：0～4.16	1：0.41～0.55：2.23～2.83
	平均	1：1.09：1.72	1：0.48：2.66
拉秧期 108～140 DAT	范围		1：0.37～0.47：2.2～2.6
	平均		1：0.43：2.46

（三）秋冬茬番茄单位产量氮、磷、钾养分吸收量

在目标产量 130～140 t/hm^2 下，形成 1 000 kg 产量秋冬茬番茄氮、磷、钾养分需求量分别为 N 1.31～1.77 kg、P$_2$O$_5$ 0.51～0.73 kg、K$_2$O 3.14～4.04 kg，平均为 N 1.57 kg、P$_2$O$_5$ 0.58 kg、K$_2$O 3.71 kg（表 6-18）。

表 6-18　日光温室秋冬茬番茄形成 1 000 kg 产量氮、磷、钾需求量

生育阶段	项目	形成 1 000 kg 产量养分需求量（kg）		
		N	P$_2$O$_5$	K$_2$O
苗期 0～21 DAT	范围	0.08～0.15	0.02～0.05	0.14～0.28
	平均	0.11	0.03	0.20
初花期 22～38 DAT	范围	0.15～0.26	0.04～0.07	0.33～0.49
	平均	0.21	0.05	0.40
第1、第2果穗膨大期 39～70 DAT	范围	0.43～0.7	0.14～0.22	0.88～1.32
	平均	0.58	0.17	1.14
第3、第4果穗膨大期 71～107 DAT	范围	0.45～0.62	0.22～0.36	1.16～1.75
	平均	0.54	0.27	1.41
拉秧期 108～140 DAT	范围	0.11～0.16	0.05～0.06	0.26～0.88
	平均	0.13	0.05	0.55

（四）讨论与小结

本研究明确秋冬茬番茄氮磷钾需求呈 S 形增长特征，果实重叠膨大期养分需求进入高峰；全生育期氮、磷、钾需求比例 N：P$_2$O$_5$：K$_2$O 为 1：0.32～0.44：2.06～2.65，平均为 1：0.37：2.37，形成 1 000 kg 产量的氮、磷、钾

需求量为 N 1.31～1.77 kg、P_2O_5 0.51～0.73 kg、K_2O 3.14～4.04 kg，平均为 N 1.57 kg、P_2O_5 0.58 kg、K_2O 3.71 kg。黄绍文等（2017）推荐番茄每形成 1 000 kg 产量需 N 2.27 kg、P_2O_5 1.0 kg、K_2O 4.37 kg。李国龙等（2014）发现生产 1 000 kg 番茄产品 N、P_2O_5 和 K_2O 用量分别为 3.1 kg、1.1 kg 和 3.6 kg。本研究番茄养分需求量较黄绍文等研究结果偏低，可能与供试番茄品种特点有关。

第二节　沟灌节水减氮与设施蔬菜养分吸收利用

一、节水减氮与黄瓜番茄氮素利用

中国是蔬菜生产大国，但是蔬菜生产综合管理技术相对薄弱，以养分管理中的问题表现最为突出。在我国，温室蔬菜生产"大水大肥"管理方式较为普遍，导致肥水利用率偏低。在山东寿光典型温室蔬菜生产基地，每年氮肥平均用量高达 4 088 kg/hm²，蔬菜氮素吸收量仅占氮肥投入量的 24%，氮肥利用率低于 10%（Yu et al.，2010；Jiang et al.，2012；姜慧敏等，2013）。河北设施黄瓜栽培化肥氮用量平均为 1 269.0 kg/hm²，最高达 3 375.0 kg/hm²（张彦才等，2005）。目前针对温室蔬菜生产肥料减施增效研究较多，但以单季结果为主，缺乏连续多季节水减氮在养分供应和利用方面的效果研究。本试验通过 3 年 6 季定位试验研究节水减氮对温室黄瓜番茄氮素吸收与利用的影响。明确华北平原温室蔬菜生产节水减氮增效潜力，为实现温室蔬菜生产减氮增效提供理论依据。

节水减氮未显著影响蔬菜氮素吸收，W_1N_1、W_2N_2 和 W_2N_3 处理 6 季黄瓜和番茄氮素吸收量差异不显著（表 6-19、表 6-20）。除 2008 年番茄季外，以 W_2N_3 处理氮肥利用率最高，较 W_1N_1 处理增加 2.4～3.3 个百分点。W_1N_1、W_2N_2 和 W_2N_3 处理均为盈余施氮，但是 W_2N_3 处理氮素盈余量较 W_1N_1 处理下降 59.3%～85.9%。3 年 W_2N_3 处理表观氮素损失较 W_1N_1 处理下降 56.0%。综上表明，W_2N_3 处理在满足蔬菜氮素需求的同时能有效控制氮素损失。

表 6-19　节水减氮对温室黄瓜氮肥吸收与利用的影响

	年份	W_2N_3	W_2N_2	W_1N_1	W_2N_0	W_1N_0
氮素吸收量	2008	415.3 a	395.5 a	395.8 a	364.3 ab	323.2 b
（以 N 计）	2009	490.6 a	448.3 ab	422.8 ab	345.6 bc	237.4 c
（kg/hm²）	2010	429.7 a	419.7 a	436.5 a	289.6 ab	215.9 b
氮肥利用率	2008	8.5 a	3.5 b	6.1 ab	—	—
（%）	2009	12.5 a	6.0 b	9.2 ab	—	—
	2010	12.6 a	6.8 b	9.6 ab	—	—

（续）

	年份	W_2N_3	W_2N_2	W_1N_1	W_2N_0	W_1N_0
氮素表观盈亏 （以 N 计） （kg/hm²）	2008	184.7 c	504.5 b	804.2 a	−364.3 d	−323.2 d
	2009	109.5 c	451.7 b	777.2 a	−345.6 d	−237.4 d
	2010	170.3 c	480.3 b	763.5 a	−289.6 d	−215.9 d

注：同行数字后不同字母代表处理间差异达到 5%显著水平。

表 6-20 节水减氮对温室番茄氮肥吸收与利用的影响

	年份	W_2N_3	W_2N_2	W_1N_1	W_2N_0	W_1N_0
氮素吸收量 （以 N 计） （kg/hm²）	2008	235.2 a	239.8 a	254.0 a	224.7 a	196.5 a
	2009	153.2 a	154.3 a	171.5 a	159.8 a	175.8 a
	2010	179.7 a	189.5 a	196.7 a	170.0 a	176.1 a
氮肥利用率 （%）	2008	5.9 a	2.9 a	6.1 a	—	—
	2009	9.5 a	4.6 b	7.1 ab	—	—
	2010	11.1 a	6.2 b	8.6 ab	—	—
氮素表观盈亏 （以 N 计） （kg/hm²）	2008	214.8 c	435.2 b	646 a	−224.7 d	−196.5 d
	2009	296.8 c	520.7 b	728.5 a	−159.8 d	−175.8 d
	2010	270.3 c	485.5 b	703.3 a	−170.0 d	−176.1 d

注：同行数字后不同字母代表处理间差异达到 5%显著水平。

二、节水减氮与黄瓜番茄产量和干物质量

节水减氮未显著影响蔬菜产量，W_1N_1、W_2N_2 和 W_2N_3 处理 6 季黄瓜和番茄产量差异不显著（表 6-21、表 6-22）。在 2009 年黄瓜季，节水 30%减氮50%较农民常规肥水管理干物质量显著增加，增幅 17.9%。节水减氮未显著影响其余 5 季黄瓜和番茄干物质量（2008 年黄瓜季和番茄季、2009 年番茄季、2010 年黄瓜季和番茄季）。

表 6-21 节水减氮对温室黄瓜产量和干物质积累的影响

	年份	W_2N_3	W_2N_2	W_1N_1	W_2N_0	W_1N_0
产量 （t/hm²）	2008	184.9 a	183.4 a	177.4 a	181.3 a	166.7 a
	2009	179.7 a	169.2 a	182.3 a	151.5 b	130.3 c
	2010	169.9 a	164.0 a	175.5 a	136.6 b	104.4 c
干物质量 （kg/hm²）	2008	14 820.3 a	14 898.4 a	14 801.8 a	14 510.4 a	12 721.5 b
	2009	16 711.7 a	14 881.7 ab	14 172.0 bc	12 744.6 c	10 343.7 d
	2010	14 934.1 a	14 671.0 a	14 593.3 a	11 665.4 b	9 044.0 c

注：同行数字后不同字母代表处理间差异达到 5%显著水平。

表 6-22　节水减氮对温室番茄产量和干物质积累的影响

	年份	W_2N_3	W_2N_2	W_1N_1	W_2N_0	W_1N_0
产量 （t/hm^2）	2008	132.6 a	131.0 a	126.8 a	135.6 a	126.1 a
	2009	67.3 bc	60.7 c	67.5 bc	84.8 a	81.2 ab
	2010	88.1 a	79.7 a	87.2 a	78.6 a	76.6 a
干物质量 （kg/hm^2）	2008	11 559.0 a	11 069.0 a	11 650.0 a	10 990.0 a	9 970.0 a
	2009	7 008.0 a	6 756.9 a	7 259.2 a	7 576.3 a	8 249.7 a
	2010	8 852.2 a	8 817.4 a	8 845.8 a	8 200.2 a	8 163.8 a

注：同行数字后不同字母代表处理间差异达到 5% 显著水平。

三、节水减氮与黄瓜番茄经济效益

与 W_1N_1 相比，节水减氮后持续 3 年仍然保持了较高的经济效益（表 6-23），在 2008 年黄瓜季、2008 年番茄季和 2009 年番茄季，W_2N_3 处理较 W_1N_1 处理经济效益增加 1.1%～5.8%。

表 6-23　节水减氮对温室蔬菜生产经济效益的影响

蔬菜	种植季	W_2N_3	W_2N_2	W_1N_1	W_2N_0	W_1N_0
黄瓜	2008	34.9 a	34.4 a	32.9 a	34.4 a	31.8 a
	2009	33.9 a	31.6 ab	34.0 a	28.5 b	24.1 c
	2010	31.9 a	30.6 a	32.6 a	25.5 b	18.4 c
番茄	2008	38.0 a	37.4 a	36.0 a	39.2 a	36.3 a
	2009	18.4 ab	16.4 b	18.2 ab	23.9 a	22.2 ab
	2010	21.8 a	21.1 a	21.9 a	24.6 a	24.7 a

注：同行数字后不同字母代表处理间差异达到 5% 显著水平。

四、讨论与小结

减量灌溉节氮 50% 后，3 年 0～60 cm 土层平均硝态氮含量控制在相对适宜范围（50～100 mg/kg）（黄绍文等，2011），使得虽然较农民习惯节水 20%～30% 减氮 50%，但是蔬菜氮素吸收量未受显著影响，从而提高了氮肥利用率，并保持了较高的经济效益。研究显示较农民习惯化肥节氮 10%～57%，黄瓜表观氮肥利用率增加 6～15 个百分点，产量没有显著下降或增产 10%～30%（杨治平等，2007；刘晓燕等，2010；Min et al.，2011）。本研究较前人结果氮肥利用率增幅偏低，与供试土壤基础无机氮含量偏高有关。

供试温室黄瓜产量水平为 165～185 t/hm^2，番茄产量水平为 70～130 t/hm^2（闫鹏等，2012；武其甫等，2011）。在本试验条件下，黄瓜-番茄最佳产量 0～

20 cm 土层硝态氮含量接近黄绍文等（2011）推荐的适宜蔬菜生长的土壤硝态氮含量 50～100 mg/kg，略高于 Guo 等（2008、2010）和 Ren 等（2010）得出的根层土壤无机氮（以 N 计）控制值 150～200 kg/hm²。在节水 30.5％减氮 50％后，2009—2010 年黄瓜季 0～20 cm 土层季均硝态氮含量处于本试验所得适宜区间，表明在该产量水平（160～180 t/hm²）下，冬春茬黄瓜施氮量 600 kg/hm²、灌水量 450～550 mm 较为适宜。高丽等（2012）研究推荐冬春茬黄瓜产量水平 110～130 t/hm² 下，优化灌水量为 240 mm，施氮量为 240 kg/hm²，与该结果相比本研究水氮推荐量略高，这与本研究黄瓜产量水平较高有关。

在节水 23.9％减氮 50％后，2009—2010 年番茄季 0～20 cm 土层季均硝态氮含量均高于 90 mg/kg，表明在该产量水平下（70～80 t/hm²）可进一步降低减量灌溉番茄季施氮量。按照每生产 1 000 kg 番茄需要氮素 1.57 kg 计算，生产番茄 70～80 t/hm² 仅需氮 109.9～125.6 kg/hm²，也表明节氮 50％时施氮 450 kg/hm² 偏高较多。综合上述，推荐沟灌秋冬茬番茄产量水平 70～80 t/hm² 下，灌水 170～200 mm 配合施氮量 250 kg/hm² 较适宜。石小虎等人（2013）在膜下沟灌温室番茄上的研究显示在产量水平 52～68 t/hm² 下较理想水氮耦合模式为灌水量 148.5 mm、施氮量 410 kg/hm²。该结果略高于本书推荐施氮量，这与其供试土壤为沙壤土保肥能力偏低有关。本研究所得冬春茬黄瓜和秋冬茬番茄沟灌适宜水氮用量可在与供试条件相近的温室上采用，但是如果蔬菜品种、种植茬口、光温条件、土壤条件差异较大，建议参考该结果做进一步验证。

水分科学管理是氮肥减施增效的关键，合理调控灌水量并推荐适宜施氮量是氮肥减施增效的有效措施。华北平原温室黄瓜-番茄生产农民习惯水肥管理节水减氮潜力较大，较农民习惯节水 20％～30％配合减氮 50％，能有效降低氮素损失，提高氮肥利用率，保持较高的经济效益。根据本试验 3 年结果，推荐与本试验条件相近的温室，沟灌冬春茬黄瓜产量水平 160～180 t/hm² 下灌水 450～550 mm 配合施氮量 600 kg/hm² 较适宜，秋冬茬番茄产量水平 70～80 t/hm² 下灌水 170～200 mm 配合施氮量 250 kg/hm² 较适宜。

第三节　滴灌水肥一体化与设施蔬菜养分吸收利用

一、滴灌水肥一体化对设施黄瓜番茄氮素利用影响

日光温室传统的大水大肥种植习惯是造成肥料利用率低和土壤养分盐分累积的主要原因（杨慧等，2014）。滴灌能较为精准地将肥水施入作物根区，有效降低土壤水分和养分的深层渗漏，从而显著降低肥水用量，提高肥水利用效

率。本试验在日光温室冬春茬黄瓜-秋冬茬番茄轮作下，三年定位研究滴灌不同化肥氮、磷用量对蔬菜氮磷素吸收、产量、干物质量的影响，综合分析各氮素水平下蔬菜生产的环境效益和经济效益以期获得滴灌管理下的最佳氮肥用量，为设施蔬菜生产减氮节水增效提供科技支撑。

（一）滴灌水肥一体化与黄瓜番茄氮素吸收利用

N_1 处理土壤氮素输入与输出基本平衡（表 6-24、表 6-25），但是中、高量施氮处理氮素表观盈余显著增加，三年 N_2 和 N_3 处理氮素表观盈余量分别达 1 335.3 kg/hm^2 和 2 946.1 kg/hm^2。N_1 处理氮肥利用率显著高于 N_3 处理，综合三年 N_1 处理氮肥利用率较 N_2 和 N_3 处理提高了 9.0～13.8 个百分点。N_1、N_2、N_3 处理 5 季黄瓜和番茄（2010 年番茄季除外）氮素吸收量差异不显著。

表 6-24　滴灌化肥氮用量对温室黄瓜氮肥利用的影响

	种植季	N_0	N_1	N_2	N_3
氮素吸收量	2008	378.7 b	448.3 a	431.8 ab	397.9 ab
（以 N 计）	2009	322.3 b	437.3 a	423.1 a	425.3 a
（kg/hm^2）	2010	206.8 b	304.6 a	347.7 a	363.3 a
氮素表观平衡	2008	−378.7 d	−148.3 c	168.2 b	502.1 a
（以 N 计）	2009	−322.3 d	−137.3 c	176.9 b	474.7 a
（kg/hm^2）	2010	−206.8 d	−4.6 c	252.3 b	536.7 a
氮肥利用率	2008	—	23.2 a	8.8 b	2.1 c
（%）	2009	—	23.9 a	11.6 b	6.3 b
	2010	—	24.6 a	13.6 ab	8.1 b

注：同行数字后不同字母代表处理间差异达到 5% 显著水平。

表 6-25　滴灌化肥氮用量对温室番茄氮肥利用的影响

	种植季	N_0	N_1	N_2	N_3
氮素吸收量	2008	187.3 a	200.0 a	224.9 a	220.9 a
（以 N 计）	2009	159.3 a	195.8 a	193.7 a	173.3 a
（kg/hm^2）	2010	177.9 b	178.6 b	193.6 a	198.1 a
氮素表观平衡	2008	−187.3 d	25.0 c	225.1 b	454.1 a
（以 N 计）	2009	−159.3 d	29.2 c	256.3 b	501.7 a
（kg/hm^2）	2010	−177.9 d	46.4 c	256.4 b	476.9 a
氮肥利用率	2008	—	15.7 a	8.6 b	3.4 c
（%）	2009	—	22.3 a	10.8 b	5.4 b
	2010	—	21.1 a	12.1 ab	7.3 b

注：同行数字后不同字母代表处理间差异达到 5% 显著水平。

（二）滴灌水肥一体化与黄瓜番茄产量和干物质积累

3 年黄瓜产量水平 153.0～201.0 t/hm²，番茄产量水平 79.7～134.8 t/hm²，滴灌减施氮肥后产量未有显著改变（表 6-26、表 6-27）。除 2010 年番茄季外，滴灌减施氮肥后黄瓜番茄干物质量未显著改变。2010 年番茄季 N_1 处理较 N_3 处理干物质量下降 5.6%。

表 6-26　节水减氮对温室黄瓜产量和干物质积累的影响

	年份	N_0	N_1	N_2	N_3
产量 (t/hm²)	2008	197.2 a	196.5 a	199.0 a	201.0 a
	2009	165.1 a	178.0 a	175.2 a	169.5 a
	2010	111.2 b	153.0 a	158.2 a	153.5 a
干物质量 (t/hm²)	2008	13.6 a	14.3 a	14.1 a	13.4 a
	2009	14.1 b	15.5 a	14.9 ab	14.7 ab
	2010	9.1 b	11.7 a	12.3 a	11.8 a

注：同行数字后不同字母代表处理间差异达到 5% 显著水平。

表 6-27　节水减氮对温室番茄产量和干物质积累的影响

	年份	N_0	N_1	N_2	N_3
产量 (t/hm²)	2008	143.3 a	132.2 a	134.8 a	132.1 a
	2009	91.1 a	85.2 a	87.1 a	79.7 a
	2010	90.6 a	91.8 a	89.8 a	85.9 a
干物质量 (t/hm²)	2008	9.2 a	9.7 a	10.3 a	10.1 a
	2009	7.7 a	8.5 a	8.5 a	7.9 a
	2010	8.2 b	8.5 b	8.7 ab	9.0 a

注：同行数字后不同字母代表处理间差异达到 5% 显著水平。

（三）滴灌水肥一体化与黄瓜番茄经济效益

种植黄瓜番茄三年实现经济效益 182.0 万～188.7 万元/hm²，而各施氮处理经济效益未有显著差异（表 6-28）。

表 6-28　滴灌化肥氮用量对温室蔬菜经济效益的影响

蔬菜	种植季	N_0	N_1	N_2	N_3
黄瓜	2008	37.7 a	37.4 a	37.7 a	38.0 a
	2009	31.3 a	33.7 a	33.0 a	31.7 a
	2010	20.5 b	28.7 a	29.6 a	28.5 a
番茄	2008	41.5 a	38.0 b	38.7 ab	37.8 b
	2009	25.8 a	23.9 ab	24.4 ab	22.1 b
	2010	25.7 a	25.9 a	25.2 a	23.9 a

注：同行数字后不同字母代表处理间差异达到 5% 显著水平。

(四) 结果与讨论

黄绍文等 (2011) 推荐适宜蔬菜生长的土壤硝态氮含量为 50～100 mg/kg。《中国主要作物施肥指南》(2009) 中给出适宜黄瓜和番茄生长的土壤硝态氮含量为 100～140 kg/hm²，在 25.0～40.0 mg/kg。在低量施氮处理 (N_1) 下，大部分种植季 (5 季) 0～60 cm 土层硝态氮处于"指南"推荐适宜水平，60～100 cm 土层硝态氮未出现明显积累，氮肥利用率显著增加，而种植蔬菜经济效益未出现显著下降，具有较好的经济和环境效益。多数研究也显示减量施氮能显著降低设施菜田土壤氮素淋失量 (殷冠羿等，2013；武其甫，2011；李银坤，2010)。综合考虑经济效益响应、土壤养分供应状况、盐渍化水平和酸化程度等因素，推荐在与本试验条件接近的温室，滴灌冬春茬黄瓜-秋冬茬番茄经济施氮量 (以 N 计) 为 300～225 kg/hm²。该结果与张学军等 (2007) 基施有机肥下滴灌秋冬茬番茄实现 70～120 t/hm² 产量，推荐氮肥用量 (以 N 计) 在 100～150 kg/hm² 较为接近。但是较《中国主要作物施肥指南》上的推荐施氮量偏低，主要是因为滴灌管理显著降低土壤氮素淋洗，同时供试土壤矿化供氮量偏高。

二、滴灌水肥一体化对设施黄瓜番茄磷素养分吸收影响

设施蔬菜生产过量施磷问题普遍存在。我国设施蔬菜单季磷肥平均用量为 P_2O_5 1 308 kg/hm²，达蔬菜需磷量的 13.0 倍 (Yan et al.，2013)。黄绍文等 (2011) 调查发现我国温室和大棚菜田平均有效磷 (Olsen-P) 含量分别为 201.1 mg/kg 和 140.3 mg/kg，80% 以上调查田块 Olsen-P 含量超过适宜值上限 100 mg/kg。在河北，设施黄瓜和番茄栽培磷肥用量高达蔬菜需求量的 15.5 倍和 28.7 倍，平均土壤 Olsen-P 含量达 150.1 mg/kg 和 205.4 mg/kg (张彦才等，2005；Zhang et al.，2010)。在山东寿光，设施菜田年均磷素盈余量 (以 P 计) 高达 1 485 kg/hm²，磷肥利用率仅 8% (余海英等，2010)。土壤中过量积累的磷素是水体环境的潜在威胁。一些研究显示设施菜田水溶性磷含量高，磷素吸附饱和度大，淋失风险较高。严正娟 (2015) 研究发现我国设施菜田磷素淋失明显，20～100 cm 土体水溶性磷含量明显增加，而且随着设施年限的增加而加剧。吕福堂等 (2010) 调查显示种植 14 年的日光温室土壤磷素已淋溶至 100 cm 甚至更深。然而，与此形成鲜明对比的是 2010 年我国磷矿石储量仅 370 000 万 t，按照现在年开采量 6 800 万 t 计算，仅够维持 50 年左右 (Sattari et al.，2014)。合理化设施蔬菜生产磷肥用量为磷资源可持续利用提供重要途径。

设施蔬菜减磷研究较少，并且多集中于番茄生产。低产番茄 (约 50 t/hm²) 单季较农民常规减施磷量 70%，不影响番茄植株生长和产量形成，显著增加

番茄大于 2 mm 根数和根冠比，改善果实品质（赵伟等，2017）。中产番茄（70～85 t/hm²）单季研究表明，若追求产量，则以 P_2O_5 用量 300 kg/hm² 为宜；若以产量为主兼顾磷淋溶，则以 P_2O_5 用量 225 kg/hm² 为宜（何金明等，2016）。Liu 等（2011）通过 4 年（前茬作物分别为玉米、番茄、玉米、苜蓿）研究表明滴灌加工番茄产量水平 89～94 t/hm²，施用 P_2O_5 206 kg/hm² 较不施磷总产量增加 5%，施磷对商品产量没有显著影响。中低产（125～130 t/hm²）冬春茬黄瓜单季优化施用 P_2O_5 458 kg/hm²，此基础上减施磷 49% 导致产量显著下降（高宝岩等，2015）。Liang 等（2015）盆栽研究显示在黄瓜苗期供给磷肥 240 mg/kg，之后的生长期不施磷肥，有利于黄瓜生长，提高磷素利用效率。目前温室蔬菜减量施磷研究少并以单季结果为主，鲜见连续多年中高产水平下定位试验结果。本研究从磷素平衡角度入手，以增加并维持土壤有效磷供应在适宜范围为目标，探讨减施磷效应。以中国北方温室蔬菜主栽种类黄瓜和番茄为研究对象，在中高产量水平下 3 年 6 季定位研究较农民常规施磷减量后土壤磷素供应与迁移、蔬菜磷素吸收、系统磷素盈亏、产量变化，明确华北平原地区温室蔬菜生产减量施磷潜力，推荐适宜磷肥用量。

（一）滴灌水肥一体化与黄瓜番茄磷素养分吸收

苗期和盛瓜/果期是蔬菜磷素需求的关键时期，苗期要保证土壤磷素一定的供应强度，而盛瓜/果期则需保证磷素供应充足。虽然 P_1 较 P_2 磷肥用量下降了 61.1%，但是 3 年黄瓜和番茄关键生育期磷素吸收量没有显著差异（表 6-29）。2008 年番茄季 P_0 较 P_2 处理总磷吸收量显著下降，降幅 30.0%，P_0 较 P_1 处理总磷吸收量下降 19.8%，其余种植季 P_0、P_1 与 P_2 处理磷素吸收量未有显著差异。

表 6-29　减量施磷对温室黄瓜-番茄关键生育期磷素吸收的影响

种植茬口	年份	关键生育期	P_0-P_2O_5 0	P_1-P_2O_5 300/225	P_2-P_2O_5 675
冬春茬黄瓜（以 P 计）(kg/hm²)	2008	苗期	2.2±0.5 a	1.9±0.5 a	2.1±0.1 a
		盛瓜期	45.7±2.7 a	42.2±3.4 a	48.9±4.0 a
		全生育期	97.0±4.0 a	89.5±5.9 a	111.5±7.9 a
	2009	苗期	2.2±0.2 a	1.6±0.4 a	1.9±0.1 a
		盛瓜期	34.2±4.8 a	36.9±0.4 a	41.9±5.4 a
		全生育期	70.0±6.3 a	71.9±4.7 a	77.2±3.2 a
	2010	苗期	2.7±0.5 a	2.6±0.3 a	2.9±1.0 a
		盛瓜期	27.3±4.1 a	29.0±1.3 a	29.5±4.3 a
		全生育期	61.4±4.5 a	62.5±4.0 a	58.3±4.3 a

（续）

种植茬口	年份	关键生育期	P_0-P_2O_5 0	P_1-P_2O_5 300/225	P_2-P_2O_5 675
秋冬茬番茄 （以 P 计） （kg/hm²）	2008	苗期	3.8±0.8 a	3.0±0.5 a	5.7±1.7 a
		全生育期	25.4±1.0 b	31.7±3.2 ab	36.3±0.9 a
	2009	苗期	3.3±1.0 a	3.1±0.9 a	3.3±0.8 a
		全生育期	20.3±0.9 a	22.0±1.4 a	23.2±2.3 a
	2010	苗期	5.0±0.7 a	5.5±1.0 a	5.5±0.4 a
		全生育期	23.3±2.9 a	23.0±2.3 a	22.1±2.4 a

注：同行数字后不同字母代表处理间差异达到 5% 显著水平。

（二）滴灌水肥一体化与黄瓜番茄磷素平衡

减量施磷后温室黄瓜、番茄生产磷素盈余量显著降低（表 6-30）。连续 3 年 P_0 处理磷素一直呈亏缺状态，亏缺量（以 P 计）为 99.1 kg/（hm²·年），P_1、P_2 处理磷素出现盈余，盈余量（以 P 计）分别为 129.1 kg/（hm²·年）、480.0 kg/（hm²·年），3 年 P_1 较 P_2 处理磷素盈余量下降 71.0%～77.3%。

表 6-30　减量施磷对温室黄瓜-番茄轮作磷素平衡与去向的影响

种植茬口	年份	P_0-P_2O_5 0	P_1-P_2O_5 300/225	P_2-P_2O_5 675
冬春茬黄瓜 （以 P 计） （kg/hm²）	2008	−97.0±4.0 c	41.5±5.9 b	183.3±7.9 a
	2009	−70.0±6.3 c	59.1±4.7 b	217.5±3.2 a
	2010	−61.4±4.5 c	68.5±4.0 b	236.4±4.3 a
秋冬茬番茄 （以 P 计） （kg/hm²）	2008	−25.4±1.0 c	66.5±3.2 b	258.4±0.9 a
	2009	−20.3±0.9 c	76.3±1.4 b	271.6±2.3 a
	2010	−23.3±2.9 c	75.2±2.3 b	272.7±2.4 a
总磷素平衡（kg/hm²）	3 年	−297.3	387.2	1 440.0

注：同行数字后不同字母代表处理间差异达到 5% 显著水平。

（三）滴灌水肥一体化与黄瓜番茄产量

供试温室为中高产水平，减量施磷后未显著影响黄瓜、番茄产量（表 6-31）。3 年 P_0、P_1 与 P_2 处理产量没有显著差异。

表 6-31　减量施磷对温室黄瓜-番茄产量的影响

种植茬口	年份	P_0-P_2O_5 0	P_1-P_2O_5 300/225	P_2-P_2O_5 675
冬春茬黄瓜 （t/hm²）	2008	199.9±4.0 a	199.0±6.6 a	203.2±6.5 a
	2009	172.6±8.5 a	175.2±4.2 a	173.5±2.1 a
	2010	158.7±8.1 a	158.2±7.1 a	159.3±3.0 a

（续）

种植茬口	年份	P_0-P_2O_5 0	P_1-P_2O_5 300/225	P_2-P_2O_5 675
秋冬茬番茄 （t/hm²）	2008	129.1±1.8 a	134.8±9.2 a	138.4±7.6 a
	2009	89.1±9.6 a	87.1±7.2 a	80.4±6.0 a
	2010	89.6±7.3 a	89.8±6.0 a	90.2±5.1 a

注：同行数字后不同字母代表处理间差异达到5%显著水平。

（四）结果与讨论

"增加并维持"是生产中常采用的施磷策略之一。其核心是通过合理施磷以保证根层土壤有效磷供应在适宜范围，在满足蔬菜产量的同时充分发挥磷肥肥效（Delgado et al.，2008；Li et al.，2011）。3 年农民常规施磷量达蔬菜吸收量的 5.4 倍，根区 0～20 cm 土层 Olsen-P 含量高于 Yan 等（2013）所得生理阈值和 Heckrath 等（1955）、Xue 等（2014）给出的淋失阈值，磷素系统盈余明显，淋失严重。较农民常规减施磷 60%，黄瓜、番茄施 P_2O_5 300 kg/hm²、225 kg/hm²，0～20 cm 土层 Olsen-P 含量接近适宜范围，保证了 3 年中高产量水平，同时养分吸收不降低，表明磷肥用量降至合理范围。徐福利等（2009）模型模拟得到滴灌基础有效磷 35.3 mg/kg、黄瓜目标产量83～88 t/hm² 的 P_2O_5、有机肥用量分别为 576.6～991.6 kg/hm²、41.3～148.9 t/hm²。赵伟等（2017）研究表明基础土壤有效磷 221 mg/kg，施用磷肥 P_2O_5 267 kg/hm²，较农民习惯减施磷 70%，能保证单季番茄产量 54 t/hm² 不降低。何金明等（2016）研究显示基础有效磷 80.6 mg/kg，推荐施 P_2O_5 225 kg/hm²，可保证单季番茄产量 80 t/hm²。由于本试验基础土壤 Olsen-P 含量偏低而产量水平较高，因此推荐施磷量较上述结论又有所下降。进一步分析，本试验不施磷肥根区土壤 Olsen-P 含量在 30 mg/kg 上下波动，3 年黄瓜、番茄产量没有显著下降，但在番茄高产水平（140 t/hm²）下观察到磷素吸收量显著降低，表明在供试条件下不施磷肥可保证连续 3 年中产水平（黄瓜 150～170 t/hm²，番茄 90～100 t/hm²）生产。由此可见，供试条件适宜施磷量可在 P_1 处理推荐施磷量基础上进一步下调，华北平原温室黄瓜番茄生产减量施磷潜力较大。

综合上述，在基础土壤 Olsen-P 含量 40 mg/kg，较农民常规磷量减施磷 60%，磷素盈余量下降 71.0%～77.3%，主根区 Olsen-P 含量下降 18.6%～43.5%，3 年均值接近瓜果类蔬菜 Olsen-P 农学阈值，产量保持在中高水平不降低，同时土壤磷素深层迁移缓解。在实际生产中，由于菜农超量施肥，种植一段时间的设施土壤有效磷含量均高于本试验供试水平。调查显示我国北方菜区温室和大棚土壤平均 Olsen-P 含量为 179.7～203.7 mg/kg（黄绍文等，2011）。因此对于中老龄（≥3 年）温室较农民常规减施磷 60%，可保证根区磷供应，保持黄瓜、番茄中高产量水平不降低。实际生产中常配施有机肥，在本书温室黄瓜番茄总磷推荐量下，有机肥猪粪、鸡粪可按磷计算施用量，其投入磷量不应超过总磷推荐量。

华北平原温室蔬菜生产减施磷肥潜力较大。对于种植一段时间（≥3 年）的温室，较农民常规减量施磷 60%，可以显著改善磷素盈余状况，缓解土壤表层 20 cm 有效磷积累，降低土壤磷素深层迁移量，并保证黄瓜、番茄产量不降低。推荐土壤有效磷含量≥40 mg/kg 的温室，黄瓜产量水平 170 t/hm² 下施用 P_2O_5 不宜超过 300 kg/hm²，番茄产量水平 100 t/hm² 下施用 P_2O_5 不宜超过 225 kg/hm²。

第四节 有机无机配施与设施蔬菜养分吸收利用

一、有机无机配施对设施黄瓜番茄氮磷素养分吸收影响

有机肥养分具有缓释性，是否可以将有机肥作为缓释肥源在温室蔬菜有机基质栽培中实现一次底肥、不追肥的目标。崔崧（2006）等研究了不同有机肥用量并配合适量化肥一次底施的方式，试验采用有机肥系烘干鸡粪，所有供试肥料均以底肥形式一次施入，预期在温室基质栽培中实现一次施肥的可能性。但是，研究结果表明，高量有机肥处理（有机肥 50 kg/m³、100 kg/m³）严重抑制了黄瓜定植初期的生长，黄瓜前期产量也明显低于不施或低量有机肥处理。随着施肥量的增加，黄瓜氮、磷、钾养分吸收量均显著增加。但是，当黄瓜定植后 74 d 时，所有处理基质的速效氮养分均已处于极低的水平，黄瓜普遍出现缺肥症状。初步证明了长季节栽培条件下一次施用高量有机肥也难以及时提供足量的速效氮源，原因可能是后期速效氮营养跟不上。黄瓜生长迅速，对养分需求量大，营养供应不及时，其生长及产量即受到明显影响，无法满足蔬菜养分需求。有机肥料提供的总氮量不低，但主要以有机氮的形态存在，要经矿化作用分解为 NH_4^+-N、NO_3^--N 后才能为作物所吸收利用。而有机肥的矿化分解受到有机肥源本身的性质以及水分、温度等多因素的影响。因此，有机无机配施要依据土壤肥力水平和蔬菜养分需求规律，确定合理的有机肥推荐用量、化肥推荐用量以及追肥养分配比和时期，以提高养分吸收利用效率，实现蔬菜高产高效生产。

有机肥本身含有丰富的营养元素，施用有机肥提高土壤养分含量水平，同时改善土壤结构和理化性质，有利于作物根系对养分的吸收，而且有机肥可以活化土壤中的磷养分，提高土壤磷的生物有效性。采用田间试验，研究了以氮磷推荐有机肥与化肥配施对番茄氮磷吸收的影响。番茄整个生育时期的氮磷钾养分管理的原则为：依据番茄目标产量和土壤肥力确定氮磷钾养分总量，生育期使根层土壤氮磷保持在适宜水平，避免产生土壤氮磷积累。基于番茄氮素供应目标值和土壤氮素供应来确定氮肥推荐用量。氮肥在底施有机肥的基础上，追施氮量依据生育期根层土壤氮素供应目标值来推荐；磷肥依据作物磷素带走量推荐，保证番茄定植和苗期分别

灌根磷溶液 1 次，其余磷肥一次底施；钾肥推荐原则与磷相同，全部钾肥滴灌追肥，但保证结果后期钾肥用量（以 K_2O 计）为 30 kg/hm²。秋冬季和冬春季番茄的目标产量分别为 90 t/hm² 和 120 t/hm²，冬春季和秋冬季番茄不同生育时期的氮素供应目标值见表 6-32，具体施肥量及分配见表 6-33。

氮肥推荐依据各时期的根层土壤硝态氮测试结果，计算每次追施氮量（以 N 计）：

$$追肥氮量（kg/hm^2）＝氮素供应目标值－追肥前根层土壤硝态氮$$

（公式 6-1）

$$土壤硝态氮含量（kg/hm^2）＝土壤硝态氮含量（mg/kg）\times$$
$$容重（g/cm^3）\times 土壤深度（30cm）/10$$

（公式 6-2）

表 6-32 番茄各生育期氮素供应目标值

单位：kg/hm²

种植季节	第 1 穗果实膨大期 FCD1st	第 2 穗果实膨大期 FCD2nd	第 3 穗果实膨大期 FCD3rd	第 4 穗果实膨大期 FCD4th	第 5 穗果实膨大期 FCD5th
2010 秋冬茬（AW）	250	300	350	300	300
2011 冬春茬（WS）	200	250	250	200	200
2011 秋冬茬（AW）	150	150	200	200	200

施肥时期分配：每季整地前将有机肥沟施入番茄种植畦，磷肥在定植和苗期分别灌根 1 次，每次施磷量（以 P_2O_5 计）8 kg/hm²，合计 16 kg/hm²。化学氮肥和钾肥全部采用滴灌施肥方式。追肥分配按照每穗果膨大期开始，每穗果追肥 2 次，间隔时间 10～15 d。

表 6-33 有机肥和化肥氮磷养分投入量

养分	处理	有机肥			化肥			有机肥＋化肥		
		2010AW	2011WS	2011AW	2010AW	2011WS	2011AW	2010AW	2011WS	2011AW
N	M0	0	0	0	501	0	277	501	0	277
	M170N	70	100	70	415	0	0	485	100	70
	M400N	200	200	200	338	0	0	538	200	200
	M600N	300	300	300	237	0	0	537	300	300
	M70P	52	49	44	422	0	215	474	49	259
P2O5	M0	0	0	0	107	107	107	107	107	107
	M170N	107	165	129	16	16	16	123	181	145
	M400N	307	330	367	16	16	16	323	346	383
	M600N	460	496	551	16	16	16	476	512	567
	M70P	80	80	80	27	27	27	107	107	107

　　不同有机肥推荐对番茄氮磷养分吸收的影响见表 6-34，结果表明，不同有机肥推荐对 2010 秋冬季番茄植株和果实总氮磷吸收量没有显著影响，各处理的差异均不显著；其中氮吸收总量随着有机肥用量的增加而增加，但由于 M_{70P} 处理追施氮量较高导致氮吸收总量较高。2011 冬春季植株和果实氮磷吸收总量受有机肥推荐的影响，在没有化学氮肥追施条件下，有机肥用量的增加提高了氮磷吸收量，而且随着有机肥推荐量的增加，氮磷吸收量增加。各处理中均以 M_{600N} 处理的氮磷吸收量最高，显著高于 M_0、M_{70P}、M_{170N} 处理，氮吸收量的增加 29%～35%，磷吸收量的增幅分别为 29%～41%，但与 M_{400N} 处理的氮磷吸收量均差异不显著。可见，适量施有机肥增加养分吸收，但超过一定用量后，养分吸收量不再随着有机肥用量的增加而增加。2011 秋冬季各处理的氮磷吸收量均差异不显著。

表 6-34　不同有机肥推荐对设施番茄氮磷吸收量的影响（kg/hm^2）

处理		植株和果实养分吸收总量				果实中养分吸收量			
		2010AW	2011WS	2011AW	三季累计	2010AW	2011WS	2011AW	三季累计
N	M_0	203.7a	285.4b	122.0a	611.1b	105.3b	195.8a	81.0a	382.1b
	M_{170N}	223.9a	281.7b	143.5a	649.2ab	105.1b	167.8a	106.6a	379.4ab
	M_{400N}	235.6a	333.5ab	134.9a	704.0ab	114.0ab	211.6a	97.3a	423.2ab
	M_{600N}	252.6a	379.2a	108.2a	739.9a	111.3ab	215.7a	81.1a	408.1ab
	M_{70P}	267.5a	294.3b	133.9a	695.7ab	154.7a	178.6a	103.1a	436.3a
P	M_0	33.3a	52.5b	21.4a	107.2c	16.4b	34.2a	15.4a	66.0c
	M_{170N}	37.1a	57.1b	22.0a	116.2bc	16.3b	34.5a	17.1a	67.9bc
	M_{400N}	35.7a	67.9a	22.1a	125.7ab	16.0b	42.0a	17.0a	75.0ab
	M_{600N}	34.4a	73.8a	20.0a	128.2a	14.1b	41.3a	15.7a	71.1a
	M_{70P}	36.6a	55.8b	24.5a	116.9bc	23.0a	35.9a	17.2a	76.1bc

　　注：①对照（M_0）表示不施有机肥，化学氮肥依据土壤氮素供应目标值按照公式 6-1 计算，磷、钾肥依据表 6-33 的推荐量。②以氮推荐有机肥（M_{170N}）表示有机肥施氮量（以 N 计）170 $kg/$（hm^2 · 年），秋冬季和冬春季分别为 70 kg/hm^2 和 100 kg/hm^2；化学氮肥依据土壤氮素供应目标值计算，推荐量减去有机肥磷钾量为化肥磷钾用量，如果有机肥磷钾投入量超过推荐用量，则不再推荐磷、钾肥。③以氮推荐有机肥（M_{400N}）表示有机肥施氮量 400 $kg/$（hm^2 · 年），秋冬季和冬春季各 200 kg/hm^2，化学氮磷钾推荐原则同处理②；④以氮推荐有机肥（M_{600N}）表示有机肥施氮量 600 $kg/$（hm^2 · 年），秋冬季和冬春季各 300 kg/hm^2，化学氮磷钾推荐原则同处理②；⑤以磷推荐有机肥（M_{70P}）表示有机肥施磷量 70 $kg/$（hm^2 · 年），秋冬季和冬春季各 35 kg/hm^2，化学氮磷钾推荐原则同处理②。

　　不同有机肥推荐对番茄果实氮磷吸收量的影响表明，2010 秋冬季增施有机肥提高氮磷养分吸收量，并随有机肥用量的增加而增加。M_{70P} 处理促进氮磷养分吸收量最为显著，氮吸收量显著高于对照和 M_{170N} 处理，增幅均为 47%，

但 M_{70P} 处理与以氮推荐的处理差异均不显著；磷吸收量显著高于对照和以氮推荐处理，比 M_0、M_{170N}、M_{400N} 和 M_{600N} 分别增加 40%～63%，而这四个处理间差异不显著。M_{70P} 处理的果实干物质量尽管显著低于其他处理，但果实磷吸收量却没有降低，可能是该推荐量有利于番茄磷素吸收。2011 冬春季和 2011 秋冬季不同有机肥推荐对番茄果实氮磷吸收量的影响均差异不显著。综合分析三季总氮磷吸收量，随着有机肥用量的增加，氮磷吸收量增加。以 M_{600N} 处理的氮磷吸收量最高，氮吸收量显著高于 M_0 处理，但与其他处理差异不显著；磷吸收量显著高于 M_0、M_{170N} 和 M_{600N}，但与 M_{400N} 处理差异不显著。

研究采用鸡粪的 N/P 为 1.2～1.5，而秋冬季番茄吸收的 N/P 为 5.8～6.7，冬春季为 5.1，以氮推荐有机肥带入的磷量远高于作物需求，导致土壤磷素积累；而以磷为基准推荐有机肥可以避免土壤磷积累，但需要增加氮肥追施量。本研究设计的设施番茄一年两季轮作体系中有机肥用量为 170 kg/hm² （以 N 计）和 70 kg/hm²（以 P 计）两个推荐模式，依据作物需求和环境友好目标，适用于养分积累障碍存在的老菜田以控制氮磷污染；而有机肥用量为 400 kg/hm²（以 N 计）和 600 kg/hm²（以 N 计）推荐施用于新建设施菜田。其中，以氮 170 kg/hm²（以 N 计）和以磷 70 kg/hm²（以 P 计）推荐有机肥模式可以作为环境友好型有机肥安全施用的限制标准和立法依据。因此，有机肥推荐应该基于根层调控的原理，从养分供应和土壤环境考虑，因土、因作物推荐，总量控制 N、P 养分，更重要的是有机肥与无机肥配合，充分发挥有机肥和化肥的养分供应特点（牛俊玲等，2010；Mahmoud et al.，2009），以提高养分利用效率、缓解菜田土壤氮磷积累，减少养分损失。

二、结果与讨论

基于氮磷推荐的有机肥比单施化肥提高了番茄植株和果实的氮磷吸收量，这是有机无机配施的养分供应与蔬菜氮磷养分吸收基本协调的结果，也是有机无机配施养分高效利用的依据所在。综上所述，根层调控在有机肥优化推荐的前提下，通过滴灌施肥的模式将水肥定时定量供应给蔬菜，将水肥一体化和有机肥优化推荐相结合，以"量化推荐有机肥＋配方水溶肥"的技术模式，实现设施蔬菜水肥供应的"最佳状态"，实现资源节约，提高养分利用效率。

本章参考文献

崔崧，韩晓日，邹国元，2006. 不同有机肥用量对黄瓜生长及养分吸收的影响 [J]. 华北农学报，21（1）：125-128.
高宝岩，高伟，李明悦，等，2015. 不同施肥处理和茬口对设施黄瓜产量及养分累积的影响

[J]. 北方园艺, 13: 52-56.

高丽, 李红岭, 王铁臣, 等, 2012. 水氮耦合对日光温室黄瓜根系生长的影响 [J]. 农业工程学报, 28 (8): 58-63.

何金明, 高峻岭, 宋克光, 等, 2016. 磷肥用量对番茄产量, 磷素利用及土壤有效磷的影响 [J]. 中国农学通报, 32 (31): 40-45.

黄绍文, 唐继伟, 李春花, 等, 2017. 我国蔬菜化肥减施潜力与科学施用对策 [J]. 植物营养与肥料学报, 23 (6), 1480-1493.

黄绍文, 王玉军, 金继运, 等, 2011. 我国主要菜区土壤盐分, 酸碱性和肥力状况 [J]. 植物营养与肥料学报, 17 (4): 906-918.

姜慧敏, 张建峰, 李玲玲, 等, 2013. 优化施氮模式下设施菜地氮素的利用及去向 [J]. 植物营养与肥料学报, 19 (5), 1146-1154.

李国龙, 2014. 甘肃戈壁滩日光温室基质栽培番茄和黄瓜氮磷钾均衡管理研究 [D]. 北京: 中国农业科学院.

李银坤, 2010. 不同水氮条件下黄瓜季保护地氮素损失研究 [D]. 北京: 中国农业科学院.

刘军, 曹之富, 黄延楠, 等, 2007. 日光温室黄瓜冬春茬栽培氮磷钾吸收特性研究 [J]. 中国农业科学, 40 (9), 2109-2113.

刘晓燕, 同延安, 张树兰, 2010. 不同施肥处理对日光温室黄瓜产量和土壤 NO_3^--N 含量的影响 [J]. 西北农林科技大学学报 (自然科学版), 38 (5): 131-136.

吕福堂, 张秀省, 董杰, 等, 2010. 日光温室土壤磷素积累, 淋移和形态组成变化研究 [J]. 西北农业学报, 19 (2): 203-206.

石小虎, 曹红霞, 杜太生, 等, 2013. 膜下沟灌水氮耦合对温室番茄根系分布和水分利用效率的影响 [J]. 西北农林科技大学学报 (自然科学版), 41 (2): 89-93.

武其甫, 武雪萍, 李银坤, 等, 2011. 保护地土壤 N_2O 排放通量特征研究 [J]. 植物营养与肥料学报, 17 (4): 942-948.

武其甫, 2011. 不同水氮管理下保护地番茄季主要氮素损失研究 [D]. 北京: 中国农业科学院.

徐福利, 王振, 徐慧敏, 等, 2009. 日光温室滴灌条件下黄瓜氮、磷、有机肥肥效与施肥模式研究 [J]. 植物营养与肥料学报, 15 (1): 177-182.

闫鹏, 武雪萍, 华珞, 等, 2012. 不同水氮用量对日光温室黄瓜季硝态氮淋失的影响 [J]. 植物营养与肥料学报, 18 (3): 645-653.

严正娟, 2015. 施用粪肥对设施菜田土壤磷素形态与移动性的影响 [D]. 北京: 中国农业大学.

杨慧, 谷丰, 杜太生, 2014. 不同年限日光温室土壤硝态氮和盐分累积特性研究 [J]. 中国农学通报, 30 (2): 240-247.

杨治平, 陈明昌, 张强, 等, 2007. 不同施氮措施对保护地黄瓜养分利用效率及土壤氮素淋失影响 [J]. 水土保持学报, 21 (2): 57-60.

殷冠羿, 胡克林, 李品芳, 等, 2013. 不同水肥管理对京郊设施菜地氮素损失及氮素利用效率的影响 [J]. 农业环境科学学报, 32 (12): 2403-2412.

余海英, 李廷轩, 张锡洲, 2010. 温室栽培系统的养分平衡及土壤养分变化特征 [J]. 中国农业科学，43（3）：514-522.

张福锁，陈新平，陈清，2009. 中国主要作物施肥指南［M］. 北京：中国农业大学出版社.

张学军，赵营，陈晓群，等，2007. 氮肥施用量对设施番茄氮素利用及土壤 NO_3^--N 累积的影响［J］. 生态学报，27（9），3761-3768.

张彦才，李巧云，翟彩霞，等，2005. 河北省大棚蔬菜施肥状况分析与评价［J］. 河北农业科学，9（3）：61-67.

赵伟，刘梦龙，杨圆圆，等，2017. 减施磷肥对番茄植株生长、产量、品质及土壤养分状况的影响［J］. 中国农学通报，33（1）：47-51.

DELGADO A，SCALENGHE R，2008. Aspects of phosphorus transfer from soils in Europe ［J］. Journal of Plant Nutrition and Soil Science，171（4）：552-575.

GUO R Y，LI X L，CHRISTIE P，et al. ，2008. Influence of root zone nitrogen management and a summer catch crop on cucumber yield and soil mineral nitrogen dynamics in intensive production systems［J］. Plant and soil，313（1），55-70.

HECKRATH G，BROOKES P C，POULTON P R，et al. ，1955. Phosphorus leaching from soils containing different phosphorus concentrations in the Broadbalk experiment［J］. Journal of environmental quality，24（5）：904-910.

JIANG H M，ZHANG J F，SONG X Z，et al. ，2012. Responses of agronomic benefit and soil quality to better management of nitrogen fertilizer application in greenhouse vegetable land ［J］. Pedosphere，22（5）：650-660.

LI H，HUANG G，MENG Q，et al. ，2011. Integrated soil and plant phosphorus management for crop and environment in China：A review［J］. Plant and soil，349（1）：157-167.

LIANG L Z，QI H J，XU P，et al. ，2015. High phosphorus at seedling stage decreases the post-transplanting fertiliser requirement of cucumber（*Cucumis sativus* L. ）［J］. Scientia Horticulturae，190：98-103.

LIU K，ZHANG T Q，TAN C S，et al. ，2011. Responses of fruit yield and quality of processing tomato to drip-irrigation and fertilizers phosphorus and potassium［J］. Agronomy journal，103（5）：1339-1345.

MIN J，ZHAO X，SHI W M，et al. ，2011. Nitrogen balance and loss in a greenhouse vegetable system in southeastern China［J］. Pedosphere，21（4）：464-472.

REN T，CHRISTIE P，WANG J，et al. ，2010. Root zone soil nitrogen management to maintain high tomato yields and minimum nitrogen losses to the environment［J］. Scientia horticulturae，125（1）：25-33.

SATTARI S Z，VAN ITTERSUM M K，GILLER K E，et al. ，2014. Key role of China and its agriculture in global sustainable phosphorus management［J］. Environmental Research Letters，9（5）：054003.

STATISTICS D，2018. Food and Agriculture Organization of the United Nations：Production quantities by crops［EB/OL］. （2018-05-03）［2018-08-31］. http：//www. fao. org/faostat/zh/data/QC.

XUE Q Y，LU L L，ZHOU Y Q，et al. ，2014. Deriving sorption indices for the prediction of potential phosphorus loss from calcareous soils [J]. Environmental Science and Pollution Research, 21 (2): 1564-1571.

YAN Z, LIU P, LI Y, et al. , 2013. Phosphorus in China's intensive vegetable production systems: overfertilization, soil enrichment, and environmental implications [J]. Journal of Environmental Quality, 42 (4): 982-989.

YU H Y, LI T X, ZHANG X Z, 2010. Nutrient budget and soil nutrient status in greenhouse system [J]. Agricultural sciences in China, 9 (6): 871-879.

ZHANG Y C, LI R N, WANG L Y, et al. , 2010. Threshold of soil Olsen-P in greenhouses for tomatoes and cucumbers [J]. Communications in soil science and plant analysis, 41 (20): 2383-2402.

第七章

∨

设施菜地节水减肥与土壤次生盐渍化控制

第一节　设施菜地土壤次生盐渍化成因分析与控制途径

一、研究背景

由于设施土壤长期处于高温、高湿、高施肥量的特殊生态环境条件，加上无降水淋洗、土地的超负荷利用导致土壤物理及化学结构发生了改变，随着栽培年限的不断增长，土壤出现了不同程度的次生盐渍化、养分不平衡、土壤酸化等诸多生产问题，其中最为突出的是土壤次生盐渍化（魏迎春等，2008）。设施蔬菜的种植模式、种植年限、施肥和灌溉等均对土壤次生盐渍化具有重要影响，特别是过量施肥致使设施土壤次生盐渍化问题日趋严重，连作障碍明显，作物抗病害能力下降，对设施农业发展产生不利影响（周鑫鑫等，2013）。随着大棚使用年限的延长，上海市设施农业土壤次生盐渍化趋势明显，茄果连作模式的耕层土壤含盐量最高，叶茄轮作次之，叶菜连作最低。土壤含盐量呈显著的表聚特征，耕层土壤的盐分均值已经达到轻度盐化的程度，随着种植年限的延长，土壤含盐量继续增加，但是盐分值会趋于稳定。肥料投入高是土壤可溶性盐分增加的一个重要原因（周鑫鑫等，2013）。因此，调查区域设施蔬菜土壤次生盐渍化状况及成因，明确形成土壤次生盐渍化障碍的主要原因，针对性地开展矫正与修复，控制次生盐渍化发生程度，对设施蔬菜可持续生产意义重大。

二、设施菜地土壤次生盐渍化现状

（一）土壤有机质

从图 7-1 看出，98 个番茄温室土壤有机质范围在 8.3 ～ 60.2 mg/kg，平均值为 19.7 mg/kg；各地区土壤有机质含量差异较大，排序为武强＜滦县＜定州＜乐亭＜栾城＜张家口＜永年＜藁城；48 个黄瓜温室土壤有机质范围在 6.0 ～ 81.7 mg/kg，平均值为 23.1 mg/kg；各地区土壤有机质含量差异较小，排序为乐亭＜武强＜藁城＜定州＜永年＜张家口。

（二）土壤电导率

土壤电导率常被用作表示土壤盐渍化程度的重要指标。在被调查的 98 个

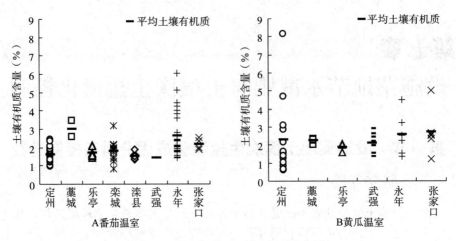

图 7-1　调查各地区土壤有机质分布图

种植番茄的温室土壤电导率在 44.55～758.54 μS/cm（25℃），平均值为 166.44 μS/cm（25℃）；由图 7 2 可见，各地区番茄温室土壤电导率差异较大，其中滦县土壤平均电导率最低为 112.69 μS/cm（25℃），其次为乐亭、永年、栾城、武强、定州、张家口，而藁城土壤平均电导率最高达 407.64 μS/cm（25℃），超过多数蔬菜对盐分的忍耐临界值 400 μS/cm（25℃），接近番茄生育障碍临界点 600 μS/cm（25℃）（见余海英等"设施土壤盐分的累积、迁移及离子组成变化特征"）。在被调查的 98 个种植番茄的温室中只有定州的 1 个温室土壤电导率超过 600 μS/cm（25℃），8 个温室土壤电导率在 400～600 μS/cm（25℃），共占被调查总数的 9.18 %，说明河北省种植番茄温室土壤盐渍化现象不明显，个别温室土壤盐渍化较重。

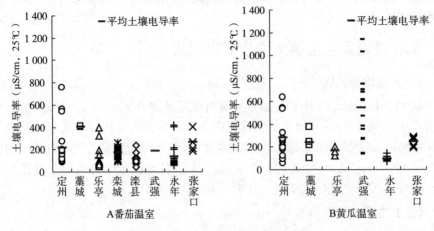

图 7-2　调查各地区土壤电导率分布图

48个种植黄瓜的温室土壤电导率在55.88～1142.91μS/cm（25℃），平均值为317.02μS/cm（25℃）；各地区黄瓜温室土壤电导率差异较大，以永年县土壤平均电导率最低为95.49μS/cm（25℃），其次为乐亭、藁城、张家口、定州，而武强土壤平均电导率最高达539.16μS/cm（25℃），超过黄瓜生育障碍临界点480μS/cm（25℃）。在被调查的48个种植黄瓜的温室中，有10个温室土壤电导率超过480μS/cm（25℃），占被调查总数的20.83%；有两个武强县的温室土壤电导率接近黄瓜枯死临界点1200μS/cm（25℃），说明河北省种植黄瓜温室土壤存在盐渍化倾向，部分地区如武强县温室土壤盐渍化程度较重，已经威胁到黄瓜正常生长。

（三）土壤pH

过量施肥不仅容易造成土壤次生盐渍化，还会引起土壤pH下降，土壤退化，从而影响作物的生长。图7-3结果显示，在被调查的98个种植番茄的温室土壤pH在6.86～8.43，平均值在7.74；各地区土壤pH差异较小，排序为藁城＜定州＜乐亭＜栾城＜滦县＜张家口＜永年＜武强。在被调查的48个黄瓜温室土壤pH在6.43～8.40，平均值7.61；各地区土壤pH差异较小，排序为定州＜藁城＜武强＜乐亭＜永年＜张家口。

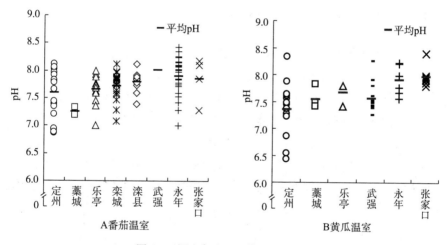

图7-3 调查各地区土壤pH分布图

（四）土壤有效磷与土壤电导率的关系

图7-4为被调查温室大棚土壤有效磷含量与电导率的相关分析，可见无论是番茄温室还是黄瓜温室，土壤电导率值与土壤有效磷含量之间均极显著线性正相关。这说明农民的无机磷肥投入，显著影响温室土壤盐渍化程度，而这种现象在种植黄瓜的温室表现得更加明显。

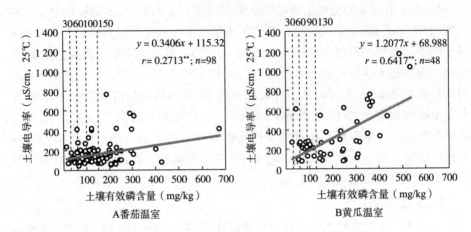

图7-4　土壤有效磷与电导率之间的相关分析

注：＊代表在0.05显著度水平上的相关性，＊＊代表在0.01显著度水平上的相关性。

将番茄产量与全生育期土壤电导率之间用一元二次多项式模型进行回归分析，在结果初期和结果盛期效果达到极显著水平，说明在结果初期和结果盛期土壤盐分含量极显著影响产量。

三、土壤次生盐渍化成因分析

（一）磷肥用量与土壤有效磷、电导率的关系——盆栽试验

为了探明土壤次生盐渍化的成因，采用盆栽试验（王丽英，2012），研究了磷肥用量与土壤电导率的关系。结果表明，从苗期到拉秧期，各处理土壤有效磷含量呈现下降趋势，表明土壤磷被作物吸收和土壤吸附固定（图7-5）。而各生育期随着磷肥施用量的增加，土壤有效磷含量均显著增加，处理8达到最大值，对应各生育期分别为351.1 mg/kg、270.9 mg/kg、300.8 mg/kg、

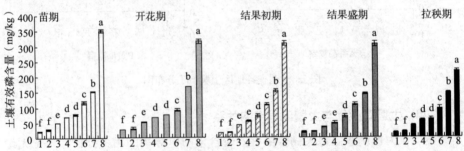

图7-5　不同磷肥施用水平对土壤有效磷含量的影响

注：处理1~8分别代表 P_2O_5 用量为 0 g/kg、0.04 g/kg、0.20 g/kg、0.36 g/kg、0.53 g/kg、0.85 g/kg、1.51 g/kg、2.49 g/kg，下同。

261.3 mg/kg 和 183.8 mg/kg。土壤有效磷含量与磷肥施用量之间呈现极显著线性正相关，说明施用磷肥极显著影响土壤有效磷含量。

土壤电导率反映土壤盐分的累积状况。各处理番茄土壤电导率从苗期到拉秧期呈现上升趋势（图 7-6）；电导率在结果盛期没有像土壤有效磷含量一样降低，可能与追施氮肥有关。从苗期至拉秧期，随着磷肥施用量的增加，土壤电导率相应增加，处理 8 达到最高值。

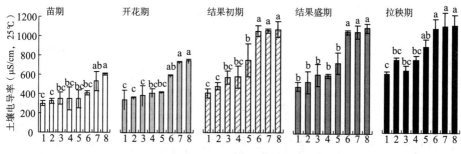

图 7-6　不同磷肥施用水平对土壤电导率的影响

土壤有效磷含量与土壤电导率之间呈现显著和极显著线性正相关，相关方程见表 7-1。说明施用磷肥极显著影响土壤电导率，但是从图中可以看出，从处理 6 施磷量开始，随着施磷量的增加土壤电导率不再增加，呈平稳趋势。可见，土壤次生盐渍化的程度受土壤有效磷含量的影响，主要源于磷肥用量的影响。因此，磷肥过量施用是土壤次生盐渍化的主要原因之一（张彦才，2001）。

表 7-1　土壤有效磷含量与土壤电导率相关分析结果

生育期	相关方程	r
苗期	$y = 0.948\ 3x + 299.32$	0.939 5**
开花期	$y = 1.703\ 2x + 328.29$	0.882 2**
结果初期	$y = 2.080\ 5x + 455.21$	0.817 3*
结果盛期	$y = 2.260\ 2x + 495.06$	0.834 4**
拉秧期	$y = 2.642\ 4x + 588.27$	0.857 6**

注：* 代表在 0.05 显著度水平上的相关性，** 代表在 0.01 显著度水平上的相关性。

（二）磷肥管理与土壤电导率的关系——田间验证

采用田间试验，研究了日光温室番茄磷肥用量与土壤有效磷的关系（图 7-7），结果表明，T1 和 T2 温室土壤有效磷含量随着磷肥施用量的增加，土壤有效磷含量逐渐升高；T1 温室土壤有效磷含量较 T2 温室略高；两个温室在番茄结果盛期土壤有效磷含量均比苗期有所降低是番茄吸收和磷肥固定的共同结果。土壤有效磷和施磷量之间存在极显著正线性回归关系，说明施用无机磷肥极显著影响土壤有效磷含量。

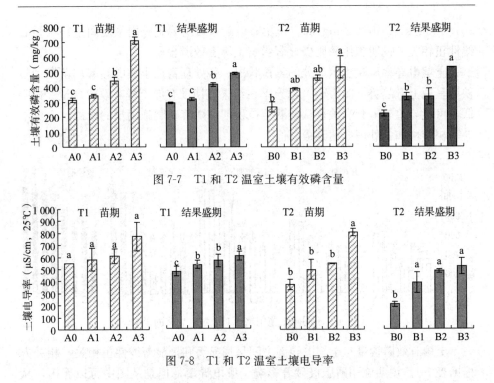

图 7-7　T1 和 T2 温室土壤有效磷含量

图 7-8　T1 和 T2 温室土壤电导率

分析 T1 和 T2 温室土壤电导率变化发现（图 7-8），随着磷肥施用量的增加，土壤电导率逐渐升高。T1 温室土壤电导率较 T2 温室略高；两个温室结果盛期土壤电导率均比苗期有所降低。土壤电导率与有效磷含量之间存在显著和极显著线性正相关（表 7-2）。

表 7-2　土壤电导率与有效磷之间的回归关系

温室	生育期	回归方程	r
T1	苗期	$y=0.545\,4x+382.52$	$0.719\,1^*$
	结果盛期	$y=0.563x+324.31$	$0.710\,8^*$
T2	苗期	$y=1.354x+1.228\,3$	$0.881\,9^{**}$
	结果盛期	$y=0.921\,6x+74.885$	$0.790\,3^*$

注：* 代表在 0.05 显著度水平上的相关性，** 代表在 0.01 显著度水平上的相关性。

采用田间试验，研究了磷肥用量对日光温室黄瓜土壤有效磷含量的影响（图 7-9），结果表明，随着磷肥施用量的增加，土壤有效磷含量逐渐升高；随着黄瓜的生长，土壤有效磷含量逐渐降低。从苗期至开花期土壤有效磷下降最快，除 C1 盛瓜期外，黄瓜各生育期土壤有效磷和施磷量之间存在显著和极显著正线性回归关系，说明施用无机磷极显著影响土壤有效磷含量。

分析 C1 和 C2 温室土壤电导率变化发现（图 7-10），随着磷肥施用量的增加，土壤电导率逐渐升高；随着黄瓜的生长，土壤电导率有所降低；从盛瓜期

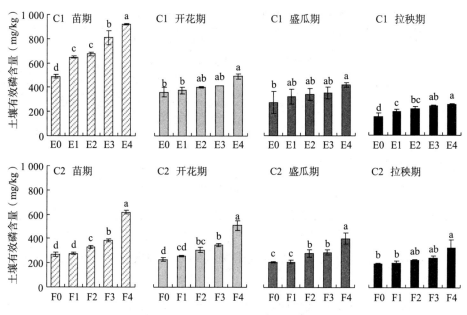

图 7-9 C1 和 C2 温室土壤有效磷含量

至拉秧期土壤电导率下降最快，这与土壤有效磷下降的趋势不同，可能该期黄瓜对土壤养分吸收和浇水频率高有关。由图中可见苗期土壤电导率超过 1 000 μS/cm（25℃），黄瓜产量依然达到了 200 t/hm²。土壤电导率与土壤有效磷含量之间存在极显著线性正相关（表 7-3）。

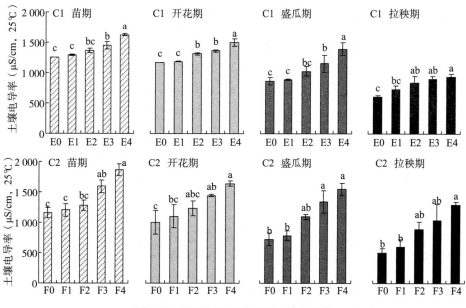

图 7-10 C1 和 C2 两个温室土壤电导率

表 7-3　土壤电导率与有效磷之间的回归关系

温室	生育期	回归方程	r
C1	苗期	$y = 0.803\,2x + 829.14$	0.877 7**
	开花期	$y = 2.125\,1x + 430.8$	0.874 8**
	盛瓜期	$y = 2.248\,7x + 289.46$	0.790 9**
	拉秧期	$y = 2.414\,1x + 291.49$	0.690 4**
C2	苗期	$y = 2.004x + 668.08$	0.905 6**
	开花期	$y = 2.213\,2x + 549.34$	0.847 1**
	盛瓜期	$y = 3.398\,3x + 140.26$	0.792 2**
	拉秧期	$y = 4.293\,7x - 168.6$	0.770 4**

注：**代表在 0.01 显著度水平上的相关性。

根据表 7-4 拟合的方程，结果期土壤电导率生理阈值为 600～700 μS/cm（25℃）。

表 7-4　土壤 Olsen-P 含量与土壤电导率相关分析

生育期	极值	x	y
苗期	$y = -0.003\,9x^2 + 3.396\,5x + 145.07$	435.45	884.57
开花期	$y = -0.003\,3x^2 + 3.415\,5x + 45.597$	517.50	929.36
结果初期	$y = -0.002\,7x^2 + 3.642x - 242.29$	674.44	985.87
结果盛期	$y = -0.003\,6x^2 + 5.129\,2x - 803.01$	712.39	1 023.98
拉秧期	$y = -0.003\,7x^2 + 5.765\,9x - 1291.9$	779.18	954.42

本研究发现过量供磷导致土壤电导率升高。盆栽条件下，番茄不同生育期土壤 EC 值和 Olsen-P 含量存在显著正相关关系。当施磷量（以 P 计）超过 0.37 g/kg 时，土壤 EC 值为 2.84～4.77 dS/m，其值远远超过了临界值 2.5 dS/m（图 7-11）。

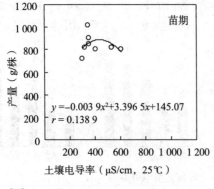
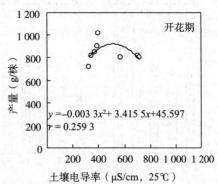

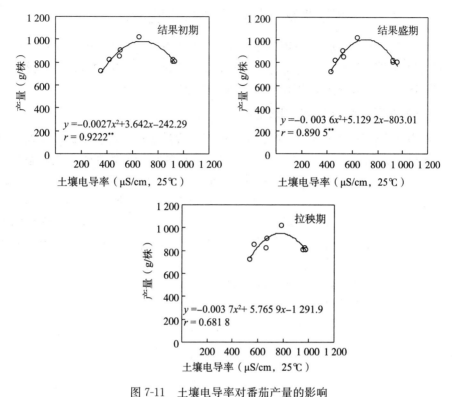

图 7-11 土壤电导率对番茄产量的影响

第二节 膜下滴灌肥料减施控制土壤次生盐渍化

一、研究背景

国际上禽畜粪用量通常按传统用量或按禽畜粪的含氮量计算，近年来，国外由于禽畜粪会造成磷污染而提倡按其含磷量来计算用量，但极少考虑到禽畜粪肥的盐分问题。据调查，养殖场鸡粪的盐分为 21.1～100.9g/kg，平均49.0g/kg；猪粪相对较低，为 9.5～35.0g/kg，平均 20.6g/kg。连续施用鸡粪导致土壤水溶盐提高的原因是鸡粪带入大量盐分离子所致（姚丽贤等，2007）。长期施用，盐分离子将对土壤盐分离子结构产生明显影响。同时，过量氮磷钾肥料施用也使土壤中离子含量增加，过量积累形成次生盐渍化。山东省调查结果显示，约 39.73% 的设施菜地出现不同程度的次生盐渍化现象，其中，轻度盐渍化为 28.64%，中度盐渍化为 8.37%，重度盐渍化为 2.29%，盐土为 0.43%，肥料投入量大和设施栽培年限增加是发生次生盐渍化的重要原因（李涛等，2018）。因此，肥料减施是控制土壤次生盐渍化的主要途径之一。

二、膜下滴灌氮肥减施控制土壤次生盐渍化

采用田间定位试验研究膜下滴灌条件下，3 年 6 季的黄瓜-番茄轮作体系氮肥用量对根层土壤硝态氮和土壤电导率周年变化特征的影响，旨在为设施黄瓜-番茄轮作体系滴灌施肥提供科学依据（王丽英，2012）。

（一）根层土壤硝态氮周年动态

随着氮素供应量的增加，根层土壤硝态氮含量增加，传统供氮 CN 处理出现土壤硝态氮积累。3 个轮作周期，空白 NN 和对照 MN 处理的土壤硝态氮平均为 24.09 kg/hm²、41.08 kg/hm²，RN、HN、CN 处理分别为 176.9 kg/hm²、346.6 kg/hm²、500.8 kg/hm²，CN 处理是 RN 处理的 2.83 倍（$P<0.05$），RN 处理比 CN 处理降低了 64.7%（$P<0.05$）。分析每个轮作周期根层土壤硝态氮的周年动态变化发现（图 7-12），土壤硝态氮积累在 2 个时期比较明显：一个是黄瓜拉秧后到番茄定植前，即 7 月初至 8 月初的夏季休闲期；另一个是在番茄结果期，即 9 月初至 11 月中旬。

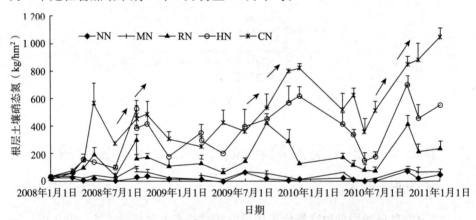

图 7-12 氮素供应对根层 0～40 cm 土壤硝态氮周年动态的影响

注：箭头表示土壤硝态氮积累的时期；NN 和 MN 分别表示空白和有机氮肥对照，
RN、HN 和 CN 分别表示优化供氮、高量和传统供氮，下同。

氮素供应对每季黄瓜番茄拉秧后土壤硝态氮残留的影响表明（表 7-5），2008 年、2009 年、2010 年黄瓜季收获后，RN 处理土壤硝态氮分别为 39.85 kg/hm²、149.50 kg/hm²、84.54 kg/hm²，HN 处理分别为 96.89 kg/hm²、399.33 kg/hm²、177.08 kg/hm²，CN 处理分别为 277.36 kg/hm²、359.30 kg/hm²、510.22 kg/hm²，CN 处理分别是 RN 处理的 7.0 倍、2.4 倍、6.0 倍（$P<0.05$）；2008 年、2009 年、2010 年番茄季收获后，RN 处理根层土壤硝态氮分别为 114.94 kg/hm²、136.89 kg/hm²、246.73 kg/hm²，HN 处理分别为

178.12 kg/hm²、616.36 kg/hm²、554.52 kg/hm²，CN 处理为 308.57 kg/hm²、821.19 kg/hm²、1 046.57 kg/hm²，CN 处理分别是 RN 处理的 2.7 倍、6.0 倍、4.2 倍（$P<0.05$）。分析当季土壤硝态氮积累量发现，黄瓜季 RN、HN、CN 处理的土壤硝态氮积累量平均值分别为 -1.87 kg/hm²、-49.61 kg/hm²、-3.52 kg/hm²，番茄季分别为 74.89 kg/hm²、225.23 kg/hm²、343.15 kg/hm²，番茄季 CN 处理是 RN 处理的 4.58 倍（$P<0.05$）。3 个轮作周期后，NN、MN 处理的土壤硝态氮比试验前增加了 21.9 kg/hm²、38.9 kg/hm²，平均每个轮作周期增加 7.3 kg/hm²、13.0 kg/hm²，积累量很低，可以忽略不计。而 RN、HN、CN 处理比试验前增加了 219.1 kg/hm²、526.9 kg/hm²、1 028.9 kg/hm²，平均每个轮作周期增加 73.0 kg/hm²、175.6 kg/hm²、339.6 kg/hm²，CN 处理是 RN 处理的 4.65 倍（$P<0.05$）。因此，RN、CN 处理土壤硝态氮积累主要发生在番茄季，优化供氮 RN 处理显著降低了土壤硝态氮残留和每季土壤硝态氮积累量（$P<0.05$）。

表 7-5　氮素供应对拉秧后土壤硝态氮残留和当季硝态氮积累量的影响

土壤硝态氮	处理	黄瓜（kg/hm²）			番茄（kg/hm²）		
		2008 年	2009 年	2010 年	2008 年	2009 年	2010 年
每季拉秧后残留量	NN	8.28 de	66.62 d	6.59 d	16.36 de	12.51 d	49.53 cd
	MN	15.94 d	68.15 d	13.56 d	21.96 d	7.31 de	66.59 d
	RN	39.85 c	149.50 c	84.54 c	114.94 bc	136.89 c	246.73 c
	HN	96.89 b	399.33 a	177.08 b	178.12 b	616.36 b	554.52 b
	CN	277.36 a	359.30 ab	510.22 a	308.57 a	821.19 a	1 046.57 a
当季积累量	NN	-19.39 d	50.26 b	-5.92 d	8.08 c	-54.10 c	42.94 d
	MN	-11.73 d	46.19 b	6.25 d	6.02 c	-60.84 c	53.03 d
	RN	12.18 c	34.57 bc	-52.35 c	75.09 a	-12.62 cd	162.19 c
	HN	69.22 b	221.22 a	-439.27 a	81.23 a	217.02 b	377.44 b
	CN	249.69 a	50.73 b	-310.97 b	31.21 b	461.89 a	536.35 a

注：当季土壤硝态氮积累量=拉秧时土壤硝态氮-定植前土壤硝态氮。小写字母代表处理间差异达到 5% 显著水平。

　　研究表明，日光温室秋冬茬番茄、秋冬茬黄瓜底施 18 t/hm² 鸽粪时，滴灌施肥适宜施氮量为 100~150 kg/hm²、400~450 kg/hm²（张学军，2008）。盆栽试验得出，抑制番茄生长的土壤 NO_3^--N 适宜上限值为 150 mg/kg，此时对应的施氮量上限为 437 kg/hm²（赵文艳等，2011）。本试验冬春季黄瓜、秋冬季番茄 RN 处理每次滴灌的氮浓度（每次氮素供应量除以灌溉量）范围分别为 80~97 mg/L、170~198 mg/L（石小虎等，2013），与荷兰无土栽培黄瓜、番茄推荐的氮素浓度一致。本研究冬春季黄瓜、秋冬季番茄的优化供氮量分别为

300 kg/hm²、225 kg/hm²，MN 处理与 RN 处理相比，根层土壤硝态氮和土壤电导率显著降低，根层土壤硝态氮平均仅为 41.08 kg/hm²，但黄瓜、番茄产量没有降低（王丽英，2012）。

（二）电导率周年动态

土壤硝酸盐 NO_3^- 是土壤盐分的主要阴离子之一，土壤电导率是测定土壤水溶性盐的指标，其大小表征土壤盐分含量的高低，也反应土壤环境质量状况。不同氮素供应下土壤电导率变化表明（图 7-13），随着氮供应量的增加，0～20 m 土壤电导率有升高趋势。NN 和 MN 土壤电导率平均值分别为 422.1 μS/cm、612.6 μS/cm，RN、HN、CN 处理分别为 769.3 μS/cm、777.7 μS/cm、827.6 μS/cm。与根层土壤硝态氮周年动态变化特征一致（图 7-12），土壤电导率的周年动态变化特征也存在 2 个盐分积累时期：一个是黄瓜拉秧后到番茄定植前，即 7 月初至 8 月初的夏季休闲期；另一个是在番茄结果期，即 9 月初至 11 月中旬。与其他氮素供应处理相比，优化供氮更能降低土壤电导率，减少土壤次生盐渍化风险。

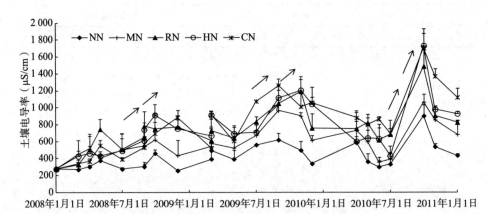

图 7-13　氮素供应对土壤电导率动态变化的影响

注：箭头表示土壤硝态氮积累的时期；NN 和 MN 分别表示空白和有机氮肥对照，RN、HN 和 CN 分别表示优化供氮、高量和传统供氮，下同。

每季黄瓜番茄拉秧后土壤电导率结果显示（表 7-6），3 个轮作周期后，NN、MN 处理的土壤电导率从试验前 276 μS/cm 上升到 433.8 μS/cm、681.5 μS/cm，分别增加 57.2 %、146.9 %（$P<0.05$）；而 RN、HN、CN 处理分别上升到 824.5 μS/cm、927.5 μS/cm、1 120.0 μS/cm，分别增加 198.7%、236.1%、305.8%（$P<0.05$）。除 2010 年黄瓜季外，其余几季 MN 处理土壤电导率分别是 NN 处理的 1.83 倍、1.20 倍、1.69 倍、1.82 倍、1.57 倍，显著低于空白处理（$P<0.05$）。2009 年黄瓜季、2008 年番茄季、

2009 年番茄季、2010 年番茄季，RN 处理的土壤电导率显著低于 CN 处理（$P<0.05$），CN 处理分别是 RN 处理的 1.29 倍、1.15 倍、1.40 倍、1.36 倍。CN、HN、RN 处理早在 2008 年番茄季，土壤电导率就超过蔬菜正常生长临界值 600 μS/cm，且以 CN 处理电导率最高，而 MN 处理 2009 年黄瓜季超过该临界值，说明氮肥供应提前了土壤次生盐渍化出现的时间，而且过量氮肥供应增大了次生盐渍化的风险（王丽英，2012）。

表 7-6 氮素供应对黄瓜、番茄拉秧后 0～20 cm 土壤电导率的影响

处理	黄瓜（μS/cm）			番茄（μS/cm）		
	2008 年	2009 年	2010 年	2008 年	2009 年	2010 年
NN	274.5 c	559.3 d	332.0 bc	255.9 d	337.3 c	433.8 e
MN	502.0 a	670.3 c	389.5 b	433.5 c	612.5 b	681.5 cd
RN	505.7 a	832.7 b	681.2 a	771.8 b	759.1 b	824.5 c
HN	491.0 a	717.0 bc	429.2 b	754.5 b	1043.1 a	927.5 ab
CN	391.3 ab	1074.7 a	697.5 a	884.8 a	1 060.0 a	1 120.0 a

注：小写字母代表处理间差异达到 5% 显著水平。

（三）土壤硝态氮与土壤电导率的关系

土壤硝态氮是土壤次生盐渍化的原因之一。除 RN 处理>20～40 cm 外，土壤硝态氮与电导率均呈显著线性相关（$P<0.05$，表 7-7），说明随着土壤硝态氮的增加，土壤电导率呈线性增加，且二者相关性以 CN 处理>20～40 cm 最高，相关系数为 0.85（$P<0.05$），表明施氮量越高，电导率随之增加越显著，土壤次生盐渍化风险越高。

表 7-7 土壤硝态氮与电导率的相关关系

处理	0～20 cm	>20～40 cm
RN	0.82*	0.22
HN	0.82*	0.67*
CN	0.60*	0.85*

注：*代表在 0.05 显著度水平上的相关性。

硝酸盐是温室土壤盐渍化过程中增加最多的组分，薛继澄等研究指出 NO_3^- 占阴离子总质量分数的 67%～76%，而硝态氮的分布与施肥和种植年限有关。研究指出（李刚等，2004），随着大棚种植年限的延长，盐分有明显的表聚现象。该土壤肥力条件下，日光温室黄瓜-番茄轮作体系中，随着氮素供应量的增加，土壤硝态氮增加，土壤电导率升高，并随着种植年限的延长而加剧。优化供氮比传统供氮量减施 66.7%，在保证黄瓜番茄产量不减的前提下，显著降低土壤硝态氮残留和土壤电导率，对土壤次生盐渍化控制效果显著。日光温室黄瓜-番茄轮作体系根层土壤硝态氮积累和电导率升高的时期均在夏季休闲期和番茄季结果期，其中夏季休闲期就是由于没有作物覆盖，温室气温高，土壤蒸发强烈，盐分随着水向表层土壤运移发生表聚积累的结果。但是，依"盐随水来，盐随水走"原理，膜下滴灌水流缓慢，不断浸润根层，使作物主根区土壤经常保持良好的水分环境，同时很快将盐分带入湿润区边缘，淡化主根区的盐分，为作物生长创造一个良好的土壤环境。

三、膜下滴灌磷肥减施控制土壤次生盐渍化

（一）减施过磷酸钙对温室菜田土壤电导率的影响

分析设施菜田土壤盐分年度变化发现（图 7-14），经过 3 年种植，$P_{C675/T675}$、$P_{C300/T225}$ 处理 0～100 cm 土体土壤 EC 由基础值 307.4～471.7 $\mu S/cm$ 分别增至 734.1～1 197.5 $\mu S/cm$、664.1～927.5 $\mu S/cm$，增幅分别达 64.6%～289.6%、46.0%～201.8%，尤以番茄季土壤积盐明显；P_0 处理 3 年土壤盐分也呈增加趋势，0～100 cm 土体 EC 由基础值增至 558.2～763.5 $\mu S/cm$，增幅 34.2%～

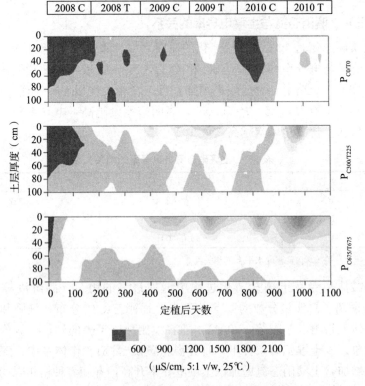

图 7-14　3 年施用过磷酸钙对温室菜田 0～100 cm 土体土壤电导率的影响
注：C 代表冬春茬黄瓜季，T 代表秋冬茬番茄季，下同。

148.4％。从 2008 年番茄季开始，$P_{C675/T675}$、$P_{C300/T225}$ 处理 0～20 cm 土层盐分出现明显积累，3 年平均 EC 分别达 20～100 cm 土体的 1.3～1.8 倍、1.4～1.5 倍，土壤盐分显著表聚；$P_{C675/T675}$ 处理从 2009 年番茄季开始 0～100 cm 土体剖面呈现盐渍化，$P_{C300/T225}$ 处理进入 2010 年番茄季也出现剖面盐渍化问题，土表盐分逐渐迁移至土壤深层。

分析不同过磷酸钙用量下蔬菜主根区盐分差异发现（表 7-8），与 $P_{C675/T675}$ 处理相比，$P_{C300/T225}$ 处理 2008 年、2009 年、2010 年 0～40 cm 土体年均 EC 分别下降 15.0％～39.1％、21.0％～25.5％、35.1％～36.3％，3 年平均 EC 由 $P_{C675/T675}$ 处理的 844.7～1 109.5 μS/cm 降至 557.6～821.7 μS/cm，处理间差异显著（2008 年 0～20 cm 土层除外）；较农民常规减施过磷酸钙 56％～67％，3 年 0～40 cm 土体 EC 年均增量下降 50.6％～76.7％；P_0 处理 2008 年、2009 年、2010 年 0～40 cm 土体年均 EC 较 $P_{C675/T675}$ 处理分别下降 33.5％～44.7％、36.2％～52.7％、49.3％～57.1％，3 年平均 EC 为 471.8～547.5 μS/cm。分析根区以外土壤盐分差异发现（表 7-9），与 $P_{C675/T675}$ 处理相比，$P_{C300/T225}$ 处理 3 年 40～100 cm 土体平均 EC 分别下降 4.2％～14.4％，对应 P_0 处理降幅 13.1％～27.7％。

表 7-8　3 年施用过磷酸钙对温室蔬菜主根层 0～40 cm 土体土壤平均电导率的影响

主根区	项目	年份	P_0	$P_{C300/T225}$	$P_{C675/T675}$
0～20cm 土层	电导率均值（μS/cm）	2008 年	438.3 a	559.7 a	658.7 a
		2009 年	616.7 c	1 030.3 b	1 303.8 a
		2010 年	597.3 c	904.9 b	1 393.9 a
		3 年平均	547.5 c	821.7 b	1 109.5 a
	电导率年均增量 ［Δ μS/（cm·年）］	3 年平均	—	280.9 a	568.0 a
	估算盐分总量（g/kg）/ 盐化分级	3 年平均	2.2/ 轻度	3.0/ 轻度	3.9/ 轻度
20～40cm 土层	电导率均值（μS/cm）	2008 年	398.3 b	438.5 b	720.1 a
		2009 年	521.0 b	608.7 b	817.2 a
		2010 年	503.0 b	633.0 b	993.0 a
		3 年平均	471.8 b	557.6 b	844.7 a
	电导率年均增量 ［Δ μS/（cm·年）］	3 年平均	—	86.0 a	369.3 a
	估算盐分总量（g/kg）/ 盐化分级	3 年平均	2.0/ 轻度	2.3/ 轻度	3.1/ 轻度

注：小写字母代表滴灌水量处理间差异达到 5％显著水平。

表 7-9　3 年施用过磷酸钙对温室蔬菜根层以外 40～100 cm 土体土壤平均电导率的影响

根区以外	3 年均值（μS/cm）		
	P_0	$P_{C300/T225}$	$P_{C675/T675}$
40～60 cm 土层	488.2 b	577.7 ab	675.2 a
60～80 cm 土层	534.9 b	597.5 ab	650.0 a
80～100 cm 土层	538.3 b	593.2 a	619.3 a

注：小写字母代表滴灌处理间差异达到 5% 显著水平。

在农民常规过磷酸钙用量下，3 年温室蔬菜主根区土壤盐分严重积累，Ca^{2+}、SO_4^{2-} 含量显著增加，40～100 cm 土体剖面逐渐盐渍化。虽然供试为滴灌，土壤表层盐分过量积累结合大水灌溉定苗水、缓苗水是导致土壤深层积盐的主要原因。在供试条件下，每施用过磷酸钙 1 000 kg/hm²，0～20 cm、20～40 cm、40～60 cm、60～80 cm、80～100 cm 土层 EC 分别增加 67.3 μS/cm、43.8 μS/cm、22.0 μS/cm、13.5 μS/cm、9.6 μS/cm。在农民常规过磷酸钙用量下，3 年主根区 EC 平均为 844.7～1 109.5 μS/cm，参考黄绍文等（2016）给出的菜田土壤盐分分级，处于轻度盐化水平，但黄瓜番茄产量保持在中高水平。该结果表明过磷酸钙所致土壤 Ca^{2+} 和 SO_4^{2-} 型次生盐渍化，在轻度盐化水平下（EC 在 850～1 100 μS/cm）对温室黄瓜番茄产量没有显著影响。张金锦等（2012）研究表明当土壤盐分低于 2 030 μS/cm，盐分对设施黄瓜产量的影响可忽略不计。但本研究与李宇虹等（2014）的研究结果有一定差异。

在供试条件下，较农民常规减施过磷酸钙 56%～67%，P_2O_5 施入量能满足蔬菜需求（李若楠等，2017），根层土壤盐分积累显著缓解，而产量未受影响，有利于维护温室菜田土壤可持续利用。此外，在不施过磷酸钙下仍观察到土壤盐分积累，与施用硫酸钾后 K^+ 吸收而 SO_4^{2-} 残留于土壤有关，表明在合理化肥料用量的同时，研发新型肥料，平衡离子施入与携出，是解决设施菜田土壤次生盐渍化的有效途径。

（二）减施过磷酸钙对温室菜田盐离子组成的影响

分析蔬菜主根区 0～40 cm 土体土壤可溶性盐离子组成发现（表 7-10），经过 3 年种植，与 $P_{C675/T675}$ 处理相比，$P_{C300/T225}$、P_0 处理 0～40 cm 土体土壤可溶性 Ca^{2+} 和 SO_4^{2-} 含量显著降低，$P_{C300/T225}$ 处理 Ca^{2+}、SO_4^{2-} 降幅分别为 25.1%～54.8%、44.3%～50.8%，P_0 处理对应降幅为 27.0%～61.4%、45.2%～63.6%。0～40 cm 土体土壤 EC 与可溶性 Ca^{2+}、SO_4^{2-} 含量显著正相关。

前人研究表明设施菜田土壤盐分离子以 SO_4^{2-}、NO_3^-、Ca^{2+} 为主（黄绍文等，2016；李涛等，2018；文方芳等，2016）。氮肥过量施用造成的 NO_3^- 型土壤次生盐渍化较常见（黄绍文等，2011；Hu et al.，2012；Shi et al.，2009）。在本研究中，过磷酸钙所致土壤次生盐渍化以 Ca^{2+} 和 SO_4^{2-} 积累为主。这与过磷酸钙肥料中存有 40%～50% 的硫酸钙（$CaSO_4 \cdot 2H_2O$）、少量残留游离硫酸有关。在草甸土上 23 年设施栽培定位试验研究表明，单施及配施过磷酸钙均能增加土壤全钙及不同形态钙素含量（张大庚等，2012）。

表 7-10　3 年施用过磷酸钙对温室蔬菜根层 0～40 cm 土体土壤可溶性离子含量的影响

	离子种类 (mg/kg)	$P_{C0/T0}$	$P_{C300/T225}$	$P_{C675/T675}$	相关系数 EC
0～20 cm 土层	K^+	24.6 b	21.2 b	42.4 a	0.809**
	Na^+	33.0 a	51.1 a	52.2 a	0.722*
	Ca^{2+}	199.1 b	233.5 b	516.0 a	0.808**
	Mg^{2+}	90.6 a	111.2 a	99.9 a	0.408
	Cl^-	118.3 a	177.5 a	162.7 a	0.632
	HCO_3^-	225.2 a	268.1 a	267.0 a	0.458
	SO_4^{2-}	155.8 b	210.8 b	428.5 a	0.826**
20～40 cm 土层	K^+	4.0 a	6.0 a	6.7 a	0.650
	Na^+	59.0 a	58.4 a	66.4 a	0.349
	Ca^{2+}	200.1 b	205.4 b	274.1 a	0.687*
	Mg^{2+}	48.4 a	72.0 a	67.7 a	0.484
	Cl^-	162.7 a	133.1 a	133.1 a	−0.073
	HCO_3^-	193.1 a	223.0 a	236.0 a	0.315
	SO_4^{2-}	95.4 b	97.0 b	174.0 a	0.812**

注：* 表示差异显著（$P<0.05$），**表示差异极显著（$P<0.01$）。小写字母代表处理间差异达到 5%显著水平。

（三）减施过磷酸钙对温室菜田土壤 pH 的影响

分析设施菜田土壤 pH 年度变化发现（图 7-15），经过 3 年种植，$P_{C675/T675}$、$P_{C300/T225}$ 处理 0～100 cm 土体土壤 pH 由基础值 8.05～8.15 分别降至 7.50～7.76、7.62～7.79，降幅分别为 0.34～0.55 个、0.31～0.43 个 pH 单位，尤以番茄季土壤酸化明显；P_0 处理 3 年土壤 pH 也呈降低趋势，0～100 cm 土体 pH 由基础值降至 7.66～7.86，降幅 0.28～0.39 个 pH 单位。分

析设施菜田土壤 pH 剖面变化发现（图 7-15），$P_{C675/T675}$、$P_{C300/T225}$ 处理分别从 2008 年黄瓜季、2008 年番茄季开始 0～20 cm 土层 pH 明显下降，3 年平均 pH 较 20～100 cm 土体分别降低 0.14～0.26 个、0.12～0.15 个 pH 单位，土壤表层显著酸化；$P_{C675/T675}$、$P_{C300/T225}$ 处理分别从 2009 年黄瓜季、2009 年番茄季 0～100 cm 土体剖面呈现酸化。

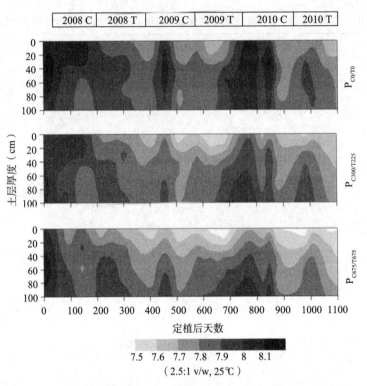

图 7-15　3 年施用过磷酸钙对温室菜田 0～100 cm 土体土壤 pH 的影响

　　分析不同过磷酸钙用量下蔬菜主根区 pH 差异发现（表 7-11），与 $P_{C675/T675}$ 处理相比，$P_{C300/T225}$ 处理 2008 年、2009 年、2010 年 0～40 cm 土体年均 pH 分别增加 0.09～0.13 个、0.07 个、0.10～0.12 个 pH 单位，3 年平均 pH 由 $P_{C675/T675}$ 处理的 7.66～7.80 增至 7.77～7.88，两处理 0～20 cm 土层 pH 差异显著；P_0 处理 2008 年、2009 年、2010 年 0～40 cm 土体年均 pH 较 $P_{C675/T675}$ 处理分别增加 0.12～0.17 个、0.14～0.21 个、0.18～0.25 个 pH 单位，3 年平均 7.87～7.94。分析根区以外土壤 pH 差异发现（表 7-12），与 $P_{C675/T675}$ 处理相比，$P_{C300/T225}$ 处理 3 年 40～80 cm 土体平均 pH 增加 0.01～0.03 个 pH 单位，P_0 处理对应增幅为 0.05～0.10 个 pH 单位。三处理 80～100 cm 土层平均 pH 没有显著差异。

表 7-11 3 年施用过磷酸钙对温室蔬菜主根层 0～40 cm 土体土壤 pH 的影响

主根区		年份	P_0	$P_{C300/T225}$	$P_{C675/T675}$
0～20 cm 土层	pH 年均值	2008 年	7.97 a	7.92 a	7.80 b
		2009 年	7.77 a	7.63 b	7.56 c
		2010 年	7.86 a	7.73 b	7.61 c
		3 年平均	7.87 a	7.77 b	7.66 c
	pH 年均降幅（ΔpH/年）	3 年平均	—	0.11 a	0.21 b
20～40 cm 土层	pH 年均值	2008 年	8.03 a	8.00 a	7.91 a
		2009 年	7.84 a	7.77 b	7.70 c
		2010 年	7.94 a	7.86 ab	7.76 b
		3 年平均	7.94 a	7.88 ab	7.80 b
	pH 年均降幅（ΔpH/年）	3 年平均	—	0.06 a	0.14 a

注：小写字母代表处理间差异达到 5%显著水平。

表 7-12 3 年施用过磷酸钙对温室蔬菜根层以外 40～100 cm 土体土壤平均 pH 的影响

根区以外	3 年均值		
	P_0	$P_{C300/T225}$	$P_{C675/T675}$
40～60 cm 土层	7.96 a	7.90 ab	7.87 b
60～80 cm 土层	7.92 a	7.89 ab	7.87 b
80～100 cm 土层	7.93 a	7.92 a	7.91 a

注：小写字母代表处理间差异达到 5%显著水平。

前人研究表明北方设施菜田土壤存在酸化问题（黄绍文等，2011；韩江培，2015；Han et al.，2014）。温室菜田土壤酸化可能途径包括：化学肥料施用，如尿素及铵态氮肥施入土壤后的硝化作用（$NH_4^+ + 2O_2 \rightarrow NO_3^- + H_2O + 2H^+$）（张玲玉等，2019；周海燕等，2019；Han et al.，2015）；根系呼吸或者微生物分解有机物质时产生的 CO_2（$CO_2 + H_2O \rightarrow H_2CO_3 \rightarrow HCO_3^- + H^+$）（张玲玉等，2019）；有机物质分解或有机体向土壤中释放的有机酸；蔬菜收获或拉秧从酸性土壤中移除 Ca^{2+}、Mg^{2+}，在没有得到适当补充时 H^+ 替代其位点（张玲玉等，2019）；根系对阳离子的吸收多为被动运输，在吸收阴离子时常伴有 H^+ 同向运入根系细胞（如硝酸盐、磷酸盐等），为保证细胞内外 H^+ 梯度，H^+-ATPase 将 H^+ 再次泵出根外；作物在代谢 NO_3^- 时生成 OH^-，为维持体内电荷平衡，将 OH^- 排出体外等。在农民常规过磷酸钙用量下，3 年温室菜田表层土壤显著酸化，同时伴随 $20\sim80$ cm 土体剖面逐渐酸化。在供试条件下，施用过磷酸钙 10 000 kg/hm^2，$0\sim20$ cm、$20\sim40$ cm、$40\sim60$ cm、$60\sim80$ cm 土层 pH 分别降低 0.25 个、0.17 个、0.12 个、0.06 个 pH 单位。供试为石灰性土壤，基础 pH 在 $8.05\sim8.15$，盐基饱和度接近 100%，土壤 pH 降低与过磷酸钙肥料中含有少量游离硫酸、磷酸，以及基施过磷酸钙后灌溉定苗缓苗水，过磷酸钙溶解 $[Ca (H_2PO_4)_2 \cdot H_2O+H_2O{\rightarrow}CaHPO_4 \cdot 2H_2O+H_3PO_4]$ 释放 H^+ 与 $CaCO_3$ 水解产物 OH^- 反应（$CaCO_3+2H_2O{\rightarrow}Ca^{2+}+H_2CO_3+2OH^-$）（Lindsay et al.，1959a；Lindsay et al.，1959b；Lawton et al.，1954），从而降低土壤 pH 有关。在供试条件下，观察到 H^+ 随水迁移至土壤深层导致土壤剖面酸化，在番茄季表现尤为明显，这可能与灌水量有关。

较农民常规减施过磷酸钙 $56\%\sim67\%$，显著缓解表层 20 cm 土壤酸化，有利于维护温室菜田可持续利用。在不施过磷酸钙仅施用尿素和硫酸钾的情况下，3 年土壤 pH 也逐渐降低，这与尿素在脲酶作用下生成 NH_3，NH_4^+ 硝化释放 H^+ 有关。在供试条件下，施用尿素 10 000 kg/hm^2，$0\sim40$ cm 土层 pH 下降 $0.20\sim0.24$ 个 pH 单位。该结果表明根据作物协调化肥中不同形态氮素比例，有利于缓解土壤酸化。

第三节　有机无机配施控制土壤次生盐渍化

一、不同种类畜禽粪肥与化肥配施

不同畜禽粪肥与化肥配施对根层土壤电导率动态变化的影响结果见图 7-16，秋冬茬三个处理的根层土壤电导率变化趋势一致，但土壤电导率高低顺序为：鸡粪处理＞猪粪处理＞牛粪处理。鸡粪对土壤盐分积累的影响最大，猪粪次之，牛粪最低。从苗期到结果期，鸡粪处理土壤电导率一直高于牛粪和猪粪处理；苗期和结果初期、盛期，鸡粪处理的土壤电导率超过大多数作物能忍耐的电导率临界值 400 $\mu S/cm$，但没有超过作物生理盐害临界值 600 $\mu S/cm$；猪粪处理只在苗期较高，超过 400 $\mu S/cm$；牛粪处理土壤电导率波动不大，而且均低于 400 $\mu S/cm$；拉秧时，鸡粪处理土壤电导率比定植前明显升高，猪粪和牛粪处理变化不大。冬春茬三个处理的土壤电导率从苗期到拉秧呈降低趋势（王丽英等，2010）。从 4 月到 6 月中旬，结果期虽然追施化肥，但作物生长加快，对土壤中离子的吸收利用增加，加之灌水稀释作用，土壤电导率波动在 100 $\mu S/cm$ 左右，相对秋冬茬变化不大，只是在 7 月初番茄拉秧前，土壤电导率出现小幅度升高趋势，这可能与棚内温度升高，土壤水分大量蒸发导致盐分离子表聚有关。

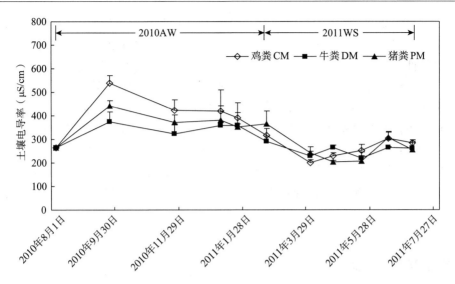

图 7-16　不同种类畜禽粪便与化肥配施对根层土壤电导率动态变化的影响

注：图中虚线分别为作物能忍耐的电导率临界值 400 μS/cm 和生理盐害临界值 600 μS/cm。

二、作物秸秆反应堆和蔬菜堆肥对土壤电导率的影响

作物秸秆反应对蔬菜堆肥对土壤电导率的影响结果表明（图 7-17），有机废弃物利用有效降低土壤电导率，缓解土壤次生盐渍化。2010 秋冬季，鸡粪＋8％玉米秸秆的土壤电导率与对照没有差异，秸秆反应堆、蔬菜秸秆堆肥处理分别比对照降低 7.9 ％和 1.1 ％。2011 秋冬季，鸡粪＋8％玉米秸秆、秸秆反应堆、蔬菜秸秆堆肥处理的土壤电导率分别比对照降低 5.3 ％、7.8 ％、26.1 ％。

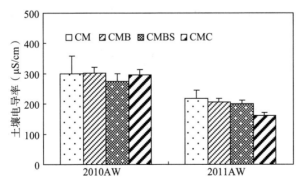

图 7-17　不同有机废弃物利用方式对根层土壤电导率的影响

三、小结与讨论

综合分析设施菜田土壤次生盐渍化状况及成因，以及氮肥减施、磷肥减施

对土壤次生盐渍化的控制效果，提出设施蔬菜土壤次生盐渍化的修复措施可以归纳为：①合理的养分和水分管理技术。根据土壤养分状况、肥料种类及蔬菜需肥特性，确定合理的施肥量或施肥方式，做到配方施肥，增施高碳氮比有机肥，合理配施氮磷钾肥，化肥做基肥时要深施并与有机肥混合，作追肥要"少量多次"。并避免长期施用同一种肥料，特别是含氮肥料。②建立灵活的栽培种植体系。调整种植作物种类，选择耐盐的蔬菜品种；种植绿肥或甜玉米等填闲作物，改良土壤，利用土壤积累的氮磷养分，减少土壤中盐分离子的总量。因此，采取测土配方施肥、滴灌施肥等科学合理的施肥方式，配合灌水洗盐、合理轮作，选择耐盐作物等措施，降低土壤盐分，控制设施菜田土壤次生盐渍化。

本章参考文献

韩江培，2015. 设施栽培条件下土壤酸化与盐渍化耦合发生机理研究［D］. 杭州：浙江大学.

黄绍文，王玉军，金继运，等，2011. 我国主要菜区土壤盐分、酸碱性和肥力状况［J］. 植物营养与肥料学报，17（4）：906-918.

黄绍文，高伟，唐继伟，等，2016. 我国主要菜区耕层土壤盐分总量及离子组成［J］. 植物营养与肥料学报，22（4）：965-977.

李刚，张乃明，毛昆明，等，2004. 大棚土壤盐分累积特征与调控措施研究［J］. 农业工程学报，20（3）：44-47.

李若楠，武雪萍，张彦才，等，2017. 减量施磷对温室菜地土壤磷素积累、迁移与利用的影响［J］. 中国农业科学，50（20）：3944-3952.

李涛，于蕾，吴越，等，2018. 山东省设施菜地土壤次生盐渍化特征及影响因素土壤学报，55（1）：100-110.

李宇虹，陈清，2014. 设施果类蔬菜土壤 EC 值动态及盐害敏感性分析［J］. 中国蔬菜，2：15-20.

石小虎，曹红霞，杜太生，等，2013. 膜下沟灌水氮耦合对温室番茄根系分布和水分利用效率的影响［J］. 西北农林科技大学学报（自然科学版），41（2）：89-93.

王丽英，2012. 氮磷供应对设施黄瓜番茄轮作体系蔬菜生长及氮磷高效利用的影响［D］. 北京：中国农业大学.

魏迎春，李新平，刘刚，等，2008. 不同栽培年限大棚土壤盐分变化特性研究［J］. 安徽农业科学，36（8）：3280-3282.

文方芳，2016. 种植年限对设施大棚土壤次生盐渍化与酸化的影响［J］. 中国土壤与肥料，4：49-53.

薛继澄，李家金，毕德义，等，1995. 保护地栽培土壤硝酸盐积累对辣椒生长和锰含量的影响［J］. 南京农业大学学报，8（1）：53-57.

姚丽贤，李国良，何兆桓，等，2007. 连续施用鸡粪与鸽粪土壤次生盐渍化风险研究 [J]. 中国生态农业学报，15（5）：67-72.

张大庚，刘敏霞，依艳丽，等，2012. 长期单施及配施过磷酸钙对设施土壤钙素分布的影响 [J]. 水土保持学报，26（1）：223-226.

张玲玉，赵学强，沈仁芳，2019. 土壤酸化及其生态效应 [J]. 生态学杂志，38（6）：1900-1908.

张金锦，段增强，李汛，2012. 基于黄瓜种植的设施菜地土壤硝酸盐型次生盐渍化的分级研究 [J]. 土壤学报，49（4）：673-680.

张学军，2008. 节水控氮对宁夏不同土壤-蔬菜体系中氮素平衡 NO₃⁻-N 淋失的影响 [D]. 武汉：华中农业大学.

张彦才，李巧云，翟彩霞，等，2005. 河北省大棚蔬菜施肥状况分析与评价 [J]. 河北农业科学，9（3）：61-67.

赵文艳，张晓敏，石宗琳，等，2011. 氮钾肥施用对土壤有效养分和盐分及番茄生长的影响 [J]. 水土保持学报，25（4）：100-104.

周海燕，徐明岗，蔡泽江，等，2019. 湖南祁阳县土壤酸化主要驱动因素贡献解析 [J]. 中国农业科学，52（8）：1400-1412.

周鑫鑫，沈根祥，钱晓雍，等，2013. 不同种植模式下设施菜地土壤盐分的累积特征 [J]. 江苏农业科学，41（2）：343-345.

HAN J，LUO Y，YANG L，et al.，2014. Acidification and salinization of soils with different initial pH under greenhouse vegetable cultivation [J]. Journal of soils and sediments，14（10）：1683-1692.

HAN J，SHI J，ZENG L，et al.，2015. Effects of nitrogen fertilization on the acidity and salinity of greenhouse soils [J]. Environmental Science and Pollution Research，22（4）：2976-2986.

HU Y C，SONG Z W，LU W L，et al.，2012. Current soil nutrient status of intensively managed greenhouses [J]. Pedosphere，22（6）：825-833.

LAWTON K，VOMOCIL J A，1954. The dissolution and migration of phosphorus from granular superphosphate in some Michigan soils [J]. Soil Science Society of America Journal，18（1）：26-32.

LINDSAY W L，STEPHENSON H F，1959a. Nature of the reactions of monocalcium phosphate monohydrate in soils：I. the solution that reacts with the soil [J]. Soil Science Society of America Journal，23（1）：12-18.

LINDASY W L，STEPHENSON H F，1959b. Nature of the reactions of monocalcium phosphate monohydrate in soils：Ⅱ. dissolution and precipitation reactions involving iron, aluminum, manganese, and calcium [J]. Soil Science Society of America Journal，23（1）：18-22.

SHI W M，YAO J，YAN F，2009. Vegetable cultivation under greenhouse conditions leads to rapid accumulation of nutrients，acidification and salinity of soils and groundwater contamination in South-Eastern China [J]. Nutrient Cycling in Agroecosystems，83（1）：73-84.

第八章

设施蔬菜根层土壤养分调控
与节水减肥增效机制

第一节　根层养分浓度调控与损失控制机制

一、根层氮素浓度调控机制

　　蔬菜根区土壤硝态氮含量相对适宜范围为 50～100 mg/kg（黄绍文等，2011）。Guo 等（2008、2010）和 Ren 等（2010）推荐的黄瓜番茄根层土壤无机氮控制值（以 N 计）为 150～200 kg/hm²，为 37.0～50.0 mg/kg。《中国主要作物施肥指南》（2009）中给出适宜黄瓜番茄生长的土壤硝态氮含量为100～140 kg/hm²，为 25.0～35.0 mg/kg。本团队在石家庄辛集不同肥料用量梯度

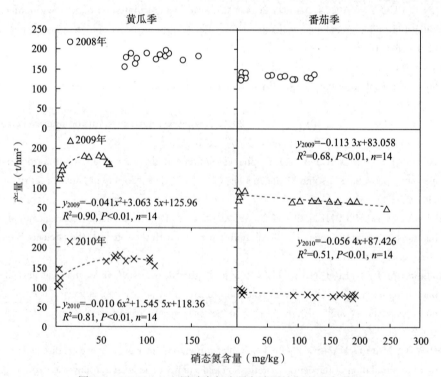

图 8-1　0～20 cm 土层硝态氮含量与产量之间的回归关系

中长期定位研究表明，在 2009 年和 2010 年，0～20 cm 土层硝态氮含量与黄瓜-番茄产量之间存在显著回归关系。根据回归方程（图 8-1），得到最佳产量时的土壤硝态氮含量黄瓜季为 37.4～72.9 mg/kg，番茄季低于 90 mg/kg。

2008—2010 年差值法氮肥利用率与 0～40 cm 土壤硝态氮平均含量之间显著负相关，表观氮素损失与 0～40 cm 土壤无机氮平均含量之间显著正相关（图 8-2）。种植 3 年，较农民常规节水 30%节氮 50%氮素总盈余量下降 71.8%，氮素表观损失下降 56.0%，利用率增加 2.5 个百分点，产量略有增加，在满足蔬菜氮素需求的同时有效控制了氮素损失（表 8-1）。

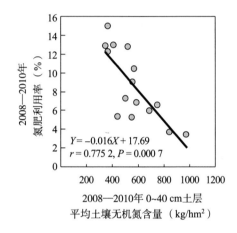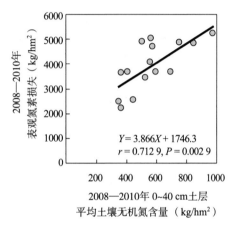

图 8-2　差值法氮肥利用率、表观氮素损失与根区土壤无机氮含量的关系

表 8-1　种植 3 年节水减氮对温室黄瓜番茄氮素平衡的影响

	W_2N_3	W_2N_2	W_1N_1	W_2N_0	W_1N_0
氮肥利用率（%）	11.1 a	6.2 b	8.6 ab	—	—
氮素表观盈亏（kg/hm²）	1 246.3 c	2 877.9 b	4 422.7 a	−1 553.9 d	−1 324.8 d
氮素表观损失（kg/hm²）	1 678.1 c	2 753.9 b	3 811.5 a		

注：氮素表观盈亏＝施氮量－作物氮素吸收量；氮肥表观损失＝氮素表观盈亏＋土壤矿化量＋基础土壤无机氮－收获土壤无机氮量；氮肥利用率＝（施氮区作物氮素吸收量－不施氮区作物氮素吸收量）/施氮量×100。

同行数字后不同字母代表处理间差异达到 5%显著水平。

节水 20%～30%使土壤硝态氮趋近根区分布，节氮 50%降低土壤剖面硝态氮积累，节水 20%～30%配合减氮 50%将根区硝态氮供应维持在适宜水平的同时，降低进入损失途径的氮素，从而实现氮肥增效（图 8-3）。就长期温室栽培而言，优化水分管理是氮肥减施增效的关键，合理调控灌水量的情况下，推荐适宜施氮量是氮肥减施增效的有效措施。

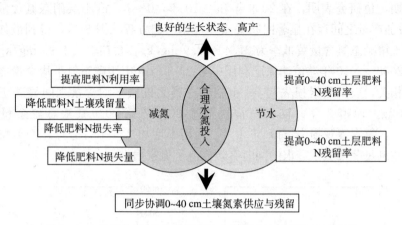

图 8-3 冬春茬黄瓜-秋冬茬番茄轮作体系节水减氮增效示意图

二、根层氮素损失控制机制

设施菜地土壤氨挥发动态变化与氮肥施用密切相关，土壤氨挥发峰值出现的次数与氮肥施用次数一致，说明氮肥施用时间显著影响氨挥发峰值的出现。施氮量也显著影响设施菜地的氨挥发损失量，在设施黄瓜-番茄轮作周期内，减施氮处理（N1）也比常规施氮处理（N2）的氨挥发损失量降低了 $19.3\%\sim 20.0\%$（$P<0.05$）（李银坤等，2016）。可见，通过控制氮肥投入量可显著降低设施土壤氨挥发损失。氮肥施入土壤后，一般经过以下化学平衡造成氨挥发损失：NH_4^+（代换性）$\leftrightarrow NH_4^+$（液相）$\leftrightarrow NH_3$（液相）$\leftrightarrow NH_3$（气相）$\leftrightarrow NH_3$（大气）。因此施氮显著提高了氨挥发损失量，这与施氮增加了表层土壤中氨挥发底物（NH_4^+-N）浓度，进而促进氨挥发过程有关。减施氮处理（N1）的 $0\sim10$ cm 土壤铵态氮浓度最高值比常规施氮处理（N2）降低了 $25.1\%\sim 30.3\%$（$P<0.05$），说明 $0\sim10$cm 土壤铵态氮浓度受到施氮水平的强烈影响（李银坤等，2016）。统计分析表明，除不施氮处理外，各处理土壤氨挥发速率与 $0\sim10$ cm 土壤铵态氮浓度均呈显著或极显著正相关关系。由此可见，土壤氨挥发速率一般随表层土壤铵态氮浓度的增加而增大。施肥后灌水由于将可溶性氮素（铵态氮和硝态氮）带入土壤深层，也能够达到降低氮素氨挥发损失的目的。在高土壤水分条件下，土壤水中溶解的氨较多，易引起土-气界面氨浓度梯度的减小，这时氨扩散作用减弱，氨挥发量随之降低；相反，较低土壤水分条件下的氨挥发量呈增大趋势（高鹏程等，2001）。温度、空气湿度等环境因素对氨挥发也有一定影响。温度升高不仅能增强尿素脲酶活性，而且增加液相中的氨态氮在铵态和氨态氮总量中的比例，NH_3 和 NH_4^+ 的扩散速率也随之增加。空气湿度越大，减小了水气或土气界面气压差，从而可减小氨挥发速

率。另外，增强光照、增加光照时数、增大风速均能增加土壤的氨挥发。

　　氮肥过量施用是引起设施土壤 N_2O 释放增加的主要原因。研究表明，表层土壤硝态氮含量随施氮量增加而增加，且与 N_2O 排放通量呈极显著正相关关系；由于土壤样品是在施肥后第 3 天取的，显然施肥是硝态氮含量差异的直接原因（武其甫等，2011）。施氮处理的 N_2O 总排放量均远远高于不施氮处理，而减施氮处理相比习惯施氮处理又显著降低了 N_2O 排放量（李银坤等，2014）。说明合理减少施氮量是降低设施菜地 N_2O 排放量的有效途径。土壤水分状况会影响土壤 N_2O 的产生和向大气中扩散。因为土壤水分的增加会降低土壤通气性，减弱硝化过程，促进反硝化过程。故当土壤水分含量对硝化和反硝化作用都有促进时，会导致大量的 N_2O 生成与排放。有研究表明，小白菜田土壤 N_2O 排放通量与土壤湿度（介于田间持水量的 $80\%\sim97\%$ 时）呈显著正相关（姚志生等，2006）；但是当土壤含水量超过田间持水量时，已产生的 N_2O 进一步向土体外扩散会受到限制，增加它在土壤中滞留时间，以致最后被进一步还原（黄国宏等，1999）。土壤干湿交替也会引起 N_2O 的爆发式释放，湿度较低的土壤在灌溉后会迅速激活土壤微生物活性，进而促进 N_2O 排放。但灌溉只是促进了施氮处理的 N_2O 排放，而对不施氮处理的影响较小（武其甫等，2011）。可见，只有灌溉与施氮相结合时，施氮导致 N_2O 排放增加的效果才会明显表现出来。因此，在炎热的季节实行少量多次灌溉，可以减少因土壤湿度剧烈变化导致的 N_2O 释放量激增。设施蔬菜种植中使用滴灌技术可以大大降低 N_2O 排放量，其原因与滴灌避免了土表大面积渍水，显著降低了反硝化过程中产生的 N_2O 气体等因素有关。

　　造成土壤氮素淋溶损失的根本原因在于根层土壤中过高的养分供应强度和过大的土壤湿度，造成淋洗的关键是过量灌溉（或降水）和过量施肥。特别是设施菜田经多年种植，土壤的氮素出现明显的富集，尤以硝态氮含量大幅度提高为显著特征，且种植蔬菜年限越长，菜地土壤的硝态氮含量累积越多。又由于硝酸根离子带负电荷，受到土壤矿质胶体和腐殖质所带大量负电荷的排斥，不易被土壤吸附，它本身又极易溶于水，遇到下渗水流即随水不断向下淋失。灌水、施用尿素后，尿素首先以分子态形式随水分下移；另一方面，也进行着分解作用，土壤成分发生各种化学、生物反应，最终主要以无机态的硝态氮和铵态氮存在。当施氮量超过了作物吸收所需要的量时，过量的氮素在土壤中残留，由于硝态氮带负电荷，很难被土壤胶体吸附，迁移性强。研究表明，超过正常施氮量时，土壤硝态氮浓度随施氮量呈线性增加（袁新民等，2001；刘宏斌等，2004）。张学军等（2007）研究连续种植 4 茬蔬菜的土壤溶液硝态氮浓度的变化发现，表层土壤溶液中硝态氮有不断向下淋洗的趋势，其中在高施氮条件下，$60\sim90$ cm 土壤溶液硝态氮含量变幅最大，变幅在 $124\sim596$ mg/L。

于红梅等（2005）等研究了施氮水平对蔬菜地硝态氮淋洗特征的影响，蔬菜地硝态氮平均淋洗浓度以传统施氮处理的最高，达 118 mg/L。传统施氮处理中，花椰菜、苋菜、菠菜生长期平均淋洗量分别为 114 kg/hm^2、89.5 kg/hm^2、71.1 kg/hm^2，蔬菜地硝态氮年平均累积淋洗量为该处理年平均累积施氮总量的 52%，约有 1/2 的氮素被淋洗掉。本团队在石家庄辛集不同肥料用量梯度中长期定位研究表明，在设施黄瓜全生育期内，施氮处理 95cm 深度的土壤含水量和硝态氮淋失量呈正相关，而且在初瓜期和盛瓜期均达到显著水平，进一步说明了土壤含水量在一定程度上促进了硝态氮淋失；土壤硝态氮含量也与硝态氮淋失量呈正相关关系，其中在黄瓜初瓜期、盛瓜期和末瓜期均达到显著性相关水平（闫鹏等，2012）。由此可见，土壤硝态氮浓度是决定氮素淋溶的重要因素，而土壤水分条件又进一步促进了氮素淋溶，大量施用氮肥与灌水，不仅会造成硝态氮在土壤中累积，而且增加了氮素淋溶损失的潜在风险。

三、根层磷素浓度调控与损失控制机制

我国设施和露地蔬菜磷肥平均用量（以 P 计）分别为 571 kg/hm^2 和 117 kg/hm^2，达蔬菜需磷量的 13.0 倍和 4.7 倍（Yan et al.，2013）。在中国基于瓜果菜产量的土壤 Olsen-P 阈值为 58.0 mg/kg，高于该值蔬菜产量对 Olsen-P 的增加不响应（Yan et al.，2013）。《中国主要作物施肥指南》中给出适宜黄瓜、番茄生长的根层土壤 Olsen-P 含量为 60～100 mg/kg。本团队通过不同磷量中长期定位试验研究明确，适宜黄瓜番茄生产的中等土壤磷素水平可适当下调至 40～50 mg/kg。不同磷肥用量梯度番茄盆栽试验结果表明，在苗期和结果盛期，番茄产量与土壤 Olsen-P 含量之间呈显著一元二次多项式回归关系（表 8-2）。番茄结果盛期适宜的土壤 Olsen-P 含量为 57.2 mg/kg。利用线性加平台模型模拟关键生育期番茄干物质量与土壤有效磷含量之间的关系，得到土壤 Olsen-P 阈值为 44～59 mg/kg（图 8-4）。该结果与定位试验研究结果基本一致。

表 8-2 番茄关键生育期产量与土壤 Olsen-P 含量回归分析

生育期	产量（y）与土壤 Olsen-P（x）相关方程	r 值	极值	
			x Olsen-P	y 产量
苗期	$y = -0.074x^2 + 11.032x + 534.23$	0.883 3*	74.54	945.40
结果盛期	$y = -0.125x^2 + 14.311x + 563.5$	0.911 5*	57.24	973.11

注：* 表示 $P < 0.05$。

我国温室、大棚和露地菜田有效磷（Olsen-P）含量平均为 201.1 mg/kg、140.3 mg/kg、67.8 mg/kg，80% 以上设施菜田 Olsen-P 含量超过适宜范围上限 100 mg/kg（黄绍文等，2011）。土壤中过量积累的磷素是水体环境的潜在威胁。目

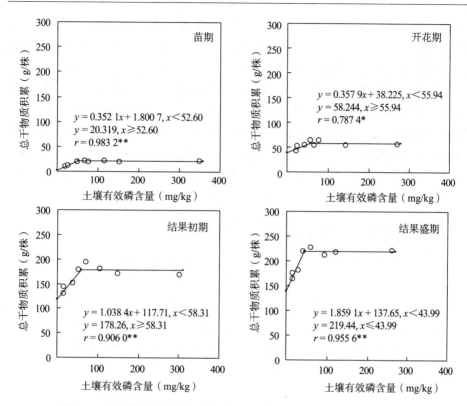

图 8-4 番茄关键生育期总干物质积累量与土壤 Olsen-P 含量回归分析

（注：**表示在 $P<0.01$ 的水平上差异极显著，* 表示在 $P<0.05$ 的水平上差异显著。）

前对于设施菜田磷素淋失风险没有定论。一些研究结果显示设施菜田水溶性磷含量高，磷素吸附饱和度大，淋失风险较高。严正娟（2015）研究显示我国设施菜田磷素淋失明显，20～100 cm 土体水溶性磷含量明显增加，而且随着设施年限的增加而加剧。袁丽金等（2010）调查发现河北定州设施菜田 0～80 cm 土体水溶性磷含量明显高于大田，存在磷素淋失。吕福堂等（2010）调查显示种植 14 年的日光温室土壤磷素已淋溶至 100 cm 土层甚至更深。然而，也有研究认为磷素在石灰性土壤剖面上移动较缓慢，菜田磷素淋失风险低。薛巧云（2013）研究显示菜田 20～200 cm 土壤磷吸附饱和度低，通过淋溶导致的土壤磷素流失风险较低。不同的研究结论可能与土壤类型、土壤质地、施肥历史等因素有关。河北省设施蔬菜集约化种植区土壤磷素淋失风险分析未见报道。对河北省设施菜田磷素淋失风险进行分析，为推荐设施蔬菜合理磷肥管理措施提供理论依据。

土壤磷素淋失临界值是评价土壤磷素环境风险的重要指标。土壤磷素淋失临界值响应因素多，变异大。席雪琴（2015）对全国不同区域 18 处典型土壤调查发现磷素淋溶阈值 Olsen-P 为 14.9～119.2 mg/kg，其中河北潮土磷淋溶阈值为 14.9 mg/kg。钟晓英（2004）对全国不同区域 23 处典型土壤研究显示磷素淋失阈值 Olsen-P 为 30.0～156.8 mg/kg。薛巧云（2013）通过分段线性拟合得出石灰性土壤磷素流失临界值 Olsen-P 为 49.2 mg/kg。Heckrath 等（1955）研究发现黏壤质石灰性土壤磷素淋失临界值 Olsen-P 为 60 mg/kg。柏兆海等（2011）研究显示钙质沙壤、轻壤和重壤磷淋溶拐点分别是 Olsen-P 23.1 mg/kg、40.1 mg/kg、51.5 mg/kg。刘畅等（2012）在草甸土上的研究表明沟灌、渗灌和滴灌 0～20 cm 土层磷素淋失临界值分别为 Olsen-P 59.4 mg/kg、65.4 mg/kg、68.6 mg/kg。明确河北设施菜田主要土壤类型及质地磷素淋溶阈值，对于确定设施菜田磷素淋失风险十分必要。

四、温室蔬菜根层养分调控关键期

冬春茬黄瓜日产瓜量先升后降，产瓜高峰出现在定植后 97～114 d，为 5 月底至 6 月中旬，高峰期日产瓜量 2.3～2.6 t/（hm² · d）（表 8-3 和图 8-5）。在低土壤供磷条件下，不施磷肥导致产瓜高峰期推迟。

表 8-3　2008—2010 年不同磷肥用量下温室冬春茬黄瓜产瓜高峰出现时期和高峰期产瓜量

产量建成参数	年份	P_0	P_1	P_2
	2008 年	101（5/29）	98（5/26）	102（5/30）
产瓜高峰出现期（DATs*）	2009 年	114（6/21）	104（6/11）	98（6/5）
	2010 年	99（5/30）	97（5/28）	97（5/28）
	2008 年	2.6	2.6	2.6
高峰期产瓜量（t/hm²）	2009 年	2.4	2.3	2.3
	2010 年	2.3	2.4	2.4
总产量（t/hm²）	3 年均值	177.1	177.5	178.6

注：* DATs 代表定植后天数，括号中数字代表对应日期，采用月/日表示。

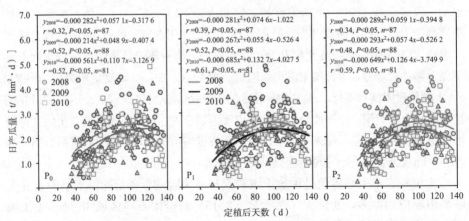

图 8-5　2008—2010 年不同磷肥用量下温室冬春茬黄瓜日产瓜规律

秋冬茬番茄各穗果实重叠膨大时期为养分需求高峰期，出现在定植后 60～90 d，约 10 月中旬至 11 月中旬。第 1 穗果实膨大始于 9 月中旬，一般为 3～4 个果实，到开始采收需要 30～35 d。第 2 穗果实膨大始于 10 月初，一般为 4～5 个，整穗果实进入膨大期在 10 月中下旬，到开始采收需要 30～35 d。第 3 穗果膨大始于 10 月中旬，一般为 3～4 个，整穗果实进入膨大期在 11 月初，到开始采收需要 35～45 d。第 4 穗果实膨大始于 10 月下旬，一般为 3～4 个，整穗果实进入膨大期在 11 月中旬，到开始采收需要 40～50 d（图 8-6）。

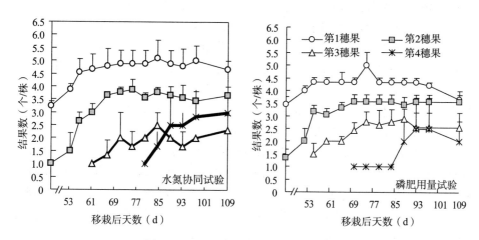

图 8-6 温室秋冬茬番茄果实膨大规律

注：采用辛集定位试验 2010 年番茄果实膨大数据。

第二节 根层肥水调控与促根作用机制

根系是蔬菜最活跃的养分和水分吸收器官，根系数量、分布、活力均受到水肥状况的影响。溶解在土壤溶液中的养分通过质流或扩散到达根系表面而为植物吸收，因此根系生长和根系活力直接反应根系吸收与代谢能力的强弱，影响地上茎叶生长和产量形成，从而实现其对土壤养分吸收利用效率的调控。

水肥交互中，水分因素对植株地上部与根系生长影响较显著，而肥料对根冠比与根系活力的影响较显著（李邵，2010）。土壤水分和养分动态与作物根系生长发育的互反馈机制是制定水肥管理措施的重要依据（刘玉春，2009）。传统保护地蔬菜管理模式，灌水量大、土壤水分含量高，导致土壤根区 CO_2 浓度过高使根系呼吸减弱或停止，单位面积茎叶内的养分含量减少，养分利用效率降低，产量下降；同时，由于根系呼吸消耗大量氧气，较强的无氧呼吸代谢会消耗较多的能量，根系活力下降（孙周平，2010）。而过量施肥导致土壤盐分积累，根外土壤溶液渗透压过高，根系养分吸收速率下降，根系生长受阻。优化水肥管理模式，如无压灌溉，能改善设施内作物的生存环境，为作物根系提供充足的氧气，使根系与大气很好地进行能量交换，让根系生存在一个更加适宜的环境中，从而影响光合同化产物向不同组织器官的分配（陈新明，2006），进而提高养分和水分的利用效率。栗岩峰等人（2006）的研究显示，在滴灌条件下，当施氮量由 204 kg/hm² 增加至 372 kg/hm² 时番茄整根的根长、根表面积、根体积和根干重均显著增加，各层土壤的根密度也随之增加。根系分区交替灌溉为新型水肥管理模式，一半根区灌水湿润，另一半根区干燥。湿润与干燥交替进行，使不同区域的根系经受一定程度的干旱胁迫锻炼，促进蔬菜植株根系的生长，使两侧根系发达，根密度增大，产量增加（刘贤赵，2010）。地下滴灌技术节水潜力巨大，合理灌水周期配以施氮量显著影响青椒根系分布，当施氮量小于 150 kg/hm² 时，随着施氮量的增加，整根的根长、根表面积、根体积、根干重和各层土壤根密度均显著增加，直至施氮量超过 300 kg/hm²；4 d 灌水周期条件下的青椒根系特征参数和产量高于 8 d 灌水周期（孔清华，2009）。研究发现滴灌直径小于 1 mm 的根长和番茄产量之间存在显著相关关系（李波，2007；栗岩峰，2006），地下滴灌直径小于 2 mm 的根系总长与青椒产量之间呈显著的线性相关关系（孔清华，2009）。蔬菜根系直径小于 1～2 mm 的根长与产量之间的正相关关系揭示优化水肥管理后直径较小的根系由于穿透能力强，其与土壤的接触面积大，能更加有效地吸收土壤中的养分和水分，将其输送给地上部分促进增产，提高养分的利用效率。

根系活力是反映根系吸收养分和水分的重要指标，根系活力高，养分吸收能力强。在黄瓜生长旺盛期，滴灌和交替沟灌黄瓜根系活力极显著地高于常规沟灌，两者黄瓜产量也最好（杜社妮，2010）。这与在番茄上的研究结果一致（杨丽娟，2000）。这主要是因为保护地蔬菜集约化种植，滴灌和交替沟灌有效地改善土壤水分和通气状况，促进根系均匀生长；而传统水肥管理造成水肥胁迫，加速蔬菜根系衰老；衰老根系内可溶性蛋白质含量、SOD 及 POD 活性均呈下降趋势，MDA 含量呈上升趋势（商庆梅，2010）。衰老根系活力显著下降，养分吸收利用效率降低。

第三节　作物光合效率提升与养分利用机制

一、作物光合效率与产量提升

生物学产量中 90%～95% 的物质来自光合作用，而只有 5%～10% 的物质来自根部吸收的营养物质（杜维广等，1999）。众多研究通过对大豆、小麦、高粱、向日葵等（朱保葛等，2000；董建力等，2001；孙守钧等，2000；徐惠风等，2001）研究表明，叶片光合速率与产量呈显著正相关关系。说明通过增强作物光合作用可达到显著增加作物产量的效果。本团队在河北辛集不同肥料用量梯度中长期定位研究中测定了黄瓜叶片光合速率的日变化规律，探讨了基于日平均光合速率与产量的关系。结果表明，盛瓜期黄瓜的日平均光合速率与同时期的产量呈二次曲线关系。说明黄瓜盛瓜期内日平均同化量与这一时期形成的产量密切相关，但同时也表明光合作用对产量的增加作用存在一适宜范围，光合速率太高并不一定能获得最高产量。这可能与制造的光合产物过多用于营养生长，而向果实中运输的比例较少有关。对于黄瓜来说，卷须的大量生长，也会减少光合产物向幼瓜的运移。另外，光合作用与产量的关系还跟光合产物的数量、分配去向以及环境等多种因素有关。目前研究普遍认为，农民大水大肥的管理方式不仅难以达到黄瓜的高产，而且带来了严重的环境问题，并增加了黄瓜硝酸盐积累、降低了黄瓜品质（闫炬等，2009；王新元等，1999）。从定位研究结果看，沟灌条件下节水减氮处理（5 190 m^3/hm^2，施氮量 600 kg/hm^2）具有较高的产量，相比习惯水氮处理（7 470 m^3/hm^2，施氮量 1 200 kg/hm^2）可增产 4.21%。综合以上分析，从减氮增效与提高水分利用效率（WUE）出发，科学合理地节水减肥在比农民习惯灌水减少 30%、习惯施氮减少 50% 的情况下，通过提升黄瓜叶片的光合效率，增加了黄瓜产量，改善了产量构成要素，并显著提高了水分利用率（WUE）。

二、作物光合效率与肥水用量

肥水以及肥水互作对蔬菜叶片光合特征有显著影响，而良好的光合生理特性有利于植物体内营养物质的吸收利用和同化物质的积累转化，改善养分利用效率，为产量的形成奠定基础。蔬菜叶片上、下表皮均有气孔，这种气孔双面生的特性与其栽培过程中对水分要求量大的特性相适应（王绍辉，2002）。虽然蔬菜需水量大，但是并非灌水越多越好。传统水肥管理模式，灌水频繁且过量会引起蔬菜叶片光合作用速率降低（梁运江，2010）。这与土壤结构性变差，紧实程度加强，导致叶片的叶绿素含量减少、光合活性、光系统 II 反应中心的电子传递活性、光能的最大转化效率及光系统 II 潜在活性降低及光系统 II 的光能利用率下降有关（孙艳，2009）。同时，土壤水分过多，引起植物根部缺 O_2 进而产生 ABA；同时根生长受抑制韧皮部运输减弱，导致叶中 ABA 积累，致使气孔关闭，光合速率和蒸腾速率降低（张文丽，2006）。然而，如果灌水量过少导致干旱胁迫，蔬菜叶片气孔关闭，限制 CO_2 吸收，胞间 CO_2 浓度下降，光合作用也会相应下降，干旱胁迫条件下光合作用下降的原因为气孔限制（王玉珏，2010）。可见合理调节土壤水分含量对蔬菜光合特征有显著影响。李邵等人（2010）利用负水头控水装置研究发现，1～5 kPa 供水吸力下黄瓜叶片

PSⅡ光量子转化成化学能的效率增加，叶片耗散过剩激发能的能力也较强，更利于黄瓜植株保持较高的实际光化学效率；3～5 kPa供水吸力范围内产量及商品瓜率最高；高供水吸力处理叶片净光合速率较低是由气孔限制因素导致的。黄瓜初花期土壤含水量为90％田间持水量的灌溉上限，有利于提高黄瓜叶片的净光合速率和胞间CO_2浓度，降低叶片的无效蒸腾（李清明，2007）。康绍忠等（2007）认为在作物生长发育的某些阶段主动施加一定的水分胁迫，使光合同化产物向不同组织器官分配，以调节作物的生长进程，在不影响产量的条件下提高水分利用效率。

过量施肥会降低蔬菜叶片光合能力。在莴笋上的研究显示，过量施用氮肥，容易导致蔬菜体内氮素代谢过于旺盛，碳氮代谢失调，植株体内氮素过量积累，因此在光照较强时叶片出现萎蔫，光合速率下降（曾希柏，1997）。过量的磷肥投入，容易导致番茄幼苗生长受到抑制，叶片光合作用降低，叶绿素和可溶性糖含量下降（李熹，2007）。保护地蔬菜生产中，适量的氮磷投入能显著改善蔬菜光合特性和碳氮同化能力，有利于产量增加和养分利用效率的提升。本团队不同肥料用量梯度中长期定位研究表明，相同灌水条件下黄瓜叶片的Pn随施氮量的增加而升高，各施氮处理的Pn显著高于不施氮处理，但减氮处理的光合作用相比传统施氮处理并无显著降低。可见，适当降低施氮水平并不会显著影响设施黄瓜的光合作用。与农民传统施肥量相比，综合蔬菜目标产量、土壤养分含量和肥料利用率的推荐施肥能显著提高叶片净光合速率、蒸腾速率、气孔导度，番茄叶片光合能力强，这与光合作用关键酶Mg^{2+}-ATPase、Ca^{2+}-ATPase活性和RUBP羧化酶活性较高有关（张国红，2006）。灌水量、施氮量和施磷量对辣椒叶片光合作用速率的影响为：施磷量＞施氮量＞灌水量。施磷效应较大，辣椒产量和叶片光合作用速率呈显著正相关（梁运江，2010）。这主要是因为磷作为底物或调节物直接参与光合作用的各个环节（张海伟，2010）。

科学合理地安排灌水与施肥维持适宜的土壤水分与养分条件是蔬菜作物光合作用效率提升的关键。本团队不同肥料用量梯度中长期定位研究表明，在习惯灌水条件下，施氮可显著提高黄瓜叶片的Pn、Tr及WUE；而在减量灌水条件下，增加施氮量对提高黄瓜叶片Pn的效果并不显著。在习惯施氮条件下（1 200 kg/hm²），增加灌水量可提高黄瓜叶片的Pn及WUE，但并无显著性提高；减施氮条件下（900 kg/hm²），则以减量灌水处理的Pn和WUE较高。综上也说明，科学合理地节水减氮可在比农民习惯灌水量减少30％、施氮量减少50％的条件下依旧具有较强的光合效率。优化水肥管理除通过促进保护地蔬菜根系发育和根系活力、改善蔬菜光合特征和同化能力来提高养分的利用效率外，合理的水肥配比还在提高土壤酶活性、提升土壤质量、调节叶片酶活性、协调植株营养生长与生殖生长等方面发挥作用，进而通过改善保护地蔬菜生存环境，促进蔬菜养分吸收利用能力，提高蔬菜产量和品质，从根本上改善保护地养分利用状况。

第四节 设施菜地环境条件改善与水肥增效机制

近年来我国蔬菜产业迅猛发展，保护地蔬菜种植规模不断扩大。2008年我国保护地蔬菜种植面积达 573 万 hm^2，比 2000 年增长 78%；其中，大中棚 141 万 hm^2，小棚 123 万 hm^2，节能日光温室 33.5 万 hm^2，保护地栽培已成为蔬菜周年均衡供应的基本保障（陈伟旭，2010）。然而在我国保护地蔬菜生产中，肥料投入主要为有机肥和化肥，有机肥以畜禽粪便最为常见，化肥则以复合肥、磷酸二铵、过磷酸钙、硫酸钾为主，大部分农民对蔬菜生育期内养分需求不甚清楚，亦不能准确计算肥料的养分投入量，导致超量施肥现象普遍存在。在北方蔬菜种植区每年氮肥投入量（以 N 计）在 500～1 900 kg/hm^2，而保护地蔬菜氮肥投入量更高，仅在山东寿光设施蔬菜集约化种植区蔬菜单季氮肥施用量（以 N 计）超过 1 200 kg/hm^2，每年则要种植两至三季（Zhu，2005）。以沟灌、畦灌、漫灌为主的保护地蔬菜水分管理，灌水频率高、灌水量大，如北方设施黄瓜生产中单次灌水量超过 60 mm，生育期内灌溉可达 20～30 次之多。由于蔬菜生产中占肥料总投入量 60%～80% 的追施肥料溶解在灌水中随水冲施，粗放、盲目的水肥管理模式不仅造成设施土壤养分大量积累、蔬菜品质下降，还导致肥料利用率低、农业生态平衡失调和农业环境恶化，极大地限制了设施蔬菜产业的可持续发展。对山东寿光温室蔬菜栽培调查显示，氮、磷、钾的利用率分别仅为 24%、8%、46%；温室土壤中氮、磷盈余量最高，平均盈余量分别为 3 214 kg/hm^2、3 401 kg/hm^2（余海英，2010）。优化保护地蔬菜水肥管理模式，建立优质、高效、安全的养分及水分管理体系已经成为提高保护地蔬菜生产能力，促进保护地蔬菜产业可持续发展的关键。

灌水和施肥是蔬菜产量的主要限制因子，养分和水分结合能有效提高水肥资源的利用效率。滴灌灌水量、施氮量、施钾量与黄瓜产量呈抛物线关系，三因素在较低水平下，边际产量较大，产量迅速提高；之后边际产量转化为负值，产量开始下降，出现随三因素用量增加而减产的现象；灌水量、施氮量、施钾量对黄瓜产量影响排序为：施氮量＞灌水量＞施钾量；该排序与灌水量、施氮量、施钾量对日光温室西葫芦产量影响顺序一致（张东昱，2010；陈修斌，2004）。膜下滴灌番茄栽培施肥效应（氮磷肥）大于灌水效应，表明施肥量是影响番茄生长发育和果实品质的第一主导因子，灌水量是影响果实品质的第二主导因子（陈碧华，2009）。施氮量和灌水量对于保护地西芹产量具有显著交互作用，施氮肥过多，灌水会加速其毒害作用，施氮肥过少，灌水加剧养分的亏缺；灌溉量过少，各施氮水平芹菜均难以达到高产，灌溉量增大，较大氮肥投入才能保证芹菜有较高产量（张昌爱，2006）。水氮对保护地辣椒产量的交互作用为相互拮抗，灌水量大增加氮肥的损失；施氮量高，提高作物根水势，易使作物出现生理干旱影响产量；灌水量和施磷量对增产则有相互促进的作用（梁运江，2003）。在辣椒生产中，水肥对养分利用效率的交互作用表现为：高量施肥（氮磷肥）灌水定额增加能提高氮肥经济利用率，但在低量施肥下灌水定额增加却降低氮肥经济利用率；水磷互作对磷肥经济利用效率为正效应，这是由于水分的提高可以增加磷肥的生物有效性，增加磷肥的扩散，有利于辣椒根系对磷营养的吸收，磷肥利用率逐渐增加（梁运江，2007）。由此可见，肥料有明显的调水作用，灌水也有显著的调肥作用。优化水肥配比，能充分发挥肥和水的激励机制和协同作用，提升蔬菜产量，显著提高养分和水分的利用效率。

一、设施黄瓜产量建成与光温响应

华北平原地区光温资源较为充足。随着冬春茬黄瓜生长发育，温室内气温逐渐升高，2008—2010 年苗期至开始采收累计气温为 272.5～388.5 ℃，累计日照时数为 197.9～288.1 h；采收期间累计气温为 1 921.3～1 980.5℃，累计日照时数为 673.0～885.8 h（表 8-4）。3 年早 8 点气温监测显示，温室内部和外部气温呈线性回归关系（图 8-7），方程拟合度优。根据回归方程和温室外部日均气温，预测温室内日均气温，并估算全生育期温室内活动积温在 2 650～2 750 ℃。

表 8-4 2008—2010 年冬春茬黄瓜生育期间气温和日照时数特征

生育期	年份	气温变化区间（℃）	累计气温（℃）	温室内活动积温估值（℃）	累计日照时数（h）
苗期至开始采收	2008	4.0～17.0	272.5		288.1
	2009	7.5～20.5	388.5		197.9
	2010	5.0～18.5	388.5		249.0
采收期间	2008	10.5～28.5	1 921.3		784.2
	2009	12.0～28.5	1 933.5		885.8
	2010	12.0～30.0	1 980.5		673.0

（续）

生育期	年份	气温变化区间（℃）	累计气温（℃）	温室内活动积温估值（℃）	累计日照时数（h）
全生育期	2008		2 193.8	2 750.2	1 072.3
	2009		2 322.0	2 648.8	1 083.7
	2010		2 369.0	2 679.6	922.0

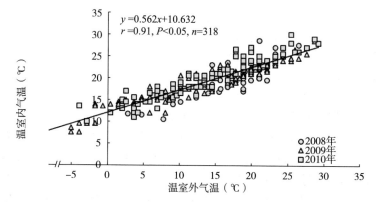

图 8-7　2008—2010 年温室内部和外部气温回归关系

　　随着生育期内气温的累积，冬春茬黄瓜日产瓜量呈二次曲线变化（图 8-8）。根据曲线方程，2008—2010 年产瓜高峰期累计气温 1 389.4～2 086.0℃，估算温室内活动积温 1 650～2 300℃、适宜产瓜高峰形成的日均气温 23～27℃（表 8-5）。3 年累计气温与累积产量之间均以三次曲线回归关系拟合最优。与 P_2 处理相比，P_1 处理产瓜高峰期气温累计值没有显著改变；但是 P_0 处理 2009 年产瓜高峰期累计气温增加 359.3℃，2010 年高峰期累计气温增加 26.7℃。

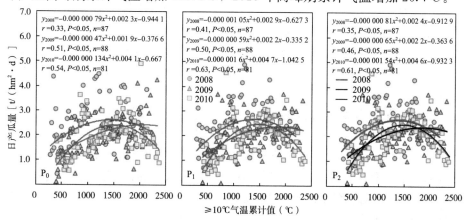

图 8-8　2008—2010 年不同磷肥用量下温室冬春茬黄瓜日产瓜量对累计气温的响应

表 8-5   2008—2010 年不同磷肥用量下温室冬春茬黄瓜产瓜高峰期气温特征

产量建成光温参数	年份	P₀	P₁	P₂
累计气温（℃）	2008 年	1 445.9	1 389.4	1 463.9
	2009 年	2 086.0	1 849.6	1 726.7
	2010 年	1 511.2	1 478.0	1 484.5
温室适宜 日均温估值（℃）	2008 年	23.7（20.2~27.2）	26.3（22.8~29.7）	23.0（19.5~26.5）
	2009 年	27.2（23.7~30.6）	27.0（23.5~30.5）	25.7（22.3~29.2）
	2010 年	25.2（21.7~28.7）	23.2（19.7~26.6）	23.2（19.7~26.6）

注：黄瓜产瓜高峰时温室日均气温由图中回归方程估算，括号中数据代表估值上限~估值下限。

　　光温条件影响黄瓜花芽分化和产量形成（阎妮等，2009；张微等，2015）。黄瓜幼苗适宜繁育温度为 25℃（Grimstad et al.，1993），设施黄瓜光合作用适宜温度为 25~33℃（徐克章等，1993）。研究团队石家庄鹿泉区温室内部气象站监测显示，4 月底 5 月初连续 7 日平均日间（8~20 时）气温 19~29℃，夜间（20~翌日 8 时）气温 15~19℃；5 月底 6 月初连续 7 日平均日间气温 22~33℃，夜间气温 18~22℃；6 月底 7 月初连续 7 日平均日间气温 29~40℃，夜间气温 24~28℃。根据本试验所得模型，冬春茬黄瓜产瓜高峰期出现时正值 5 月底至 6 月中旬，估算此时温室日均温度在 23~27℃。该结果表明，较之 4 月中下旬温室内早晚温度低光照差，6 月中旬以后温度过高，模型模拟所得产瓜高峰期温室光温条件较适宜结瓜，也说明模型模拟结果较为合理。此外，本团队不同磷肥用量梯度中长期定位研究表明产瓜高峰期形成应满足累计气温为 1 389.4~2 086.0℃，估算温室活动积温 1 650~2 300℃，累计日照时数为 629.0~956.4 h。栾非时等（2003）研究发现冬春茬黄瓜结瓜中期积温在 547.9℃时产量较高。本研究中滴灌冬春茬黄瓜结瓜中期积温为 680~700℃，较栾非时等（2003）结果有所增加，这可能与前人温度处理设计有关。本研究为解决低温寡照时通过增温补光等措施促进黄瓜高产形成提供依据。

　　随着生育期内日照时数的累积，冬春茬黄瓜日产瓜量呈二次曲线变化（图 8-9）。根据曲线方程，2008—2010 年产瓜高峰期累计日照时数 629.0~956.4 h（表 8-6）。3 年累计日照时数与累积产量之间以三次曲线回归关系拟合最优。与 P₂ 处理相比，P₁ 处理产瓜高峰期累计日照时数没有显著变化；P₀ 处理 2009 年产瓜高峰期累计日照时数增加 146.0 h，2010 年高峰期累计日照时数增加 9.1 h。

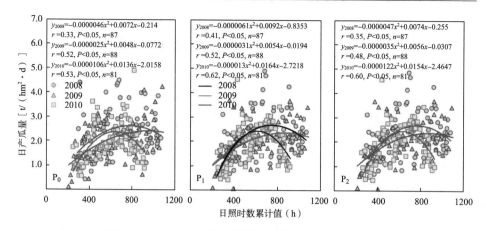

图 8-9 2008—2010 年不同磷肥用量下温室冬春茬黄瓜
日产瓜量对累计日照时数的响应

表 8-6 **2008—2010 年不同磷肥用量下温室冬春茬黄瓜产瓜高峰期日照时数特征**

产量建成光温参数	年份	P_0	P_1	P_2
	2008	781.4	759.1	790.1
累计日照时数（h）	2009	956.4	866.8	810.4
	2010	641.2	629.0	632.1

二、设施番茄产量建成与光温响应

秋冬茬番茄果实膨大期平均气温在 12～14℃，日照时数为 6.5～7 h，地温在 15.7℃。秋冬茬番茄进入 9 月温室内光温适宜，花芽分化进入旺盛阶段；进入 10 月后，温室内气温逐渐下降，平均气温在 17 ℃左右，但是正午温度能

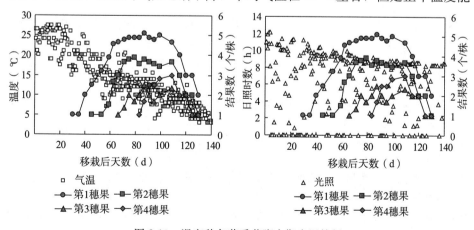

图 8-10 温室秋冬茬番茄膨大期光温特征

达 20~25 ℃，第 1 穗果、第 2 穗果果实进入快速膨大阶段；11~12 月温室气温明显下降，平均气温在 10℃，果实进入慢速膨大期；此时增温补光能促进后期产量的形成（图 8-10）。

本章参考文献

柏兆海，万其宇，李海港，等，2011. 县域农田土壤磷素积累及淋失风险分析——以北京市平谷区为例 [J]. 农业环境科学学报，30（9）：1853-1860.

陈碧华，郇庆炉，孙丽，2009. 番茄日光温室膜下滴灌水肥耦合效应研究 [J]. 核农学报，23：1082-1086.

陈伟旭，金鸥鹏，张蓓，2010. 北方寒冷地区双连栋日光温室的研究 [J]. 农机化研究，2：152-155.

陈新明，蔡焕杰，单志杰，等，2006. 根区局部控水无压地下灌溉技术对黄瓜和番茄产量及其品质影响的研究 [J]. 土壤学报，43：486-492.

陈修斌，邹志荣，姚静，等，2004. 日光温室西葫芦水肥耦合效应量化指标研究 [J]. 西北农林科技大学学报，32：49-58.

董建力，惠红霞，任贤，等，2001. 春小麦光合速率与产量的关系研究 [J]. 甘肃农业科技（6）：10-12.

杜社妮，白岗栓，梁银丽，2010. 灌溉方式对黄瓜生长、产量及水分利用效率的影响 [J]. 浙江大学学报，36：433-439.

杜维广，张桂茹，满为群，等，1999. 大豆光合作用与产量关系的研究 [J]. 大豆科学，18（2）：154-159.

高鹏程，张一平，2001. 氨挥发与土壤水分散失关系的研究 [J]. 西北农林科技大学学报（自然科学版），29（6）：22-26.

黄绍文，王玉军，金继运，等，2011. 我国主要菜区土壤盐分，酸碱性和肥力状况 [J]. 植物营养与肥料学报，17（4）：906-918.

黄国宏，陈冠雄，韩冰，等，1999. 土壤含水量与 N_2O 产生途径研究 [J]. 应用生态学报，10（1）：53-56.

康绍忠，杜太生，孙景生，等，2007. 基于生命需水信息的作物高效节水调控理论与技术 [J]. 水利学报，38：661-667.

孔清华，李光永，王永红，等，2009. 地下滴灌施氮及灌水周期对青椒根系分布及产量的影响 [J]. 农业工程学报，25：38-42.

李波，任树梅，杨培岭，等，2007. 供水条件对温室番茄根系分布及产量影响 [J]. 农业工程学报，23：39-44.

李清明，邹志荣，刘彬彬，等，2007. 灌溉上限对温室黄瓜初花期生理特性的影响 [J]. 西北农林科技大学学报，35：113-118.

李邵，薛绪掌，郭文善，等，2010. 水肥耦合对温室盆栽黄瓜产量与水分利用效率的影响 [J]. 植物营养与肥料学报，16：376-386.

李邵，薛绪掌，郭文善，等，2010. 不同供水吸力对温室黄瓜光合特性及根系活力的影响 [J]. 应用生态学报，21：67-73.

李邵，薛绪掌，郭文善，等，2010. 供水吸力对温室黄瓜产量与水分利用效率的影响 [J]. 中国农业科学，43：337-345.

李熹，王丽英，张彦才，等，2007. 低温胁迫下磷肥对日光温室番茄苗期生长及生理活性的影响 [J]. 华北农学报，22：142-146.

栗岩峰，李久生，饶敏杰，2006. 滴灌施肥时水肥顺序对番茄根系分布和产量的影响 [J]. 农业工程学报，22：205-207.

李银坤，武雪萍，郭文忠，等，2014. 不同氮水平下黄瓜-番茄日光温室栽培土壤 N_2O 排放特征 [J]. 农业工程学报，30（23）：260-267.

李银坤，武雪萍，武其甫，等，2016. 水氮用量对设施栽培蔬菜地土壤氨挥发损失的影响 [J]. 植物营养与肥料学报，22（4）：949-957.

梁运江，依艳丽，尹英敏，等，2003. 水肥耦合效应对辣椒产量影响初探 [J]. 土壤通报，34：262-266.

梁运江，依艳丽，许广波，等，2007. 水肥耦合效应对保护地辣椒肥料氮、磷经济利用效率的影响 [J]. 土壤通报，38：1141-1144.

梁运江，谢修鸿，许广波，等，2010. 水肥耦合对保护地辣椒叶片光合速率的影响 [J]. 核农学报，24：650-655.

刘畅，张玉龙，孙伟，2012. 灌溉方式对保护地土壤磷素淋失风险的影响 [J]. 土壤通报，43（4）：923-928.

刘宏斌，李志宏，张云贵，等，2004. 北京市农田土壤硝态氮的分布与累积特征 [J]. 中国农业科学（5）：692-698.

刘贤赵，宿庆，刘德林，2010. 根系分区不同灌水上下限对茄子生长与产量的影响 [J]. 农业工程学报，26：52-57.

刘玉春，李久生，2009. 毛管埋深和土壤层状质地对地下滴灌番茄根区水氮动态和根系分布的影响 [J]. 水利学报，40：782-790.

栾非时，马鸿艳，杨文君，2003. 日光节能温室不同温度对黄瓜产量及其生理指标影响的研究 [J]. 农业工程学报，19（Z）：112-114.

吕福堂，张秀省，董杰，等，2010. 日光温室土壤磷素积累，淋移和形态组成变化研究 [J]. 西北农业学报，19（2）：203-206.

闵炬，施卫明，2009. 不同施氮量对太湖地区大棚蔬菜产量、氮肥利用率及品质的影响 [J]. 植物营养与肥料学报，15（1）：151-157.

商庆梅，秦智伟，周秀艳，2010. 黄瓜植株衰老过程中根系内生理生化指标变化 [J]. 东北农业大学学报，41：27-30.

孙守钧，马鸿图，2000. 高粱光合作用与产量关系的饰变 [J]. 华北农学报，15（3）：45-50.

孙艳，王益权，仝瑞强，2009. 土壤紧实胁迫对黄瓜叶片光合作用及叶绿素荧光参数的影响 [J]. 植物营养与肥料学报，15：638-642.

孙周平，张莹莹，陈洪波，等，2010. 根区通气空间大小对设施番茄生长的影响 [J]. 中国农学通报, 26: 226-230.

王新元, 李登顺, 张喜英, 1999. 日光温室冬春茬黄瓜产量与灌水量的关系 [J]. 中国蔬菜 (1): 18-21.

王玉珏, 付秋实, 郑禾, 等, 2010. 干旱胁迫对黄瓜幼苗生长、光合生理及气孔特征的影响 [J]. 中国农业大学学报, 15: 12-18.

王绍辉, 张福墁, 2002. 不同水分处理对日光温室黄瓜叶片光合特性的影响 [J]. 植物学通报, 19 (6): 727-733.

武其甫, 武雪萍, 李银坤, 等, 2011. 保护地土壤 N_2O 排放通量特征研究 [J]. 植物营养与肥料学报, 17 (4): 942-948.

席雪琴, 2015. 土壤磷素环境阈值与农学阈值研究 [D]. 杨凌: 西北农林科技大学.

徐惠风, 金研铭, 徐克章, 2001. 向日葵不同节位叶片光合特征及其与产量关系的研究 [J]. 吉林农业大学学报, 23 (1): 6-9.

徐克章, 史跃林, 许贵民, 等, 1993. 保护地黄瓜叶片光合作用温度特性的研究 [J]. 园艺学报, 20 (1): 51-55.

薛巧云, 2013. 农艺措施和环境条件对土壤磷素转化和淋失的影响及其机理研究 [D]. 杭州: 浙江大学.

姚志生, 郑循华, 周再兴, 等, 2006. 太湖地区冬小麦田与蔬菜地 N_2O 排放对比观测研究 [J]. 气候与环境研究, 11 (6): 692-701.

阎妮, 司龙亭, 杨晓东, 2009. 苗期低温对黄瓜生长发育的影响 [J]. 西北农业学报, 18 (3): 196-200.

严正娟, 2015. 施用粪肥对设施菜田土壤磷素形态与移动性的影响 [D]. 北京: 中国农业大学.

闫鹏, 武雪萍, 华珞, 等, 2012. 不同水氮用量对日光温室黄瓜季硝态氮淋失的影响 [J]. 植物营养与肥料学报, 18 (3): 645-653.

杨丽娟, 张玉龙, 杨青海, 等, 2000. 灌溉方法对番茄生长发育及吸收能力的影响 [J]. 灌溉排水, 19: 58-61.

袁新民, 杨学云, 同延安, 等, 2001. 不同施氮量对土壤 NO_3^--N 累积的影响 [J]. 干旱地区农业研究, 19 (1): 7-13.

余海英, 李廷轩, 张锡洲, 2010. 温室栽培系统的养分平衡及土壤养分变化特征 [J]. 中国农业科学, 43: 514-522.

于红梅, 2005. 不同水氮管理下蔬菜地水分渗漏和硝态氮淋洗特征的研究 [D]. 北京: 中国农业大学.

袁丽金, 巨晓棠, 张丽娟, 等, 2010. 设施蔬菜土壤剖面氮磷钾积累及对地下水的影响 [J]. 中国生态农业学报, 18 (1), 14-19.

曾希柏, 谢德体, 青长乐, 等, 1997. 氮肥施用量对莴笋光合特性影响的研究 [J]. 植物营养与肥料学报, 3: 323-328.

张昌爱, 张民, 马丽, 等, 2006. 设施芹菜水肥耦合效应模型探析 [J]. 中国生态农业学报, 14: 145-148.

张东昱, 陈修斌, 张文斌, 等, 2010. 荒漠化地区温室黄瓜水肥耦合效应量化指标研究 [J].

土壤通报，41：351-354.

张福锁，陈新平，陈清，2009. 中国主要作物施肥指南［M］. 北京：中国农业大学出版社.

张国红，眭晓蕾，郭英华，等，2006. 施肥水平对日光温室番茄光合生理的影响［J］. 沈阳农业大学学报，37：317-321.

张海伟，徐芳森，2010. 不同磷水平下甘蓝型油菜光合特性的基因型差异研究［J］. 植物营养与肥料学报，16：1196-1202.

张微，李锡香，2015. 黄瓜花芽性别分化的研究进展与展望［J］. 华北农学报，30（S）：74-80.

张文丽，张彤，吴冬秀，等，2006. 土壤逐渐干旱下玉米幼苗光合速率与蒸腾速率变化的研究［J］. 中国生态农业学报，14：72-75.

张学军，赵营，陈晓群，等，2007. 氮肥施用量对设施番茄氮素利用及土壤 NO_3^--N 累积的影响［J］. 生态学报，27（9），3761-3768.

钟晓英，赵小蓉，鲍华军，等，2004. 我国 23 个土壤磷素淋失风险评估 I：淋失临界值［J］. 生态学报，24（10）：2275-2280.

朱保葛，柏惠侠，张艳，等，2000. 大豆叶片净光合速率、转化酶活性与籽粒产量的关系［J］. 大豆科学，19（4）：346-350.

GUO R Y, NENDEL C, RAHN C, et al., 2010. Tracking nitrogen losses in a greenhouse crop rotation experiment in North China using the EU-Rotate _ N simulation model ［J］. Environmental pollution, 158（6）：2218-2229.

GRIMSTAD S O, FRIMANSLUND E, 1993. Effect of different day and night temperature regimes on greenhouse cucumber young plant production, flower bud formation and early yield ［J］. Scientia horticulturae, 53（3）：191-204.

HECKRATH G, BROOKES P C, POULTON P R, et al., 1955. Phosphorus leaching from soils containing different phosphorus concentrations in the Broadbalk experiment ［J］. Journal of environmental quality, 24（5）：904-910.

REN T, CHRISTIE P, WANG J, et al., 2010. Root zone soil nitrogen management to maintain high tomato yields and minimum nitrogen losses to the environment ［J］. Scientia horticulturae, 125（1）：25-33.

YAN Z, LIU P, LI Y, et al., 2013. Phosphorus in China's intensive vegetable production systems: overfertilization, soil enrichment, and environmental implications ［J］. Journal of environmental quality, 42（4）：982-989.

ZHU J H, LI X L, CHRISTIE P, et al., 2005. Environmental implications of low nitrogen use efficiency in excessively fertilized hot pepper (*Capsicum frutescens* L.) cropping systems ［J］. Agriculture, ecosystems & environment, 111：70-80.

第九章 /////////////////////////////// ∨
设施黄瓜番茄节水减肥增效技术

第一节　设施黄瓜番茄滴灌水肥一体化技术

一、日光温室黄瓜番茄生产基肥推荐

（一）有机肥推荐原则

　　有规律的有机肥施用尤其是固态有机肥能明显增加土壤有机质含量，改善土壤结构、持水能力和生物活性。然而，不合理有机肥施用会带来巨大的环境问题。欧盟成员每年有机肥引入的全氮量（以 N 计）不能超过 170 kg/（hm^2·年）。根据英国施肥指南中对有机肥施用的介绍，在容易引起硝酸盐污染的地区（英国），任何 12 个月内田间有机肥引入的全氮量（以 N 计）均不应超过 250 kg/hm^2，而且有严格的施用量和施用时间限制；在一些地区，有机肥引入的可供植物利用的氮量不超过下茬作物推荐施用的氮量；在另外一些地区，限制有机肥用量目的则是为了避免土壤中磷素的过量积累。由此可见，推荐有机肥施用量应在满足作物养分需求的同时，对其环境风险进行合理细致的评估。目前我国在有机肥施用方面仅有"畜禽粪便安全使用准则"等行业标准，缺乏全面且强制执行的法律规范，导致日光温室蔬菜生产中存在有机肥施用种类多、施用量大、频繁施用等现象，因此对有机肥用量进行合理推荐具有显著的环境效益和经济效益。

　　有机肥中有机形态的养分在施入土壤后并不能立即供给蔬菜利用，而日光温室蔬菜对养分需求的强度较大，因此：①推荐基肥以有机肥为主，配以追施化肥，在弥补有机肥养分供应缺陷的同时，尽可能多地利用有机肥中的养分。②根据温室土壤质地、基础土壤养分含量、有机肥施用历史、种植蔬菜种类及茬口等情况，参考各类有机肥全养分含量、养分供应比例、C/N 等，合理选择有机肥种类和施用量。③一般推荐有机肥携入可供蔬菜利用的氮量不宜超过推荐氮素总量的 50%～60%；推荐有机肥携入可供蔬菜利用的磷量不应超过推荐磷素总量。④对于基础土壤无机氮积累（≥300 kg/hm^2）的温室建议施用含有秸秆的有机肥，不建议施用鸡粪等速效养分含量较高的粪肥；对于在粮田或露地基础上新建的温室，基础土壤无机氮含量低（≤50 kg/hm^2）建议提高有机肥的施用比例。⑤对于秸秆或含秸秆量大的有机粪肥，短期大量施用

易导致土壤速效氮含量下降，与粪肥、化肥配合施用其培肥地力的效果更好。

（二）C/N 对有机肥养分供应的影响

一般有机肥 C/N 越小，有机养分转变为可供植物利用形态的速率越快。当 C/N 小于 20：1 时，有机氮呈现净矿化；当 C/N 大于 30：1 时，N 成为有机质降解的限制因子，降解速率降低，导致 N 的固定。对于那些混合有大量基质的禽类粪便或是某些种类的牛粪，测定其 C/N 对了解氮的供应情况有一定意义。

同样，当 C/P 在 200：1～300：1 之间时，矿化和固定作用相互抵消导致没有磷素通过有机质的降解而释放出来。当 C/P 小于 200：1 时，磷素释放供蔬菜利用；当 C/P 大于 300：1 时，磷素被固定而无法释放出来供植物利用。

（三）有机肥推荐模式

1. 基于氮素的推荐

根据有机肥养分含量特点，利用有机肥携入的可供植物利用的氮量对有机肥施用量进行计算时，可能会导致有机肥携入的可供植物利用的磷钾量超出推荐磷钾施用量。因此基于氮素对有机肥施用量进行计算时，应该对土壤中磷素含量进行监测，以防止土壤磷素的积累及随之而来的环境风险。

2. 基于磷素的推荐

为了避免土壤养分积累，可以按照有机肥携入的可供植物利用的磷量来估算有机肥施用量，但是这可能会导致有机肥施用量过少。对于必须以磷估算有机肥施用量的温室，可以将 1 年 2 季作物所需磷量一次性施入土壤，同时对土壤氮磷含量进行监控。

根据实际生产特点，提出依棚龄的氮素调控策略，老龄温室采用有机肥量化基础上的氮肥追施调控；新建温室采用氮肥总量控制、基追分配调控，并按照养分管理关键时间点调控追肥（表 9-1）。

表 9-1　有机肥基肥推荐原则

	老棚	新棚
氮推荐	年有机肥全氮（以 N 计）投入应在 300 kg/hm² 以内；在土壤无机氮积累的温室，推荐采用有机粪肥配施秸秆的模式；或采用冬春茬施用有机粪肥，秋冬茬基施秸秆的模式	有机肥投入全氮量不超过氮素推荐总量的 50%；可采用鸡粪、猪粪等
磷推荐	有机肥投入全磷不应超过磷素推荐施用总量	50% 有机肥配合 50% 无机磷肥

注：秸秆携入养分不计入。

二、日光温室黄瓜番茄生产滴灌精量化追肥推荐

（一）冬春茬黄瓜滴灌精量追肥模式

追肥携入养分量为总推荐量与基肥有机肥携入养分量的差值。根据冬春茬黄瓜养分需求关键期，推荐追肥时期、养分配比、追肥频次及灌水量等。对于肥水一体化操作，追肥次数在 20～30 次。在黄瓜苗期和初花期推荐施用具有促进根系活力的微生物肥，以培育壮苗并促进生殖生长的进行。推荐模式应根据生产实际情况，如天气状况、定植时间、苗的长势进行灵活调整，例如遇到阴天不应进行灌水追肥操作（表 9-2、表 9-3 和表 9-4）。

表 9-2　膜下滴灌日光温室冬春茬黄瓜精量追肥推荐

生长阶段	日期	关键时间点定植后（d）	追肥频率（d/次）	追肥次数（次）	追肥分配比例（%）中肥力	偏高肥力	配合灌水量（mm/d）
定植	2月中旬	—	—	—	—	—	—
苗期	2月中旬至3月上旬	20	—	—	—	—	—
初花期	3月上旬至3月底	40	5	3	10	5	5
初瓜期	3月底至4月底	70	3～4	8	25	25	5
盛瓜期	4月底至6月上旬	90	3～4	12	45	55	5
末瓜期	6月上旬至7月上旬	110	5	5	20	15	5
拉秧期	7月上旬至7月中旬	—	—	—	—	—	—

注：这里肥水一体化指滴灌。

表 9-3　膜下滴灌日光温室冬春茬黄瓜合理灌水推荐（正常土壤条件）

生长阶段	时间	0～40 cm 土壤相对湿度（%）	灌水频率（d/次）	灌水定额
定植	2月中旬		定苗水	15 mm/次
苗期	2月中旬至3月上旬		缓苗水	20 mm/次
初花期	3月上旬至3月底	75～95	2～3	3～4.5 mm/次（每2～3 d 灌水1次）
初瓜期	3月底至4月底	80～95	1～2	2.5～5 mm/次（每1～2 d 灌水1次）
盛瓜期	4月底至6月上旬	80～95	1	2.5～3.5 mm/d
末瓜期	6月上旬至7月上旬	85～95	1	3.5～4.5 mm/d
拉秧期	7月上旬至7月中旬	85～95		5～6 mm/d
总计				370～400 mm

注：该表为在壤质土条件下推荐灌水量；阴天不滴水；定植后一周左右浇灌缓苗水。

表 9-4　膜下滴灌日光温室冬春茬黄瓜合理灌水推荐（次生盐渍化土壤）

生长阶段	时间	0～40 cm 土壤相对湿度（%）	灌水频率（d/次）	灌水定额
定植	2 月中旬		定苗水	20 mm/次
苗期	2 月中旬至 3 月上旬		缓苗水	30 mm/次
初花期	3 月上旬至 3 月底	80～95	1	2～2.5 mm/次
初瓜期	3 月底至 4 月底	80～95	1	2.5～3 mm/次
盛瓜期	4 月底至 6 月上旬	80～95	1	3～5 mm/次
末瓜期	6 月上旬至 7 月上旬	85～95	1	4～6 mm/次
拉秧期	7 月上旬至 7 月中旬	85～95	1	5～7 mm/次
总计				420～550 mm

（二）秋冬茬番茄滴灌精量追肥模式

根据秋冬茬番茄养分需求关键期，推荐单次追肥施用量与各时期的分配。对于肥水一体化操作，追肥次数在 8～10 次。在番茄初花期和果实膨大期推荐施用微生物肥。番茄第 4 穗果实膨大期为严冬季节，常见连续阴霾天气，此时不宜进行施肥灌水操作；如有条件应采取增温补光措施，以促进后期果实的成熟。秋冬茬番茄可在第 70 天至第 95 天追施水溶性磷肥（表 9-5、表 9-6、表 9-7 和表 9-8）。

表 9-5　膜下滴灌日光温室秋冬茬番茄精量追施氮肥推荐

生长阶段	时间	追氮频率*（次）	N-追肥分配比例（%）低肥力	N-追肥分配比例（%）中高肥力	推荐配合灌水量（mm/d）
定植	8 月中上旬	—	—	—	
苗期	8 月中上旬至 9 月初	—	—	—	
初花期	9 月初至 9 月底	2	20	10	4
第 1 果穗膨大期	9 月底至 10 月底	3	35	30	4
第 2 果穗膨大期	10 月初至 11 月初	2	25	30	4
第 3 果穗膨大期	10 月中旬至 11 月中下旬	2	20	30	4
第 4 果穗膨大期拉秧期	10 月下旬至 1 月初				

注：* 氮肥从第 25 天至第 65 天，每 5 天追施 1 次。

表 9-6 膜下滴灌日光温室秋冬茬番茄精量追施钾肥推荐

生长阶段	时间	追钾频率*（次）	K$_2$O-追肥分配比例（%）低肥力	K$_2$O-追肥分配比例（%）中高肥力	推荐配合灌水量（mm/d）
定植	8月中上旬	—	—	—	—
苗期	8月中上旬至9月初				
初花期	9月初至9月底				
第1果穗膨大期	9月底至10月底	2	20	10	4
第2果穗膨大期	10月初至11月初	3	30	30	4
第3果穗膨大期	10月中旬至11月中下旬	2	30	30	4
第4果穗膨大期	10月下旬至12月上旬	2	20	30	4
拉秧期	12月底至1月初	—	—	—	—

注：* 钾肥从第60天至第100天，每5天追1次。

表 9-7 膜下滴灌日光温室秋冬茬番茄合理灌水推荐（正常土壤条件）

生长阶段	时间	推荐0~40 cm土壤湿度（%）	灌水频率（d/次）	灌水定额（mm）
定植	8月中上旬		定苗水	40
苗期	8月中上旬至9月初			
初花期	9月初至9月底	75~95	1	2~3
第1果穗膨大期	9月底至10月底	75~95		3~4
第2果穗膨大期	10月初至11月初	70~90		3~4
第3果穗膨大期	10月中旬至11月中下旬	70~90		3~4
第4果穗膨大期	10月下旬至12月上旬			
拉秧期	12月底至1月初			
总计				160~210

表 9-8 膜下滴灌日光温室秋冬茬番茄合理灌水推荐（次生盐渍化土壤）

生长阶段	时间	推荐0~40 cm土壤湿度（%）	灌水频率（d/次）	灌水定额（mm）
定植	8月中上旬		定苗水	50
苗期	8月中上旬至9月初			
初花期	9月初至9月底	80~95	1	2.5~3
第1果穗膨大期	9月底至10月底	80~95	2	5~6
第2果穗膨大期	10月初至11月初	75~90	2	5~6
第3果穗膨大期	10月中旬至11月中下旬	75~90	2	5~6
第4果穗膨大期	10月下旬至12月上旬			
拉秧期	12月底至1月初			
总计				230~260

三、日光温室黄瓜番茄水肥一体化技术操作规范

肥水一体化技术（Fertigation）是在有压水源条件下，将含有作物所需养分的肥液以较小流量被均匀稳定地输送到作物根部土壤的一种灌溉和施肥结合的农业技术。肥水一体化技术可以在灌水量、施肥量和施肥时间等方面达到很高的精度，不但可以与施肥结合，可溶性的农药、锄草剂、土壤消毒剂也可以通过灌溉系统施用。简单说，肥水一体化技术就是把肥料溶解在管道中，集中供应于根区，使根系同时得到水分和养分的供应。

（一）水肥一体化技术施肥方法

压差式施肥罐法：压力差施肥罐法的施肥罐与压力调节阀并联，利用分流原理工作。根据灌溉规模和水源分布可以分为两种类型：单井单棚微灌施肥和单井恒压集中供水分棚微灌施肥。单井单棚微灌施肥：大棚面积在0.5～2亩，施肥罐容积约30L，配套水泵流量5～10方/h，扬程15 m左右（若使用潜水泵，地表上扬程15 m），电机动力0.75～1.5 kW（图9-1）。

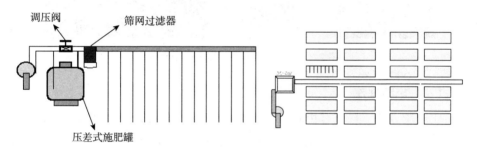

图9-1 单井单棚微灌施肥（左）和单井恒压集中供水分棚微灌施肥（右）

水泵配备：当潜水位小于8 m时，使用离心泵，电机与水泵联体，选择电机功率0.75～1.1 kW，水泵扬程12～15 m，流量6～8方/h。当潜水位大于8 m时，选用潜水泵，选择电机功率0.9～2.2 kW，水泵扬程为15 m加潜水泵至地表的深度，流量6～8方/h（图9-2）。

（二）灌溉控制指标

滴灌的原则是少量多次，不要以延长滴灌的时间达到多灌水的目的。灌水定额应以土壤含水量、土质、作物需水量而定，以土壤含水量适宜范围为田间持水量的75%～90%。黄瓜各生育时期的土壤含水量控制指标为苗期75%～90%，初花期70%～90%，盛瓜期80%～90%，后期80%～90%。番茄各生育时期的土壤含水量基本控制在75%～90%。如果以灌溉深度为指标，番茄栽培灌溉深度为40 cm，黄瓜为30 cm。

图 9-2　日光温室蔬菜优质高效肥水管理

（三）施肥推荐

①施肥方法：普施有机肥（鸡粪），均匀撒施，翻地。氮肥为尿素，磷肥为过磷酸钙，钾肥为硫酸钾。②肥料的准备：滴灌所使用的肥料应为完全速溶性肥料，不能完全溶解的肥料，要先将化肥溶解于水，也可在施肥前一天将肥料溶于水中，施肥前用纱布滤除未溶颗粒后将肥液倒入施肥罐施肥，或安装过滤器。③浓度控制：每次溶解的肥料 6～8 kg，配合每次灌水量施入肥料量以肥液浓度 300～600 mg/kg 为宜（以纯养分含量计，1 m³ 水加入 1 kg 肥料浓度为 1 000 mg/kg，若肥料的有效养分含量为 40%，则肥液纯养分浓度为400 mg/kg）。肥料注入量不宜过大，否则不仅浪费肥料，而且容易引起系统堵塞。④施肥罐操作：施肥罐与主管上的调压阀并联，施肥罐的进水管要达罐底。施肥前先灌水 20～30 min，施肥时，拧紧罐盖，打开罐的进水阀，罐注满水后再打开罐的出水阀。调节调压阀，使之产生 2～2.5 m 的压差。保持施肥速度正常。若在 1.0 亩大棚中，使用 25～30 L 的罐，罐出水管流速控制在3 L/min，施肥时间控制在 40～60 min，防止由于施肥速度过快或过慢造成的施肥不均或不足。灌溉时应关闭施肥器上的阀门，把支管的控制阀完全打开，按照灌水定额灌溉。灌溉结束时先切断水泵动力，后立即关闭控制阀。注意每

次运行，须在施肥完成后再停止灌溉，即施肥结束后再灌溉20～30 min，以冲洗管道系统。

（四）水肥一体化系统的维护

间隔运行一段时间，就应打开过滤器下部的排污阀放污，施肥罐（或容器）底部的残渣要经常清理。某些地区水的碳酸盐含量较高，每一灌溉季节过后，应用30%的稀盐酸溶液（40～50 L）注入管道，保留20 min，然后用清水冲洗。

第二节　设施黄瓜番茄沟灌节水减肥增效技术

一、冬春茬黄瓜沟灌节水减肥增效技术模式

追肥携入养分量为总推荐量与基肥有机肥携入养分量的差值。根据冬春茬黄瓜养分需求关键期，推荐追肥时期、养分配比、追肥频次及灌水量等。沟灌冬春茬黄瓜全生育期追肥10～15次，单次追肥量（以N计）不超过70 kg/hm²，灌水20～30次，单次灌水量不超过36 mm（表9-9、表9-10和表9-11）。

表9-9　膜下沟灌日光温室冬春茬黄瓜追肥推荐

生长阶段	时间	关键时间点定植后（d）	追肥频率（d/次）	追肥次数（次）	追肥分配比例（%）中肥力	偏高肥力	配合灌水量（mm）
定植	2月中旬	—	—	—	—	—	—
苗期	2月中旬至3月上旬	20	—	—	—	—	—
初花期	3月上旬至3月底	40	15	1	10	5	20
初瓜期	3月底至4月底	70	8～9	3	25	25	22
盛瓜期	4月底至6月上旬	90	7～8	6	45	55	22
末瓜期	6月上旬至7月上旬	110	10	2	20	15	24
拉秧期	7月上旬至7月中旬	—	—	—	—	—	—

表9-10　膜下沟灌日光温室冬春茬黄瓜合理灌水推荐（正常土壤条件）

生长阶段	时间	推荐0～40 cm土壤湿度（%）	灌水频率（d/次）	灌水次数（次）	灌水量（mm/次）
定植	2月中旬		定苗水	1	20
苗期	2月中旬至3月上旬		缓苗水	1	30
初花期	3月上旬至3月底	75～95	7	2	20～22
初瓜期	3月底至4月底	80～95	6	5	20～22
盛瓜期	4月底至6月上旬	80～95	5	8	20～22

（续）

生长阶段	时间	推荐 0~40 cm 土壤湿度（%）	灌水频率（d/次）	灌水次数（次）	灌水量（mm/次）
末瓜期	6月上旬至7月上旬	85~95	4	6	22~24
拉秧期	7月上旬至7月中旬	85~95	3	3	24~30
总计				26	550~610 mm

表 9-11 膜下沟灌日光温室冬春茬黄瓜合理灌水推荐（次生盐渍化土壤）

生长阶段	时间	推荐 0~40 cm 土壤湿度（%）	灌水频率（d/次）	灌水次数（次）	灌水量（mm/次）
定植	2月中旬		定苗水	1	25
苗期	2月中旬至3月上旬		缓苗水	1	40
初花期	3月上旬至3月底	80~95	5	3	22~26
初瓜期	3月底至4月底	80~95	5	6	22~26
盛瓜期	4月底至6月上旬	80~95	5	8	24~28
末瓜期	6月上旬至7月上旬	85~95	5	8	24~30
拉秧期	7月上旬至7月中旬	85~95	3	3	30
总计				30	740~850 mm

二、秋冬茬番茄沟灌节水减肥增效技术模式

根据秋冬茬番茄养分需求关键期，推荐单次追肥施用量与各时期的分配。沟灌秋冬茬番茄全生育期追肥 3~5 次，单次追肥量（以 N 计）不超过 100 kg/hm^2，灌水 8~10 次，单次灌水量不超过 40 mm（表 9-12，表 9-13、表 9-14 和表 9-15）。

表 9-12 膜下沟灌日光温室秋冬茬番茄追施氮肥推荐

生长阶段	时间	追氮频率（时期）*	追肥分配比例（%）		推荐配合灌水量（mm）
			低肥力	高肥力	
定植	8月中上旬				
苗期	8月中上旬至9月初				
初花期	9月初至9月底	1次（第30天）	20	10	30
第1果穗膨大期	9月底至10月底	1次（第45天）	35	30	25
第2果穗膨大期	10月初至11月初	1次（第55天）	25	30	25
第3果穗膨大期	10月中旬至11月中下旬	1次（第65天）	20	30	20
第4果穗膨大期	10月下旬至12月上旬				
拉秧期	12月底至1月初				

注：* 氮肥从第 25 天至第 65 天，每 5 天追施 1 次。

表 9-13　膜下沟灌日光温室秋冬茬番茄追施钾肥推荐

生长阶段	时间	追钾频率（时期）*	追肥分配比例（%）		推荐配合灌水量（mm）
			低肥力	高肥力	
定植	8月中上旬				
苗期	8月中上旬至9月初				
初花期	9月初至9月底				
第1果穗膨大期	9月底10月底	1次（第65天）	20	10	20
第2果穗膨大期	10月初至11月初	1次（第75天）	30	30	20
第3果穗膨大期	10月中旬至11月中下旬	1次（第85天）	30	30	20
第4果穗膨大期	10月下旬至12月上旬	1次（第95天）	20	30	20
拉秧期	12月底至1月初				

注：* 钾肥从第60天至第100天，每5天追1次。

表 9-14　膜下沟灌日光温室秋冬茬番茄合理灌水推荐（正常土壤条件）

生长阶段	时间	推荐0~40 cm土壤湿度（%）	灌水时间点定植后（d）	灌水量（mm）
定植	8月中上旬		定苗水	40
苗期	8月中上旬至9月初			
初花期	9月初至9月底	75~95	30	30
第1果穗膨大期	9月底至10月底	75~95	45、55	25
第2果穗膨大期	10月初至11月初	70~90	65、75	
第3果穗膨大期	10月中旬至11月中下旬	70~90	85、95	20
第4果穗膨大期	10月下旬至12月上旬	70~90		
拉秧期	12月底至1月初			
总计				200

表 9-15　膜下沟灌日光温室秋冬茬番茄合理灌水推荐（次生盐渍化土壤）

生长阶段	日期	推荐0~40 cm土壤湿度（%）	灌水时间点定植后（d）	灌水量（mm）
定植	8月中上旬		定苗水	50
苗期	8月中上旬至9月初			
初花期	9月初至9月底	80~95	30	40
第1果穗膨大期	9月底至10月底	80~95	45、55	35
第2果穗膨大期	10月初至11月初	75~90	65、75	25、20
第3果穗膨大期	10月中旬至11月中下旬	70~90	85、95	20
第4果穗膨大期	10月下旬至12月上旬	70~90		
拉秧期	12月底至1月初			
总计				245

第三节　设施黄瓜番茄有机无机配施技术

一、有机肥施用原则

（一）根据菜田种植年限来确定

新菜田增施有机肥料，改良土壤结构，促进土壤团粒结构的形成，提高保水保肥能力和增加土壤的缓冲能力。多年种植蔬菜菜田土老化，地力递减，病虫害也逐年严重，因此老菜田中施用优质有机肥兼施微肥，以改善土壤团粒结构，增强土壤保水、保肥、蓄热能力，使土壤疏松肥沃，缓解土壤盐渍化，提高蔬菜抗逆能力。

（二）根据有机肥料特性进行施肥

有机肥料原料广泛，不同原料加工的有机肥料养分差别很大，不同品种肥料在不同土壤中的反应也不同。因此，施肥时应根据肥料特性，采取相应的措施，提高作物对肥料的利用率。①秸秆类的有机物含量高，这类有机物料对增加土壤有机质含量，培肥地力作用明显。秸秆在土壤中分解较慢，氮磷钾养分含量相对较低，微生物分解秸秆还需消耗氮素，要注意秸秆与氮磷钾化肥的配合。②畜禽粪便有机质含量中等，氮磷钾等养分含量丰富，由于其来源广泛，其成品肥的有机质和氮磷钾养分差别大。以纯畜禽粪便工厂化快速腐熟加工的有机肥料，其养分含量高，一般做底肥施用，也可作追肥。采取自然堆腐加工的有机肥料，有机质和养分含量均较低，应做底肥使用，用量可以加大。另外，畜禽粪便类有机肥料一定要经过灭菌处理，否则容易给作物和人、畜传染疾病。③有机肥料养分含量少、肥效迟缓、当年肥料中氮的利用率低（20%～30%），因此在作物生长旺盛，需要养分最多的时期，有机肥料往往不能及时供给养分，常常需要用追施化学肥料的办法来解决。有机肥料和化学肥料配合施用是获得高产、提高肥效的关键。

二、有机无机肥料配比依据

根据土壤测试结果确定土壤肥力水平；选择合适的有机肥或堆肥组合；测定有机肥氮磷钾养分含量；确定有机肥中的有效养分含量。根据作物需要 N、P_2O_5 及 K_2O 量，结合土壤测试结果、有机肥当季供应的有效养分量，计算所需养分比例。

三、有机无机配比比例

日光温室蔬菜生产中多采用有机无机配比的施肥模式，有机肥底施，用量以提供的氮量为推荐依据，新菜田增施有机肥、老菜田降低有机肥用量，为改善土壤质量可添加玉米秸秆还田。秸秆施用方法：将秸秆风干，粉碎后按比例添加适量的微生物菌剂，翻入根层土壤混合，或者把粉碎秸秆埋入 20 cm 以下土壤层次，加适量秸秆发酵微生物菌剂（表 9-16）。

表 9-16　有机肥用量及有机无机配比比例

蔬菜种植年限	有机肥种类	用量（kg/亩）	N-P$_2$O$_5$-K$_2$O（kg/亩）
1～2 年新菜田	干鸡粪	1 500	25-22-25
	干猪粪	1 400	25-20-25
3～5 年	干鸡粪	1 000	20-15-25
	干猪粪	1 200	20-15-25
5～7 年	干鸡粪＋玉米秸秆	1 000＋300	18-12-22
	干猪粪＋玉米秸秆	1 000＋300	18-12-22
7～10 年	干鸡粪＋玉米秸秆	800＋400	18-10-20
	干猪粪＋玉米秸秆	700＋400	18-10-20
10 年以上	干鸡粪＋玉米秸秆	700＋500	16-10-20
	干猪粪＋玉米秸秆	500＋500	16-10-20

注：日光温室番茄黄瓜的目标产量 1 000～7 500 kg/亩。

第四节　设施黄瓜番茄包膜控释肥应用技术

设施蔬菜生产中施肥量高，追肥次数多，加之大水漫灌的冲施肥追肥方式，造成肥料氮素养分损失多，氮肥利用率低、污染环境等问题。采用包膜控释尿素与普通尿素、磷钾肥进行掺混，在黄瓜或番茄翻地前一次底施，生育期不再追氮肥。包膜控释氮肥可以使氮素养分缓慢释放供应作物生长，协调肥料养分供应与植物养分吸收之间的矛盾，提高蔬菜产量，降低氮素淋溶和挥发损失，提高氮素养分利用率。

一、肥料选择与配合比例

采用有机-无机肥配施的模式，底施 500～1 000 kg 优质有机肥（发酵鸡粪、发酵牛粪和作物秸秆堆沤肥等），以增加土壤耕作层有机质，改善土壤结构，提高土壤保肥供肥能力。化学肥料采用包膜控释尿素与普通尿素、磷肥、钾肥按照一定养分比例掺混的方式，磷肥一般为过磷酸钙或重过磷酸钙，钾肥为硫酸钾肥。根据蔬菜的不同品种、茬口和土壤肥力选择包膜控释肥料的控释期，如春茬番茄和黄瓜选择控释期 60 d 和 90 d 的肥料与普通尿素配合施用；

秋冬、冬春茬番茄和黄瓜选择控释期 90 d 和 120 d 的肥料与普通尿素配合施用；越冬长茬黄瓜选择释放期 90 d、120 d、150 d 的包膜肥与普通尿素配合施用（表 9-17）。

表 9-17　日光温室番茄/黄瓜推荐氮磷钾搭配比例

作物	氮肥控释参数配比 *	氮磷钾配合比例**
秋冬茬番茄	15%U＋40%CU90 ＋35%CU120	1：0.35：1.35
冬春茬番茄	30%U＋35%CU90 ＋35%CU120	1：0.40：1.25
春茬番茄	30%U＋35%CU60 ＋35%CU90	1：0.40：1.25
秋冬茬黄瓜	15%U＋40%CU90 ＋35%CU120	1：0.35：1.35
冬春茬黄瓜	30%U＋35%CU90 ＋35%CU120	1：0.40：1.25
春茬黄瓜	30%U＋35%CU60 ＋35%CU90	1：0.40：1.25
越冬长茬黄瓜	20%U＋30%CU90＋30%CU120＋20%CU150	1：0.40：1.25

注：* U 表示普通尿素；CU60 表示包膜尿素 60 d；CU90 表示包膜尿素 90 d；CU120 表示包膜尿素 120 d；CU150 表示包膜尿素 150 d。**由于日光温室土壤磷素积累比较普遍，因此，磷肥搭配比例较低。

二、施肥方法

将腐熟的有机肥和包膜控释掺混肥于翻地前均匀撒施于地表，及时翻耕。全部氮肥、磷肥和 40% 的钾肥一次性底施，剩余 60% 钾肥分别在生育期追肥。番茄一般在结果期分 3 次追施，冬春茬黄瓜在结瓜期分为 6 次追施，越冬长茬黄瓜分 8 次随灌溉追施。

三、配套技术

灌溉：采用膜下沟灌，根据天气变化、温度及植株生长情况灵活掌握。苗期控水，防止徒长；开花期至结果期按照作物需水规律适当灌溉，番茄一般灌溉 6～8 次，每次 10～15 m^3/亩，冬春茬和秋冬茬黄瓜灌溉 14～18 次，每次 10～15 m^3/亩，沙土一般不超过 20 m^3/亩，以降低棚内湿度，减少病害的发生。病虫害防治：选用低毒、低残留农药。日光温室番茄应防病毒病，早晚疫病等，温室黄瓜的病虫害主要防治炭疽病、白粉病、霜霉病。

图书在版编目（CIP）数据

设施菜地节水减肥增效机制与技术／武雪萍等著
. —北京：中国农业出版社，2018.12
ISBN 978-7-109-25069-7

Ⅰ.①设…　Ⅱ.①武…　Ⅲ.①蔬菜园艺－设施农业－
肥水管理－研究　Ⅳ.①S626

中国版本图书馆 CIP 数据核字（2018）第 277202 号

设施菜地节水减肥增效机制与技术
SHESHI CAIDI JIESHUI JIANFEI ZENGXIAO JIZHI YU JISHU

中国农业出版社出版
地址：北京市朝阳区麦子店街 18 号楼
邮编：100125
责任编辑：边　疆　赵　刚　　文字编辑：常　静
版式设计：杜　然　责任校对：刘丽香
印刷：北京中兴印刷有限公司
版次：2018 年 12 月第 1 版
印次：2018 年 12 月北京第 1 次印刷
发行：新华书店北京发行所
开本：700mm×1000mm　1/16
印张：18.75
字数：350 千字
定价：120.00 元